Cadernos de Lógica e Computação

Volume 1

Fundamentos de Lógica e Teoria da Computação

Segunda Edição

Volume 1
Fundamentos de Lógica e Teoria da Computação. Segunda Edição
Amílcar Sernadas e Cristina Sernadas

Volume 2
Introdução ao Cálculo Lambda
Chris Hankin. Traduzido por João Rasga

Coordenadores da Série Cadernos de Lógica e Computação
Amílcar Sernadas e Cristina Sernadas   {acs,css}@math.ist.utl.pt

Fundamentos de Lógica e Teoria da Computação

Segunda Edição

Amílcar Sernadas

e

Cristina Sernadas

Tradução do original
Foundations of Logic and Theory of Computation, 2nd Ed.
Texts in Computing Volume 10, College Publications, 2012

ISBN 978-1-84890-081-3

College Publications
Scientific Director: Dov Gabbay
Managing Director: Jane Spurr
Department of Computer Science
King's College London, Strand, London WC2R 2LS, UK

http://www.collegepublications.co.uk

Original cover design by Richard Fraser
Cover produced by Laraine Welch
Printed by Lightning Source, Milton Keynes, UK

Prefácio da Segunda Edição em Português

Quatro anos volvidos após a publicação inicial do livro e, portanto, três gerações de alunos mais tarde, os autores acharam que valeria a pena compilar nesta segunda edição os diversos aperfeiçoamentos do texto que foram entretanto preparados. Os erros da primeira edição foram corrigidos. O material conducente ao teorema de normalização de Kleene foi completamente reescrito. Várias demonstrações foram melhoradas, algumas com mais detalhes, outras simplificadas. Alguns comentários de motivação foram adicionados pontualmente. Por fim, a Parte IV foi enriquecida com mais exercícios, em boa parte selecionados de exames escritos.

Os autores estão gratos aos seus alunos e colegas por apontarem alguns dos erros da primeira edição e em especial ao seu colega André Souto que produziu o rascunho desta versão em Português a partir da versão original da segunda edição em Inglês. Os erros remanescentes e os que possam ter sido introduzidos agora são, naturalmente, da exclusiva responsabilidade dos autores.

Lisboa, 8 de Agosto de 2012.

Amílcar Sernadas
Cristina Sernadas

Departamento de Matemática
Instituto Superior Técnico, Universidade Técnica de Lisboa

Security and Quantum Information Group
Instituto de Telecomunicações, Lisboa

Prefácio da Primeira Edição

O objetivo principal deste livro é contribuir com uma introdução autossuficiente à lógica matemática e à teoria da computabilidade para estudantes de Matemática ou Ciência da Compução. O livro começa com os fundamentos da teoria da computabilidade, em seguida apresenta a linguagem, a semântica, o cálculo de Hilbert e o cálculo de Gentzen da lógica de primeira ordem, desenvolve a noção da teoria de primeira ordem, demonstra a incompletude da aritmética e conclui com uma teoria decidível da aritmética.

O conteúdo está organizado em torno dos sucessos e fracassos do programa de Hilbert de formalização de Matemática. É sobejamente conhecido que este programa falhou devido aos teoremas de incompletude de Gödel e outros resultados negativos sobre a aritmética. Infelizmente, as contribuições positivas do programa são bastante menos conhecidas, mesmo entre os matemáticos. O livro cobre as contribuições chave, como a demonstração por Gödel da completude da lógica de primeira ordem, a demonstração da sua coerência por Gentzen por meios puramente simbólicos, e a decidibilidade de várias teorias úteis, incluindo a aritmética de Presburger. Tenta também transmitir a mensagem que o programa de Hilbert teve uma contribuição significativa para o advento do computador tal como é entendido hoje em dia e, portanto, preponderante para a última revolução industrial.

A Parte I começa com o programa de Hilbert e encaminha-se para a computabilidade. A Parte II apresenta a lógica de primeira ordem, incluindo o teorema da completude de Gödel e o teorema da coerência devido a Gentzen. A Parte III centra-se na aritmética, na representabilidade de aplicações computáveis, nos teoremas de incompletude de Gödel e na decidibilidade da aritmética de Presburger. A Parte IV dá respostas detalhadas a exercícios selecionados.

O livro pode ser usado de diversas formas, a nível avançado de graduação ou nos níveis iniciais de pós-graduação. Um curso de graduação concentrar-se-á nas Partes I e II, excluindo o Capítulo 9, e esboçando apenas o caminho para o primeiro teorema da incompletude. Um curso mais avançado poderá tirar partido do conhecimento por parte dos alunos do material inicial e focar-se nos resultados positivos e negativos do Programa de Hilbert, cobrindo, portanto o

Capítulo 9 e a Parte III na íntegra. Outros possíveis caminhos de utilização podem ser encontrados no diagrama da Figura 1.

O texto foi baseado na tradução para Inglês[1] de uma versão preliminar de 2006 escrita em Português. É o resultado de muitos anos de experiência de ensino de lógica e computabilidade para estudantes de graduação e pós-graduação.

Os autores gostariam de expressar profunda gratidão aos seus alunos que reagiram aos primeiros rascunhos do livro, vários colegas (especialmente Luís Cruz-Filipe, Paulo Mateus, Jaime Ramos e João Rasga) que ajudaram na fase de depuração, e ao revisor anónimo por muitas sugestões. Os erros remanescentes e omissões são, naturalmente, da responsabilidade exclusiva dos autores.

O excelente ambiente de trabalho no Departamento de Matemática do Instituto Superior Técnico (IST) e no Security and Quantum Information Group (SQIG) do Instituto de Telecomunicações é também reconhecido pelos autores.

Lisboa, 14 de Março de 2008.

Amílcar Sernadas
Cristina Sernadas

Departamento de Matemática
Instituto Superior Técnico, Universidade Técnica de Lisboa

Security and Quantum Information Group
Instituto de Telecomunicações, Lisboa

---

[1]Do nosso colega Luís Cruz-Filipe.

1. Preliminares

2. Programa de Hilbert

3. Computabilidade

4. Sintaxe da LPO

5. Axiomatização da LPO

6. Teorias da LPO

7. Semântica da LPO

8. Completude da LPO   9. Cálculo de sequentes da LPO

10. Igualdade

11. Aritmética

12. Representabilidade   15. Uma aritmética decidível

13. 1.º Teorema da incompletude

14. 2.º Teorema da incompletude

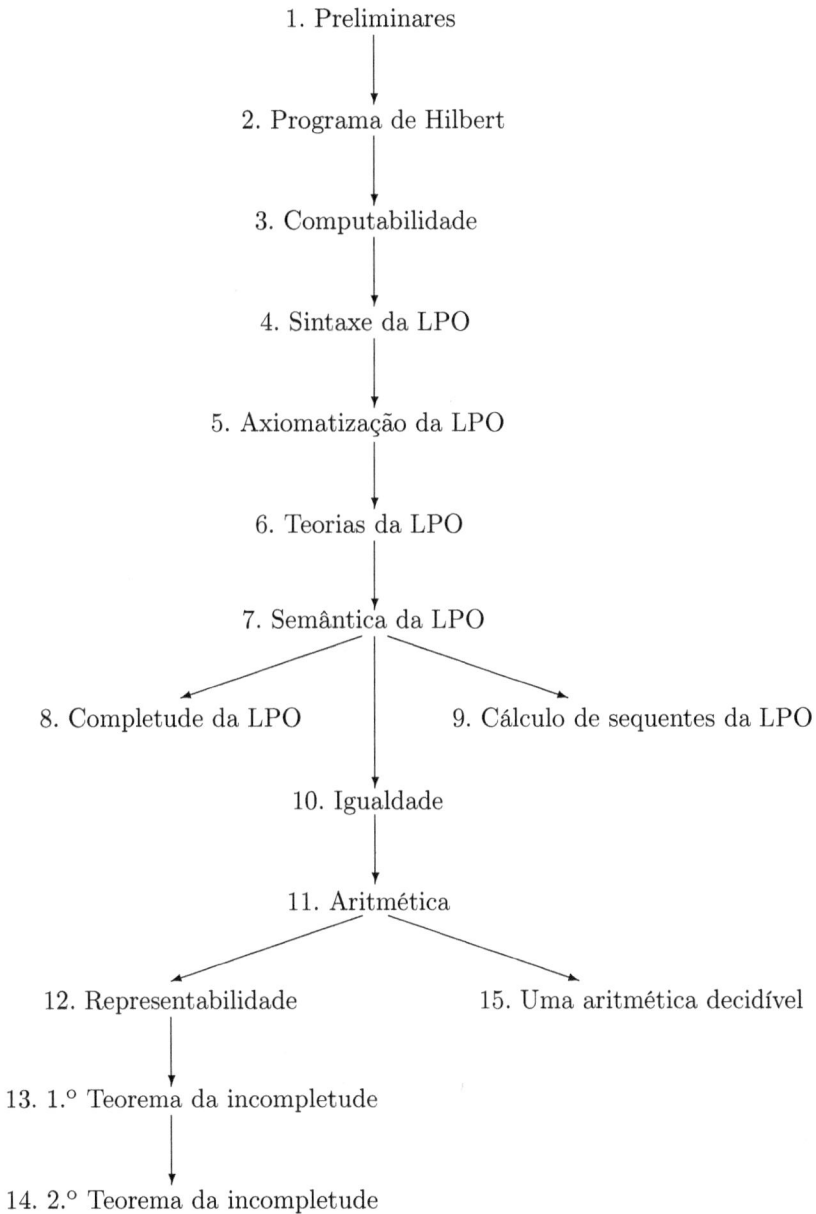

Figura 1: Diagrama de dependência dos capítulos.

Conteúdo

Capítulo 1

Preliminares

Como habitualmente, $\mathbb{N}$ denota o conjunto dos números naturais (isto é, o conjunto dos números inteiros não negativos) e $\mathbb{N}^+$ denota o conjunto dos inteiros positivos. Também são usados $\mathbb{Z}$ e $\mathbb{Q}$ para representar o conjunto dos números inteiros e o conjunto dos números racionais, respetivamente.

Dado um conjunto D, o conjunto de todos os subconjuntos de D é denotado por $\wp D$ e, o conjunto de todos os subconjuntos finitos de D por $\wp_{\text{fin}} D$.

Seguindo a tradição europeia, embora não muito usado na literatura anglo-saxónica, $\#D$ representa a cardinalidade de D.

1.1 Funções versus aplicações

É conveniente adotar uma notação que distinga funções (possivelmente parciais) de funções totais, ou aplicações. Portanto,

$$f : C_1 \to C_2$$

deve ser interpretada indicando que f é uma função total ou *aplicação* de C_1 em C_2, enquanto

$$f : C_1 \rightharpoonup C_2$$

deve ser interpretada como estabelecendo que f é uma *função* (possivelmente parcial) de C_1 (conjunto de partida) em C_2 (conjunto de chegada).

No primeiro caso, $\operatorname{dom} f = C_1$ (o domínio de f é C_1), enquanto no segundo caso apenas se sabe que $\operatorname{dom} f \subseteq C_1$. A propósito, pode-se escrever $\operatorname{img} f$ como abreviatura de $f(\operatorname{dom} f)$, isto é, para referir a imagem da função. Como é sabido, no caso de $\operatorname{img} f = C_2$, a função diz-se sobrejetiva.

O conjunto de todas as aplicações de C em D é denotado por D^C. Além disso, pode escrever-se

$$(C \to D)$$

em vez de D^C quando é declarado o domínio e o alvo de uma aplicação, por exemplo, $f : (A \to B) \to (C \to D)$ em vez de $f : B^A \to D^C$.

1.2   Notação lambda

É frequentemente conveniente utilizar a notação lambda proposta em [10] por Alonzo Church para descrever funções. Escreve-se

$$\lambda\, x_1, \dots, x_n . e$$

para denotar uma função n-ária que atribui a cada tuplo $x_1, \dots, x_n$ o valor da expressão e que poderá depender de $x_1, \dots, x_n$.

Por exemplo, $\lambda x, y . x + y$ denota a aplicação que atribui a cada par x, y o valor $x + y$ e não deve ser confundida com a expressão $x + y$ que denota um valor numérico. Claramente, $\cos = \lambda x . \cos(x) = \lambda y . \cos(y)$. Como outro exemplo ilustrativo, considere a diferença entre $\lambda x . x^2$ e $\lambda x, y . x^2$.

Por vezes, a notação lambda é usada juntamente com a declaração dos conjuntos de partida e de chegada da função a ser definida. Por exemplo,

$$\lambda\, n . \{m \in \mathbb{N} : m < n\} : \mathbb{N} \to \wp\mathbb{N}$$

é a aplicação que atribui a cada número natural n o conjunto de todos os números naturais que são menores do que n.

1.3   Definições indutivas como pontos fixos

É comum definir indutivamente um subconjunto C de um conjunto dado D dizendo que certos elementos de D estão em C (a base da definição indutiva) e dando os mecanismos que permitem acrescentar elementos de D a C quando aplicados a elementos pertencentes a C (o passo da definição indutiva).

Como exemplo ilustrativo, considere a *definição indutiva* seguinte do conjunto E dos números naturais pares como um subconjunto de $\mathbb{N}$:

- $0 \in E$;

- $k + 2 \in E$ se $k \in E$.

Claramente, E é o menor ponto fixo contendo o conjunto singular $\{0\}$ do seguinte operador

$$O_E = \lambda\, A . A \cup \{a + 2 : a \in A\} : \wp\mathbb{N} \to \wp\mathbb{N}.$$

isto é,

$$E = \mathrm{mpf}(O_E, \{0\})$$

onde, geralmente, dados $O : \wp U \to \wp U$ e $B \subseteq U$ para algum universo U em uso, $\mathrm{mpf}(O, B)$, o menor ponto fixo de O que contém B, é tal que:

- $O(\mathrm{mpf}(O, B)) = \mathrm{mpf}(O, B)$;

- $B \subseteq \mathrm{mpf}(O, B)$;

- $\mathrm{mpf}(O, B) \subseteq C$ para todo o C tal que $O(C) = C$ e $B \subseteq C$.

É sabido[1] que o menor ponto fixo de O que contém B existe quando O é monótono.[2] Além disso, se O é definido utilizando apenas regras finitárias,[3] então[4]

$$\mathrm{mpf}(O, B) = \bigcup_{n \in \mathbb{N}} O^n(B).$$

Em particular, o leitor deve ser capaz de verificar que

$$\mathrm{mpf}(O_E, \{0\}) = \bigcup_{n \in \mathbb{N}} O_E^n(\{0\}).$$

Estas ideias aplicam-se a qualquer conjunto definido indutivamente (desde que sejam usadas apenas regras finitárias) e serão oportunamente aproveitadas no Capítulo 5.

Observe-se que a definição indutiva de E é livre no sentido em que, por aplicação sucessiva do passo indutivo a partir do elemento base, nenhum elemento é reobtido, isto é, em cada passo um novo elemento, que previamente não se sabia pertencer a E, é gerado.

Em geral, uma definição indutiva finitária (com um conjunto B de elementos base e um operador associado O) de um conjunto C é dita *livre* se, para cada $c \in C$, $c \in B$ ou e apenas ou existe um e somente um $n \in \mathbb{N}$ tal que $c \in (O^{n+1}(B) \setminus O^n(B))$.

Dado um conjunto C_1 definido indutivamente de forma livre, é frequente definir uma aplicação $f : C_1 \to C_2$ tirando partido da estrutura indutiva de C_1, da forma seguinte:

- o valor de f deve ser descrito para cada elemento de base;

---

[1]Graças ao teorema de Knaster–Tarski.

[2]Isto é, $O(A) \subseteq O(A')$ sempre que $A \subseteq A'$.

[3]Uma regra finitária gera um novo elemento a partir de cada conjunto finito de elementos que já se sabia pertencerem ao conjunto que se está a definir indutivamente, enquanto uma regra infinitária constrói novos elementos a partir de conjuntos infinitos de elementos conhecidos.

[4]Relembra-se que $O^0(B) = B$ e $O^{n+1}(B) = O(O^n(B))$.

- para cada passo indutivo da forma

$$h(c_1, \ldots, c_n) \in C_1 \text{ sempre que } c_1, \ldots, c_n \in C_1$$

o valor de $f(h(c_1, \ldots, c_n))$ deve ser descrito como função dos valores $f(c_1), \ldots, f(c_n)$.

Nesta situação, diz-se que a aplicação f foi *indutivamente definida na estrutura de* C_1. Note-se a necessidade de se assumir que o conjunto é definido indutivamente de forma livre de modo a garantir que a aplicação f está bem definida.

Por exemplo, considere a aplicação $f : E \to \mathbb{N}$ tal que:

1. $f(0) = 0$;

2. $f(k + 2) = f(k) + 1$ para cada $k \in E$.

Dada a natureza indutiva de E, as cláusulas 1 e 2 descritas acima são suficientes para determinar o valor de f quando aplicado a qualquer elemento de E. O leitor deverá ser capaz de verificar que

$$f(k) = k/2$$

qualquer que seja $k \in E$.

1.4   Demonstrações por indução

O leitor provavelmente está familiarizado com as demonstrações por indução sobre os números naturais, utilizando o princípio simples seguinte:

Indução sobre $\mathbb{N}$

Partindo de

$$\begin{cases} \text{(Base)} & \alpha(0) \\ \text{(Passo)} & \text{para todo o } n \in \mathbb{N}: \\ & \text{se } \alpha(n) \\ & \text{então } \alpha(n + 1), \end{cases}$$

conclui-se

$$\text{para todo o } n \in \mathbb{N} : \alpha(n).$$

Quando se demonstra o passo indutivo, é necessário derivar $\alpha(n+1)$ a partir de $\alpha(n)$ a que se chama *hipótese de indução* (HI). A variante dita completa do princípio acima é frequentemente útil quando é necessário invocar a hipótese de indução $\alpha(k)$ sobre qualquer $k < n + 1$:

Indução completa sobre $\mathbb{N}$

Partindo de

$$\begin{cases} \text{(Base)} & \alpha(0) \\ \text{(Passo)} & \text{para todo o } n \in \mathbb{N}: \\ & \text{se para todo o } k < n + 1 : \alpha(k) \\ & \text{então } \alpha(n + 1), \end{cases}$$

conclui-se

$$\text{para todo o } n \in \mathbb{N} : \alpha(n).$$

Deixa-se ao cuidado do leitor interessado verificar que a indução completa sobre $\mathbb{N}$ pode ser enunciada de forma mais elegante do modo seguinte:

Indução completa sobre $\mathbb{N}$

Partindo de

$$\begin{array}{ll} \text{(Passo)} & \text{para todo o } n \in \mathbb{N}: \\ & \text{se para todo o } k < n : \alpha(k) \\ & \text{então } \alpha(n), \end{array}$$

conclui-se

$$\text{para todo o } n \in \mathbb{N} : \alpha(n).$$

As demonstrações por indução não são apenas usadas para verificar propriedades sobre os números naturais. O princípio mais geral pode ser aplicado a qualquer pré-ordem bem fundada.

Relembra-se que uma relação binária $\preccurlyeq$ num conjunto C é uma *pré-ordem* se for reflexiva e transitiva. Tal relação diz-se *bem fundada* se qualquer subconjunto não vazio D de C tem elemento minimal. Ou seja, a relação é bem fundada se para todo o $D \subseteq C$ não vazio existe $e \in D$ para o qual não existe $d \in D$ tal que $d \prec e$, onde a relação $\prec$ é a ordem estrita induzida por $\preccurlyeq$ que se descreve da forma seguinte

$$a_1 \prec a_2 \quad \text{se} \quad \begin{cases} a_1 \preccurlyeq a_2 \\ a_1 \not\succcurlyeq a_2, \end{cases}$$

sendo a relação $\approx$ de equivalência induzida por $\preccurlyeq$ definida como

$$a_1 \approx a_2 \;\; \text{se} \;\; \begin{cases} a_1 \preccurlyeq a_2 \\ a_2 \preccurlyeq a_1. \end{cases}$$

Note-se que $\approx$ é na verdade uma relação de equivalência uma vez que, tal como o leitor pode facilmente verificar, é reflexiva, simétrica e transitiva.

Indução estrutural sobre pré-ordem bem fundada $\preccurlyeq$ em C

Partindo de

(Passo)   para todo o $c \in C$:

      se para todo o $d \prec c : \alpha(d)$

      então $\alpha(c)$,

conclui-se

      para todo o $c \in C : \alpha(c)$.

Claramente, os princípios de indução sobre $\mathbb{N}$ podem ser demonstrados por indução estrutural. Esta verificação é deixada como exercício para o leitor interessado.

Como exemplo ilustrativo de indução estrutural sobre pré-ordem bem fundada, veja-se a demonstração do facto seguinte:

$$\text{para todo } e \in E : e \equiv 0 \bmod 2.$$

Dados $n_1, n_2, n \in \mathbb{Z}$, recorde que n_1 e n_2 se dizem *congruentes módulo* n, o que se escreve

$$n_1 \equiv n_2 \bmod n,$$

se a sua diferença $n_1 - n_2$ é múltiplo de n.

A demonstração é realizada usando uma pré-ordem bem fundada

$$\preccurlyeq \subset E^2$$

induzida pela definição indutiva de E. A regra $k + 2 \in E$ sempre que $k \in E$ impõe que $k \prec k + 2$ para cada $k \in E$. A pré-ordem pretendida $\preccurlyeq$ obtém-se do fecho transitivo e reflexivo desta relação binária $\prec$. Esta pré-ordem, como o leitor pode facilmente verificar, é realmente bem fundada. Note-se que em definições indutivas livres como esta, a pré-ordem induzida $\preccurlyeq$ é de facto uma ordem parcial uma vez que também é antissimétrica.

Usando a hipótese de indução

$$\text{qualquer que seja } d \prec e : d \equiv 0 \bmod 2,$$

tem de se demonstrar que

$$e \equiv 0 \mod 2$$

se verifica. Existem dois casos a considerar:

- ou $e = 0$, caso em que $0 \equiv 0 \mod 2$ uma vez que 0 é múltiplo de 2;

- ou $e \neq 0$, caso em que $e - 2 \prec e$ e, por HI, $e - 2 \equiv 0 \mod 2$, de onde se pode concluir que

$$(e - 2) + 2 \equiv 0 \mod 2$$

e, portanto, $e \equiv 0 \mod 2$.

Finalmente, a tese resulta por indução estrutural sobre $\preceq$.

Esta ideia pode ser utilizada para aplicar a indução estrutural à pré-ordem bem fundada induzida por qualquer definição indutiva de um conjunto. Nesses casos, diz-se que a demonstração é realizada por *indução sobre a estrutura* de cada elemento.

Observe-se que, para cada passo da forma

$$h(c_1, \ldots, c_n) \in C \text{ sempre que } c_1, \ldots, c_n \in C$$

da definição indutiva de C, a ordem parcial induzida $\preceq$ é tal que :

$$c_i \prec h(c_1, \ldots, c_n) \text{ para } i = 1, \ldots, n.$$

A indução estrutural pode e será frequentemente usada para demonstrar que a propriedade se verifica para qualquer elemento do conjunto C para o qual se conhece uma aplicação $f : C \to \mathbb{N}$. Neste caso, diz-se que a demonstração é realizada por *indução sobre f*. De facto, a aplicação f induz a pré-ordem bem fundada seguinte sobre C:

$$c_1 \preceq_f c_2 \text{ se } f(c_1) \leq f(c_2).$$

Esta técnica é frequentemente adotada por lógicos para demonstrar propriedades sobre termos, fórmulas ou derivações, usando aplicações como por exemplo a profundidade ou o comprimento.

1.5 Programação em *Mathematica*

Assume-se que o leitor tem, pelo menos, conhecimentos rudimentares de programação, usando preferencialmente uma linguagem imperativa de alto nível. Neste livro, os procedimentos são frequentemente escritos em *Mathematica* [52, 8], uma linguagem de programação contemporânea (com capacidade de processamento simbólico e um vasto número de funções pré-programadas), de muito alto nível, de fácil aprendizagem para os níveis de sofisticação exigidos neste trabalho.

Nesta secção é feita uma breve introdução ao *Mathematica* virada para aqueles que não conhecem esta linguagem de programação. Como primeiro exemplo das construções básicas nesta linguagem, considerem-se as três alternativas seguintes de procedimentos para se calcular a soma de todos os números naturais até um parâmetro k:

- Imperativa:

$$
\begin{aligned}
&\text{Function}[k, \\
&\quad j = 0; \\
&\quad s = 0; \\
&\quad \text{While}[j \leq k \\
&\quad\quad s = s + j; \\
&\quad\quad j = j + 1 \\
&\quad]; \\
&\quad s \\
&]
\end{aligned}
$$

Observe-se que o valor devolvido pela função é o valor determinado na última expressão, e portanto é necessário concluir o procedimento com o cálculo de s.

- Recursiva:

$$
\begin{aligned}
f = &\text{Function}[k, \\
&\quad \text{If}[k == 0, \\
&\quad\quad 0, \\
&\quad\quad k + f[k - 1] \\
&\quad] \\
&]
\end{aligned}
$$

Note-se que a aplicação de uma função h a um argumento x é escrita em *Mathematica* na forma $h[x]$.

- Funcional:

$$
\begin{aligned}
&\text{Function}[k, \\
&\quad \text{Apply}[\text{Plus}, \text{Table}[i, \{i, k\}]] \\
&]
\end{aligned}
$$

A expressão Table[$h[i]$, $\{i, m\}$] denota a lista $\{h[1], \ldots, h[m]\}$ que pode ser representada em *Mathematica* pela expressão List[$h[1], \ldots, h[m]$].

A função primitiva Apply da linguagem de programação *Mathematica* substitui a cabeça do segundo argumento (no caso descrito, List) pelo primeiro argumento (no caso descrito, Plus). Assim, o resultado anterior é, como pretendido, Plus[$h[1], \ldots, h[m]$].

A propósito do exemplo, é de referir que a lista vazia é denotada em *Mathematica* por $\{\,\}$ ou por List[], e $w[[i]]$ denota o i-ésimo elemento da lista w, enquanto $a[[i, j]]$ e $a[[i]][[j]]$ representam ambos o elemento a_{ij} da matriz a (representada em *Mathematica* como uma lista de listas, isto é, como uma lista de linhas).

De forma mais geral, se a é uma expressão, então $a[[i, j]]$ e $a[[i]][[j]]$ representam o j-ésimo argumento do i-ésimo argumento da expressão. Por exemplo,

$$h[c, g[x, y]][[2, 1]] \text{ é } x.$$

Além disso, $a[[0]]$ é a cabeça da expressão a. Portanto,

$$h[c, g[x, y]][[0]] \text{ é } h$$

e

$$h[c, g[x, y]][[2, 0]] \text{ é } g.$$

Contudo,

$$h[c, g[x, y]][[1, 0]] \text{ é Symbol,}$$

enquanto

$$h[c[], g[x, y]][[1, 0]] \text{ é } c.$$

Por esta razão, mais à frente, quando forem manipulados termos e fórmulas, os termos atómicos (variáveis e constantes) são representados explicitamente como funções sem argumentos. Assim, por exemplo, a variável x é representada nos procedimentos do Capítulo 4 por $x[\,]$.

Outras funções primitivas da linguagem *Mathematica* usadas neste livro que operam sobre listas têm significado óbvio, como por exemplo, Length, First, Rest e Append. A função Map é usada para aplicar o primeiro argumento (uma função) a cada elemento do segundo argumento (uma lista). A função Take é aqui usada apenas da forma seguinte: Take[w, n] é a lista dos primeiros n elementos da lista w. Todas estas funções também podem ser usadas na manipulação de expressões. Por exemplo, Length aplicada a $f[a, b, c]$ retorna 3.

Por esta altura, o leitor terá já dado conta que todas as funções primitivas da linguagem *Mathematica* começam por uma letra maiúscula. Por essa razão, recomenda-se o uso de letras minúsculas na nomeação de objetos introduzidos por quem programa.

As sequências de caracteres são representadas como habitualmente na maioria das linguagens de programação. Por exemplo, "*abc*" simboliza a sequência abc de comprimento 3. Como se esperava, muitos dos procedimentos deste livro envolvem sequências. Contudo, apenas algumas funções primitivas da linguagem *Mathematica* que lidam com sequências são necessárias, nomeadamente:

- StringLength que obviamente retorna o comprimento da sequência argumento.

- StringTake que funciona como a função Take mas para sequências.

- ToString que quando aplicada a uma expressão da linguagem *Mathematica* devolve a sequência de caracteres correspondente.

- SyntaxQ que quando aplicada a uma sequência de caracteres verifica se é possível que esta seja usada como uma expressão bem formada da linguagem *Mathematica*.

- ToExpression que analisa o argumento de uma sequência e devolve a expressão correspondente em *Mathematica* quando esta é uma expressão bem formada.

A concatenação de sequências em *Mathematica* é definida pelo operador binário <>. Por exemplo, "*abc*" <> "*xy*" resulta na sequência "*abcxy*".

No que diz respeito a caracteres, apenas serão usadas duas funções primitivas da linguagem *Mathematica*:

- FromCharacterCode que devolve o caracter cujo código é dado como argumento.

- ToCharacterCode que faz inverso da anterior.

Quanto a expressões numéricas, note-se que, à semelhança da linguagem quotidiana dos matemáticos, $x\,y$ significa $x \times y$ em *Mathematica*. Por outro lado, o *Mathematica* é semelhante a outras linguagens de programação de alto nível.

As expressões Booleanas também seguem a sintaxe habitual. Constantes primitivas, como True e False são autoexplicativas, assim como os conetivos funcionais Not, And e Or. Os dois últimos conetivos têm as variantes infixas && e ||. Para além disso, os conetivos lógicos usuais poderão também ser usados: ¬, ∧ e ∨.

Predicados infixos primitivos incluem ==, ===, != (também escrito ≠), =!=, ≤ (também escrito <=), etc. A igualdade forte (===) e a sua negação (=!=) avaliam sempre como True ou False, enquanto que a igualdade fraca (==) e a sua negação (!=) avaliam retardadamente. A diferença é especialmente importante quando se trabalha no nível simbólico. Por exemplo, se não são atribuídos *a priori* valores a x e a y, o valor de $x == y$ é a própria expressão enquanto que o valor de $x === y$ é False. Predicados funcionais primitivos em *Mathematica* têm nomenclaturas terminadas em Q, por exemplo, EvenQ e SyntaxQ.

A função FactorInteger, quando aplicada a um número natural maior que 1, retorna a lista de pares {número primo, potência} da factorização em primos do argumento, ordenada pelo primeiro elemento de cada par. Por exemplo,

$$\text{FactorInteger}[40] \text{ devolve } \{\{2, 3\}, \{5, 1\}\}.$$

Para terminar, refere-se a função primitiva TimeConstrained a qual, quando aplicada a um procedimento p, a um número natural t e a um valor v, executa p até ao máximo de t unidades de tempo, retornando v se a computação é interrompida. Esta função primitiva é usada na definição seguinte da função stceval *(computação com sucesso e constrangimento temporal)*[5] que será bem aproveitada no Capítulo 3:

stceval$[e\_, t\_, v\_] :=$ Check$[$TimeConstrained$[e, t, v], v]$;
SetAttributes$[$stceval, HoldFirst$]$

De acordo com esta definição,

$$\text{stceval}[e, t, v]$$

retorna o valor da expressão e se a avaliação termina sem erro em menos de t unidades de tempo, retornando v no caso contrário.

---

[5]No original, success and time constrained evaluation.

Parte I

Formalização da Matemática

Capítulo 2

Programa de Hilbert

O grande matemático David Hilbert acreditava que toda a Matemática poderia ser desenvolvida de forma axiomática, de modo análogo ao que conseguira fazer com a Geometria [26]. Uma das suas grandes preocupações era o problema da coerência da Matemática. Em particular, a coerência da axiomatização da Geometria, por ele proposta, fora estabelecida através da apresentação de um modelo baseado nos números reais. Contudo, a coerência do Cálculo estava também em causa, uma vez que dependia de modelos baseados em conjuntos. Recorde-se que naquela época a Teoria dos Conjuntos se confrontava com os problemas causados pelo paradoxo de Bertrand Russell (veja-se em [51] a carta original enviada a Gottlob Frege).

Nessa altura, Hilbert concluiu que se deveria demonstrar a coerência de uma axiomatização sem recorrer a outras teorias, por um método directo baseado em técnicas puramente mecanizáveis de manipulação simbólica.[1] Este é o segundo problema da famosa lista de vinte e três problemas propostos por Hilbert no Congresso Internacional de Matemáticos de 1900. Hilbert formulou ainda uma outra questão importante relacionada com a sua ideia de formalização da matemática: Será que todo o problema matemático é decidível? Nos anos seguintes, Hilbert contribuiu para o desenvolvimento do cálculo de predicados de primeira ordem (veja-se uma tradução em [28]), onde o seu intuito era desenvolver axiomatizações de diferentes fragmentos da Matemática e as respetivas demonstrações da sua coerência e decidibilidade.

O programa de formalização da Matemática, que começara desta forma, impulsionado por Hilbert, sofreu um duro revés em 1931, devido aos famosos teoremas demonstrados por Kurt Gödel sobre a incompletude da aritmética dos números naturais (veja-se o seu artigo original em [20]).

---

[1] Actualmente, dir-se-ia recorrendo a um programa de computador.

Repare-se que a aritmética dos números naturais é um fragmento muito simples de Matemática (pelo menos quando comparado com outros tópicos desta ciência) e, mesmo assim, a sua formalização foi demonstrada ser impossível por Gödel.

Não obstante o fracasso do programa de Hilbert, os trabalhos realizados no sentido da formalização da Matemática, contribuíram significativamente para o advento dos computadores tal como são entendidos hoje e, portanto, para a última revolução industrial.

No que diz respeito ao papel desempenhado pela lógica formal na Matemática, os resultados negativos supra mencionados devem ser contrabalançados com algumas das conclusões positivas resultantes do programa de Hilbert:

- Demonstração em 1929 por Kurt Gödel da completude do cálculo de primeira ordem (na sua tese de doutoramento reproduzida e traduzida em [20]), capturando assim num sistema simbólico as propriedades dos quantificadores e dos conetivos lógicos como instrumentos basilares do raciocínio matemático.

- Demonstração em 1936 por Gerhard Gentzen, usando técnicas puramente simbólicas, de que a lógica de predicados de primeira ordem é coerente (veja-se [18]).

- Formalização parcial em lógica de primeira ordem de fragmentos úteis da Matemática contemporânea, usando com frequência a teoria de conjuntos de Zermelo-Fraenkel que, evitando o paradoxo de Russell, captura uma parte significativa do conhecimento matemático sobre conjuntos (para uma introdução veja-se o Capítulo 9 do livro [42] de Shoenfield).

- Demonstração da decidibilidade de várias teorias úteis, tais como a dos corpos reais fechados (Alfred Tarski em [47, 50]), corpos algebricamente fechados, aritmética de Presburger (Mojżesz Presburger [37]), álgebra de termos, álgebras Booleanas não atómicas, grupos Abelianos (Wanda Szmielew [44]), ordens lineares densas sem limites esquerdo e direito, e grafos aleatórios. Algumas destas teorias decidíveis são elementos preponderantes dos sistemas computacionais usados em Robótica, CAD (Computer Aided Design) e outras áreas de conhecimento com relevância económica.

Além disso, o trabalho realizado com o intuito de formalizar a Matemática ainda decorre seguindo em várias direções, seja relaxando a noção de procedimento, seja considerando outros fragmentos da Matemática que são formalizáveis no sentido tradicional. Esta última direção tem contribuido para extrair algoritmos de demonstrações construtivas. Portanto, parece ser justo repensar o programa de Hilbert numa perspetiva mais positiva do que atualmente é feito. Para mais detalhes sobre os impactos positivos do programa de Hilbert veja-se, por exemplo, a panorâmica em [54].

As noções de "linguagem formal" e "procedimento mecanizável" são o núcleo do programa de formalização da Matemática proposto por Hilbert. O estudo destas noções requer uma breve reflexão sobre o que é, hoje em dia, conhecida como Teoria da Computabilidade, outro resultado profícuo do programa. A Teoria da Computabilidade foi desenvolvida com as contribuições de Alan Turing, Alonzo Church e Stephen Kleene, entre outros.

Capítulo 3

Teoria da computabilidade

As noções básicas da teoria da computabilidade usadas neste livro são introduzidas neste capítulo, nomeadamente as de função computável, conjunto computável e conjunto computavelmente enumerável. Na literatura, é comum trabalhar-se dentro do universo dos números naturais (veja-se, por exemplo, [38, 6]). Aqui, estas noções são definidas para qualquer coleção de universos construídos a partir de alfabetos finitos. A noção rigorosa de Gödelização é usada para estabelecer a relação entre as duas abordagens. Demonstram-se alguns resultados úteis, como por exemplo, uma caracterização alternativa da enumerabilidade computável.

Os conceitos de alfabeto e de linguagem formal são apresentados na Secção 3.1. A tese de Church–Turing é discutida na Secção 3.2. A última secção termina com a justificação de definir função computável usando a linguagem de programação *Mathematica*.

As noções centrais e os resultados da teoria da computabilidade são desenvolvidos na Secção 3.3. As definições de função computável e de conjunto computável são dadas após as definições de enquadramento, de tipo, de universo, e conjunto formal. O problema da enumeração dos universos é discutido com profundidade antes de se apresentar a noção de conjunto computavelmente enumerável. As álgebras de conjuntos computáveis e de conjuntos computavelmente enumeráveis são analisadas ao longo do capítulo. Para além disso, são demonstrados vários resultados sobre diferentes caracterizações dos conjuntos computavelmente enumeráveis (entre as quais o teorema da projeção que desempenha um papel importante no Capítulo 14). A secção termina com alguns resultados referentes à computabilidade e à enumerabilidade computável da imagem e da imagem inversa dada por aplicação computável sobre conjunto computável ou computavelmente enumerável.

Na Secção 3.4, a noção de Gödelização é definida rigorosamente e os resultados chave de robustez são estabelecidos.

A Secção 3.5 concentra-se no conceito de função computável proposta por Kleene. Finalmente, as Secções 3.6 e 3.7 lidam brevemente com algumas questões mais avançadas da teoria da computabilidade, como a indecidibilidade do problema da terminação, as funções universais e a enumeração do conjunto das funções computáveis, mas apenas com a generalidade indispensável para o resto do livro.

3.1 Linguagens formais

Por *alfabeto* entende-se um conjunto contável e não vazio. Uma *linguagem formal* (ou simplesmente *linguagem*) *sobre um alfabeto* A é um subconjunto de A^*. Recorde-se que A^* representa o monoide livre gerado por A, isto é, o conjunto de todas as sequências finitas de elementos de A munido da operação concatenação $\oplus$ cujo elemento unidade é a sequência vazia ε. Neste cenário, os elementos do alfabeto são conhecidos como *símbolos* e os elementos da linguagem são designados por *palavras*. A linguagem completa A^* é conhecida por *universo linguístico* (ou, simplesmente, *universo*) sobre A. O comprimento de uma palavra w é denotado por $|w|$.

Daqui em diante, $\{1\}^*$ é identificado com o conjunto $\mathbb{N}$ dos números naturais, identificando ε com 0 e a concatenação com a soma, justificando em certa medida, a notação não ortodoxa adotada neste livro para concatenação.[1] De forma mais geral, a sequência de comprimento k é identificada com o número natural k (representação unária dos números naturais).

No contexto deste universo linguístico, pode-se questionar se a linguagem de números pares é computável. Por outras palavras, existirá um "algoritmo" que, dado um elemento de $\mathbb{N}$, vai responder se pertence ou não pertence a essa linguagem? A resposta a esta questão é obviamente positiva, mas levanta o problema de definir de forma rigorosa a noção de algoritmo.

Intuitivamente, um procedimento é uma receita que define a sequência de operações básicas a serem executadas sobre um qualquer tuplo de dados recebidos à partida. Um algoritmo é um procedimento cuja execução termina sempre, independentemente do tupo de dados de entrada, num número finito de passos. Considera-se que uma função é computável se existe um procedimento que calcula os seus valores: se a função está definida para um tuplo particular de dados de entrada, então a execução do procedimento sobre esse tuplo termina num número finito de passos, devolvendo como resultado o valor da função nesse tuplo; caso contrário, a execução do procedimento pode não terminar, e mesmo que termine não devolve qualquer resultado. Estas ideias são desenvolvidas de forma rigorosa nas secções sequentes.

---

[1] a maioria dos autores denotam a concatenação de w e w' por $w\,w'$.

3.2 Postulado de Church–Turing

Têm sido propostas várias abordagens para definir formalmente a noção de função computável, como por exemplo:

- Máquina de Alan Turing [48, 25, 49];

- Funções lambda-definíveis de Alonzo Church [10];

- Funções recursivas de Stephen Kleene [32];

- Máquina de Emil Post [36];

- Máquina universal de registos (uma abstração dos computadores contemporâneos) [41].

Tem vindo a ser mostrado caso a caso que estas noções formais de computabilidade são equivalentes, levando Kleene a propor o postulado seguinte que se tornou conhecido como *Tese de Church–Turing*:

> Qualquer função que possa ser aceite como computável, é computável formalmente por alguma máquina de Turing.

Isto é, qualquer noção formal de computabilidade identifica apenas funções computáveis à Turing.

Note-se que a Tese de Church–Turing não pode ser demonstrada. Apenas caso a caso é possível demonstrar que uma formalização particular de computabilidade apenas identifica como funções computáveis precisamente as funções computáveis à Turing.

É comum nos livros de texto sobre Lógica Matemática formalizar a noção de função computável utilizando as funções recursivas de Kleene. Aqui, em vez disso, adotamos a linguagem de programação *Mathematica* [52, 8], uma linguagem de programação contemporânea de muito alto nível (com capacidades de processamento simbólico e um grande número de funções pré-programadas) que é muito fácil de entender ao nível do que é exigido neste livro. Esta abordagem tem a vantagem de aproveitar a experiência do leitor em programação, mesmo usando uma linguagem de programação diferente.

Contudo, também é necessário trabalhar com formalizações mais simples da noção de computabilidade. Para os objetivos deste livro, a noção de Kleene (apresentada na Secção 3.5 deste capítulo) e a abordagem de Gödel (introduzida no Capítulo 12) são especialmente úteis.

3.3   Computabilidade em *Mathematica*

O objetivo desta secção é introduzir a noção de função computável na linguagem de programação *Mathematica* e ulteriormente os conceitos de conjunto computável e computavelmente enumerável.

Fixe-se um *enquadramento*, isto é, um conjunto finito $\mathcal{A}$ de alfabetos finitos tal que $\{1\} \in \mathcal{A}$ e cada $A \in \mathcal{A}$ está munido de uma ordem total estrita. Isto significa que, para cada $A \in \mathcal{A}$, existe uma relação binária, por exemplo $<_A$, tal que, para cada $a_1, a_2, a_3 \in A$:

- (totalidade) ou $a_1 <_A a_2$ ou $a_2 <_A a_1$ ou $a_1 = a_2$;

- (assimetria) se $a_1 <_A a_2$, então $a_2 \not<_A a_1$;

- (transitividade) se $a_1 <_A a_2$ e $a_2 <_A a_3$, então $a_1 <_A a_3$.

Por exemplo, a ordenação usual do alfabeto Latino é uma ordem total estrita. Duas quaisquer letras podem ser comparadas (por exemplo $\mathsf{p} < \mathsf{q}$). Além disso, a ordenação é assimétrica (não há a possibilidade de $\mathsf{q} < \mathsf{p}$), assim como é transitiva. A relação usual $<$ sobre os inteiros é outro exemplo de ordem total estrita.

A importância da hipótese de que cada alfabeto tem uma ordem estrita ficará clara com a demonstração da Proposição 8 abaixo.

Um *tipo* é uma sequência finita (possivelmente vazia) de alfabetos em $\mathcal{A}$. Um *conjunto formal* (ou simplesmente *conjunto*[2]) C de tipo não vazio $A_1 \ldots A_n \in \mathcal{A}^*$ é um subconjunto de $A_1^* \times \cdots \times A_n^*$. O conjunto $A_1^* \times \cdots \times A_n^*$ designa-se por *universo* de tipo $A_1 \ldots A_n$. Conveciona-se que o universo de tipo vazio ε é o conjunto $\{\varepsilon\}$. Por conseguinte, existem apenas dois conjuntos de tipo vazio: o conjunto vazio e o universo.

Sejam C_1 e C_2 conjuntos no enquadramento dado. Uma função $f : C_1 \rightharpoonup C_2$ diz-se *computável* se existe um procedimento p, escrito em *Mathematica*,[3] tal que:

- dado um elemento c em C_1 para o qual f está definida, a computação de $p[c]$ termina num número finito de passos, devolvendo $f(c)$;

- dado um elemento c em C_1 para o qual f não está definida, a computação de $p[c]$ não devolve um valor, devolvendo uma mensagem de erro ou nunca terminando.

---

[2]Assume-se que o leitor é capaz de inferir, a partir do contexto, quando se está a falar de um conjunto formal num enquadramento ou quando se está a falar de um conjunto do sentido informal da matemática.

[3]É imperativo assumir que não há restrições de memória. Omitem-se os detalhes de como codificar em *Mathematica* os alfabetos de um enquadramento, dado que não é necessário conhecer essa codificação para desenvolver a teoria.

Nesta situação, a função f diz-se computada ou calculada pelo procedimento p. Se f é uma aplicação (ou seja, é uma função total), então p é um algoritmo, uma vez que a sua execução deverá terminar sempre, independentemente dos dados introduzidos. Observe-se que nada é imposto ao comportamento do procedimento p quando são introduzidos dados que não estão em C_1.

Exercício 1 Qual será a cardinalidade do conjunto das funções computáveis de $\mathbb{N}$ para $\mathbb{N}$?

O conjunto de todas as funções computáveis (em *Mathematica*) denota-se por $\mathcal{C}$. É fácil verificar que qualquer função computável à Turing pertence a $\mathcal{C}$: é suficiente desenvolver um emulador para máquinas de Turing em *Mathematica*. O recíproco segue da Tese de Church–Turing.

Proposição 2 O conjunto $\mathcal{C}$ é fechado para a composição funcional.

Demonstração: Sejam $f : C_1 \rightharpoonup C_2$ e $g : C_2 \rightharpoonup C_3$ funções computáveis. Então a função $g \circ f : C_1 \rightharpoonup C_3$ é computada pelo procedimento seguinte em *Mathematica*:

```
Function[w,
    g[f[w]]
]
```

Tal como era esperado, para qualquer $w \in C_1$, a execução deste procedimento termina com o valor $(g \circ f)(w)$ caso $f(w)$ e $g(f(w))$ estejam ambos definidos, e não produz qualquer resultado caso contrário.   QED

Um conjunto C de tipo não vazio $A_1 \ldots A_n$ diz-se *computável* (ou *computavelmente decidível*, ou ainda, simplesmente, *decidível*) se a sua aplicação característica $\chi_C : A_1^* \times \cdots \times A_n^* \to \mathbb{N}$ é computável.

Intuitivamente falando, C é computável se, dado $w \in A_1^* \times \cdots \times A_n^*$, é possível decidir em tempo finito se w pertence ao conjunto ou ao seu complementar. Isto é, um algoritmo que compute a aplicação característica χ_C quando executado com o argumento w, termina com uma resposta afirmativa, no caso em que $w \in C$, ou com uma resposta negativa, no caso em que $w \in (A_1^* \times \cdots \times A_n^*) \setminus C$ (também se pode escrever $w \in C^c$ caso o tipo seja claro no contexto em causa).

Ambos os conjuntos de tipo vazio são computáveis pois as suas aplicações características são computáveis. Mais geralmente:

Proposição 3 Qualquer conjunto finito é computável.

Demonstração: Existem dois casos a considerar:
(i) Se $C = \emptyset$ então a sua aplicação característica é computada pelo algoritmo seguinte:

Function[w,
 0]

(ii) Caso contrário, seja $C = \{c_1, \ldots, c_k\}$ para algum $k \in \mathbb{N}^+$. Então, o algoritmo seguinte determina a sua aplicação característica:

Function[w,
 Which[
  $w == c_1$, 1,
  $\ldots$
  $w == c_k$, 1,
  True, 0
 ]
]

QED

Exercício 4 Seja $f : C_1 \rightharpoonup C_2$. Mostre que se o conjunto C_1 é finito, então f é computável.

Exercício 5 Mostre que qualquer universo é computável.

Uma *enumeração* de um conjunto C é uma aplicação sobrejetiva $f : \mathbb{N} \to C$. Observe-se que as enumerações não são obrigatoriamente injetivas. Em particular, qualquer aplicação de $\mathbb{N}$ para um conjunto singular C é uma enumeração de C.

O objetivo agora é construir, para cada tipo não vazio $A_1 \ldots A_n$, uma enumeração computável e injetiva do universo $A_1^* \times \cdots \times A_n^*$, aproveitando a ordem estrita de cada alfabeto. A construção é obtida por indução sobre o comprimento n do tipo. Para este fim, mostra-se que (i) existe uma tal enumeração do universo para qualquer tipo de comprimento 1, e (ii) se existir tal enumeração para qualquer tipo de comprimento n, então existe tal enumeração do universo para qualquer tipo de comprimento $n + 1$.

Proposição 6 A ordem total estrita de qualquer alfabeto $A \in \mathcal{A}$ induz uma enumeração injetiva computável de A^*.

Demonstração: Se o alfabeto é o conjunto singular $A = \{a\}$, tome-se[4]

$$\lambda k . k_{A^*} = \lambda k . \begin{cases} \varepsilon & \text{se } k = 0 \\ (k-1)_{A^*} \oplus a & \text{n.r.c.} \end{cases} : \mathbb{N} \to A^*$$

---

[4]Usa-se n.r.c. em vez de "nos restantes casos".

como enumeração injetiva computável.

Caso contrário, considere-se a função $S_A : A \rightharpoonup A$ tal que $S_A(a)$ é o menor elemento maior que a, caso existam tais elementos. Note-se que, identificando os elementos de A como palavras de comprimento 1, o próprio A pode ser visto como sendo de tipo A^*. Assim, S_A é computável uma vez que A é finito. Seja $\lambda k . k_A : \mathbb{N} \rightharpoonup A$ a função computável que para cada k devolve o k-ésimo elemento of A. Mais precisamente, 0_A é o menor elemento na ordem estrita em A e $(k+1)_A$ é $S_A(k_A)$. Considere-se também $\text{ord}_A : A \to \mathbb{N}$ a inversa de $\lambda k . k_A$ e $\top_A = \#A - 1$.

Para cada $m \in \mathbb{N}$, S_A é estendida computavelmente ao conjunto das palavras de comprimento m na ordenação lexicográfica. Finalmente, estende-se a A^* impondo que, para cada m, a última palavra de comprimento m seja seguida pela primeira palavra de comprimento $m+1$.

Mais concretamente, seja $\overline{S}_{A^*} : \{0, \ldots, \top_A\}^* \to \{0, \ldots, \top_A\}^*$ a aplicação tal que a palavra $\overline{S}_{A^*}(w)$ é obtida, recorrendo à aritmética na base $\#A$, do modo seguinte:[5]

1. constrói-se a palavra w' acrescentando $\top_A$ a w;

2. calcula-se $w'' = w' +_{\#A} 1$;

3. finalmente, obtém-se $\overline{S}_{A^*}(w)$ da palavra w'' removendo o primeiro elemento.

Então,
$$S_{A^*} = \lambda w . (\overline{S}_{A^*}(\text{ord}_A^*(w)))_A^* : A^* \to A^*,$$

onde ord_A^* e $\lambda w . w_A^*$ são as extensões ponto a ponto das aplicações ord_A e $\lambda k . k_A$ a sequências, respetivamente.

Finalmente, a enumeração pretendida $\lambda k . k_{A^*}$ é a aplicação que dado k devolve o k-ésimo elemento de A^* como se segue: 0_{A^*} é a sequência vazia e $(k+1)_{A^*}$ é $S_{A^*}(k_{A^*})$. Pode-se verificar facilmente que esta aplicação é injetiva, computável e é uma enumeração de A^*.   QED

Obviamente, quando $A = \{1\}$ e portanto $A^* = \mathbb{N}$, a enumeração construída na demonstração anterior é a aplicação identidade.

Proposição 7 Se existir uma enumeração injetiva computável de $A_1^* \times \cdots \times A_n^*$, então também existe uma enumeração injetiva computável de $A_1^* \times \cdots \times A_n^* \times A_{n+1}^*$.

---

[5]Seguindo a sugestão do nosso colega Paulo Mateus.

J	0	1	2	3	...
0	0	1	3	6	...
1	2	4	7	11	...
2	5	8	12	17	...
3	9	13	18	24	...
...	...	...	...	...	...

Figura 3.1: Bijeção J entre $\mathbb{N}^2$ e $\mathbb{N}$.

Demonstração: O resultado é facilmente estabelecido usando o facto (veja-se a Figura 3.1) de existir uma bijeção computável[6]

$$J : \lambda i, j . i + \frac{1}{2}((i+j)(i+j+1)) : \mathbb{N} \times \mathbb{N} \to \mathbb{N}$$

cuja a inversa

$$\text{zigzag} : \mathbb{N} \to \mathbb{N} \times \mathbb{N}$$

é também computável (encontrar um algoritmo que calcula zigzag é deixado como exercício para o leitor). De facto, partindo das enumerações computáveis injetivas g e h de $A_1^* \times \cdots \times A_n^*$ e de A_{n+1}^* respetivamente (a primeira por hipótese e a última graças à Proposição 6), pode-se deduzir uma enumeração injetiva de $A_1^* \times \cdots \times A_n^* \times A_{n+1}^*$ computada da forma seguinte:[7]

```
Function[k,
    g[zigzag[k][[1]]] ⊕ h[zigzag[k][[2]]]
]
```

QED

Proposição 8 Para cada tipo não vazio $A_1 \ldots A_n$ existe uma enumeração computável injetiva de $A_1^* \times \cdots \times A_n^*$.

Demonstração: O resultado segue por indução sobre n. A base é demonstrada na Proposição 6 e o passo na Proposição 7.   QED

No que se segue, para cada tipo não vazio $A_1 \ldots A_n \in \mathcal{A}^*$,

$$\lambda k . k_{A_1^* \times \cdots \times A_n^*}$$

---

[6]Adaptando a ideia de Georg Cantor para mostrar que $\mathbb{Q}$ é contável.
[7]Usando $\oplus$ para a concatenação de tuplos, (listas em *Mathematica*).

denota a *enumeração padrão do universo* de tipo $A_1 \ldots A_n$ construída na demonstração do resultado anterior. A única enumeração do universo de tipo ε é a aplicação $\lambda k . \varepsilon$, que no seguimento também será referenciada como sendo a enumeração padrão do universo de tipo vazio, não obstante o facto de não ser injetiva.

É frequentemente necessário usar-se tipos potência. Dado um alfabeto A em $\mathcal{A}$, para cada $n \in \mathbb{N}$, a aplicação

$$\lambda k . k_{(A^*)^n}$$

diz-se a enumeração padrão do universo $(A^*)^n$ de tipo

$$\overbrace{A \ldots A}^{n \text{ vezes}} .$$

Claramente, para $n = 0$, esta enumeração padrão é a aplicação $\lambda k . \varepsilon$.

Observe-se que os resultados seguintes são robustos, no sentido em que não dependem da enumeração padrão escolhida para cada universo.

Um conjunto C diz-se *computavelmente enumerável* (ou *computavelmente semidecidível*, ou simplesmente, *semidecidível*) se é vazio ou admite uma enumeração computável.

Intuitivamente, C é computavelmente enumerável se, dado $w \in C$, é possível verificar este facto num número finito de passos. Uma vez que neste cenário $C \neq \emptyset$, faz-se uso do algoritmo que computa uma enumeração f de C da forma seguinte: verifica-se se $f(i) = w$ para valores consecutivos de i começando em 0. Se de facto $w \in C$, então, após um número finito de tentativas, um k tal que $f(k) = w$ será encontrado. Caso contrário, este procedimento de verificação nunca terminará.

Observe-se que qualquer universo é computavelmente enumerável graças à Proposição 8 e à computabilidade de $\lambda k . \varepsilon$. Mais geralmente:

Proposição 9 Qualquer conjunto computável é computavelmente enumerável.

Demonstração:

(i) Se o conjunto é de tipo vazio, então é computável e ou é vazio ou é o conjunto singular $\{\varepsilon\}$. No primeiro caso, é computavelmente enumerável por definição. No segundo caso, é enumerado por $\lambda k . \varepsilon$.

(ii) Seja C conjunto computável de tipo não vazio $A_1 \ldots A_n$. Se C é vazio, então é computavelmente enumerável por definição. Caso contrário, existe $c \in C$. Então, o algoritmo seguinte computa uma enumeração do conjunto C:

```
Function[k,
    If[k_{A_1^* × ··· × A_n^*} ∈ C,
        k_{A_1^* × ··· × A_n^*},
        c
    ]
]
```

Tal como pretendido, a função computada é uma aplicação sobrejetiva de $\mathbb{N}$ para C.   QED

O recíproco do resultado anterior não se verifica em geral, como se verá na Secção 3.6, onde é apresentado um exemplo de um conjunto computavelmente enumerável que não é computável.

A proposição que se segue fornece uma condição suficiente para que *a função característica* de um conjunto (que coincide com a aplicação característica para elementos do conjunto e indefinida caso contrário) seja computável.

Proposição 10 Seja C conjunto de tipo não vazio $A_1 \ldots A_n$. Se C é computavelmente enumerável, então a função $h : A_1^* \times \cdots \times A_n^* \rightharpoonup \mathbb{N}$ tal que

$$h(w) = \begin{cases} 1 & \text{se } w \in C \\ \text{indefinido} & \text{n.r.c.} \end{cases}$$

é computável.

Demonstração: Se C é vazio, a tese verifica-se pois a função λw. indefinido (cujo domínio é o conjunto vazio) é fácil de computar, por exemplo, como se segue:

```
Function[w,
    While[True,
        Null
    ]
]
```

Caso contrário, a função pretendida é computada pelo procedimento seguinte, onde f é uma enumeração computável de C:

```
Function[w,
    k = 0;
    While[f[k] != w,
        k = k + 1
    ];
    1
]
```

A execução deste procedimento a partir de w termina (com o valor 1) quando existe um k tal que $f(k)$ é igual w. Isto acontece apenas se w for elemento de C. Por outro lado, cada elemento de C é capturado uma vez que existe sempre um tal k. As computações que não terminam ocorrem quando $w \notin C$ e portanto a função computada pelo procedimento está indefinida para esses elementos.   QED

Convida-se o leitor a verificar que o resultado anterior também é válido para conjuntos de tipo vazio.

O teorema que se segue fornece uma caracterização muito importante e útil de conjuntos computavelmente enumeráveis que desempenhará um papel chave no Capítulo 14.

Proposição 11 (Teorema da projeção)
Sejam $A_1 \ldots A_n$ e $B_1 \ldots B_{n'}$ de tipos não vazios. Então, um conjunto C de tipo $A_1 \ldots A_n$ é computavelmente enumerável se e só se existe um conjunto computável R de tipo $A_1 \ldots A_n B_1 \ldots B_{n'}$ tal que:

$$c \in C \Leftrightarrow \exists d \in B_1^* \times \cdots \times B_{n'}^* : c \oplus d \in R.$$

Demonstração: ($\leftarrow$):
Seja R conjunto computável de tipo $A_1 \ldots A_n B_1 \ldots B_{n'}$ e

$$C = \{c \in A_1^* \times \cdots \times A_n^* : \exists d \in B_1^* \times \cdots \times B_{n'}^* : c \oplus d \in R\}.$$

O objetivo é mostrar que C é computavelmente enumerável. Se C é vazio então é computavelmente enumerável. Caso contrário, seja c um elemento de C. Então o algoritmo seguinte estabelece uma enumeração de C:

```
Function[k,
    If[k_{A_1^* × ⋯ × A_n^* × B_1^* × ⋯ × B_{n'}^*} ∈ R,
        Take[k_{A_1^* × ⋯ × A_n^* × B_1^* × ⋯ × B_{n'}^*}, n],
        c
    ]
]
```

($\rightarrow$):
Seja C conjunto computavelmente enumerável de tipo $A_1 \ldots A_n$. Se $C = \emptyset$, tome-se R como sendo o conjunto vazio de tipo $A_1 \ldots A_n B_1 \ldots B_{n'}$, que claramente é computavelmente enumerável e satisfaz a propriedade pedida. Caso contrário, suponha-se que C é enumerado por uma função computável $f : \mathbb{N} \to C$. Tome-se

$$R = \{c \oplus k_{B_1^* \times \cdots \times B_{n'}^*} : f(k) = c\}$$

que é de tipo pretendido e satisfaz

$$c \in C \Leftrightarrow \exists d \in B_1^* \times \cdots \times B_{n'}^* : c \oplus d \in R$$

uma vez que f é uma enumeração de C. Resta verificar que R é computável. Para isso, considere-se o algoritmo seguinte para computar a sua aplicação característica:

```
Function[{w_1, ..., w_n, v_1, ..., v_n'},
   If[f[ord[v_1, ..., v_n']] == {w_1, ..., w_n},
      1,
      0
   ]
]
```

onde ord é a inversa de $\lambda k . k_{B_1^* \times \cdots \times B_{n'}^*}$, que pode ser computada por:

```
Function[{v_1, ..., v_n'},
   k = 0;
   While[k_{B_1^* \times \cdots \times B_{n'}^*} != {v_1, ..., v_n'},
      k = k + 1
   ];
   k
]
```

QED

O resultado seguinte fornece uma outra caracterização importante de conjuntos computavelmente enumeráveis usando funções computáveis.

Proposição 12 Um conjunto é computavelmente enumerável se e só se é o domínio de alguma função computável com um conjunto de partida computável.

Demonstração: O caso em que o conjunto é de tipo vazio é deixado como exercício. Caso contrário:

($\rightarrow$): Consequência imediata da Proposição 10.

($\leftarrow$): Seja $C = \operatorname{dom} h$ para alguma função computável $h : C_1 \rightharpoonup C_2$, em que o conjunto computável C_1 e o conjunto C_2 são dos tipos $A_1 \ldots A_n$ e $B_1 \ldots B_{n'}$, respetivamente. Se C é vazio, então é computavelmente enumerável. Caso contrário, existe $c \in C$. Para além disto, escolha-se $e \notin C_2$, por exemplo o tuplo $(1, \ldots, 1) \in \{1\}^{n'+1}$. Então, o algoritmo seguinte calcula uma enumeração do conjunto C:

```
Function[k,
    i = k_{N×N}[[1]];
    j = k_{N×N}[[2]];
    If[i_{A_1^* ×···× A_n^*} ∉ C_1 ∨ stceval[h[i_{A_1^* ×···× A_n^*}], j, e] == e,
        c,
        i_{A_1^* ×···× A_n^*}
    ]
]
```

Seja f a aplicação que é computada por este algoritmo. Há que verificar os dois requisitos seguintes:

(a) Para todo o $w \in C$, existe $k \in \mathbb{N}$ tal que $f(k) = w$.

Assuma-se que $w \in C$. Dado que $C \subseteq A_1^* \times \cdots \times A_n^*$, existe $i \in \mathbb{N}$ tal que $i_{A_1^* \times \cdots \times A_n^*} = w$. Da hipótese $C = \operatorname{dom} h \subseteq C_1$, segue que $i_{A_1^* \times \cdots \times A_n^*} \in C_1$ e que existe $j \in \mathbb{N}$ tal que a execução a partir de $i_{A_1^* \times \cdots \times A_n^*}$ do procedimento usado para computar h termina após j passos. Ou seja, existem i e j tais que a condição

$$i_{A_1^* \times \cdots \times A_n^*} \notin C_1 \vee \mathsf{stceval}[\mathsf{Function}[x, 1][h[i_{A_1^* \times \cdots \times A_n^*}]], j, e] == e$$

é falsa. Seja k tal que $k_{\mathbb{N} \times \mathbb{N}} = (i, j)$. Então a execução a partir de k do algoritmo proposto para computar f termina com o valor $i_{A_1^* \times \cdots \times A_n^*} = w$ como pretendido.

(b) Para todo o $k \in \mathbb{N}$, $f(k) \in C$.

Tendo em vista uma demonstração por *reductio ad absurdum*, assuma-se que $f(k) \notin C$. Então, uma vez que caso contrário a execução a partir de k do algoritmo proposto devolveria c pertencente a C, a condição

$$i_{A_1^* \times \cdots \times A_n^*} \notin C_1 \vee \mathsf{stceval}[\mathsf{Function}[x, 1][h[i_{A_1^* \times \cdots \times A_n^*}]], j, e] == e$$

tem de ser falsa para $i = k_{\mathbb{N} \times \mathbb{N}}[[1]]$ e $j = k_{\mathbb{N} \times \mathbb{N}}[[2]]$. Isto significa que

$$i_{A_1^* \times \cdots \times A_n^*} \in C_1$$

e a execução a partir de $i_{A_1^* \times \cdots \times A_n^*}$ do algoritmo usado para computar h termina em j passos. Assim, $i_{A_1^* \times \cdots \times A_n^*} \in \operatorname{dom} h = C$. Além disso, neste caso

$$f(k) = i_{A_1^* \times \cdots \times A_n^*}$$

e, portanto, $f(k) \in C$, que contradiz a hipótese $f(k) \notin C$.   QED

De acordo com o resultado anterior, os conjuntos computavelmente enumeráveis são os domínios das funções computáveis com um conjunto de partida computável. De facto, o leitor interessado deverá ser capaz de mostrar que é possível relaxar a hipótese sobre o conjunto de partida. O leitor poderá indagar também se um resultado semelhante se verifica para conjuntos imagem de funções computáveis. O próximo resultado dá resposta afirmativa a esta questão no que diz respeito a funções com um conjunto de partida computável.

Proposição 13 Um conjunto é computavelmente enumerável se e só se é a imagem de uma função computável com um conjunto de partida computável.

Demonstração:

($\rightarrow$) Se o conjunto é vazio, então é o conjunto imagem da função λk. indefinido, que é computável. Caso contrário, este admite uma enumeração computável; assim, é o conjunto imagem dessa enumeração.

($\leftarrow$) Sejam C_1 conjunto computável, $f : C_1 \rightharpoonup C_2$ função computável e

$$C = \operatorname{img} f = f(\operatorname{dom} f).$$

Se C é vazio, então é computavelmente enumerável. Caso contrário, dom f é também não vazio. Portanto, graças à proposição anterior, dom f admite uma enumeração computável h. Então, $f|_{\operatorname{dom} f} \circ h$ é uma enumeração computável de C.   QED

As propriedades de fecho (nomeadamente, para intersecções, uniões, produto Cartesiano e complementação) das classes dos conjuntos computavelmente enumeráveis e conjuntos computáveis serão agora investigadas, deixando algumas das demonstrações para o leitor.[8]

Proposição 14 A classe dos conjuntos computavelmente enumeráveis de certo tipo dado é fechada para as operações binárias de interseção e união.

Demonstração: Daqui em diante, considera-se apenas a união binária de conjuntos de certo tipo não vazio, deixando o outro caso como exercício. Observe-se primeiramente que se C_1 e C_2 são conjuntos de tipo $A_1 \ldots A_n$, isto é, se C_1 e C_2 são subconjuntos de $A_1^* \times \cdots \times A_n^*$, então a sua união é também um subconjunto de $A_1^* \times \cdots \times A_n^*$ ou seja, por outras palavras, a sua união é também de tipo $A_1 \ldots A_n$. Resta demonstrar que $C_1 \cup C_2$ é computavelmente enumerável quando C_1 e C_2 são ambos computavelmente enumeráveis. Existem dois casos a considerar:

(a) Ou C_1 ou C_2 é vazio:

Sem perda de generalidade, suponha que $C_1 = \emptyset$. Então $C_1 \cup C_2 = C_2$ e,

---

[8]Ao longo do texto, o leitor deverá tentar primeiro demonstrar os resultados enunciados sem ver a sua demonstração na Parte IV.

portanto, $C_1 \cup C_2$ é computavelmente enumerável, uma vez que, por hipótese, C_2 é computavelmente enumerável.

(b) C_1 e C_2 são ambos não vazios:

Sejam $f_i : \mathbb{N} \to C_i$ computações enumeráveis de C_i para $i = 1, 2$. Considere-se o algoritmo seguinte

$$\begin{aligned}
&\mathsf{Function}[k, \\
&\quad \mathsf{If}[\mathsf{EvenQ}(k), \\
&\qquad f_1[\tfrac{k}{2}], \\
&\qquad f_2[\tfrac{k-1}{2}] \\
&\quad] \\
&]
\end{aligned}$$

Deixa-se para o leitor, a verificação que este algoritmo é uma enumeração de $C_1 \cup C_2$. \hfill QED

Como seria de esperar, a Proposição 14 pode ser estendida por indução a interseções finitas e uniões finitas.

Proposição 15 Seja I conjunto finito e, para cada $i \in I$, seja C_i conjunto computavelmente enumerável de tipo T. Então

$$\bigcap_{i \in I} C_i \quad e \quad \bigcup_{i \in I} C_i$$

são computavelmente enumeráveis.

Demonstração: O caso em que $T = \varepsilon$ é deixado como exercício para o leitor. Caso contrário, a demonstração é realizada por indução sobre a cardinalidade k do conjunto I:

$k = 0$:

Neste caso

$$\left(\bigcap_{i \in I} C_i \right) = \left(\bigcap_{i \in \emptyset} C_i \right) = A_1^* \times \cdots \times A_n^* \quad e \quad \left(\bigcup_{i \in I} C_i \right) = \left(\bigcup_{i \in \emptyset} C_i \right) = \emptyset.$$

Portanto,

$$\bigcap_{i \in I} C_i \quad e \quad \bigcup_{i \in I} C_i$$

são ambos computavelmente enumeráveis.

$k > 0$:

Escolha-se $j \in I$. Então, por hipótese de indução,

$$\bigcap_{i \in (I \setminus \{j\})} C_i \quad e \quad \bigcup_{i \in (I \setminus \{j\})} C_i$$

são computavelmente enumeráveis. Logo, pela Proposição 14,

$$\bigcap_{i \in I} C_i = \left(\bigcap_{i \in I \setminus \{j\}} C_i \right) \cap C_j$$

e

$$\bigcup_{i \in I} C_i = \left(\bigcup_{i \in I \setminus \{j\}} C_i \right) \cup C_j$$

são também computavelmente enumeráveis.   QED

Convida-se o leitor a apresentar um contraexemplo que mostre que a tese da proposição anterior não é necessariamente verdade sem a hipótese de I ter cardinalidade finita. No final deste capítulo estabelece-se uma condição suficiente para a enumerabilidade computável da união de uma coleção infinita de conjuntos computavelmente enumeráveis (Proposição 33).

Proposição 16 A classe dos conjuntos computavelmente enumeráveis é fechada para a operação de produto Cartesiano finito.

Observe-se que a classe dos conjuntos computavelmente enumeráveis não é fechada para a operação de complemento unário. Um exemplo será apresentado mais tarde. Mas a classe dos conjuntos computáveis é fechada para a complementação, assim como para a interseção finita, união finita e produto Cartesiano finito.

Proposição 17 A classe dos conjuntos computáveis é fechada para a operação unária de complementação.

Proposição 18 A classe dos conjuntos computáveis de um mesmo tipo é fechada para a interseção finita e a união finita. A classe dos conjuntos computáveis é fechada para o produto Cartesiano finito.

O leitor deverá ser capaz de dar um contraexemplo que mostre que a interseção e a união de uma coleção infinita de conjuntos computáveis não é necessariamente computável.

Os dois resultados seguintes dão condições suficientes úteis para que um conjunto seja computável.

Proposição 19 Seja C conjunto computável e $D \subseteq C$. Se D e $C \setminus D$ são computavelmente enumeráveis então são ambos computáveis.

Demonstração: A tese segue trivialmente se o tipo em questão é vazio. Seja C conjunto de tipo não vazio $A_1 \ldots A_n$ e $D \subseteq C$. Se D ou $C \setminus D$ é vazio, então o resultado é novamente trivial. Caso contrário, sejam $f_D : \mathbb{N} \to D$ e $f_{C \setminus D} : \mathbb{N} \to C \setminus D$ enumerações computáveis de D e $C \setminus D$, respetivamente. Então, o algoritmo seguinte computa a aplicação característica $\chi_D : A_1^* \times \cdots \times A_n^* \to \mathbb{N}$:

```
Function[w,
    If[w ∉ C,
        0,
        k = 0;
        While[fD[k] != w ∧ fC\D[k] != w,
            k = k + 1
        ];
        If[fD[k] == w, 1, 0]
    ]
]
```

Apresentar um algoritmo que compute $\chi_{C \setminus D}$ é deixado como exercício. QED

O resultado seguinte é uma consequência direta da Proposição 19 e do facto de o universo de qualquer tipo ser computável.

Proposição 20 (Teorema de Post)
Se um conjunto e o seu complementar são computavelmente enumeráveis, então são ambos computáveis.

Como será visto ulteriormente (na Secção 3.6), existem conjuntos computavelmente enumeráveis que não são computáveis. Seja C um desses conjuntos. Então, pelo teorema de Post, C^c não pode ser computavelmente enumerável, o que dá um contraexemplo que mostra que a enumerabilidade computável não é fechada para a complementação.

Os resultados seguintes abordam a questão da preservação da computabilidade e da enumerabilidade computável de conjuntos, por cálculo direto ou inverso de aplicações computáveis, mas apenas na medida em que sejam necessários no seguimento deste trabalho. Convida-se o leitor a verificar se estes resultados podem ser formulados para funções computáveis.

Proposição 21 Sejam $h : C_1 \to C_2$ aplicação computável e $D \subseteq C_1$. Se D é computavelmente enumerável, então $h(D)$ é também computavelmente enumerável.

Demonstração: Se D é vazio, então $h(D)$ é também vazio, e portanto computavelmente enumerável. Caso contrário, seja $f : \mathbb{N} \to D$ uma enumeração computável de D. Então $\breve{h} \circ f$ é uma enumeração computável de $h(D)$, onde $\breve{h} = \lambda d \, . \, h(d) : D \to h(D)$.   QED

Proposição 22 Sejam $h : A_1^* \times \cdots \times A_n^* \to C_2$ aplicação computável e $D \subseteq C_2$. Se D é computavelmente enumerável, então $h^{-1}(D)$ é também computavelmente enumerável.

Demonstração: Seja C_2 de tipo $B_1 \ldots B_{n'}$, deixando o caso de tipo vazio para o leitor. Como D é computavelmente enumerável, pela Proposição 11 existe um conjunto computável R de tipo $B_1 \ldots B_{n'} E$ tal que $d \in D \Leftrightarrow \exists e \in E^* : d \oplus e \in R$. Tome-se

$$Q = \{c \oplus e : h(c) \oplus e \in R\}$$

de tipo $A_1 \ldots A_n E$. Obviamente,

$$c \in h^{-1}(D) \Leftrightarrow \exists e \in E^* : c \oplus e \in Q.$$

Além disso, Q é computável. Logo, novamente pela Proposição 11, $h^{-1}(D)$ é computavelmente enumerável.   QED

A demonstração anterior ilustra o uso do teorema da projeção. Convida-se o leitor a elaborar uma demonstração alternativa usando a função característica de D.

Proposição 23 Sejam $h : A_1^* \times \cdots \times A_n^* \to C_2$ aplicação computável e $D \subseteq C_2$. Se D é computável, então $h^{-1}(D)$ é também computável.

Demonstração: É suficiente observar que $\chi_{h^{-1}(D)} = \lambda w \, . \, \chi_D(h(w))$.   QED

Por outro lado, a imagem de um conjunto computável por uma aplicação computável não é necessariamente computável. De facto, na Secção 3.6 dá-se um exemplo de um conjunto computavelmente enumerável que não é computável. Seja C esse conjunto (necessariamente não vazio). Seja $f : \mathbb{N} \to C$ uma das suas enumerações computáveis. Claramente, tal f dá o contraexemplo pretendido.

3.4   Gödelizações

Na sua demonstração da incompletude da aritmética, Kurt Gödel precisou de codificar na linguagem da própria aritmética as fórmulas e as derivações desta. Em homenagem ao seu trabalho, estas codificações são hoje em dia conhecidas por Gödelizações.

No contexto de um enquadramento $\mathcal{A}$, uma *Gödelização* de tipo não vazio $A_1 \ldots A_n$ é uma aplicação computável injetiva

$$g : A_1^* \times \cdots \times A_n^* \to \mathbb{N}$$

tal que :

- $g(A_1^* \times \cdots \times A_n^*)$ é um conjunto computável;

- $g^{-1} : g(A_1^* \times \cdots \times A_n^*) \to A_1^* \times \cdots \times A_n^*$ é uma aplicação computável.

As aplicações g e g^{-1} são conhecidas como aplicações de codificação e de descodificação, respetivamente, da Gödelização.

Observe-se que uma enumeração computável injetiva em $A_1^* \times \cdots \times A_n^*$ induz uma Gödelização de tipo não vazio $A_1 \ldots A_n$. Tome-se simplesmente a inversa da enumeração como g. Claramente, neste caso $g(A_1^* \times \cdots \times A_n^*) = \mathbb{N}$.

Os resultados seguintes mostram que as Gödelizações permitem trabalhar sempre no contexto dos números naturais.

Proposição 24 (Teorema da Gödelização)
Sejam g uma Gödelização e C um conjunto, ambos de tipo não vazio $A_1 \ldots A_n$. Então:

1. C é computavelmente enumerável se e só se $g(C)$ é computavelmente enumerável;

2. C é computável se e só se $g(C)$ é computável.

Demonstração:

1. ($\to$)
Consequência imediata da Proposição 21.

1. ($\leftarrow$)
Consequência imediata da Proposição 22, uma vez que, por g ser injetiva, $C = g^{-1}(g(C))$.

2. ($\to$)
Se C é computável, então C e C^c são ambos computavelmente enumeráveis. Assim, $g(C)$ e $g(C^c)$ são também computavelmente enumeráveis, graças à Proposição 21. Observe-se que

$$g(C^c) = g(A_1^* \times \cdots \times A_n^*) \setminus g(C)$$

pois g é injetiva. Assim, dado que $g(A_1^* \times \cdots \times A_n^*)$ é computável, pode aplicar-se a Proposição 19 para concluir que $g(C)$ é computável.

2. ($\leftarrow$)
Consequência imediata da Proposição 23, uma vez que $C = g^{-1}(g(C))$. QED

O requisito de computabilidade de g^{-1} não foi ainda necessário. Contudo é importante demonstrar o resultado seguinte.

Proposição 25 Sejam g_1 e g_2 Gödelizações e C_1 e C_2 conjuntos de tipos não vazios $A_1 \ldots A_n$ e $B_1 \ldots B_{n'}$, respetivamente. Então $f : C_1 \rightharpoonup C_2$ é computável se e só se

$$\lambda w \cdot g_2(f(g_1^{-1}(w))) : g_1(C_1) \rightharpoonup g_2(C_2)$$

é computável.

Por esta razão, a Teoria da Computabilidade tem sido tradicionalmente desenvolvida no universo dos números naturais. Nesta abordagem, quando é necessário estudar a computabilidade noutros universos (por exemplo, no das fórmulas da lógica de primeira ordem) começa-se por introduzir uma Gödelização e em seguida trabalha-se apenas com as imagens dadas por esta no conjunto dos números naturais. Neste livro prefere-se usar uma abordagem mais geral por duas razões. Primeira, a noção de Gödelização, necessária para codificar o raciocínio aritmético na própria aritmética, apenas pode ser rigorosamente definida adotando uma abordagem multiuniverso à Teoria da Computabilidade. Segunda, a linguagem de programação de alto nível adotada aqui facilita a definição direta de procedimento nos universos considerados, sem ser necessário recorrer a codificações no universo dos números naturais, com vantagens significativas na clareza da exposição e na facilidade de entendimento.

3.5 Computabilidade à Kleene

Embora a noção de procedimento supra adotada (usando a linguagem de programação *Mathematica*) seja completamente adequada para lidar com os problemas de decidibilidade da lógica de primeira ordem e das suas teorias, torna-se conveniente adotar também uma formalização mais simples da noção de procedimento. Por exemplo, é mais fácil demonstrar a representabilidade das aplicações computáveis na aritmética usando uma formalização mais sucinta da noção de procedimento.

A formalização proposta por Kleene é particularmente simples. A partir de um conjunto básico de funções, constrói-se o universo das funções computáveis usando a agregação, a composição, a recursão e a minimização (pesquisa iterativa de zeros de funções).

No contexto do enquadramento minimal $\mathcal{A} = \{\{1\}\}$, o conjunto $\mathcal{R}$ das *funções recursivas (possivelmente parciais)* é definido indutivamente do seguinte modo:[9]

---

[9]No seu trabalho original, Kleene trabalhou apenas no universo dos números naturais. Este universo é o suficiente para o uso das funções recursivas (possivelmente parciais) que serão utilizadas neste livro.

- para cada $k \in \mathbb{N}$, a constante[10]

$$k :\to \mathbb{N}$$

pertence a $\mathcal{R}$;

- a aplicação unária

$$Z = \lambda k . 0 : \mathbb{N} \to \mathbb{N}$$

pertence a $\mathcal{R}$;

- a aplicação unária

$$S = \lambda k . k + 1 : \mathbb{N} \to \mathbb{N}$$

pertence a $\mathcal{R}$;

- para cada número natural n e para cada $n' \in \{1, \ldots, n\}$, a aplicação n-ária

$$P_{n'}^n = \lambda k_1, \ldots, k_n . k_{n'} : \mathbb{N}^n \to \mathbb{N}$$

pertence a $\mathcal{R}$;

- para cada par (n, n') de números naturais com n' positivo, se

$$f_1 : \mathbb{N}^n \rightharpoonup \mathbb{N}, \ldots, f_{n'} : \mathbb{N}^n \rightharpoonup \mathbb{N}$$

pertencem todas em $\mathcal{R}$, então a função (obtida por *agregação*)

$$\langle f_1, \ldots, f_{n'} \rangle = \lambda k_1, \ldots, k_n . (f_1(k_1, \ldots, k_n), \ldots, f_{n'}(k_1, \ldots, k_n)) : \mathbb{N}^n \rightharpoonup \mathbb{N}^{n'}$$

pertence a $\mathcal{R}$;

- para cada triplo (n, n', n'') de números naturais com n' e n'' ambos positivos, se

$$f_1 : \mathbb{N}^n \rightharpoonup \mathbb{N}^{n'} \text{ e } f_2 : \mathbb{N}^{n'} \rightharpoonup \mathbb{N}^{n''}$$

pertencem ambas a $\mathcal{R}$, então a função (obtida por *composição*)

$$f_2 \circ f_1 = \lambda k_1, \ldots, k_n . f_2(f_1(k_1, \ldots, k_n)) : \mathbb{N}^n \rightharpoonup \mathbb{N}^{n''}$$

pertence a $\mathcal{R}$;

---

[10]Recorda-se que a constante é a função 0-ária, isto é, a aplicação sem argumentos. Mais precisamente, o seu domínio é o universo de tipo vazio. Tradicionalmente escreve-se $f :\to C$ em vez de $f : \{\varepsilon\} \to C$, e, nesse caso, escreve-se f como abreviatura de $f(\varepsilon)$.

- para cada número natural n, se ambas as funções $f_0 : \mathbb{N}^n \rightharpoonup \mathbb{N}$ e $f_1 : \mathbb{N}^{n+2} \rightharpoonup \mathbb{N}$ pertencem a $\mathcal{R}$, então a função (obtida por *recursão primitiva*, ou, simplesmente, recursão)

$$\mathrm{rec}(f_0, f_1) : \mathbb{N}^{n+1} \rightharpoonup \mathbb{N}$$

  tal que

$$\mathrm{rec}(f_0, f_1)(k_1, \ldots, k_n, 0) = f_0(k_1, \ldots, k_n)$$

  e

$$\mathrm{rec}(f_0, f_1)(k_1, \ldots, k_n, k+1) =$$
$$f_1(k_1, \ldots, k_n, k, \mathrm{rec}(f_0, f_1)(k_1, \ldots, k_n, k))$$

  pertence a $\mathcal{R}$;

- para cada número natural n, se $f : \mathbb{N}^{n+1} \rightharpoonup \mathbb{N}$ pertence a $\mathcal{R}$, então, denotando o conjunto

$$\{k : (k_1, \ldots, k_n, j) \in \mathrm{dom}\, f \text{ para } j < k \ \& \ f(k_1, \ldots, k_n, k) = 0\}$$

  por $W^f_{k_1, \ldots, k_n}$, a função (obtida por *minimização*)

$$\min(f) : \mathbb{N}^n \rightharpoonup \mathbb{N}$$

  tal que,

$$\min(f)(k_1, \ldots, k_n) = \begin{cases} \text{indefinido} & \text{se } W^f_{k_1, \ldots, k_n} = \emptyset \\ \text{mínimo de } W^f_{k_1, \ldots, k_n} & \text{n.r.c.} \end{cases}$$

  pertence a $\mathcal{R}$.

Vale a pena identificar o domínio das funções obtidas pelas diferentes construções:

- $(k_1, \ldots, k_n) \in \mathrm{dom}\, \langle f_1, \ldots, f_{n'} \rangle$ se e só se $(k_1, \ldots, k_n) \in \mathrm{dom}\, f_k$ para todo $k = 1, \ldots, n'$;

- $(k_1, \ldots, k_n) \in \mathrm{dom}(f_2 \circ f_1)$ se e só se $(k_1, \ldots, k_n) \in \mathrm{dom}\, f_1$ e, além disso, $f_1(k_1, \ldots, k_n) \in \mathrm{dom}\, f_2$;

- $(k_1, \ldots, k_n, m) \in \mathrm{dom}\, \mathrm{rec}(f_0, f_1)$ é indutivamente definida como se segue:

  - $(k_1, \ldots, k_n, 0) \in \mathrm{dom}\, \mathrm{rec}(f_0, f_1)$ se e só se

$$(k_1, \ldots, k_n) \in \mathrm{dom}\, f_0;$$

$-$ $(k_1, \ldots, k_n, k+1) \in$ dom $\mathsf{rec}(f_0, f_1)$ se e só se

$$\begin{cases} (k_1, \ldots, k_n, k) \in \text{dom } \mathsf{rec}(f_0, f_1) \\ (k_1, \ldots, k_n, k, \mathsf{rec}(f_0, f_1)(k_1, \ldots, k_n, k)) \in \text{dom } f_1; \end{cases}$$

- $(k_1, \ldots, k_n) \in$ dom $\min(f)$ se e só se

$$W^f_{k_1, \ldots, k_n} \neq \emptyset,$$

isto é, se e só se existe $k \in \mathbb{N}$ tal que

$$\begin{cases} f(k_1, \ldots, k_n, k) = 0 \\ (k_1, \ldots, k_n, j) \in \text{dom } f \text{ para todo o } j < k. \end{cases}$$

Exercício 26 Mostre que $\mathcal{R} \subseteq \mathcal{C}$. Sugestão: De modo a usar indução estrutural, verifique que as funções recursivas básicas são computáveis e que $\mathcal{C}$ é fechado para a agregação, a composição, a recursão e a minimização.

Por outro lado, demonstrar que $\mathcal{C} \subseteq \mathcal{R}$ (no contexto do universo dos números naturais) seria imensamente tedioso. Por esta razão e em vez disso, a tese de Church–Turing é invocada como se segue. Já foi verificado que a computabilidade de Kleene é equivalente à computabilidade de Turing (veja-se por exemplo o Capítulo 18 de [16]). Assim, $\mathcal{C} \subseteq \mathcal{R}$ porque, pela tese de Church–Turing, qualquer função em $\mathcal{C}$ é computável à Turing.

De modo a ilustrar a noção proposta por Kleene, observe-se que a aplicação

$$\mathsf{add} = \lambda\, k_1, k_2 \,.\, k_1 + k_2 : \mathbb{N}^2 \to \mathbb{N}$$

pertence a $\mathcal{R}$, uma vez que é computada pelo algoritmo seguinte:

$$\mathsf{rec}(\mathsf{P}^1_1, \mathsf{S} \circ \mathsf{P}^3_3)$$

(escrito no que se pode chamar a linguagem de programação *Kleene*).

De facto, por indução sobre o segundo argumento, é fácil mostrar que se tem

$$\mathsf{rec}(\mathsf{P}^1_1, \mathsf{S} \circ \mathsf{P}^3_3)(k_1, k_2) = k_1 + k_2.$$

(Base) $k_2 = 0$:

$$\mathsf{rec}(\mathsf{P}^1_1, \mathsf{S} \circ \mathsf{P}^3_3)(k_1, 0) = \mathsf{P}^1_1(k_1) = k_1.$$

(Passo) $k_2 = k + 1$:

$$\begin{aligned}
\mathsf{rec}(\mathsf{P}^1_1, \mathsf{S} \circ \mathsf{P}^3_3)(k_1, k+1) &= (\mathsf{S} \circ \mathsf{P}^3_3)(k_1, k, \mathsf{rec}(\mathsf{P}^1_1, \mathsf{S} \circ \mathsf{P}^3_3)(k_1, k)) \\
&= \mathsf{S}(\mathsf{rec}(\mathsf{P}^1_1, \mathsf{S} \circ \mathsf{P}^3_3)(k_1, k))
\end{aligned}$$

que, por hipótese de indução, é igual a

$$S(k_1 + k) = (k_1 + k) + 1 = k_1 + (k+1) = k_1 + k_2.$$

Exercício 27 Mostre que a aplicação

$$\mathsf{neq} = \lambda\, k_1, k_2 \,.\, \begin{cases} 1 & \text{se } k_1 \neq k_2 \\ 0 & \text{n.r.c.} \end{cases} : \mathbb{N}^2 \to \mathbb{N}$$

pertence a $\mathcal{R}$.

Exercício 28 Mostre que a função (subtração parcial)

$$\lambda\, k_1, k_2 \,.\, \begin{cases} k_1 - k_2 & \text{se } k_1 \geq k_2 \\ \text{indefinido} & \text{n.r.c.} \end{cases} : \mathbb{N}^2 \rightharpoonup \mathbb{N}$$

pertence a $\mathcal{R}$ verificando que é calculada pelo procedimento seguinte:

$$\min(\mathsf{neq} \circ \langle \mathsf{P}_1^3, \mathsf{add} \circ \langle \mathsf{P}_2^3, \mathsf{P}_3^3 \rangle \rangle) \,.$$

Como era esperado, para cada número natural n, um subconjunto de $\mathbb{N}^n$ diz-se *recursivo* se a aplicação característica correspondente é recursiva, e diz-se *recursivamente enumerável* se é o conjunto vazio ou admite uma enumeração recursiva.

3.6 Indecidibilidade do problema da terminação

Com vista a dar um exemplo de conjunto computavelmente enumerável que não seja computável, considere-se o problema da terminação da execução de procedimentos em *Mathematica*.

Seja A_M o alfabeto da linguagem de programação *Mathematica* (munido de uma ordem total e estrita).[11] Por outras palavras, A_M é o conjunto de caracteres da linguagem. Para ilustrar as operações disponíveis no *Mathematica* sobre caracteres e sequências de caracteres, observe-se que A_M^* é enumerado pela aplicação computada pelo algoritmo seguinte:[12]

---

[11]A ordenação é a seguinte: $a < b$ se ToCharacterCode["*a*"] < ToCharacterCode["*b*"]. A enumeração $\lambda\, k \,.\, k_{A_M}$ é a aplicação FromCharacterCode.

[12]Esta enumeração de A_M^* não é injetiva. Encontrar um algoritmo que faz uma enumeração injetiva de A_M^* é deixada como exercício para o leitor. Sugestão: Recorde a demonstração da Proposição 6.

```
Function[k,
    w = Map[
            Function[v, FromCharacterCode[v[[2]] − 1]],
            FactorInteger[k]
        ];
    s = "";
    While[w != {},
        s = s <> First[w];
        w = Rest[w]
    ];
    s
]
```

Seja $\mathcal{P}$ o conjunto de todos os programas escritos em *Mathematica*, usados aqui para computar funções de tipo $A_M^* \rightharpoonup A_M^*$. Observe-se que $\mathcal{P} \subset A_M^*$. Logo, $\mathcal{P}$ é um conjunto de tipo A_M.

Para cada $p \in \mathcal{P}$ e para cada $w \in A_M^*$, escreve-se $p(w)\!\downarrow$ para denotar que a execução do programa p a partir de $w \in A_M^*$ termina com resultado em A_M^*. Considere-se o conjunto seguinte de tipo A_M:

$$\Delta = \{p \in \mathcal{P} : p(p)\!\downarrow\}.$$

Proposição 29 O conjunto Δ é computavelmente enumerável.

Demonstração: O conjunto Δ é o domínio da função de A_M^* para A_M^* dada pelo seguinte procedimento:

```
Function[s,
    ToExpression[s][s]
]
```

Portanto, graças à Proposição 12, Δ é computavelmente enumerável.   QED

Proposição 30 O conjunto Δ não é computável.

Demonstração: A demonstração é realizada por *reductio ad absurdum*. Suponha que χ_Δ é computável. Então a função

$$f = \lambda p \, . \begin{cases} \text{indefinido} & \text{se } p(p)\!\downarrow \\ 0 & \text{n.r.c.} \end{cases} : \mathcal{P} \rightharpoonup \mathbb{N}$$

seria computável, uma vez que seria computada pelo procedimento seguinte P_f:

```
Function[p,
    k = 0;
    While[k + χ_Δ(p) != 0,
        k = k + 1
    ];
    k
]
```

Além do mais, em particular,

$$f(P_f) = \begin{cases} \text{indefinido} & \text{se } P_f(P_f)\downarrow \\ 0 & \text{n.r.c.} \end{cases}.$$

Portanto:[13]

- se $P_f \in \text{dom } f$ então $P_f(P_f)\downarrow$ e, portanto, $f(P_f) = $ indefinido, isto é, $P_f \notin \text{dom } f$;

- se $P_f \notin \text{dom } f$ então não se tem $P_f(P_f)\downarrow$ e, portanto, $f(P_f) = 0$, isto é, $P_f \in \text{dom } f$.

Obviamente, ambos os casos são impossíveis.   QED

Da proposição anterior resulta como corolário imediato o resultado seguinte (demonstrado independentemente por Alonzo Church [10] e Alan Turing [48]):

Proposição 31 (Indecidibilidade do problema da terminação)
O conjunto
$$H = \{(p, w) \in \mathcal{P} \times A_M^* : p(w)\downarrow\}$$
de tipo $A_M A_M$ não é computável.

3.7   Enumeração das funções computáveis

Dado $p \in \mathcal{P}$, denote-se por ϕ_p a função (possivelmente parcial) de A_M^* para A_M^* computada pelo procedimento p.

Observe-se que existe um procedimento universal em *Mathematica* capaz de emular qualquer procedimento de $\mathcal{P}$, no sentido em que computa *a função universal* seguinte:

$$u = \lambda p, w \,.\, \phi_p(w) : \mathcal{P} \times A_M^* \rightharpoonup A_M^*$$

---

[13]Recorde que a execução do programa p que computa h termina a partir de w se e só se $w \in \text{dom } h$.

A universalidade resulta do facto de que u ao receber um programa p e uma sequência w devolve o resultado da execução de p a partir de w. Claramente,

$$\phi_p = \lambda w \cdot u(p, w).$$

De facto, o sistema *Mathematica* é capaz de computar esta função universal usando, por exemplo, o procedimento seguinte:

```
Function[{p, w},
    ToExpression[p][w]
]
```

A simplicidade inesperada deste procedimento universal é consequência do poder da função primitiva da linguagem *Mathematica* ToExpression que reconhece no argumento (a sequência de caracteres p) uma expressão *Mathematica* bem formada (um procedimento) que pode então aplicar-se ao argumento (w).

Voltando de novo ao problema da enumeração das funções computáveis, observe-se que existem enumerações computáveis do conjunto $\mathcal{P}$ de tipo A_M uma vez que $\mathcal{P}$ é não vazio e computável. Escolha-se de uma vez por todas a seguinte enumeração

$$\lambda k \cdot k_{\mathcal{P}}.$$

Sempre que $p = i_{\mathcal{P}}$, diz-se que i é um *índice* do programa p (de acordo com a enumeração escolhida). Cada programa pode ter uma infinidade contável de índices (dependendo da enumeração escolhida). Contudo, é útil introduzir a aplicação

$$\text{mind} : \mathcal{P} \to \mathbb{N}$$

que devolve o menor índice de um programa dado. Esta aplicação é computada pelo algoritmo seguinte:

```
Function[p,
    k = 0;
    While[p != k_P,
        k = k + 1;
    ];
    k
]
```

Note-se que existe um algoritmo que decide se dois programas são o mesmo (como sequências de caracteres). Mas, claro, não existe um algoritmo que decida se dois programas computam a mesma função.

Seja $\mathcal{C}_1^1$ o conjunto de funções computáveis de A_M^* para A_M^*. A enumeração de $\mathcal{P}$ escolhida induz a enumeração

$$\lambda k \cdot \phi_{k_{\mathcal{P}}} = \lambda k \cdot (\lambda w \cdot u(k_{\mathcal{P}}, w))$$

de $\mathcal{C}_1^1$ que será daqui por diante denotada por

$$\lambda k \, . \, k_{\mathcal{C}_1^1}.$$

Claramente a função $f : A_M^* \rightharpoonup A_M^*$ é computável se e só se existe i tal que

$$f = \phi_{i_{\mathcal{P}}} = \lambda w \, . \, u(i_{\mathcal{P}}, w) = i_{\mathcal{C}_1^1}.$$

Sempre que $f = i_{\mathcal{C}_1^1}$, diz-se que i é um *índice* de f. Obviamente, qualquer função computável admite um conjunto numerável de índices.

Exercício 32 Será que a aplicação que computa o menor índice de uma função pertencente a $\mathcal{C}_1^1$ é computável?

O resultado seguinte ilustra a forma como os índices de uma função computável podem ser utilizados e introduz uma técnica usada no Capítulo 5 para analisar as propriedades de derivação e, em particular, a semidecidibilidade do cálculo de Hilbert.

Com o propósito de legibilidade, diz-se que $f \in \mathcal{C}_1^1$ enumera o subconjunto S de A_M^* se $S = \operatorname{img} f|_{\mathbb{N}}$. Recorde que $\mathbb{N} = \{1\}^* \subset A_M^*$.

Proposição 33 Seja $s : \mathbb{N} \to \mathbb{N}$ aplicação computável e suponha que, para cada $i \in \mathbb{N}$, $C_i \subseteq A_M^*$ é enumerado por $s(i)_{\mathcal{C}_1^1}$. Então

$$\bigcup_{i \in \mathbb{N}} C_i$$

é computavelmente enumerável.

Demonstração: O algoritmo seguinte calcula uma enumeração de $\bigcup_{i \in \mathbb{N}} C_i$:

```
Function[k,
    i = k_{N×N}[[1]];
    j = k_{N×N}[[2]];
    s[i]_{C_1^1}[j]
]
```

De facto,

$$s(i)_{\mathcal{C}_1^1}(j) = u(s(i)_{\mathcal{P}}, j)$$

e, portanto, o seu valor pode ser calculado porque u é computável.   QED

Observe-se que o resultado anterior poderia ter sido formulado da forma seguinte: o conjunto

$$\bigcup_{i \in \mathbb{N}} C_i$$

é computavelmente enumerável se cada C_i é computavelmente enumerável e a aplicação

$$\lambda\, i \,.\, C_i : \mathbb{N} \to \wp(A_M^*)$$

é "computável". O problema desta formulação está no facto de que a noção de função computável não foi estendida a tipos de ordem superior. Tal é possível, mas não essencial, uma vez que, como foi ilustrado acima, se pode reformular a questão, recorrendo aos índices das funções, em termos dos tipos base.

Parte II

Lógica de predicados de primeira ordem

Capítulo 4

Sintaxe

As primeiras tentativas de formalizar a Matemática foram elaboradas por Gottlob Frege e Charles Pierce que introduziram, de forma independente, as noções de variável e quantificador, os ingredientes essenciais da linguagem da lógica de predicados de primeira ordem para além dos conetivos proposicionais. Para uma perspetiva histórica veja-se, por exemplo, [5].

O objetivo principal deste capítulo é definir as linguagens da lógica de predicados de primeira ordem tal como são entendidas hoje, incluindo assinaturas, alfabetos, termos, fórmulas e substituições. São impostos requisitos de computabilidade às assinaturas de modo a garantir a computabilidade dos conjuntos e aplicações sintáticas chave, como por exemplo, o conjunto das fórmulas e a substituição. O importante conceito de termo livre para variável em fórmula é cuidadosamente introduzido e motivado por problemas subtis que aparecem quando se raciocina sobre instanciação de variáveis.

A Secção 4.1 é dedicada às assinaturas e alfabetos. Os termos e as fórmulas são apresentados na Secção 4.2. A Secção 4.3 concentra-se na definição do que são ocorrências livres e mudas de variável em fórmula. Finalmente, as noções de termo livre para variável em fórmula e substituição são apresentadas na Secção 4.4.

4.1 Assinaturas

Aqui o objetivo é identificar os símbolos que podem ser usados para construir fórmulas. Existem dois grupos de tais símbolos: aqueles que ficam definidos de uma vez por todas (e.g. conetivos e variáveis) e aqueles que podem variar dependendo do propósito em questão (símbolos de função e de predicado colectados na assinatura em causa). Neste livro, todos estes símbolos são definidos usando os caracteres do alfabeto A_M da linguagem do *Mathematica*.

Os símbolos de pontuação (vírgula e parênteses), conetivos (como $\neg$ e $\Rightarrow$), e quantificadores (nomeadamente, $\forall$ e $\exists$) são elementos do conjunto R de *símbolos reservados*.

Para cada $k \in \mathbb{N}$, denote-se a sequência

$$\text{`` } \overbrace{x \ldots x}^{k+1 \text{ vezes}} \text{ ''}$$

por x_k. Além disso, seja

$$X = \{x_k : k \in \mathbb{N}\} \subset (A_M \setminus R)^*.$$

Os elementos de X designam-se por *variáveis*. Cada variável x_k denota-se também por k_X. Note-se que X é computável como subconjunto de A_M^* e que a aplicação $\lambda k \,.\, k_X$ é uma enumeração injetiva computável de X.

Por *assinatura de primeira ordem* (ou, simplesmente, *assinatura*) entende-se um triplo

$$\Sigma = (F, P, \tau)$$

em que:

- F e P são subconjuntos computáveis de $(A_M \setminus R)^*$, disjuntos entre si e de X;

- $\tau : F \cup P \to \mathbb{N}$ é uma aplicação computável.

Os elementos de F dizem-se *símbolos de função*. Os elementos de P dizem-se *símbolos de predicado*. A aplicação τ devolve a *aridade* do seu argumento. Considere-se que:

- F_n denota $\{f \in F : \tau(f) = n\}$ (conjunto de símbolos de função de aridade n);

- P_n denota $\{p \in P : \tau(p) = n\}$ (conjunto de símbolos de predicado de aridade n).

Note-se que estes dois conjuntos são computáveis. De facto, observe-se que $\chi_{F_n}(f) = 1$ se e só se $\tau(f) = n$ e $\chi_F(f) = 1$, e $\chi_{P_n}(p) = 1$ se e só se $\tau(p) = n$ e $\chi_P(p) = 1$. Então, a computabilidade de χ_{F_n} e χ_{P_n} segue da computabilidade de τ, F e P.

Os elementos de F_0 designam-se também por *símbolos de constante*. É usual assumir que $P_0 = \emptyset$ e que $P \neq \emptyset$.

O conjunto

$$A_\Sigma = R \cup X \cup F \cup P \subset A_M^*$$

é o *alfabeto de primeira ordem* induzido pela assinatura Σ. Observe-se que este conjunto é também computável.

O exercício seguinte permite que o leitor se familiarize com as tarefas de definir assinaturas adequadas para escrever propriedades de objetos matemáticos interessantes.

Exercício 1 Defina assinaturas apropriadas para expressar propriedades de:

- grupos;

- números naturais;

- conjuntos.

O exercício seguinte dá uma possível codificação de sequências sobre um alfabeto muito geral (uma Gödelização no sentido da Secção 3.4).

Exercício 2 Para cada $k, n \in \mathbb{N}$, denote-se as sequências

$$\text{``}\overbrace{f \ldots f}^{k+1 \text{ vezes}}\text{''} <> \text{``}\overbrace{a \ldots a}^{n \text{ vezes}}\text{''}$$

e

$$\text{``}\overbrace{p \ldots p}^{k+1 \text{ vezes}}\text{''} <> \text{``}\overbrace{a \ldots a}^{n \text{ vezes}}\text{''}$$

por f_k^n e p_k^n, respetivamente. Considere o triplo $\Sigma = (F, P, \tau)$ tal que:

- $F = \bigcup_{n \in \mathbb{N}} F_n$ com $F_n = \{f_k^n : k \in \mathbb{N}\}$;

- $P = \bigcup_{n \in \mathbb{N}^+} P_n$ com $P_n = \{p_k^n : k \in \mathbb{N}\}$;

- $\tau(f_k^n) = n$;

- $\tau(p_k^n) = n$.

(a) Mostre que este triplo é uma assinatura de primeira ordem.

(b) Assumindo que p_i representa o i-ésimo número primo e que

$$
h = \lambda\, a \,.\,
\begin{cases}
3 & \text{se } a = \text{``[''} \\
5 & \text{se } a = \text{``]''} \\
7 & \text{se } a = \text{``,''} \\
9 & \text{se } a = \text{``}\neg\text{''} \\
11 & \text{se } a = \text{``}\Rightarrow\text{''} \\
13 & \text{se } a = \text{``}\forall\text{''} \\
7 + 8(k+1) & \text{se } a = x_k \\
9 + 8(k+1) & \text{se } a = f_k^0 \\
11 + 8(2^n 3^{k+1}) & \text{se } a = f_k^n \ \&\ n > 0 \\
13 + 8(2^n 3^{k+1}) & \text{se } a = p_k^n
\end{cases}
\quad : A_\Sigma \to \mathbb{N},
$$

mostre que a aplicação[1]

$$
g = \lambda\, a_1 \ldots a_m \,.\,
\begin{cases}
0 & \text{se } m = 0 \\
\mathsf{p}_0^{\,h(a_1)} \times \cdots \times \mathsf{p}_{m-1}^{\,h(a_m)} & \text{n.r.c.}
\end{cases}
\quad : A_\Sigma^* \to \mathbb{N}
$$

é uma Gödelização de tipo A_Σ.

4.2 Termos e fórmulas

Antes de definir o que é uma fórmula na linguagem da lógica de primeira ordem, é necessário definir primeiro o que é um termo. Intuitivamente falando, os termos são usados para referir indivíduos do universo do discurso e as fórmulas são usadas para expressar propriedades desses indivíduos. O conjunto T_Σ de *termos* sobre uma assinatura Σ define-se indutivamente do modo seguinte:

- $x[\,] \in T_\Sigma$ sempre que $x \in X$;

- $f[t_1, \ldots, t_n] \in T_\Sigma$ sempre que $f \in F_n$, $t_1, \ldots, t_n \in T_\Sigma$ e $n \in \mathbb{N}$.

Note-se que o conjunto T_Σ é não vazio, pois contém o conjunto de variáveis. Também contém o conjunto (possivelmente vazio) de símbolos de constante. Em termos algébricos, o conjunto de termos é a álgebra livre gerada a partir de $X \cup F_0$ usando como operadores os símbolos em $\bigcup_{n \geq 1} F_n$. Lembre-se que em definições indutivas livres como esta, a pré-ordem induzida $\preceq$ é na verdade uma ordem parcial pois é também antissimétrica.

No que se segue, $T_\Sigma \subset A_\Sigma^*$ identifica-se como um subconjunto de A_M^* do modo seguinte:

---

[1]Uma variante da Gödelização adotada no Capítulo 3 de [35].

- $x <> \text{"}[\,]\text{"} \in T_\Sigma$ sempre que $x \in X$;

- $f <> \text{"}[\text{"} <> t_1 <> \text{","} <> \cdots <> \text{","} <> t_n\text{"}]\text{"} \in T_\Sigma$ sempre que $f \in F_n$, $t_1, \ldots, t_n \in T_\Sigma$ e $n \in \mathbb{N}$.

Os requisitos de computabilidade impostos na assinatura são essenciais na demonstração do resultado que se segue.

Proposição 3 O conjunto T_Σ é computável.

Demonstração: O algoritmo seguinte computa a aplicação característica χ_{T_Σ}:

```
Function[w,
    If[SyntaxQ[w] == False,
        0
    ,
        ew = ToExpression[w];
        sh = ToString[ew[[0]]];
        lsa = Map[Function[ea, ToString[ea]], Apply[List, ew]];
        Which[
            sh ∈ X,  If[Length[ew] == 0, 1, 0],
            sh ∈ F,  If[Length[ew] != τ[sh], 0, χ_{T*_Σ}[lsa]],
            True, 0
        ]
    ]
]
```

onde a aplicação $\chi_{T^*_\Sigma}$ devolve 1 se o seu argumento é uma lista (possivelmente vazia) de termos e 0 caso contrário. Esta aplicação é computada pelo algoritmo que se segue:

```
Function[ls,
    If[ls == {},
        1
    ,
        If[χ_{T_Σ}[First[ls]] == 1 && χ_{T*_Σ}[Rest[ls]] == 1,
            1
        ,
            0
        ]
    ]
]
```

Note-se que os dois algoritmos se invocam mutuamente. A computação termina porque em cada chamada de χ_{T_Σ} o termo dado como argumento é mais simples e em cada chamada de $\chi_{T_\Sigma^*}$ a lista dada como argumento é mais pequena. Como se esperava, a decidibilidade dos conjuntos de variáveis e símbolos de função bem com a computabilidade de τ são também necessárias.   QED

O conjunto L_Σ de *fórmulas* sobre Σ, designado por *linguagem de primeira ordem* sobre Σ, é definido indutivamente como se segue:

- $p[t_1, \ldots, t_n] \in L_\Sigma$ sempre que $p \in P_n$, $t_1, \ldots, t_n \in T_\Sigma$ e $n \in \mathbb{N}^+$;

- $\neg[\varphi] \in L_\Sigma$ sempre que $\varphi \in L_\Sigma$ — *negação*;

- $\Rightarrow[\varphi, \psi] \in L_\Sigma$ sempre que $\varphi, \psi \in L_\Sigma$ — *implicação*;

- $\forall[x, \varphi] \in L_\Sigma$ sempre que $x \in X$ e $\varphi \in L_\Sigma$ — *quantificação universal*.

Observe-se que o conjunto L_Σ não é vazio porque T_Σ é não vazio e assumiu-se que existe pelo menos um símbolo predicado. Uma fórmula da forma

$$p[t_1, \ldots, t_n]$$

diz-se *atómica* (ou *básica*). Denote-se por B_Σ o conjunto de todas as fórmulas atómicas. O conjunto de fórmulas é a álgebra livre gerada a partir de B_Σ usando como operações os conetivos e a quantificação universal para as diferentes variáveis.

No que se segue, $L_\Sigma \subset A_\Sigma^*$ é tomado como subconjunto de A_M^*. A tarefa de reescrever a definição indutiva de L_Σ usando as operações de manipulação de sequências em *Mathematica* é deixada para o leitor.

Proposição 4 O conjunto L_Σ é computável.

Demonstração: A definição de um algoritmo que computa a aplicação característica de L_Σ é deixada como exercício.   QED

Adota-se a *notação prefixa* para facilitar o desenvolvimento de procedimentos e de algoritmos de manipulação de termos e fórmulas. Desta forma, T_Σ e L_Σ são ambos subconjuntos do conjunto das expressões da linguagem *Mathematica*. Assim, é possível reconhecer as sequências de caracteres que correspondem aos termos e às fórmulas de uma forma muita expedita recorrendo diretamente ao reconhecedor do sistema *Mathematica*. Assumiu-se também que os caracteres usados estão disponíveis em A_M e que estes não são usados pelo sistema para outros propósitos.

Apesar da notação prefixa ser usada por alguns autores, *a notação infixa* (usando parêntesis curvos) prevalece, da forma seguinte:

- x em vez de $x[\,]$;

- f em vez de $f[\,]$;

- $f(t_1, \ldots, t_n)$ em vez de $f[t_1, \ldots, t_n]$;

- $p(t_1, \ldots, t_n)$ em vez de $p[t_1, \ldots, t_n]$;

- $(\neg\,\varphi)$ em vez de $\neg[\varphi]$;

- $(\varphi \Rightarrow \psi)$ em vez de $\Rightarrow[\varphi, \psi]$;

- $(\forall x\,\varphi)$ em vez de $\forall[x, \varphi]$.

A notação infixa será adotada daqui por diante exceto no desenvolvimento de procedimentos e algoritmos.

Os restantes conetivos e o quantificador existencial são apresentados, como usualmente, através de abreviaturas:

- $(\varphi \vee \psi)$ para $((\neg\,\varphi) \Rightarrow \psi)$ — disjunção;

- $(\varphi \wedge \psi)$ para $(\neg(\varphi \Rightarrow (\neg\,\psi)))$ — conjunção;

- $(\varphi \Leftrightarrow \psi)$ para $(\neg((\varphi \Rightarrow \psi) \Rightarrow (\neg(\psi \Rightarrow \varphi))))$ — equivalência;

- $(\exists x\,\varphi)$ para $(\neg(\forall x\,(\neg\,\varphi)))$ — quantificação existencial.

Exercício 5 Escreva um algoritmo que expanda as abreviaturas correspondentes em notação prefixa.

Note-se que não se deve falar da linguagem de primeira ordem, mas antes de linguagens de primeira ordem, uma vez que cada assinatura induz uma linguagem específica.

Exercício 6 Use as assinaturas definidas no Exercício 1 para expressar nas linguagens de primeira ordem correspondentes afirmações interessantes sobre:

- grupos;

- números naturais;

- conjuntos.

4.3 Variáveis livres e mudas

No contexto de uma fórmula, é importante distinguir entre variáveis que ocorrem livres e variáveis que ocorrem mudas. Por isso, é conveniente definir primeiramente o conjunto de variáveis que ocorrem num termo.

A aplicação $\text{var}_\Sigma : T_\Sigma \to \wp X$ que atribui a cada termo o conjunto de variáveis que nele ocorrem é definida indutivamente como se segue:

- $\text{var}_\Sigma(x) = \{x\}$;

- $\text{var}_\Sigma(c) = \emptyset$;

- $\text{var}_\Sigma(f(t_1, \ldots, t_n)) = \text{var}_\Sigma(t_1) \cup \cdots \cup \text{var}_\Sigma(t_n)$.

Exercício 7 Mostre que a aplicação $\lambda\, x, t \cdot \chi_{\text{var}_\Sigma(t)}(x) : X \times T_\Sigma \to \mathbb{N}$ é computável. De seguida, verifique também que o conjunto $\text{var}_\Sigma(t)$ é computável para cada termo t.

Diz-se que o termo t é *fechado* (ou *rígido*) se $\text{var}_\Sigma(t) = \emptyset$. O conjunto de termos fechados sobre Σ denota-se por cT_Σ. A razão pela qual estes termos se designam também por rígidos tornar-se-á clara no Capítulo 7: a sua denotação não depende dos valores dados às variáveis. Por outro lado, o nome mais vulgarmente utilizado, termos fechados, enfatiza o facto de que estes termos não têm variáveis. Alguns autores referem-se a estes termos como *imutáveis* uma vez que as substituições não os afetam. Observe-se que $cT_\Sigma = \emptyset$ sempre que $F_0 = \emptyset$.

Exercício 8 Mostre que cT_Σ é computável.

A aplicação $\text{vlv}_\Sigma : L_\Sigma \to \wp X$ que atribui a cada fórmula o conjunto das variáveis que ocorrem *livres* nela é definida indutivamente da forma seguinte:

- $\text{vlv}_\Sigma(p(t_1, \ldots, t_n)) = \text{var}_\Sigma(t_1) \cup \cdots \cup \text{var}_\Sigma(t_n)$;

- $\text{vlv}_\Sigma((\neg\, \varphi)) = \text{vlv}_\Sigma(\varphi)$;

- $\text{vlv}_\Sigma((\varphi \Rightarrow \psi)) = \text{vlv}_\Sigma(\varphi) \cup \text{vlv}_\Sigma(\psi)$;

- $\text{vlv}_\Sigma((\forall x\, \varphi)) = \text{vlv}_\Sigma(\varphi) \setminus \{x\}$.

Como exemplo, observe-se que

$$\text{vlv}_\Sigma(((\forall x_1\, p(x_1)) \vee (\exists x_2\, q(x_1, x_2, x_3)))) = \{x_1, x_3\}.$$

Exercício 9 Mostre que a aplicação $\lambda\, x, \varphi \cdot \chi_{\text{vlv}_\Sigma(\varphi)}(x) : X \times L_\Sigma \to \mathbb{N}$ é computável. Conclua que o conjunto $\text{vlv}_\Sigma(\varphi)$ é computável para cada fórmula φ.

A aplicação $\text{vmd}_\Sigma : L_\Sigma \to \wp X$ que atribui a cada fórmula o conjunto de variáveis que ocorrem *mudas* nela é definida indutivamente da forma seguinte:

- $\text{vmd}_\Sigma(p(t_1, \ldots, t_n)) = \emptyset$;

- $\text{vmd}_\Sigma((\neg\, \varphi)) = \text{vmd}_\Sigma(\varphi)$;

- $\text{vmd}_\Sigma((\varphi \Rightarrow \psi)) = \text{vmd}_\Sigma(\varphi) \cup \text{vmd}_\Sigma(\psi)$;

- $\text{vmd}_\Sigma((\forall x\, \varphi)) = \{x\} \cup \text{vmd}_\Sigma(\varphi)$.

É fácil verificar que

$$\text{vmd}_\Sigma(((\forall x_1\, p(x_1)) \vee (\exists x_2\, q(x_1, x_2, x_3)))) = \{x_1, x_2\}$$

e que

$$\text{vmd}_\Sigma(((\forall x_2\, p(x_2)) \vee (\exists x_2\, (\forall x_4\, q(x_2, x_3))))) = \{x_2, x_4\}.$$

Observe-se que as mesmas variáveis podem ocorrer (várias vezes) livres e (várias vezes) mudas numa dada fórmula. Isto é, nem sempre acontece que $\text{vlv}_\Sigma(\varphi) \cap \text{vmd}_\Sigma(\varphi) = \emptyset$.

Exercício 10 Mostre que a aplicação $\lambda x, \varphi \,.\, \chi_{\text{vmd}_\Sigma(\varphi)}(x) : X \times L_\Sigma \to \mathbb{N}$ é computável. Conclua que o conjunto $\text{vmd}_\Sigma(\varphi)$ é computável para cada fórmula φ.

Na fórmula de quantificação $(\forall x\, \varphi)$ diz-se que as ocorrências livres de x em φ (sempre que estas existam) foram *capturadas pelo quantificador*.

A fórmula φ diz-se *fechada* se $\text{vlv}_\Sigma(\varphi) = \emptyset$. O conjunto de fórmulas fechadas sobre Σ é denotado por cL_Σ. O papel das fórmulas fechadas ficará claro nos capítulos subsequentes.

Exercício 11 Mostre que cL_Σ é computável.

4.4 Termos livres e substituições

O objetivo principal desta secção é introduzir a noção de substituição de variáveis por termos em fórmulas e de identificar as situações em que tal substituição é apropriada como instrumento de inferência.

A noção de substituição de variáveis por termos em termos é fácil de definir e, portanto, deixa-se ao cuidado do leitor no exercício seguinte.

Exercício 12 Sejam $y_1, \ldots, y_m$ variáveis distintas e $u_1, \ldots, u_m$ termos. Defina indutivamente a aplicação

$$\lambda t \,.\, [t]^{y_1, \ldots, y_m}_{u_1, \ldots, u_m} : T_\Sigma \to T_\Sigma$$

que atribui a cada termo t o termo que se obtêm trocando simultânea e uniformemente cada variável y_i em t pelo termo u_i, para cada $1 \leq i \leq m$.

Exercício 13

Calcule $[f(x_1, x_2, x_3)]^{x_1, x_3}_{x_3, h(x_1, x_4, x_3)}$.

Agora já é possível definir *substituição de variáveis por termos nas fórmulas*. Sejam $y_1, \ldots, y_m$ variáveis distintas e $u_1, \ldots, u_m$ termos. A aplicação

$$\lambda \varphi . [\varphi]^{y_1, \ldots, y_m}_{u_1, \ldots, u_m} : L_\Sigma \to L_\Sigma$$

é definida indutivamente como se segue:

- $[p(t_1, \ldots, t_n)]^{y_1, \ldots, y_m}_{u_1, \ldots, u_m}$ é $p([t_1]^{y_1, \ldots, y_m}_{u_1, \ldots, u_m}, \ldots, [t_n]^{y_1, \ldots, y_m}_{u_1, \ldots, u_m})$;

- $[(\neg \varphi)]^{y_1, \ldots, y_m}_{u_1, \ldots, u_m}$ é $(\neg [\varphi]^{y_1, \ldots, y_m}_{u_1, \ldots, u_m})$;

- $[(\varphi \Rightarrow \psi)]^{y_1, \ldots, y_m}_{u_1, \ldots, u_m}$ é $([\varphi]^{y_1, \ldots, y_m}_{u_1, \ldots, u_m} \Rightarrow [\psi]^{y_1, \ldots, y_m}_{u_1, \ldots, u_m})$;

- $[(\forall x \, \varphi)]^{y_1, \ldots, y_m}_{u_1, \ldots, u_m}$ é:

  - $(\forall x \, [\varphi]^{y_1, \ldots, y_m}_{u_1, \ldots, u_m})$ sempre que $x \notin \{y_1, \ldots, y_m\}$;

  - $(\forall x \, [\varphi]^{y_1, \ldots, y_m}_{u'_1, \ldots, u'_m})$ onde u'_j é u_j para $j \neq k$ e u'_k é x sempre que x é y_k.

A aplicação assim definida atribui a cada fórmula φ a fórmula obtida substituindo simultânea e uniformemente cada ocorrência livre da variável y_i em φ pelo termo u_i, para cada $1 \leq i \leq m$.

Exercício 14 Calcule $[(\forall x \, \varphi)]^x_t$.

Exercício 15 Calcule $[(\forall x_1 \, p(x_1, x_2, x_3))]^{x_1, x_3}_{x_3, h(x_1, x_4, x_3)}$.

Recorde a ideia de instância de uma quantificação: partindo de $(\forall x \, \varphi)$ infira a fórmula $[\varphi]^x_t$ obtida de φ substituindo todas as ocorrências livres de x pelo termo t. O exercício seguinte motiva o facto de que nem toda a substituição é desejável no que diz respeito a este tipo de inferência.

Exercício 16 Considere a fórmula

$$(\forall x_1 (\exists x_2 (x_1 < x_2)))$$

e a sua instância

$$(\exists x_2 (c < x_2))$$

obtida substituindo x_1 por c. Considere agora a sua instância

$$(\exists x_2 (x_2 < x_2))$$

obtida substituindo x_1 por x_2. Qual é o problema com a última substituição?

A noção seguinte de termo livre para variável em fórmula ajuda a evitar substituições indesejáveis. O conjunto $\rhd_\Sigma \subseteq T_\Sigma \times X \times L_\Sigma$ é definido indutivamente da forma que se segue:

- $(t, x, p(t_1, \ldots, t_n)) \in \rhd_\Sigma$;

- $(t, x, (\neg\,\varphi)) \in \rhd_\Sigma$ sempre que $(t, x, \varphi) \in \rhd_\Sigma$;

- $(t, x, (\varphi \Rightarrow \psi)) \in \rhd_\Sigma$ sempre que $(t, x, \varphi) \in \rhd_\Sigma$ e $(t, x, \psi) \in \rhd_\Sigma$;

- $(t, x, (\forall y\,\varphi)) \in \rhd_\Sigma$ sempre que

    (i) ou y é x

    (ii) ou as duas condições seguintes são satisfeitas:

$$\begin{cases} \text{se } x \in \mathrm{vlv}_\Sigma(\varphi) \text{ então } y \notin \mathrm{var}_\Sigma(t); \\ (t, x, \varphi) \in \rhd_\Sigma. \end{cases}$$

Quando $(t, x, \varphi) \in \rhd_\Sigma$ diz-se que o *termo t é livre para a variável x na fórmula* φ, o que usualmente se escreve $t \rhd_\Sigma x : \varphi$. Intuitivamente, $t \rhd_\Sigma x : \varphi$ significa que substituindo t por x em φ não leva à captura de variáveis em t por quantificadores em φ.

Exercício 17 Estabeleça em que condições um termo é livre para uma variável em fórmulas que usem a conjunção, a disjunção, a equivalência e a quantificação existencial.

Exercício 18 Calcule $t \rhd_\Sigma x : \varphi$ para cada uma das combinações seguintes:

termo t	variável x	fórmula φ
c	x_1	$(\exists x_2(x_1 < x_2))$
x_1	x_2	$((\forall x_1\, p(x_1, x_2)) \vee (\exists x_2(\forall x_4\, q(x_1, x_2, x_3))))$
x_2	x_3	
x_3	x_4	
x_4	x_5	
x_5		
$f(x_2)$		
$g(x_3, x_2)$		
$g(x_1, x_2)$		

O exercício seguinte mostra que por vezes é fácil garantir que um termo é livre para uma variável numa fórmula.

Exercício 19 Mostre que cada uma das afirmações seguintes é uma condição suficiente para t ser livre para x em φ:

1. $x \notin \mathrm{vlv}_\Sigma(\varphi)$;

2. $\mathrm{var}_\Sigma(t) \cap \mathrm{vmd}_\Sigma(\varphi) = \emptyset$;

3. t é x.

O exercício seguinte mostra uma relação importante entre a noção de termo livre para variável em fórmula e a noção de substituição.

Exercício 20 Mostre que se $y \notin \mathrm{vlv}_\Sigma(\varphi)$ e $y \rhd_\Sigma x : \varphi$, então $x \rhd_\Sigma y : [\varphi]_y^x$.

Os exercícios seguintes estabelecem resultados de computabilidade sobre a substituição e a liberdade que serão necessários mais tarde.

Exercício 21 Mostre que a aplicação $\lambda t \, . \, [t]_{u_1,\ldots,u_m}^{y_1,\ldots,y_m}$ é computável.

Exercício 22 Mostre que a aplicação $\lambda \varphi \, . \, [\varphi]_{u_1,\ldots,u_m}^{y_1,\ldots,y_m}$ é computável.

Exercício 23 Mostre que o conjunto $\rhd_\Sigma$ é computável.

O exercício seguinte estabelece uma propriedade chave da composição de substituições que será utilizada no próximo capítulo.

Exercício 24 Mostre que

$$[[\varphi]_t^x]_u^y = [[\varphi]_u^y]_{[t]_u^y}^x$$

desde que $x \notin \mathrm{var}_\Sigma(u)$.

Sugestão: Comece por afirmar e demonstrar o resultado para termos.

Capítulo 5

Cálculo de Hilbert

O capítulo é dedicado a estabelecer o cálculo de predicados de primeira ordem, usando a abordagem axiomática usualmente atribuída a David Hilbert.[1] Esta abordagem é caracterizada pelo uso de axiomas e regras de inferência para derivar fórmulas a partir de hipóteses.[2]

Introduzem-se duas definições alternativas da noção de derivação e demonstra-se que são equivalentes recorrendo a uma construção de ponto fixo. Mostra-se que a derivação é extensiva, monótona, idempotente, compacta e, mais importante, semidecidível (o conjunto de fórmulas deriváveis a partir de um conjunto computavelmente enumerável de hipóteses mostra-se ser computavelmente enumerável).[3] Apresenta-se também uma coleção variada de metateoremas e regras admissíveis de modo a facilitar o uso prático do cálculo e também por razões teóricas.

Na Secção 5.1 apresentam-se os axiomas, as regras de inferência e as duas noções de derivação. A Secção 5.2 é dedicada a demonstrar a sua equivalência. As propriedades principais de derivação são estudadas na Secção 5.3, com ênfase na semidecidibilidade do cálculo de Hilbert. Vários metateoremas e regras admissíveis são formulados e demonstrados na Secção 5.4, incluindo o metateorema da dedução.

---

[1]Contudo, por uma questão de justiça, também deveria ser atribuído a Gottlob Frege.

[2]Outro cálculo de predicados de primeira ordem é introduzido no capítulo 9, usando uma abordagem atribuída a Gerhard Gentzen. Estes dois cálculos são bastante diferentes mas partilham com todos os cálculos a característica essencial de fornecer o meio para raciocinar a um nível puramente simbólico, ou seja, pela manipulação sintática de termos e fórmulas, sem se ter em conta os seus significados. Para além disso, os dois cálculos são equivalentes num sentido significativo que será tornada claro no Capítulo 9.

[3]O facto de, em geral, não ser decidível demonstra-se muito mais tarde, no Capítulo 13.

5.1   Axiomas e regras

Um cálculo de Hilbert inclui um conjunto de axiomas e um conjunto de regras de inferência. Um axioma é uma fórmula.[4] Uma regra de inferência é um par composto por um conjunto de fórmulas (as premissas da regra) e uma fórmula (a conclusão da regra).[5] Um cálculo de Hilbert diz-se finitário se é finito o conjunto de premissas de cada uma das regra de inferência.

O objetivo de um cálculo de Hilbert é fornecer um mecanismo puramente simbólico de verificar que uma fórmula é derivável a partir de um conjunto de hipóteses, através do uso dessas hipóteses, dos axiomas e das regras de inferência.

Seja $\Gamma \subseteq L_\Sigma$. O conjunto $\Gamma^{\vdash \Sigma}$ das fórmulas *deriváveis* a partir de Γ é definido indutivamente como se segue:

- $\Gamma^{\vdash \Sigma}$ contém as *hipóteses*:

    - $\Gamma \subseteq \Gamma^{\vdash \Sigma}$.

- $\Gamma^{\vdash \Sigma}$ contém os *axiomas*:

    1. $(\varphi \Rightarrow (\psi \Rightarrow \varphi)) \in \Gamma^{\vdash \Sigma}$,
    2. $((\varphi \Rightarrow (\psi \Rightarrow \delta)) \Rightarrow ((\varphi \Rightarrow \psi) \Rightarrow (\varphi \Rightarrow \delta))) \in \Gamma^{\vdash \Sigma}$,
    3. $(((\neg \varphi) \Rightarrow (\neg \psi)) \Rightarrow (\psi \Rightarrow \varphi)) \in \Gamma^{\vdash \Sigma}$,
    4. $((\forall x \, \varphi) \Rightarrow [\varphi]_t^x) \in \Gamma^{\vdash \Sigma}$ sempre que $t \rhd_\Sigma x : \varphi$,
    5. $((\forall x \, (\varphi \Rightarrow \psi)) \Rightarrow (\varphi \Rightarrow (\forall x \, \psi))) \in \Gamma^{\vdash \Sigma}$ sempre que $x \notin \mathrm{vlv}_\Sigma(\varphi)$,

    para cada $\varphi, \psi, \delta \in L_\Sigma$, $x \in X$ e $t \in T_\Sigma$.

- $\Gamma^{\vdash \Sigma}$ é fechado para as *regras (de inferência)*:

    Modus ponens (MP)

    $$\psi \in \Gamma^{\vdash \Sigma} \text{ sempre que } \varphi, (\varphi \Rightarrow \psi) \in \Gamma^{\vdash \Sigma},$$

    Generalização (Gen)

    $$(\forall x \, \varphi) \in \Gamma^{\vdash \Sigma} \text{ sempre que } \varphi \in \Gamma^{\vdash \Sigma},$$

    para cada $\varphi, \psi \in L_\Sigma$ e $x \in X$.

---

[4] Aceite como verdadeira.

[5] Aceite como verdadeira sempre que as premissaa sejam aceites como verdadeiras.

O conjunto de todos os axiomas denota-se por Ax_Σ e, para $j = 1, \ldots, 5$, o conjunto de axiomas de tipo j denota-se por $\mathrm{Ax}j_\Sigma$. Por exemplo,

$$\mathrm{Ax}1_\Sigma = \{(\varphi \Rightarrow (\psi \Rightarrow \varphi)) : \varphi, \psi \in L_\Sigma\}$$

e

$$\mathrm{Ax}4_\Sigma = \{((\forall x \, \varphi) \Rightarrow [\varphi]_t^x) : x \in X, t \in T_\Sigma, \varphi \in L_\Sigma, t \rhd_\Sigma x : \varphi\}.$$

Usualmente escreve-se

$$\Gamma \vdash_\Sigma \varphi$$

em vez de $\varphi \in \Gamma^{\vdash_\Sigma}$ para dizer que φ é derivável a partir de Γ. Desta forma, a *derivação* pode ser vista como uma relação binária definida sobre o conjunto de todos os subconjuntos de fórmulas e o conjunto de fórmulas, isto é, sobre $\wp L_\Sigma \times L_\Sigma$. Pode escrever-se também

$$\gamma_1, \ldots, \gamma_n \vdash_\Sigma \varphi$$

em vez de $\{\gamma_1, \ldots, \gamma_n\} \vdash_\Sigma \varphi$.

Um *teorema* é uma fórmula derivável a partir do conjunto vazio. É usual escrever-se

$$\vdash_\Sigma \varphi$$

em vez de $\varphi \in \emptyset^{\vdash_\Sigma}$ para afirmar que φ é um teorema.

Como primeiro exemplo, pode ver-se que $(\eta \Rightarrow \eta)$ é um teorema (independentemente da fórmula η considerada). É necessário mostrar que $(\eta \Rightarrow \eta) \in \emptyset^{\vdash_\Sigma}$:

1. $(\eta \Rightarrow (\eta \Rightarrow \eta)) \in \emptyset^{\vdash_\Sigma}$ porque esta fórmula é um axioma de tipo 1;[6]

2. $(\eta \Rightarrow ((\eta \Rightarrow \eta) \Rightarrow \eta)) \in \emptyset^{\vdash_\Sigma}$ porque esta fórmula é um axioma de tipo 1;[7]

3. $((\eta \Rightarrow ((\eta \Rightarrow \eta) \Rightarrow \eta)) \Rightarrow ((\eta \Rightarrow (\eta \Rightarrow \eta)) \Rightarrow (\eta \Rightarrow \eta))) \in \emptyset^{\vdash_\Sigma}$ porque esta fórmula é um axioma de tipo 2;[8]

4. $((\eta \Rightarrow (\eta \Rightarrow \eta)) \Rightarrow (\eta \Rightarrow \eta)) \in \emptyset^{\vdash_\Sigma}$ porque esta fórmula é obtida por MP a partir das fórmulas nos passos 2 e 3;

5. $(\eta \Rightarrow \eta) \in \emptyset^{\vdash_\Sigma}$ porque esta fórmula é obtida por MP a partir das fórmulas nos passos 1 e 4.

É usual apresentar o raciocínio anterior de uma forma compacta como uma sequência de derivação como se segue:

---

[6]Tomando η para φ e também para ψ.
[7]Tomando η para φ e $(\eta \Rightarrow \eta)$ para ψ.
[8]Tomando η para φ, $(\eta \Rightarrow \eta)$ para ψ e η para δ.

1	$(\eta \Rightarrow (\eta \Rightarrow \eta))$	Ax1
2	$(\eta \Rightarrow ((\eta \Rightarrow \eta) \Rightarrow \eta))$	Ax1
3	$((\eta \Rightarrow ((\eta \Rightarrow \eta) \Rightarrow \eta)) \Rightarrow ((\eta \Rightarrow (\eta \Rightarrow \eta)) \Rightarrow (\eta \Rightarrow \eta)))$	Ax2
4	$((\eta \Rightarrow (\eta \Rightarrow \eta)) \Rightarrow (\eta \Rightarrow \eta))$	MP 2,3
5	$(\eta \Rightarrow \eta)$	MP 1,4

Em geral, por *sequência de derivação* para $\varphi \in L_\Sigma$ partindo de $\Gamma \subseteq L_\Sigma$ entende-se uma sequência

$$(\psi_1, J_1) \dots (\psi_n, J_n)$$

tal que:

- cada $\psi_i \in L_\Sigma$;

- cada J_i é a *justificação* para ψ_i:

  - se J_i é Hip, então ψ_i é um elemento de Γ;

  - se J_i é Axj, então ψ_i é um axioma de tipo j;

  - se J_i é Gen k, então $k < i$ e ψ_i é $(\forall x\, \psi_k)$ para algum $x \in X$;

  - se J_i é MP k_1, k_2, então $k_1, k_2 < i$ e $\{\psi_{k_1}, \psi_{k_2}\} = \{\alpha, (\alpha \Rightarrow \psi_i)\}$ para algum $\alpha \in L_\Sigma$;

- ψ_n é φ.

Exercício 1 Apresente sequências de derivação para:

- *Princípio da troca de quantificadores* (PTQ): $(\forall x (\forall y\, \varphi)) \vdash_\Sigma (\forall y (\forall x\, \varphi))$.

- *Silogismo hipotético* (SH): $(\varphi_1 \Rightarrow \varphi_2), (\varphi_2 \Rightarrow \varphi_3) \vdash_\Sigma (\varphi_1 \Rightarrow \varphi_3)$.

O *fecho universal* de uma fórmula φ tal que $\mathrm{vlv}_\Sigma(\varphi) = \{x_{i_1}, \dots, x_{i_n}\}$ com $i_1 < \dots < i_n$ é a fórmula fechada $(\forall \varphi) = (\forall x_{i_1} (\dots (\forall x_{i_n}\, \varphi) \dots))$.

Exercício 2 Mostre que

$$\Gamma \vdash_\Sigma \varphi \quad \text{se e só se} \quad \Gamma \vdash_\Sigma (\forall x\, \varphi) \quad \text{se e só se} \quad \Gamma \vdash_\Sigma (\forall \varphi).$$

Exercício 3 Apresente sequências de derivação para:

1. $(\forall x (\varphi_1 \Rightarrow \varphi_2)), (\forall x\, \varphi_1) \vdash_\Sigma (\forall x\, \varphi_2)$.

2. $((\forall x\, p(x)) \Rightarrow (\forall y\, p(y)))$.

5.2 Derivação como ponto fixo

O objetivo desta secção é demonstrar que, para um conjunto de hipóteses dado, uma fórmula é derivável se e só se existe uma sequência de derivação para essa fórmula. A demonstração baseia-se na construção de um ponto fixo, usando *o operador de derivação num passo*

$$D_\Sigma : \wp L_\Sigma \to \wp L_\Sigma$$

tal que

$$D_\Sigma(\Psi) = \Psi \cup \{\beta : \alpha, (\alpha \Rightarrow \beta) \in \Psi\} \cup \{(\forall x\, \alpha) : x \in X \ \& \ \alpha \in \Psi\}.$$

Assim, $D_\Sigma(\Psi)$ é o fecho num passo de Ψ por modus ponens e generalização. Observe-se que D_Σ deverá ser visto como um operador do reticulado completo[9] $(\wp L_\Sigma, \subseteq)$ para ele próprio.

Proposição 4 O operador D_Σ é monótono:

$$D_\Sigma(\Psi_1) \subseteq D_\Sigma(\Psi_2) \ \text{ sempre que } \ \Psi_1 \subseteq \Psi_2.$$

Além disso, D_Σ é extensivo:

$$\Psi \subseteq D_\Sigma(\Psi).$$

Mas, não é idempotente, uma vez que é fácil encontrar Ψ tal que

$$D_\Sigma(D_\Sigma(\Psi)) \neq D_\Sigma(\Psi).$$

A ideia é agora demonstrar que o operador D_Σ tem pontos fixos mostrando primeiro que preserva uniões de conglomerados orientados no sentido detalhado a seguir.

Um *conglomerado* é uma família $\{\Psi_e\}_{e \in E}$ tal que cada $\Psi_e \subseteq L_\Sigma$. Um conglomerado diz-se *orientado* se, para todo $e', e'' \in E$, existe $e \in E$ tal que $\Psi_{e'} \cup \Psi_{e''} \subseteq \Psi_e$. Em particular, se um conglomerado é fechado para uniões binárias, então é orientado.

Proposição 5 (Continuidade de D_Σ)
Se o conglomerado $\{\Psi_e\}_{e \in E}$ é orientado, então

$$D_\Sigma\left(\bigcup_{e \in E} \Psi_e\right) = \bigcup_{e \in E} D_\Sigma(\Psi_e).$$

---

[9]Conjunto parcialmente ordenado no qual todo o subconjunto tem um supremo e um ínfimo.

Demonstração:

(1) $\bigcup_{e \in E} D_\Sigma(\Psi_e) \subseteq D_\Sigma(\bigcup_{e \in E} \Psi_e)$:

Para cada $e \in E$, $\Psi_e \subseteq \bigcup_{e \in E} \Psi_e$, e, portanto, pela Proposição 4, $D_\Sigma(\Psi_e) \subseteq D_\Sigma(\bigcup_{e \in E} \Psi_e)$. Assim, $\bigcup_{e \in E} D_\Sigma(\Psi_e) \subseteq D_\Sigma(\bigcup_{e \in E} \Psi_e)$.

(2) $D_\Sigma(\bigcup_{e \in E} \Psi_e) \subseteq \bigcup_{e \in E} D_\Sigma(\Psi_e)$:

Tome-se $\varphi \in D_\Sigma(\bigcup_{e \in E} \Psi_e)$. Existem três casos a considerar:

(i) $\varphi \in \bigcup_{e \in E} \Psi_e$. Então existe $e \in E$ tal que $\varphi \in \Psi_e$. Logo, existe $e \in E$ tal que $\varphi \in D_\Sigma(\Psi_e)$ e, portanto, $\varphi \in \bigcup_{e \in E} D_\Sigma(\Psi_e)$.

(ii) $\varphi \in \{\beta : \alpha, (\alpha \Rightarrow \beta) \in \bigcup_{e \in E} \Psi_e\}$. Então existe α tal que $\alpha, (\alpha \Rightarrow \varphi) \in \bigcup_{e \in E} \Psi_e$. Logo, existem $e_1, e_2 \in E$ para os quais $\alpha \in \Psi_{e_1}$ e $(\alpha \Rightarrow \varphi) \in \Psi_{e_2}$. Uma vez que $\{\Psi_e\}_{e \in E}$ é orientado, existe $e \in E$ tal que $\alpha, (\alpha \Rightarrow \varphi) \in \Psi_e$. Assim, existe $e \in E$ tal que $\varphi \in D_\Sigma(\Psi_e)$, e, portanto, $\varphi \in \bigcup_{e \in E} D_\Sigma(\Psi_e)$.

(iii) $\varphi \in \{(\forall x\, \alpha) : x \in X \,\&\, \alpha \in \bigcup_{e \in E} \Psi_e\}$. Então existe α tal que $(\forall x\, \alpha)$ é φ para alguma variável x e existe $e \in E$ tal que $\alpha \in \Psi_e$. Logo, existe $e \in E$ tal que $(\forall x\, \alpha) \in D_\Sigma(\Psi_e)$, e, portanto, $\varphi \in \bigcup_{e \in E} D_\Sigma(\Psi_e)$.   QED

Observe-se que o facto de o conglomerado ser orientado foi apenas necessário para tratar o modus ponens, uma vez que o conjunto de premissas é singular no caso da generalização.

É conveniente também notar que a demonstração anterior funciona para qualquer cálculo de Hilbert finitário, isto é, desde que qualquer regra de inferência tenha um conjunto finito de premissas.

Um operador contínuo no sentido mencionado é também contínuo no sentido topológico considerando aquela que é designada por topologia de Scott induzida pela ordenação do reticulado completo em causa. O leitor interessado neste tópico deverá consultar [19].

Note-se que todo o operador contínuo é monótono. É suficiente considerar o conglomerado $\{\Psi_1, \Psi_2\}$ com $\Psi_1 \subseteq \Psi_2$. Assim, $\Psi_2 = \Psi_1 \cup \Psi_2$ e o conglomerado é orientado. Logo,

$$D_\Sigma(\Psi_2) = D_\Sigma(\Psi_1 \cup \Psi_2) = D_\Sigma(\Psi_1) \cup D_\Sigma(\Psi_2)$$

e, portanto, $D_\Sigma(\Psi_1) \subseteq D_\Sigma(\Psi_2)$. Por outro lado, justificando o porquê de se demonstrar primeiramente que D_Σ é monótono, é bastante fácil demonstrar que

$$\bigcup_{e \in E} D_\Sigma(\Psi_e) \subseteq D_\Sigma\left(\bigcup_{e \in E} \Psi_e\right)$$

sabendo que D_Σ é monótono.

Lembre-se que um conjunto $\Psi \subseteq L_\Sigma$ diz-se um *ponto fixo* de D_Σ se $D_\Sigma(\Psi) = \Psi$. O conjunto de pontos fixos de D_Σ tem um mínimo, que é designado por menor ponto fixo de D_Σ. Mais geralmente, dado um conjunto $\Omega \subseteq L_\Sigma$, o conjunto

$$\{\Psi \subseteq L_\Sigma : D_\Sigma(\Psi) = \Psi \text{ e } \Omega \subseteq \Psi\}$$

tem também um mínimo, usualmente denotado por

$$\mathrm{mpf}(D_\Sigma, \Omega)$$

e conhecido como o menor ponto fixo de D_Σ contendo Ω.

Proposição 6 Seja $\Omega \subseteq L_\Sigma$. Então

$$\mathrm{mpf}(D_\Sigma, \Omega) = \bigcup_{k \in \mathbb{N}} D_\Sigma^k(\Omega).$$

Demonstração: O primeiro passo consiste em verificar que $\bigcup_{k \in \mathbb{N}} D_\Sigma^k(\Omega)$ é um ponto fixo de D_Σ contendo Ω. Obviamente, $\Omega \subseteq \bigcup_{k \in \mathbb{N}} D_\Sigma^k(\Omega)$. Além disso, $\{D_\Sigma^k(\Omega)\}_{k \in \mathbb{N}}$ é orientado uma vez que, tal como o leitor deverá ser capaz de demonstrar, $D_\Sigma^i(\Omega) \subseteq D_\Sigma^j(\Omega)$ para todo o $i \leq j$. Assim, pela continuidade de D_Σ, tem-se que:

$$\begin{aligned}
D_\Sigma\left(\bigcup_{k \in \mathbb{N}} D_\Sigma^k(\Omega)\right) &= \bigcup_{k \in \mathbb{N}} D_\Sigma(D_\Sigma^k(\Omega)) \\
&= \bigcup_{k \in \mathbb{N}} D_\Sigma^{k+1}(\Omega) \\
&= \bigcup_{k \in \mathbb{N}^+} D_\Sigma^k(\Omega) \\
&= \Omega \cup \bigcup_{k \in \mathbb{N}^+} D_\Sigma^k(\Omega) \\
&= \bigcup_{k \in \mathbb{N}} D_\Sigma^k(\Omega).
\end{aligned}$$

Resta verificar que $\bigcup_{k \in \mathbb{N}} D_\Sigma^k(\Omega)$ é o menor ponto fixo de D_Σ que contém Ω. Seja Δ um ponto fixo de D_Σ que contém Ω. Então,

$$\bigcup_{k \in \mathbb{N}} D_\Sigma^k(\Omega) \subseteq \Delta$$

dado que $D_\Sigma^k(\Omega) \subseteq \Delta$ para todo o $k \in \mathbb{N}$, facto esse que se demonstra por indução sobre k da forma seguinte:
(Base) $D_\Sigma^0(\Omega) = \Omega \subseteq \Delta$.
(Passo) Seja $k = j+1$. Então $D_\Sigma^k(\Omega) = D_\Sigma(D_\Sigma^j(\Omega))$. Pela hipótese de indução, $D_\Sigma^j(\Omega) \subseteq \Delta$. Logo, pela Proposição 4, $D_\Sigma(D_\Sigma^j(\Omega)) \subseteq D_\Sigma(\Delta)$, e, portanto, $D_\Sigma^k(\Omega) \subseteq \Delta$. QED

Observe-se que a definição indutiva de $\Gamma^{\vdash\Sigma}$ equivale a afirmar que $\Gamma^{\vdash\Sigma}$ é o menor ponto fixo de D_Σ que contém $\Gamma \cup \mathrm{Ax}_\Sigma$. Logo, como corolário da proposição anterior, obtém-se o resultado seguinte.

Proposição 7 Seja $\Gamma \subseteq L_\Sigma$. Então

$$\Gamma^{\vdash\Sigma} = \bigcup_{k\in\mathbb{N}} D_\Sigma^k(\Gamma \cup \mathrm{Ax}_\Sigma).$$

Por outras palavras, qualquer fórmula derivável de Γ pode ser obtida iterando D_Σ um número finito de vezes sobre $\Gamma \cup \mathrm{Ax}_\Sigma$. Finalmente, é possível estabelecer a equivalência das duas noções alternativas de derivação.

Proposição 8 (Equivalência das noções de derivação)
Seja $\Gamma \cup \{\varphi\}$ subconjunto de L_Σ. Então $\Gamma \vdash_\Sigma \varphi$ se e só se existe uma sequência de derivação de φ a partir de Γ.

Demonstração:
($\rightarrow$)
Tem de se mostrar em primeiro lugar que, qualquer que seja $k \in \mathbb{N}$, se $\varphi \in D_\Sigma^k(\Gamma \cup \mathrm{Ax}_\Sigma)$ então existe uma sequência de derivação para φ a partir de Γ. A demonstração é realizada por indução sobre k:

(Base) $\varphi \in D_\Sigma^0(\Gamma \cup \mathrm{Ax}_\Sigma) = \Gamma \cup \mathrm{Ax}_\Sigma$. Existem dois casos a considerar.
(i) $\varphi \in \Gamma$. Tome-se simplesmente a sequência de derivação (φ, Hyp).
(ii) $\varphi \in \mathrm{Ax}j_\Sigma$. Tome-se simplesmente a sequência de derivação $(\varphi, \mathrm{Ax}j)$.
(Passo) Seja $k = j + 1$. Então $\varphi \in D_\Sigma(D_\Sigma^j(\Gamma \cup \mathrm{Ax}_\Sigma))$. Existem três casos a considerar:
(i) $\varphi \in D_\Sigma^j(\Gamma \cup \mathrm{Ax}_\Sigma)$. Então, por hipótese de indução, existe uma sequência de derivação de φ a partir de Γ.
(ii) $\psi, (\psi \Rightarrow \varphi) \in D_\Sigma^j(\Gamma \cup \mathrm{Ax}_\Sigma)$. Tem de se mostrar que existe uma sequência de derivação de φ a partir de Γ. Por hipótese de indução, existem sequências de derivação w e w' para ψ e $(\psi \Rightarrow \varphi)$ a partir de Γ, respetivamente. Suponha-se que o comprimento de w é r e que o comprimento de w' é s. Considere-se a sequência

$$w\, w_1'' \ldots w_s''\, (\varphi, \mathrm{MP}\, r, r + s)$$

onde cada w_i'' é:

- w_i', se a justificação deste é Hip ou Ax;

- $(\delta_i, \mathrm{MP}\, i_1 + r, i_2 + r)$ se w_i' é $(\delta_i, \mathrm{MP}\, i_1, i_2)$;

- $(\delta_i, \mathrm{Gen}\, i_0 + r)$ se w_i' é $(\delta_i, \mathrm{Gen}\, i_0)$.

Obviamente, $w\, w_1'' \ldots w_s''\, (\varphi, \mathrm{MP}\, r, r+s)$ é uma sequência de derivação para φ a partir de Γ.

(iii) $\psi \in D_\Sigma^j(\Gamma \cup \mathrm{Ax}_\Sigma)$. Tem de se mostrar que existe uma sequência de derivação de $(\forall x\, \psi)$ a partir de Γ para cada variável x. Tal deixa-se como exercício.

Usando o lema acabado de demonstrar, o resultado pretendido é obtido como se segue. Suponha-se que $\varphi \in \Gamma^{\vdash \Sigma}$. Então $\varphi \in \bigcup_{k \in \mathbb{N}} D_\Sigma^k(\Gamma \cup \mathrm{Ax}_\Sigma)$ pela Proposição 7. Assim, existe $k \in \mathbb{N}$ tal que $\varphi \in D_\Sigma^k(\Gamma \cup \mathrm{Ax}_\Sigma)$. Logo, invocando o lema, existe uma sequência de derivação de φ a partir de Γ.

$(\leftarrow)$

Suponha-se que existe uma sequência de derivação de φ a partir de Γ. Seja $(\psi_1, J_1) \ldots (\psi_n, J_n)$ uma tal sequência de derivação. A tese é consequência imediata de

$$\varphi \in D_\Sigma^{n-1}(\Gamma \cup \mathrm{Ax}_\Sigma),$$

um facto demonstrado por indução sobre n como se segue:

(Base) $n = 1$. Então $\varphi \in (\Gamma \cup \mathrm{Ax}_\Sigma) = D_\Sigma^0(\Gamma \cup \mathrm{Ax}_\Sigma)$.

(Passo) Seja $n = m + 1$. Existem três casos a considerar:

(i) J_n é Hip or Ax. Logo $\varphi \in D_\Sigma^0(\Gamma \cup \mathrm{Ax}_\Sigma) \subseteq D_\Sigma^m(\Gamma \cup \mathrm{Ax}_\Sigma)$.

(ii) J_n é MP i, j com $i, j \leq m$. Então $\psi_i \in D_\Sigma^{i-1}(\Gamma \cup \mathrm{Ax}_\Sigma)$ e $\psi_j \in D_\Sigma^{j-1}(\Gamma \cup \mathrm{Ax}_\Sigma)$ usando a hipótese de indução. Logo,

$$\varphi \in D_\Sigma^{\max\{i-1, j-1\}+1}(\Gamma \cup \mathrm{Ax}_\Sigma) = D_\Sigma^{\max\{i,j\}}(\Gamma \cup \mathrm{Ax}_\Sigma) \subseteq D_\Sigma^m(\Gamma \cup \mathrm{Ax}_\Sigma).$$

(iii) J_n é Gen i com $i \leq m$. Então, por hipótese de indução, $\psi_i \in D_\Sigma^{i-1}(\Gamma \cup \mathrm{Ax}_\Sigma)$. Logo,

$$\varphi \in D_\Sigma^i(\Gamma \cup \mathrm{Ax}_\Sigma) \subseteq D_\Sigma^m(\Gamma \cup \mathrm{Ax}_\Sigma).$$

Isto é, em qualquer caso $\varphi \in D_\Sigma^m(\Gamma \cup \mathrm{Ax}_\Sigma) = D_\Sigma^{n-1}(\Gamma \cup \mathrm{Ax}_\Sigma)$. \hfill QED

O exercício seguinte mostra que é possível usar lemas quando se fazem derivações.

Exercício 9 Mostre que se verifica *a Lei de Corte* (LC):

$$\frac{\Gamma \vdash_\Sigma \Delta \quad \Delta \vdash_\Sigma \varphi}{\Gamma \vdash_\Sigma \varphi}$$

em que por

$$\Gamma \vdash_\Sigma \Delta$$

se entende que $\Gamma \vdash_\Sigma \delta$ para toda a fórmula $\delta \in \Delta$.

5.3   Propriedades da derivação

Nesta secção, são estabelecidas algumas propriedades do *operador de derivação*

$$\lambda \Gamma . \Gamma^{\vdash_\Sigma} : (\wp L_\Sigma, \subseteq) \to (\wp L_\Sigma, \subseteq)$$

que permitem uma melhor compreensão do cálculo. O resultado seguinte estabelece as propriedades básicas do operador de derivação que o leitor interessado deverá demonstrar usando, quando for conveniente, a equivalência das duas noções de derivação.

Proposição 10 Para todo os $\Gamma, \Psi \subseteq L_\Sigma$:

1. *Extensividade:* $\Gamma \subseteq \Gamma^{\vdash_\Sigma}$.

2. *Monotonia:* $\Psi^{\vdash_\Sigma} \subseteq \Gamma^{\vdash_\Sigma}$ sempre que $\Psi \subseteq \Gamma$.

3. *Idempotência:* $(\Gamma^{\vdash_\Sigma})^{\vdash_\Sigma} \subseteq \Gamma^{\vdash_\Sigma}$.

4. *Compacidade:* $\Gamma^{\vdash_\Sigma} = \displaystyle\bigcup_{\Phi \in \wp_{fin} \Gamma} \Phi^{\vdash_\Sigma}$.

O operador $\vdash_\Sigma$ é aquilo a que se chama de operador de fecho, uma vez que é extensivo, monótono e idempotente. Observe-se que

$$(\Gamma^{\vdash_\Sigma})^{\vdash_\Sigma} = \Gamma^{\vdash_\Sigma}$$

se verifica, tal como acontece para qualquer operador de fecho.

A compacidade é muito importante. Corresponde a afirmar que se uma fórmula é derivável de um conjunto de hipóteses então a fórmula pode derivar-se usando apenas um número finito dessas hipóteses.

Exercício 11 Justifique ou refute cada uma das seguintes afirmações:

- $\emptyset^{\vdash_\Sigma} \neq \emptyset$;

- $\Gamma_1^{\vdash_\Sigma} \cup \Gamma_2^{\vdash_\Sigma} \subseteq (\Gamma_1 \cup \Gamma_2)^{\vdash_\Sigma}$;

- Existem Γ_1 e Γ_2 tais que $\Gamma_1^{\vdash_\Sigma} \cup \Gamma_2^{\vdash_\Sigma} \neq (\Gamma_1 \cup \Gamma_2)^{\vdash_\Sigma}$.

O exercício anterior demonstra que $\vdash_\Sigma$ não é um operador de fecho de Kuratowski (para mais detalhes veja-se [31]).

É conveniente mencionar que o operador de derivação é fechado para a substituição, com as restrições esperadas, como será demonstrado no fim da Secção 5.4.

Antes de se prosseguir com o estudo das propriedades do operador de derivação, agora do ponto de vista da Teoria da Computabilidade, é necessário olhar-se novamente para a natureza dos axiomas. Levantam-se naturalmente várias questões. São os axiomas independentes uns dos outros? Isto é, será possível mostrar que nenhum axioma é derivável dos outros axiomas usando as regras de inferência? A resposta a esta questão é afirmativa. O leitor interessado encontra a demonstração, por exemplo, em [12]. Regressando ao assunto em questão, será o conjunto dos axiomas computável? Além disso, para cada $j = 1, \ldots, 5$, será $\mathrm{Ax}j_\Sigma$ computável? Deixa-se como exercício demonstrar as respostas seguintes a estas questões de computabilidade.

Proposição 12 Para cada $j = 1, \ldots, 5$, o conjunto $\mathrm{Ax}j_\Sigma$ é computável. Assim, o conjunto Ax_Σ é também computável.

Agora o objetivo é demonstrar que

$$\Gamma^{\vdash_\Sigma} = \bigcup_{n \in \mathbb{N}} D_\Sigma^n(\Gamma \cup \mathrm{Ax}_\Sigma)$$

é computavelmente enumerável quando Γ é um conjunto computavelmente enumerável. Para isso, é conveniente usar as aplicações que se seguem:

- $\mathrm{dmp}_\Sigma = \lambda\, \Psi . \Psi \cup \{\beta : \alpha, (\alpha \Rightarrow \beta) \in \Psi\} : \wp L_\Sigma \to \wp L_\Sigma$;
- $\mathrm{dgen}_\Sigma = \lambda\, \Psi . \Psi \cup \{(\forall x\, \alpha) : x \in X\ \&\ \alpha \in \Psi\} : \wp L_\Sigma \to \wp L_\Sigma$.

Os conjuntos $\mathrm{dmp}_\Sigma(\Psi)$ e $\mathrm{dgen}_\Sigma(\Psi)$ são os fechos num passo de Ψ por modus ponens e generalização, respetivamente. Obviamente

$$D_\Sigma(\Psi) = \mathrm{dmp}_\Sigma(\Psi) \cup \mathrm{dgen}_\Sigma(\Psi).$$

O resultado que se segue demonstra que as aplicações dmp_Σ e dgen_Σ são "computáveis" no sentido discutido no fim da Secção 3.7: é possível construir uma enumeração de $\mathrm{dmp}_\Sigma(\Psi)$ e uma enumeração de $\mathrm{dgen}_\Sigma(\Psi)$ a partir de uma enumeração de Ψ.

Proposição 13 Existe uma aplicação computável $s_{\mathrm{Gen}} : \mathbb{N} \to \mathbb{N}$ tal que, se $i_{\mathcal{C}_1^1}$ é uma enumeração de $\Psi \subseteq L_\Sigma$, então $s_{\mathrm{Gen}}(i)_{\mathcal{C}_1^1}$ é uma enumeração de $\mathrm{dgen}(\Psi)$.

Demonstração: Se $i_{\mathcal{C}_1^1}$ enumera Ψ, então a aplicação computada pelo algoritmo seguinte p_{Gen}^i enumera $\mathrm{dgen}_\Sigma(\Psi)$:

```
Function[k,
    If[EvenQ[k],
        a = (k/2)ℕ×ℕ[[1]];
        b = (k/2)ℕ×ℕ[[2]];
        "∀" <> "[" <> aₓ <> "," <> i_{𝒞₁¹}[b] <> "]"
        ,
        i_{𝒞₁¹}[(k − 1)/2]
    ]
]
```

Seja f a aplicação calculada por este algoritmo.   Claramente, para todo o $k \in \mathbb{N}$, $f(k) \in \text{dgen}_\Sigma(\Psi)$. De facto, se k é impar então o algoritmo devolve $i_{\mathcal{C}_1^1}[(k-1)/2]$ e, caso contrário, devolve a generalização da fórmula $(i_{\mathcal{C}_1^1}[b])$ em Ψ. Resta verificar que para todo o $w \in \text{dgen}_\Sigma(\Psi)$, existe $k \in \mathbb{N}$ tal que $f(k) = w$. Assuma-se que $w \in \text{dgen}_\Sigma(\Psi)$. Existem dois casos a considerar:

(i) $w \in \Psi$. Dado que $i_{\mathcal{C}_1^1}$ é uma enumeração de Ψ, existe $m \in \mathbb{N}$ tal que $i_{\mathcal{C}_1^1}(m) = w$. Tome-se $k = 2m + 1$. Então, a execução do algoritmo a partir de k termina com o valor $i_{\mathcal{C}_1^1}((k-1)/2) = i_{\mathcal{C}_1^1}(m) = w$, uma vez que k é um número impar.

(ii) $w \in \text{dgen}_\Sigma(\Psi) \setminus \Psi$. Então, existem $w_1 \in X$ e $w_2 \in \Psi$ tais que

$$w = \text{``}\forall\text{''} <> \text{``}[\text{''} <> w_1 <> \text{``},\text{''} <> w_2 <> \text{``}]\text{''}.$$

Observe-se que $\lambda\, k\,.\, k_X$ é uma enumeração de X. Logo existe $a \in \mathbb{N}$ tal que $a_X = w_1$. Por outro lado, uma vez que $i_{\mathcal{C}_1^1}$ é uma enumeração de Ψ, existe b tal que $i_{\mathcal{C}_1^1}(b) = w_2$. Seja m o valor atribuído ao par (a,b) pela bijeção de $\mathbb{N} \times \mathbb{N}$ em $\mathbb{N}$. Tome-se $k = 2m$. Então pela execução do algoritmo a partir de k obtém-se w, pois k é um número par.

Finalmente, seja $r_{\text{Gen}} : \mathbb{N} \to \mathcal{P}$ a aplicação que transforma cada i em p_{Gen}^i como sequência de caracteres. Claramente r_{Gen} é computável. Então a aplicação pretendida s_{Gen} é a aplicação mind $\circ\, r_{\text{Gen}}$.   QED

Proposição 14 Existe uma aplicação computável $s_{\text{MP}} : \mathbb{N} \to \mathbb{N}$ tal que, se $i_{\mathcal{C}_1^1}$ é uma enumeração de $\Psi \subseteq L_\Sigma$, então $s_{\text{MP}}(i)_{\mathcal{C}_1^1}$ é uma enumeração de $\text{dmp}(\Psi)$.

Demonstração: Se $i_{\mathcal{C}_1^1}$ enumera Ψ, então a aplicação computada pelo algoritmo p_{MP}^i seguinte enumera $\text{dmp}_\Sigma(\Psi)$:

```
Function[k,
    If[EvenQ[k],
        ea = ToExpression[i_{C_1^1}[(k/2)_{N×N}[[1]]]];
        ec = ToExpression[i_{C_1^1}[(k/2)_{N×N}[[2]]]];
        If[ec[[0]] === ⇒ && ec[[1]] === ea,
            ToString[ec[[2]]]
            ,
            ToString[ea]
        ]
        ,
        i_{C_1^1}[(k − 1)/2]
    ]
]
```

Seja f a aplicação computada por este algoritmo. É necessário verificar que:

(a) Para todo $w \in \mathrm{dmp}_\Sigma(\Psi)$, existe $k \in \mathbb{N}$ tal que $f(k) = w$.

Assuma-se que $w \in \mathrm{dmp}_\Sigma(\Psi)$. Existem dois casos a considerar:

(i) $w \in \Psi$. Dado que $i_{\mathcal{C}_1^1}$ é uma enumeração de Ψ, existe $m \in \mathbb{N}$ tal que $i_{\mathcal{C}_1^1}(m) = w$. Tome-se $k = 2m + 1$. Então, a execução do algoritmo a partir de k termina com o valor $i_{\mathcal{C}_1^1}((k-1)/2) = i_{\mathcal{C}_1^1}(m) = w$, uma vez que k é um número impar.

(ii) $w \in \mathrm{dmp}_\Sigma(\Psi) \setminus \Psi$. Então, existem $w_1, w_2 \in \Psi$ tais que

$$w_2 = \text{“}\Rightarrow\text{”} <> \text{“[”} <> w_1 <> \text{“,”} <> w <> \text{“]”}.$$

Uma vez que $i_{\mathcal{C}_1^1}$ é uma enumeração de Ψ, existem m_1 e m_2 tais que $i_{\mathcal{C}_1^1}(m_1) = w_1$ e $i_{\mathcal{C}_1^1}(m_2) = w_2$. Seja m o valor atribuído ao par (m_1, m_2) pela bijeção de $\mathbb{N} \times \mathbb{N}$ em $\mathbb{N}$. Tome-se $k = 2m$. Então pela execução do algoritmo a partir de k termina com $\mathsf{ToString}[ec[[2]]] = w$, uma vez que k é par, $ec[[0]] = \Rightarrow$ e $ec[[1]] = ea$ (a fórmula correspondente à sequência w_1).

(b) Para todo o $k \in \mathbb{N}$, $f(k) \in \mathrm{dmp}_\Sigma(\Psi)$.

Se k é impar então o algoritmo devolve $i_{\mathcal{C}_1^1}[(k-1)/2]$ em Ψ. Se k é par e a condição

$$ec[[0]] === \Rightarrow \&\& \ ec[[1]] === ea$$

é falsa então o algoritmo devolve $\mathsf{ToString}[ea] = i_{\mathcal{C}_1^1}[(k/2)_{\mathbb{N} \times \mathbb{N}}[[1]]]$ também em Ψ. Se k é par e a condição

$$ec[[0]] === \Rightarrow \&\& \ ec[[1]] === ea$$

é verdadeira então o algoritmo devolve o consequente de uma implicação (ec) em Ψ cujo antecedente (ea) está também em Ψ.

Finalmente, seja $r_{\mathrm{MP}} : \mathbb{N} \to \mathcal{P}$ a aplicação computável que transforma cada i no programa p_{MP}^i como sequência de caracteres. A aplicação r_{MP} é claramente computável. Então a aplicação pretendida $s_{\mathrm{MP}} : \mathbb{N} \to \mathbb{N}$ é $\mathrm{mind} \circ r_{\mathrm{MP}}$. QED

Exercício 15 Verifique que o algoritmo p_{MP}^i apresentado na demonstração anterior pode ser simplificado removendo o primeiro If.

O resultado seguinte é um corolário imediato da última proposição. Note-se que é um resultado bastante mais fraco.

Proposição 16 Se $\Psi \subseteq L_\Sigma$ é computavelmente enumerável, então $\mathrm{dmp}_\Sigma(\Psi)$ e $\mathrm{dgen}_\Sigma(\Psi)$ são também computavelmente enumeráveis.

Demonstração: Recorde que Ψ é computavelmente enumerável se é vazio ou admite uma enumeração computável. No último caso, podem-se usar imediatamente as Proposições 13 e 14 para concluir que $\mathrm{dgen}_\Sigma(\Psi)$ e $\mathrm{dmp}_\Sigma(\Psi)$ são computavelmente enumeráveis. No que diz respeito ao primeiro caso, observe-se que $\mathrm{dgen}_\Sigma(\emptyset) = \mathrm{dmp}_\Sigma(\emptyset) = \emptyset$.   QED

Das propriedades de dgen_Σ e dmp_Σ descritas nas Proposições 13, 14 e 16, é fácil estabelecer resultados semelhantes para D_Σ.

Proposição 17 Existe uma aplicação computável $s_{D_\Sigma} : \mathbb{N} \to \mathbb{N}$ tal que, se $i_{\mathcal{C}_1^1}$ é uma enumeração de $\Psi \subseteq L_\Sigma$, então $s_{D_\Sigma}(i)_{\mathcal{C}_1^1}$ é uma enumeração de $D_\Sigma(\Psi)$.

Demonstração: Se $i_{\mathcal{C}_1^1}$ enumera Ψ, então a aplicação computada pelo algoritmo $p^i_{D_\Sigma}$ seguinte enumera $D_\Sigma(\Psi)$:

$$
\begin{aligned}
&\mathrm{Function}[k, \\
&\quad \mathrm{If}[\mathrm{EvenQ}[k], \\
&\qquad s_{\mathrm{MP}}[i]_{\mathcal{C}_1^1}[k/2] \\
&\qquad , \\
&\qquad s_{\mathrm{Gen}}[i]_{\mathcal{C}_1^1}[(k-1)/2] \\
&\quad] \\
&]
\end{aligned}
$$

Seja $r_{D_\Sigma} : \mathbb{N} \to \mathcal{P}$ a aplicação que atribui a cada i a sequência de caracteres $p^i_{D_\Sigma}$. A aplicação r_{D_Σ} é claramente computável. Então a aplicação $s_{D_\Sigma} : \mathbb{N} \to \mathbb{N}$ pode ser obtida da forma seguinte: $s_{D_\Sigma} = \mathrm{mind} \circ r_{D_\Sigma}$.   QED

Proposição 18 Se $\Psi \subseteq L_\Sigma$ é computavelmente enumerável, então $D_\Sigma(\Psi)$ é também computavelmente enumerável.

A Proposição 17 pode agora estender-se a potências de D_Σ. Neste caso, a aplicação computável pretendida tem dois argumentos. O segundo argumento é a potência escolhida para D_Σ.

Proposição 19 Existe uma aplicação computável $\sigma : \mathbb{N} \times \mathbb{N} \to \mathbb{N}$ tal que, se $i_{\mathcal{C}_1^1}$ é uma enumeração de $\Psi \subseteq L_\Sigma$, então $\sigma(i, n)_{\mathcal{C}_1^1}$ é uma enumeração de $D_\Sigma^n(\Psi)$.

Demonstração: Basta considerar $\sigma = \lambda i, n \cdot s^n_{D_\Sigma}(i)$, computada, por exemplo, como se segue:[10]

---

[10]A função primitiva ternária Nest da linguagem *Mathematica* calcula o primeiro argumento elevado ao terceiro argumento aplicado ao segundo argumento. Mas o leitor não terá dificuldade em escrever um programa que compute σ sem usar Nest.

$$\text{Function}[\{i, n\},$$
$$\text{Nest}[s_{D_\Sigma}, i, n]$$
$$]$$

QED

Pode-se agora construir uma enumeração de $\bigcup_{n \in \mathbb{N}} D^n_\Sigma(\Psi)$ a partir de uma enumeração dada de Ψ.

Proposição 20 Existe uma aplicação computável $s : \mathbb{N} \to \mathbb{N}$ tal que, se $i_{C^1_1}$ é uma enumeração de $\Psi \subseteq L_\Sigma$, então $s(i)_{C^1_1}$ é uma enumeração de $\bigcup_{n \in \mathbb{N}} D^n_\Sigma(\Psi)$.

Demonstração: Se $i_{C^1_1}$ enumera Ψ, então a aplicação computada pelo algoritmo p^i seguinte enumera $\bigcup_{n \in \mathbb{N}} D^n_\Sigma(\Psi)$:

$$\text{Function}[k,$$
$$k_1 = k_{\mathbb{N} \times \mathbb{N}}[[1]];$$
$$k_2 = k_{\mathbb{N} \times \mathbb{N}}[[2]];$$
$$\sigma[i, k_1]_{C^1_1}[k_2]$$
$$]$$

Seja f a aplicação computada por este algoritmo. Claramente, para todo o $k \in \mathbb{N}$, $f(k)$ pertence a $\bigcup_{n \in \mathbb{N}} D^n_\Sigma(\Psi)$. Resta verificar que, para todo o $w \in \bigcup_{n \in \mathbb{N}} D^n_\Sigma(\Psi)$, existe $k \in \mathbb{N}$ tal que $f(k) = w$. Assuma-se que $w \in \bigcup_{n \in \mathbb{N}} D^n_\Sigma(\Psi)$. Então existe n tal que $w \in D^n_\Sigma(\Psi)$. Além disso, pela Proposição 19, existe $m \in \mathbb{N}$ tal que $\sigma(i, n)_{C^1_1}(m) = w$. Tome-se $k \in \mathbb{N}$ como o número que é atribuído ao par (n, m) pela bijeção de $\mathbb{N} \times \mathbb{N}$ para $\mathbb{N}$. Então a execução de p^i com o argumento k termina com o valor w.

Finalmente, seja $r : \mathbb{N} \to \mathcal{P}$ a aplicação que transforma cada i na sequência de caracteres p^i. A aplicação r é claramente computável. Então a aplicação $s : \mathbb{N} \to \mathbb{N}$ pode ser obtida da forma seguinte: $s = \text{mind} \circ r$. QED

Assim, se Ψ é computavelmente enumerável, então $\bigcup_{n \in \mathbb{N}} D^n_\Sigma(\Psi)$ é também computavelmente enumerável. Logo, em particular:

Proposição 21 (Semidecidibilidade do cálculo de Hilbert)
Se $\Gamma \subseteq L_\Sigma$ é computavelmente enumerável, então o seu fecho por derivação $\Gamma^{\vdash_\Sigma}$ é computavelmente enumerável.

Demonstração: Consequência imediata das Proposições 9 e 14 do Capítulo 3 e das Proposições 7, 12 e 20 deste capítulo. QED

Assim, *a fortiori*, $\Gamma^{\vdash_\Sigma}$ é computavelmente enumerável sempre que Γ é computável. O leitor pode questionar-se se este resultado pode ser estendido para estabelecer a decidibilidade de $\Gamma^{\vdash_\Sigma}$. De facto, a decidibilidade de Γ não é condição suficiente para a decidibilidade de $\Gamma^{\vdash_\Sigma}$. Por exemplo, será demonstrado mais tarde, na Secção 13.3, que é possível encontrar uma assinatura Σ tal que $\emptyset^{\vdash_\Sigma}$ é um conjunto não computável. Por outro lado, são conhecidas condições sobre as assinaturas que garantem a decidibilidade do conjunto de teoremas. Por exemplo, se Σ contém apenas símbolos de predicados unários e não contém nenhum símbolo de função[11] então $\emptyset^{\vdash_\Sigma}$ é decidível.

5.4 Metateoremas e regras admissíveis

São apresentados a seguir alguns metateoremas e regras admissíveis que podem facilitar o uso do cálculo na prática. Um metateorema é uma (meta)asserção que garante a existência de uma derivação quando uma ou várias derivações são conhecidas. Uma regra admissível é uma regra de inferência que pode ser adicionada ao cálculo sem alterar o seu poder. Em particular, a regra que infere δ a partir de Θ é admissível sempre que $\delta \in \Theta^{\vdash_\Sigma}$ e Θ é finito. Tal regra diz-se uma *regra admissível derivável*.

Apresentam-se antes dois conceitos relacionados com a dependência de hipóteses, dado que são usados em vários metateoremas e são para além disso frequentemente úteis. Seja

$$w = (\psi_1, J_1) \ldots (\psi_n, J_n)$$

uma sequência de derivação para $\Gamma \vdash_\Sigma \varphi$. Então:

- A fórmula ψ_i *depende* de $\gamma \in \Gamma$ em w se:

  - ou J_i é Hip e ψ_i é γ;
  - ou J_i é Gen k e ψ_k depende de γ;
  - ou J_i é MP j, k e ψ_j ou ψ_k depende de γ.

  Além disso, dado $\Delta \subseteq L_\Sigma$, seja

  $$d_\Delta^w = \{\delta \in \Delta : \psi_n \text{ depende de } \delta \text{ em } w\}.$$

Este conjunto é composto pelos elementos de Δ para os quais a conclusão da derivação depende de w. Claramente, d_Δ^w é finito quaisquer que sejam w e Δ. Para além disso, $d_\Delta^w \subseteq \Gamma$ e, obviamente, $d_\Delta^w \subseteq \Delta$.

---

[11]Tal assinatura diz-se monádica.

- A fórmula ψ_i é uma *generalização essencial de dependente* de $\gamma \in \Gamma$ em w se:

  - J_i é Gen k;
  - ψ_i é $(\forall x\, \psi_k)$;
  - ψ_k depende de γ;
  - e $x \in \mathrm{vlv}_\Sigma(\gamma)$.

O metateorema seguinte estabelece rigorosamente a intuição de que se pode retirar com segurança qualquer hipótese que não seja usada na derivação para se chegar à mesma conclusão.

Proposição 22 (Metateorema da hipótese inútil)
Se existe sequência de derivação w para

$$\Gamma \cup \{\eta\} \vdash_\Sigma \varphi$$

em que φ não depende de η, então existe uma sequência de derivação w' para

$$\Gamma \vdash_\Sigma \varphi$$

tal que, qualquer que seja $\gamma \in \Gamma$, se w' contém uma generalização essencial de dependente γ, então w já continha uma generalização essencial de dependente de γ. Além disso, $d_\Gamma^{w'} = d_\Gamma^w$.

Demonstração: Seja $w = (\psi_1, J_1) \ldots (\psi_n, J_n)$ uma sequência de derivação para $\Gamma \cup \{\eta\} \vdash_\Sigma \varphi$ onde φ não depende de η. Primeiro, demonstra-se por indução sobre n que é possível extrair uma subsequência[12] w' de w que constitui uma sequência de derivação para $\Gamma \vdash_\Sigma \varphi$ tal que $d_\Gamma^{w'} = d_\Gamma^w$.

(Base) $n = 1$: $\varphi \in \Gamma \cup \mathrm{Ax}_\Sigma$ uma vez que φ não depende de η. Logo, $w' = w$ é uma sequência de derivação para $\Gamma \vdash_\Sigma \varphi$. Além disso, $d_\Gamma^{w'} = d_\Gamma^w = \emptyset$ se J_1 é Ax, e $d_\Gamma^{w'} = d_\Gamma^w = \{\varphi\}$ caso contrário.

(Passo) Seja $n = m + 1$. Existem três casos a considerar.
(i) J_n é Hip ou Ax:
$\varphi \in \Gamma \cup \mathrm{Ax}_\Sigma$ uma vez que φ não depende de η. Basta considerar a sequência unitária (ψ_n, J_n) para w' para estabelecer $\Gamma \vdash_\Sigma \varphi$. Claramente, $d_\Gamma^{w'} = d_\Gamma^w = \emptyset$ se J_n é Ax, e $d_\Gamma^{w'} = d_\Gamma^w = \{\varphi\}$ caso contrário.
(ii) J_n é MP k, j:
$w_{1\ldots k} = (\psi_1, J_1) \ldots (\psi_k, J_k)$ e $w_{1\ldots j} = (\psi_1, J_1) \ldots (\psi_j, J_j)$ são sequências de derivação para $\Gamma \cup \{\eta\} \vdash_\Sigma \psi_k$ e $\Gamma \cup \{\eta\} \vdash_\Sigma \psi_j$, respectivamente, onde ψ_k e ψ_j não dependem de η (se uma delas dependesse então φ também dependeria).

---

[12]Independentemente de trocas nas justificações impostas pela renumeração dos passos.

Assim, por hipótese de indução, existem subsequências w'' e w'''' de $w_{1...k}$ e de $w_{1...j}$ para $\Gamma \vdash_\Sigma \psi_k$ e $\Gamma \vdash_\Sigma \psi_j$, respetivamente, tais que $d_\Gamma^{w''} = d_\Gamma^{w_{1..k}}$ e $d_\Gamma^{w''''} = d_\Gamma^{w_{1..j}}$. Sejam r e s os comprimentos de w'' e w''', respetivamente. Então, adicionando o passo seguinte à concatenação das sequências[13] w'' e w'''

$$r + s + 1 \qquad \varphi \qquad \text{MP } r, r+s$$

obtém-se uma sequência de derivação w' para $\Gamma \vdash_\Sigma \varphi$ que ainda é uma subsequência da sequência original w (a menos da renumeração dos passos). Além disso,

$$d_\Gamma^{w'} = d_\Gamma^{w''} \cup d_\Gamma^{w'''} = d_\Gamma^{w_{1..k}} \cup d_\Gamma^{w_{1..j}} = d_\Gamma^{w}.$$

(iii) J_n é Gen k:

$w_{1...k} = (\psi_1, J_1) \ldots (\psi_k, J_k)$ é uma sequência de derivação para $\Gamma \cup \{\eta\} \vdash_\Sigma \psi_k$ onde ψ_k não depende de η (se dependesse então φ também dependeria). Assim, por hipótese de indução, existe uma subsequência w'' de $w_{1...k}$ para $\Gamma \vdash_\Sigma \psi_k$ tal que $d_\Gamma^{w''} = d_\Gamma^{w_{1..k}}$. Seja r o comprimento de w''. Então, adicionando o passo seguinte à sequência w''

$$r + 1 \qquad \varphi \qquad \text{Gen } r$$

obtém-se uma sequência de derivação w' para $\Gamma \vdash_\Sigma \varphi$. Claramente, w' é ainda uma subsequência da sequência original w (a menos da renumeração dos passos). Além disso,

$$d_\Gamma^{w'} = d_\Gamma^{w''} = d_\Gamma^{w_{1...k}} = d_\Gamma^{w}.$$

Finalmente, observe-se que, como a sequência de derivação w' assim construída para $\Gamma \vdash_\Sigma \varphi$ é uma subsequência da sequência original w, não foram usadas hipóteses adicionais e não foram adicionadas generalizações. Logo, *a fortiori*, não foram adicionadas generalizações essenciais de dependentes de elementos de Γ.   QED

Note-se que a sequência de derivação obtida na demonstração do metateorema da hipótese inútil corresponde à remoção na sequência original de todos os passos que dependem de hipóteses inúteis, incluindo aqueles que dependem de η.

O propósito agora é enunciar e demonstrar o metateorema da dedução que estabelece em que medida a derivação pode ser internalizada (expressa na linguagem L_Σ) pela implicação.

Proposição 23 (Metateorema da dedução – MTD)
Dada uma sequência de derivação w para

$$\Gamma \cup \{\eta\} \vdash_\Sigma \varphi$$

---

[13]Depois de alterações óbvias impostas para renumeração dos passos.

sem generalizações essenciais de dependentes de η, é possível construir uma sequência de derivação w' para

$$\Gamma \vdash_\Sigma (\eta \Rightarrow \varphi)$$

tal que, qualquer que seja a hipótese $\gamma \in \Gamma$, se w' contém uma generalização essencial de dependentes de γ, então w já continha uma generalização essencial de dependente de γ.

Demonstração: Seja $w = (\psi_1, J_1) \ldots (\psi_n, J_n)$ uma sequência de derivação para $\Gamma \cup \{\eta\} \vdash_\Sigma \varphi$ sem generalizações essenciais de dependentes de η. Mostra-se, por indução sobre n, que existe uma sequência de derivação w' para $\Gamma \vdash_\Sigma (\eta \Rightarrow \varphi)$ sem adicionar generalizações essenciais de dependentes de elementos de Γ e tal que $d_\Gamma^w = d_\Gamma^{w'}$.

(Base) $n = 1$. Existem três casos a considerar:
(i) J_n é Hip e $\varphi \in \Gamma$. Considere-se a sequência de derivação w' seguinte:

$$
\begin{array}{lll}
1 & \varphi & \text{Hip} \\
2 & (\varphi \Rightarrow (\eta \Rightarrow \varphi)) & \text{Ax1} \\
3 & (\eta \Rightarrow \varphi) & \text{MP 1,2}
\end{array}
$$

Não há mais generalizações essenciais de dependentes de elementos de Γ uma vez que não há generalizações em w'. Além disso, $d_\Gamma^w = d_\Gamma^{w'} = \{\varphi\}$.
(ii) J_n é Hip e φ é η. Recorde-se a sequência de derivação para $\vdash_\Sigma (\eta \Rightarrow \eta)$ dada no início do capítulo. Tome-se essa sequência para w'. Não há mais generalizações essenciais de dependentes de elementos de Γ uma vez que não são usadas generalizações em w'. Além disso, $d_\Gamma^w = d_\Gamma^{w'} = \emptyset$.
(iii) J_n é Ax. Considere-se a sequência de derivação w' seguinte:

$$
\begin{array}{lll}
1 & \varphi & \text{Ax} \\
2 & (\varphi \Rightarrow (\eta \Rightarrow \varphi)) & \text{Ax1} \\
3 & (\eta \Rightarrow \varphi) & \text{MP 1,2}
\end{array}
$$

Novamente, não são usadas generalizações e, portanto, não há mais generalizações essenciais de dependentes de elementos de Γ em w'. Além disso, $d_\Gamma^w = d_\Gamma^{w'} = \emptyset$.

(Passo) $n = m + 1$. Existem três casos a considerar:
(i) J_n é Hip ou J_n é Ax. Então a demonstração é semelhante aos casos correspondentes da base e é, portanto, deixada como exercício.
(ii) J_n é MP i, k com $i, k \leq m$. Sem perda de generalidade seja ψ_k a fórmula $(\psi_i \Rightarrow \varphi)$. Observe-se que as sequências $w_{1\ldots i} = (\psi_1, J_1) \ldots (\psi_i, J_i)$ e $w_{1\ldots k} = (\psi_1, J_1) \ldots (\psi_k, J_k)$ são sequências de derivação para $\Gamma \cup \{\eta\} \vdash_\Sigma \psi_i$ e $\Gamma \cup \{\eta\} \vdash_\Sigma (\psi_i \Rightarrow \varphi)$, respectivamente, ambas sem generalizações essenciais de

dependentes de η. Assim, por hipótese de indução, existem sequências de derivação w'' e w''' para $\Gamma \vdash_\Sigma (\eta \Rightarrow \psi_i)$ e para $\Gamma \vdash_\Sigma (\eta \Rightarrow (\psi_i \Rightarrow \varphi))$, respetivamente, sem adicionar generalizações essenciais de dependentes de elementos de Γ e tais que $d_\Gamma^{w_{1\ldots i}} = d_\Gamma^{w''}$ e $d_\Gamma^{w_{1\ldots k}} = d_\Gamma^{w'''}$. Sejam r e s os respetivos comprimentos. Considere-se a sequência de derivação w' para $\Gamma \vdash_\Sigma (\eta \Rightarrow \varphi)$ obtida por adição dos passos seguintes à concatenação de w'' e w''':[14]

$$
\begin{array}{lll}
r+s+1 & ((\eta \Rightarrow (\psi_i \Rightarrow \varphi)) \Rightarrow & \\
 & \quad ((\eta \Rightarrow \psi_i) \Rightarrow (\eta \Rightarrow \varphi))) & \text{Ax2} \\
r+s+2 & ((\eta \Rightarrow \psi_i) \Rightarrow (\eta \Rightarrow \varphi)) & \text{MP } r+s, r+s+1 \\
r+s+3 & (\eta \Rightarrow \varphi) & \text{MP } r, r+s+2
\end{array}
$$

Claramente,

$$ d_\Gamma^w = d_\Gamma^{w_{1\ldots i}} \cup d_\Gamma^{w_{1\ldots k}} = d_\Gamma^{w''} \cup d_\Gamma^{w'''} = d_\Gamma^{w'}. $$

Além disso, cada generalização nos passos 1 a r de w' é essencial de dependente de um elemento de Γ se e só se também o é em w'', e cada generalização nos passos $r+1$ a $r+s$ de w' é essencial de dependente de um elemento de Γ se e só se também o é em w'''. Para além disso, a generalização não é usada nos últimos três passos de w'. Logo, não há mais generalizações essenciais de dependentes de elementos de Γ na sequência de derivação w'.

(iii) J_n é Gen k com $k \leq m$. Seja φ a fórmula $(\forall x\, \psi_k)$. Note-se que, por hipótese, esta generalização não é de tipo essencial de dependente de η. Logo, existem dois casos a considerar:

(a) ψ_k não depende de η. Então, pelo metateorema da hipótese inútil, existe uma subsequência w'' de $w_{1\ldots k}$ que constitui uma sequência de derivação para $\Gamma \vdash_\Sigma \psi_k$, sem adicionar generalizações essenciais de dependentes de elementos de Γ e tal que $d_\Gamma^{w''} = d_\Gamma^{w_{1\ldots k}}$. Seja r o comprimento de w''. Considere-se a sequência de derivação w' seguinte para $\Gamma \vdash_\Sigma (\eta \Rightarrow \varphi)$ obtida adicionando os passos seguintes a w'':

$$
\begin{array}{lll}
r+1 & (\forall x\, \psi_k) & \text{Gen } r \\
r+2 & ((\forall x\, \psi_k) \Rightarrow (\eta \Rightarrow (\forall x\, \psi_k))) & \text{Ax1} \\
r+3 & (\eta \Rightarrow (\forall x\, \psi_k)) & \text{MP } r+1, r+2
\end{array}
$$

Claramente,

$$ d_\Gamma^w = d_\Gamma^{w_{1\ldots k}} = d_\Gamma^{w''} = d_\Gamma^{w'}. $$

Então, a generalização no passo $r+1$ de w' é essencial de dependente de um elemento de Γ se e só se é a generalização no passo n de w. Além disso, cada generalização nos passos 1 a r de w' é essencial de dependente de um elemento de Γ se e só se o é em w''. Assim, não há mais generalizações essenciais de dependentes de elementos de Γ na sequência de derivação w'.

---

[14]Depois de alterações óbvias impostas pela renumeração dos passos.

(b) $x \notin \mathrm{vlv}_\Sigma(\eta)$. Observe-se que $(\psi_1, J_1)\ldots(\psi_k, J_k)$ é uma sequência de derivação para $\Gamma \cup \{\eta\} \vdash_\Sigma \psi_k$ sem generalizações essenciais de dependentes de η. Portanto, por hipótese de indução, existe uma sequência de derivação w'' para $\Gamma \vdash_\Sigma (\eta \Rightarrow \psi_k)$ sem adicionar generalizações essenciais de dependentes de elementos de Γ e tal que $d_\Gamma^{w''} = d_\Gamma^{w_1\cdots k}$. Seja r o seu comprimento. Considere-se a sequência de derivação w' para $\Gamma \vdash_\Sigma (\eta \Rightarrow \varphi)$ obtida adicionando os passos seguintes a w'':

$$
\begin{array}{lll}
r+1 & (\forall x(\eta \Rightarrow \psi_k)) & \text{Gen } r \\
r+2 & ((\forall x(\eta \Rightarrow \psi_k)) \Rightarrow (\eta \Rightarrow (\forall x\, \psi_k))) & \text{Ax5} \\
r+3 & (\eta \Rightarrow (\forall x\, \psi_k)) & \text{MP } r+1, r+2
\end{array}
$$

Claramente,

$$
d_\Gamma^w = d_\Gamma^{w_1\cdots k} = d_\Gamma^{w''} = d_\Gamma^{w'}
$$

e, portanto, a generalização no passo $r+1$ de w' é essencial de dependente de um elemento de Γ se e só se é a generalização no passo n da sequência w. Além disso, cada generalização nos passos 1 a r de w' é essencial de dependente de um elemento de Γ se e só se o é em w''. Assim, não se introduzem novas generalizações essenciais de dependentes de elementos de Γ na sequência de derivação w'. QED

Exercício 24 Recorrendo ao MTD estabeleça:

1. $\vdash_\Sigma ((\forall x(\forall y\, \varphi)) \Rightarrow (\forall y(\forall x\, \varphi)))$;

2. $\vdash_\Sigma ((\forall x(\varphi_1 \Rightarrow \varphi_2)) \Rightarrow ((\forall x\, \varphi_1) \Rightarrow (\forall x\, \varphi_2)))$.

Exercício 25 Adaptando a demonstração do MTD, expanda a sequência de derivação dada no Exercício 1 para $(\forall x(\forall y\, \varphi)) \vdash_\Sigma (\forall y(\forall x\, \varphi))$, de modo a construir uma sequência de derivação para $\vdash_\Sigma ((\forall x(\forall y\, \varphi)) \Rightarrow (\forall y(\forall x\, \varphi)))$.

Os resultados (a) a (j) abaixo serão ulteriormente necessários. Convida-se o leitor a demonstrar a existência de derivações para eles, usando o MTD sempre que conveniente, antes de ler as demonstrações aqui apresentadas.

(a) $\vdash_\Sigma ((\neg(\neg\varphi)) \Rightarrow \varphi)$.

Considere-se a sequência de derivação seguinte para $(\neg(\neg\varphi)) \vdash_\Sigma \varphi$:

$$
\begin{array}{lll}
1 & (\neg(\neg\varphi)) & \text{Hip} \\
2 & ((\neg(\neg\varphi)) \Rightarrow ((\neg(\neg(\neg(\neg\varphi)))) \Rightarrow (\neg(\neg\varphi)))) & \text{Ax1} \\
3 & ((\neg(\neg(\neg(\neg\varphi)))) \Rightarrow (\neg(\neg\varphi))) & \text{MP 1,2} \\
4 & (((\neg(\neg(\neg(\neg\varphi)))) \Rightarrow (\neg(\neg\varphi))) \Rightarrow ((\neg\varphi) \Rightarrow (\neg(\neg(\neg\varphi))))) & \text{Ax3} \\
5 & ((\neg\varphi) \Rightarrow (\neg(\neg(\neg\varphi)))) & \text{MP 3,4} \\
6 & (((\neg\varphi) \Rightarrow (\neg(\neg(\neg\varphi)))) \Rightarrow ((\neg(\neg\varphi)) \Rightarrow \varphi)) & \text{Ax3} \\
7 & ((\neg(\neg\varphi)) \Rightarrow \varphi) & \text{MP 5,6} \\
8 & \varphi & \text{MP 1,7}
\end{array}
$$

Então, recorrendo ao MTD, obtém-se o resultado pretendido.

(b) $\vdash_\Sigma (((\neg\varphi) \Rightarrow \varphi) \Rightarrow \varphi)$.

Considere-se a sequência de derivação para $((\neg\varphi) \Rightarrow \varphi) \vdash_\Sigma \varphi$:

1	$((\neg\varphi) \Rightarrow \varphi)$	Hip
2	$((\neg\varphi) \Rightarrow ((\neg(\neg((\neg\varphi) \Rightarrow \varphi))) \Rightarrow (\neg\varphi)))$	Ax1
3	$(((\neg(\neg((\neg\varphi) \Rightarrow \varphi))) \Rightarrow (\neg\varphi)) \Rightarrow$	
	$\qquad\qquad\qquad\qquad (\varphi \Rightarrow (\neg((\neg\varphi) \Rightarrow \varphi))))$	Ax3
4	$((\neg\varphi) \Rightarrow (\varphi \Rightarrow (\neg((\neg\varphi) \Rightarrow \varphi))))$	SH 2,3
5	$(((\neg\varphi) \Rightarrow (\varphi \Rightarrow (\neg((\neg\varphi) \Rightarrow \varphi)))) \Rightarrow$	
	$\qquad\qquad (((\neg\varphi) \Rightarrow \varphi) \Rightarrow ((\neg\varphi) \Rightarrow (\neg((\neg\varphi) \Rightarrow \varphi)))))$	Ax2
6	$(((\neg\varphi) \Rightarrow \varphi) \Rightarrow ((\neg\varphi) \Rightarrow (\neg((\neg\varphi) \Rightarrow \varphi))))$	MP 4,5
7	$((\neg\varphi) \Rightarrow (\neg((\neg\varphi) \Rightarrow \varphi)))$	MP 1,6
8	$(((\neg\varphi) \Rightarrow (\neg((\neg\varphi) \Rightarrow \varphi))) \Rightarrow (((\neg\varphi) \Rightarrow \varphi) \Rightarrow \varphi))$	Ax3
9	$(((\neg\varphi) \Rightarrow \varphi) \Rightarrow \varphi)$	MP 7,8
10	φ	MP 9,1

Então, recorrendo ao MTD, obtém-se o resultado pretendido.

(c) $\vdash_\Sigma (((\neg\varphi) \Rightarrow (\neg\psi)) \Rightarrow (((\neg\varphi) \Rightarrow \psi) \Rightarrow \varphi))$.

Considere-se a sequência de derivação para $((\neg\varphi) \Rightarrow (\neg\psi)), ((\neg\varphi) \Rightarrow \psi) \vdash_\Sigma \varphi$ onde a justificação Teo é usada com o intuito de usar um teorema derivado anteriormente:

1	$((\neg\varphi) \Rightarrow (\neg\psi))$	Hip
2	$((\neg\varphi) \Rightarrow \psi)$	Hip
3	$(((\neg\varphi) \Rightarrow (\neg\psi)) \Rightarrow (\psi \Rightarrow \varphi))$	Ax3
4	$(\psi \Rightarrow \varphi)$	MP 1,3
5	$((\neg\varphi) \Rightarrow \varphi)$	SH 2,4
6	$(((\neg\varphi) \Rightarrow \varphi) \Rightarrow \varphi)$	Teo (b)
7	φ	MP 5,6

Então, recorrendo ao MTD, obtém-se o resultado pretendido.

(d) $\vdash_\Sigma (\varphi \Rightarrow (\neg(\neg\varphi)))$.

Considere-se a sequência de derivação:

1	$(((\neg(\neg(\neg\varphi))) \Rightarrow (\neg\varphi)) \Rightarrow$	
	$\qquad (((\neg(\neg(\neg\varphi))) \Rightarrow \varphi) \Rightarrow (\neg(\neg\varphi))))$	Teo (c)
2	$((\neg(\neg(\neg\varphi))) \Rightarrow (\neg\varphi))$	Teo (a)
3	$(((\neg(\neg(\neg\varphi))) \Rightarrow \varphi) \Rightarrow (\neg(\neg\varphi)))$	MP 2,1
4	$(\varphi \Rightarrow ((\neg(\neg(\neg\varphi))) \Rightarrow \varphi))$	Ax1
5	$(\varphi \Rightarrow (\neg(\neg\varphi)))$	SH 4,3

(e) $\vdash_{\Sigma} ((\varphi \Rightarrow (\neg \psi)) \Rightarrow (\psi \Rightarrow (\neg \varphi)))$.

Considere-se a sequência de derivação para $(\varphi \Rightarrow (\neg \psi)) \vdash_{\Sigma} (\psi \Rightarrow (\neg \varphi))$:

$$
\begin{array}{lll}
1 & (\varphi \Rightarrow (\neg \psi)) & \text{Hip} \\
2 & ((\neg(\neg \varphi)) \Rightarrow \varphi) & \text{Teo (a)} \\
3 & ((\neg(\neg \varphi)) \Rightarrow (\neg \psi)) & \text{SH 2,1} \\
4 & (((\neg(\neg \varphi)) \Rightarrow (\neg \psi)) \Rightarrow (\psi \Rightarrow (\neg \varphi))) & \text{Ax3} \\
5 & (\psi \Rightarrow (\neg \varphi)) & \text{MP 3,4}
\end{array}
$$

Então, recorrendo ao MTD, obtém-se o resultado pretendido.

(f) $\vdash_{\Sigma} ((\varphi \Rightarrow \psi) \Rightarrow ((\neg \psi) \Rightarrow (\neg \varphi)))$.

Considere-se a sequência de derivação para $(\varphi \Rightarrow \psi) \vdash_{\Sigma} ((\neg \psi) \Rightarrow (\neg \varphi))$:

$$
\begin{array}{lll}
1 & (\varphi \Rightarrow \psi) & \text{Hip} \\
2 & ((\neg(\neg \varphi)) \Rightarrow \varphi) & \text{Teo (a)} \\
3 & ((\neg(\neg \varphi)) \Rightarrow \psi) & \text{SH 2,1} \\
4 & (\psi \Rightarrow (\neg(\neg \psi))) & \text{Teo (d)} \\
5 & ((\neg(\neg \varphi)) \Rightarrow (\neg(\neg \psi))) & \text{SH 3,4} \\
6 & (((\neg(\neg \varphi)) \Rightarrow (\neg(\neg \psi))) \Rightarrow ((\neg \psi) \Rightarrow (\neg \varphi))) & \text{Ax3} \\
7 & ((\neg \psi) \Rightarrow (\neg \varphi)) & \text{MP 5,6}
\end{array}
$$

Então, recorrendo ao MTD, obtém-se o resultado pretendido.

(g) $\vdash_{\Sigma} ((\neg \varphi) \Rightarrow (\varphi \Rightarrow \psi))$.

Considere-se a sequência de derivação para $(\neg \varphi) \vdash_{\Sigma} (\varphi \Rightarrow \psi)$:

$$
\begin{array}{lll}
1 & (\neg \varphi) & \text{Hip} \\
2 & ((\neg \varphi) \Rightarrow ((\neg \psi) \Rightarrow (\neg \varphi))) & \text{Ax1} \\
3 & ((\neg \psi) \Rightarrow (\neg \varphi)) & \text{MP 1,2} \\
4 & (((\neg \psi) \Rightarrow (\neg \varphi)) \Rightarrow (\varphi \Rightarrow \psi)) & \text{Ax3} \\
5 & (\varphi \Rightarrow \psi) & \text{MP 3,4}
\end{array}
$$

Então, recorrendo ao MTD, obtém-se o resultado pretendido.

(h1) $\vdash_{\Sigma} ((\varphi \wedge \psi) \Rightarrow \varphi)$.

Considere-se a sequência de derivação para $(\neg(\varphi \Rightarrow (\neg \psi))) \vdash_{\Sigma} \varphi$:

1	$(\neg(\varphi \Rightarrow (\neg\psi)))$	Hip
2	$((\neg\varphi) \Rightarrow (\varphi \Rightarrow (\neg\psi)))$	Teo (g)
3	$(((\neg\varphi) \Rightarrow (\varphi \Rightarrow (\neg\psi))) \Rightarrow ((\neg(\varphi \Rightarrow (\neg\psi))) \Rightarrow (\neg(\neg\varphi))))$	Teo (f)
4	$((\neg(\varphi \Rightarrow (\neg\psi))) \Rightarrow (\neg(\neg\varphi)))$	MP 2,3
5	$(\neg(\neg\varphi))$	MP 1,4
6	$((\neg(\neg\varphi)) \Rightarrow \varphi)$	Teo (a)
7	φ	MP 5,6

Então, recorrendo ao MTD, obtém-se o resultado pretendido.

(h2) $\vdash_\Sigma ((\varphi \wedge \psi) \Rightarrow \psi)$.

Considere-se a sequência de derivação para $(\neg(\varphi \Rightarrow (\neg\psi))) \vdash_\Sigma \psi$:

1	$(\neg(\varphi \Rightarrow (\neg\psi)))$	Hip
2	$((\neg\psi) \Rightarrow (\varphi \Rightarrow (\neg\psi)))$	Ax1
3	$((\varphi \Rightarrow (\neg\psi)) \Rightarrow (\neg(\neg(\varphi \Rightarrow (\neg\psi)))))$	Teo (d)
4	$((\neg\psi) \Rightarrow (\neg(\neg(\varphi \Rightarrow (\neg\psi)))))$	SH 2,3
5	$(((\neg\psi) \Rightarrow (\neg(\neg(\varphi \Rightarrow (\neg\psi))))) \Rightarrow$ $((\neg(\varphi \Rightarrow (\neg\psi))) \Rightarrow (\neg(\neg\psi))))$	Teo (e)
6	$((\neg(\varphi \Rightarrow (\neg\psi))) \Rightarrow (\neg(\neg\psi)))$	MP 4,5
7	$(\neg(\neg\psi))$	MP 1,6
8	$((\neg(\neg\psi)) \Rightarrow \psi)$	Teo (a)
9	ψ	MP 7,8

Então, recorrendo ao MTD, obtém-se o resultado pretendido.

(i) $\vdash_\Sigma (\varphi \Rightarrow (\psi \Rightarrow (\varphi \wedge \psi)))$.

Note-se que $\varphi, (\varphi \Rightarrow (\neg\psi)) \vdash_\Sigma (\neg\psi)$. Então $\varphi \vdash_\Sigma ((\varphi \Rightarrow (\neg\psi)) \Rightarrow (\neg\psi))$, pelo MTD. Seja w uma sequência de derivação para esta fórmula, e seja r o seu comprimento. Considere-se a sequência de derivação para $\varphi \vdash_\Sigma (\psi \Rightarrow (\varphi \wedge \psi))$ obtida por concatenação de w com a sequência seguinte:

r+1	$(((\varphi \Rightarrow (\neg\psi)) \Rightarrow (\neg\psi)) \Rightarrow (\psi \Rightarrow (\neg(\varphi \Rightarrow (\neg\psi)))))$	Teo(e)
r+2	$(\psi \Rightarrow (\neg(\varphi \Rightarrow (\neg\psi))))$	MP r,r+1

Então, recorrendo ao MTD, obtém-se o resultado pretendido.

(j) $(\psi \Rightarrow \psi') \vdash_\Sigma ((\forall x\, \psi) \Rightarrow (\forall x\, \psi'))$.

Considere-se a sequência de derivação:

1	$(\psi \Rightarrow \psi')$	Hip
2	$(\forall x(\psi \Rightarrow \psi'))$	Gen 1
3	$((\forall x(\psi \Rightarrow \psi')) \Rightarrow ((\forall x\, \psi) \Rightarrow (\forall x\, \psi')))$	Exercício 24(2)
4	$((\forall x\, \psi) \Rightarrow (\forall x\, \psi'))$	MP 2,3

O metateorema da dedução tem algumas propriedades interessantes e corolários úteis, nomeadamente os dois metateoremas seguintes.

Proposição 26 (Metateorema da contradição – MTC)
Se existe uma sequência de derivação para

$$\Gamma \cup \{\varphi\} \vdash_\Sigma (\eta \wedge (\neg \eta))$$

sem generalizações essenciais de dependentes de φ, então

$$\Gamma \vdash_\Sigma (\neg \varphi).$$

Demonstração: Suponha-se que existe uma sequência de derivação sem generalizações essenciais de dependentes de φ para $\Gamma \cup \{\varphi\} \vdash_\Sigma (\eta \wedge (\neg \eta))$. Então, recorrendo ao MTD,

$$\Gamma \vdash_\Sigma (\varphi \Rightarrow (\eta \wedge (\neg \eta)))$$

e, portanto, por expansão da abreviatura da conjunção,

$$(\dagger) \quad \Gamma \vdash_\Sigma (\varphi \Rightarrow (\neg(\eta \Rightarrow (\neg(\neg \eta))))).$$

Considere-se a sequência de derivação

1	$(\varphi \Rightarrow (\neg(\eta \Rightarrow (\neg(\neg \eta)))))$	Hip
2	$((\neg(\neg \varphi)) \Rightarrow \varphi)$	Teo (a)
3	$((\neg(\neg \varphi)) \Rightarrow (\neg(\eta \Rightarrow (\neg(\neg \eta)))))$	SH 2,1
4	$(((\neg(\neg \varphi)) \Rightarrow (\neg(\eta \Rightarrow (\neg(\neg \eta))))) \Rightarrow$	
	$\qquad ((\eta \Rightarrow (\neg(\neg \eta))) \Rightarrow (\neg \varphi)))$	Ax3
5	$((\eta \Rightarrow (\neg(\neg \eta))) \Rightarrow (\neg \varphi))$	MP 3,4
6	$(\eta \Rightarrow (\neg(\neg \eta)))$	Teo (d)
7	$(\neg \varphi)$	MP 5,6

para

$$(\dagger\dagger) \quad (\varphi \Rightarrow (\neg(\eta \Rightarrow (\neg(\neg \eta))))) \vdash_\Sigma (\neg \varphi).$$

Finalmente, conclui-se

$$\Gamma \vdash_\Sigma (\neg \varphi)$$

recorrendo à lei do corte para ($\dagger$) e ($\dagger\dagger$). \hfill QED

Observe-se que a derivação dada pelo MTC não adiciona generalizações essenciais de dependentes de Γ. Por outras palavras, para todo o $\gamma \in \Gamma$, se a sequência de derivação construída para $\Gamma \vdash_\Sigma (\neg \varphi)$ contém uma generalização essencial de um dependente de γ, então a sequência original para $\Gamma \cup \{\varphi\} \vdash_\Sigma (\eta \wedge (\neg \eta))$ já continha uma generalização essencial de um dependente de γ.

Proposição 27 (Metateorema da contraposição – MTCP)
Se existe uma sequência de derivação para

$$\Gamma \cup \{\varphi\} \vdash_{\Sigma} (\neg\,\eta)$$

sem generalizações essenciais de dependentes de φ, então

$$\Gamma \cup \{\eta\} \vdash_{\Sigma} (\neg\,\varphi).$$

Demonstração: Suponha-se que existe uma sequência de derivação para $\Gamma \cup \{\varphi\} \vdash_{\Sigma} (\neg\,\eta)$ sem generalizações essenciais de dependentes de φ. Então, recorrendo ao MTD, obtém-se $\Gamma \vdash_{\Sigma} (\varphi \Rightarrow (\neg\,\eta))$. Assim, usando (e) e a lei de corte, conclui-se $\Gamma \vdash_{\Sigma} (\eta \Rightarrow (\neg\,\varphi))$, e a tese segue por MP.   QED

Note-se que a derivação dada pelo MTCP também não introduz generalizações essenciais de dependentes de elementos de Γ.

A proposição seguinte é o primeiro exemplo simples de uma regra de derivação admissível. Deixa-se a demonstração como exercício.

Proposição 28 (Regra da instanciação – RI)
Seja t termo livre para a variável x na fórmula φ. Então

$$(\forall x\, \varphi) \vdash_{\Sigma} [\varphi]_{t}^{x}.$$

Os dois resultados seguintes apresentam duas regras admissíveis muito úteis no que diz respeito a quantificações existenciais.

Proposição 29 (Regra da existência 1 – REx1)
Seja t termo livre para a variável x em φ. Então

$$[\varphi]_{t}^{x} \vdash_{\Sigma} (\exists x\, \varphi).$$

Demonstração: O leitor não terá qualquer dificuldade em desenvolver uma demonstração diretamente a partir da axiomatização ou usando o metateorema da contradição.   QED

Proposição 30 (Regra da existência 2 – REx2)
Seja x uma variável que não ocorre livre em ψ. Então

$$(\forall x\, (\varphi \Rightarrow \psi)) \vdash_{\Sigma} ((\exists x\, \varphi) \Rightarrow \psi).$$

Demonstração: Considere-se a sequência de derivação:

1	$(\forall x(\varphi \Rightarrow \psi))$	Hip
2	$((\forall x(\varphi \Rightarrow \psi)) \Rightarrow (\varphi \Rightarrow \psi))$	Ax4
3	$(\varphi \Rightarrow \psi)$	MP 1,2
4	$((\varphi \Rightarrow \psi) \Rightarrow ((\neg \psi) \Rightarrow (\neg \varphi)))$	Teo (f)
5	$((\neg \psi) \Rightarrow (\neg \varphi))$	MP 3,4
6	$(\forall x((\neg \psi) \Rightarrow (\neg \varphi)))$	Gen 5
7	$((\forall x((\neg \psi) \Rightarrow (\neg \varphi))) \Rightarrow ((\neg \psi) \Rightarrow (\forall x(\neg \varphi))))$	Ax 5
8	$((\neg \psi) \Rightarrow (\forall x(\neg \varphi)))$	MP 6,7
9	$(((\neg \psi) \Rightarrow (\forall x(\neg \varphi))) \Rightarrow ((\neg(\forall x(\neg \varphi))) \Rightarrow (\neg(\neg \psi))))$	Teo (f)
10	$((\neg(\forall x(\neg \varphi))) \Rightarrow (\neg(\neg \psi)))$	MP 8,9
11	$((\neg(\neg \psi)) \Rightarrow \psi)$	Teo (a)
12	$((\neg(\forall x(\neg \varphi))) \Rightarrow \psi)$	SH 10,11

Observe-se que no passo 7 pode usar-se o axioma 5 uma vez que, por hipótese, $x \notin \mathrm{vlv}_\Sigma(\psi)$ e, portanto, $x \notin \mathrm{vlv}_\Sigma((\neg \psi))$.   QED

O metateorema seguinte estabelece uma forma de raciocínio muito comum: se numa fórmula φ uma subfórmula é substituída por uma equivalente, então a fórmula resultante é equivalente a φ. Mas, primeiro, convida-se o leitor a definir rigorosamente a noção de subfórmula.

Exercício 31 Defina indutivamente a aplicação $\mathrm{sbf}_\Sigma : L_\Sigma \to \wp L_\Sigma$ que atribui a cada fórmula o conjunto das suas subfórmulas (é conveniente considerar que a fórmula é subfórmula dela própria).

Vale a pena observar-se que

$$\mathrm{sbf}_\Sigma(\eta) \subseteq \mathrm{sbf}_\Sigma(\varphi) \text{ sempre que } \eta \in \mathrm{sbf}_\Sigma(\varphi).$$

Proposição 32
(Metateorema da substituição de equivalentes – MTSE)
Sejam $\varphi, \varphi', \eta, \eta' \in L_\Sigma$ tais que:

- $\eta \in \mathrm{sbf}_\Sigma(\varphi)$;

- $\vdash_\Sigma (\eta \Leftrightarrow \eta')$;

- φ' pode ser obtida de φ substituindo zero, uma ou mais ocorrências de η por η'.

Então $\vdash_\Sigma (\varphi \Leftrightarrow \varphi')$.

Demonstração: A demonstração realiza-se por indução sobre a estrutura de φ.

(Base) φ é $p(t_1, \ldots, t_n)$. Então:
A fórmula η é $p(t_1, \ldots, t_n)$ e φ' é:

- ou algum η' é equivalente a $p(t_1, \ldots, t_n)$;

- ou $p(t_1, \ldots, t_n)$.

No primeiro caso, tem-se $\vdash_\Sigma (p(t_1, \ldots, t_n) \Leftrightarrow \eta')$ por hipótese. No segundo caso, dado que $(p(t_1, \ldots, t_n) \Leftrightarrow p(t_1, \ldots, t_n))$ é uma abreviatura de

$$((p(t_1, \ldots, t_n) \Rightarrow p(t_1, \ldots, t_n)) \wedge (p(t_1, \ldots, t_n) \Rightarrow p(t_1, \ldots, t_n))),$$

a tese $\vdash_\Sigma (p(t_1, \ldots, t_n) \Leftrightarrow p(t_1, \ldots, t_n))$ segue de (i) e de recorrer duas vezes ao MP sobre $\vdash_\Sigma (p(t_1, \ldots, t_n) \Rightarrow p(t_1, \ldots, t_n))$.

(Passo) Existem três casos a considerar:

(1) φ é $(\neg \psi)$. Observe-se que, por hipótese de indução, $\vdash_\Sigma (\psi \Leftrightarrow \psi')$, em que ψ' é tal que φ' é $(\neg \psi')$. Logo, expandindo a abreviatura da equivalência e usando (h1) e (h2), $\vdash_\Sigma (\psi \Rightarrow \psi')$ e $\vdash_\Sigma (\psi' \Rightarrow \psi)$. Assim, pelo resultado (f) acima, $\vdash_\Sigma ((\neg \psi') \Rightarrow (\neg \psi))$ e $\vdash_\Sigma ((\neg \psi) \Rightarrow (\neg \psi'))$, donde, usando (i), estabelece-se $\vdash_\Sigma ((\neg \psi) \Leftrightarrow (\neg \psi'))$.

(2) φ é $(\psi \Rightarrow \delta)$. Observe-se que, por hipótese de indução, $\vdash_\Sigma (\psi \Leftrightarrow \psi')$ e $\vdash_\Sigma (\delta \Leftrightarrow \delta')$, em que ψ' e δ' são tais que φ' é $(\psi' \Rightarrow \delta')$. Considere-se a sequência de derivação seguinte para $(\psi \Rightarrow \psi'), (\delta' \Rightarrow \delta), (\psi' \Rightarrow \delta') \vdash_\Sigma (\psi \Rightarrow \delta)$:

1	$(\psi \Rightarrow \psi')$	Hip
2	$(\delta' \Rightarrow \delta)$	Hip
3	$(\psi' \Rightarrow \delta')$	Hip
4	$(\psi \Rightarrow \delta')$	SH 1,3
4	$(\psi \Rightarrow \delta)$	SH 2,4

Logo, pelo MTD, $(\psi \Rightarrow \psi'), (\delta \Rightarrow \delta) \vdash_\Sigma ((\psi' \Rightarrow \delta') \Rightarrow (\psi \Rightarrow \delta))$. De modo semelhante conclui-se $(\psi' \Rightarrow \psi), (\delta \Rightarrow \delta') \vdash_\Sigma ((\psi \Rightarrow \delta) \Rightarrow (\psi' \Rightarrow \delta'))$. Finalmente, usando (h1), (h2) e (i), obtém-se $\vdash_\Sigma ((\psi \Rightarrow \delta) \Leftrightarrow (\psi' \Rightarrow \delta'))$.

(3) φ é $(\forall x\, \psi)$. Este caso é deixado como exercício: é semelhante ao caso da negação, onde se usa (j) em vez de (f). QED

O próximo resultado[15] dá uma condição suficiente para substituir as variáveis quantificadas numa fórmula universalmente quantificada.

Proposição 33 (Regra da substituição – RS)
Sejam $x, y \in X$ e $\varphi \in L_\Sigma$ tais que:

- $y \notin \mathrm{vlv}_\Sigma(\varphi)$;

- $y \rhd_\Sigma x : \varphi$.

---

[15]Usualmente conhecido por regra da substituição (de uma variável muda), apesar de não ter premissas.

Então $\vdash_\Sigma ((\forall x\,\varphi) \Leftrightarrow (\forall y\,[\varphi]_y^x))$.

Demonstração:

(1) $\vdash_\Sigma ((\forall x\,\varphi) \Rightarrow (\forall y\,[\varphi]_y^x))$. Considere-se a sequência de derivação seguinte:

1	$((\forall x\,\varphi) \Rightarrow [\varphi]_y^x)$	Ax4, $y \rhd_\Sigma x : \varphi$
2	$(\forall y\,((\forall x\,\varphi) \Rightarrow [\varphi]_y^x))$	Gen 1
3	$((\forall y\,((\forall x\,\varphi) \Rightarrow [\varphi]_y^x)) \Rightarrow$	
	$\qquad\qquad ((\forall x\,\varphi) \Rightarrow (\forall y\,[\varphi]_y^x)))$	Ax5, $y \notin \mathrm{vlv}_\Sigma((\forall x\,\varphi))$
4	$((\forall x\,\varphi) \Rightarrow (\forall y\,[\varphi]_y^x))$	MP 2,3

(2) $\vdash_\Sigma ((\forall y\,[\varphi]_y^x) \Rightarrow (\forall x\,\varphi))$. Considere-se a sequência de derivação seguinte:

1	$((\forall y\,[\varphi]_y^x) \Rightarrow \varphi)$	Ax4 (†)
2	$(\forall x\,((\forall y\,[\varphi]_y^x) \Rightarrow \varphi))$	Gen 1
3	$((\forall x\,((\forall y\,[\varphi]_y^x) \Rightarrow \varphi)) \Rightarrow$	
	$\qquad\qquad ((\forall y\,[\varphi]_y^x) \Rightarrow (\forall x\,\varphi)))$	Ax5, $x \notin \mathrm{vlv}_\Sigma((\forall y\,[\varphi]_y^x))$
4	$((\forall y\,[\varphi]_y^x) \Rightarrow (\forall x\,\varphi))$	MP 2,3

(†) Note-se que, no passo 1, Ax4 é usado de forma legítima pois, como $y \rhd_\Sigma x : \varphi$, também se tem $x \rhd_\Sigma y : [\varphi]_y^x$, graças ao Exercício 20 do Capítulo 4. Além disso, $[[\varphi]_y^x]_x^y$ é φ uma vez que $y \notin \mathrm{vlv}_\Sigma(\varphi)$.

Finalmente, usando (i), obtém-se o resultado pretendido. QED

O exemplo seguinte ilustra a aplicação da RS e é representativo do seu uso frequente noutros capítulos, nomeadamente no Capítulo 10.

Exemplo 34 Sejam x e y variáveis distintas. Mesmo quando $y \in \mathrm{var}_\Sigma(t)$,

$$(\forall x\,(\forall y\,p(y,x))) \Rightarrow p(y,t)$$

é um teorema. De facto, escolhendo $z \notin \mathrm{var}_\Sigma(t) \cup \{x, y\}$, a sequência

1	$(\forall x\,(\forall y\,p(y,x)))$	Hip
2	$((\forall y\,p(y,x)) \Rightarrow (\forall z\,p(z,x)))$	RS
3	$(\forall x\,((\forall y\,p(y,x)) \Rightarrow (\forall z\,p(z,x))))$	Gen 2
4	$((\forall x\,((\forall y\,p(y,x)) \Rightarrow (\forall z\,p(z,x)))) \Rightarrow$	
	$\qquad ((\forall x\,(\forall y\,p(y,x))) \Rightarrow (\forall x\,(\forall z\,p(z,x)))))$	Exercício 24
5	$((\forall x\,(\forall y\,p(y,x))) \Rightarrow (\forall x\,(\forall z\,p(z,x))))$	MP 3,4
6	$(\forall x\,(\forall z\,p(z,x)))$	MP 1,5
7	$((\forall x\,(\forall z\,p(z,x))) \Rightarrow (\forall z\,p(z,t)))$	Ax4
8	$(\forall z\,p(z,t))$	MP 6,7
9	$((\forall z\,p(z,t)) \Rightarrow p(y,t))$	Ax4
10	$p(y,t)$	MP 8,9

é uma derivação para

$$(\forall x \, (\forall y \, p(y,x))) \vdash_\Sigma p(y,t).$$

Usando o MTD (a única generalização é feita sobre a variável x que não ocorre livre em $(\forall x \, (\forall y \, p(y,x))))$, conclui-se que $(\forall x \, (\forall y \, p(y,x))) \Rightarrow p(y,t)$ é um teorema. Observe-se que a demonstração não poderia ser feita diretamente (sem invocar a RS para substituir y por z) uma vez que t não é livre para x em $(\forall y \, p(y,x))$ quando $y \in \text{var}_\Sigma(t)$.

A regra da substituição de uma variável muda é também útil para mostrar que o operador $\vdash_\Sigma$ é fechado para substituição, eventualmente mediante troca de variáveis mudas, facto que é pedido ao leitor para demonstrar no exercício seguinte.

Exercício 35 Seja $[\Gamma]_t^x = \{[\gamma]_t^x : \gamma \in \Gamma\}$. Mostre que $[\varphi']_t^x \in ([\Gamma]_t^x)^{\vdash_\Sigma}$ sempre que $\varphi \in \Gamma^{\vdash_\Sigma}$, para alguma fórmula φ' obtida a partir de φ por substituição apropriada das variáveis mudas.

A demonstração que o fecho para a substituição não se verifica em geral é adiada até ao Exercício 34 da Secção 7.4 uma vez que assenta na correção do cálculo.

Exercício 36 Encontre sequências de derivação para:

1. $\vdash_\Sigma (((\varphi_1 \Rightarrow \varphi_2) \wedge (\varphi_3 \Rightarrow \varphi_4)) \Rightarrow ((\varphi_1 \vee \varphi_3) \Rightarrow (\varphi_2 \vee \varphi_4))).$

2. $\vdash_\Sigma ((\forall x \, (\varphi_1 \wedge \varphi_2)) \Leftrightarrow ((\forall x \, \varphi_1) \wedge (\forall x \, \varphi_2))).$

3. $\vdash_\Sigma ((\exists x \, (\varphi_1 \vee \varphi_2)) \Leftrightarrow ((\exists x \, \varphi_1) \vee (\exists x \, \varphi_2))).$

4. $\vdash_\Sigma ((\forall x \, \varphi) \Rightarrow (\exists x \, \varphi)).$

5. $\vdash_\Sigma ((\forall x \, (\varphi_1 \vee \varphi_2)) \Rightarrow ((\forall x \, \varphi_1) \vee (\exists x \, \varphi_2))).$

6. $\vdash_\Sigma (\exists x \, (\varphi \Rightarrow (\forall x \, \varphi))).$

7. $\vdash_\Sigma ((\exists x \, (\forall y \, \varphi)) \Rightarrow (\forall y \, (\exists x \, \varphi))).$

Os Teoremas 2 e 3 acima estabelecem que a quantificação universal é distributiva para a conjunção e que a quantificação existencial é distributiva para a disjunção, respetivamente.

Capítulo 6

Teorias e apresentações

O conceito de teoria de primeira ordem é motivado na Secção 6.1 pela ideia subjacente ao programa de Hilbert de axiomatização de fragmentos da Matemática. Na Secção 6.2, são estabelecidos alguns resultados que dizem respeito a propriedades importantes das teorias, como coerência, exaustividade, decidibilidade e semidecidibilidade, incluindo uma condição necessária e suficiente para que uma teoria seja axiomatizável. O capítulo termina com uma breve introdução na Secção 6.3 à variante construtiva da técnica de eliminação de quantificadores, a qual é bastante útil para demonstrar a decidibilidade de teorias.

6.1 Formalização de conceitos matemáticos

Como exemplo da ideia da formalização de conceitos matemáticos, considere-se o caso dos grupos, uma noção simples mas importante em Álgebra. A primeira questão é saber como usar lógica de primeira ordem para raciocinar sobre grupos. Depois de escolhida a assinatura necessária para estabelecer a linguagem de primeira ordem em vista (recorde o Exercício 1 do Capítulo 4), seria interessante decidir que fórmulas expressam factos verdadeiros sobre os grupos. De acordo com o programa de Hilbert, deveria ser possível identificar um conjunto computável de axiomas que permitisse derivar todas as asserções verdadeiras sobre grupos. Assim, o conjunto de todas as fórmulas verdadeiras seria fechado para a derivação, o que motiva a definição seguinte.

Uma *teoria* sobre uma assinatura Σ é um conjunto $\Theta \subseteq L_\Sigma$ tal que $\Theta^{\vdash_\Sigma} = \Theta$. Dada uma teoria Θ, escreve-se $\vdash_\Theta \varphi$ em lugar de $\varphi \in \Theta$. Neste caso, φ diz-se um *teorema* de Θ.

Como primeiro exemplo, observe-se que, para toda a assinatura Σ, o conjunto L_Σ é uma teoria (dita imprópria) sobre Σ. Por outro lado, o conjunto $\emptyset$ não é uma teoria.

Voltando ao problema da formalização em lógica de primeira ordem do conceito de grupo, seja Σ_G a assinatura da linguagem de grupos escolhida no Exercício 1 do Capítulo 4. Qual deverá ser a teoria Θ_G de grupos? Deverá conter qualquer fórmula em L_{Σ_G} que expresse um facto verdadeiro sobre grupos. Por exemplo, a unicidade de inverso deverá ser um teorema na teoria de grupos.

Exercício 1 Dada uma assinatura Σ, demonstre ou refute dando um contra-exemplo cada uma das seguintes asserções:

- A interseção de teorias sobre Σ é uma teoria sobre Σ.

- A união de teorias sobre Σ é uma teoria sobre Σ.

Uma teoria Θ diz-se *coerente* se $cL_\Sigma \not\subseteq \Theta$, e diz-se *exaustiva* ou *completa* se $\Theta \cap \{\varphi, (\neg\varphi)\} \neq \emptyset$ qualquer que seja $\varphi \in cL_\Sigma$.

Exercício 2 Mostre que se uma teoria não é coerente, então é exaustiva.

Observe-se que é possível que uma teoria seja coerente sem ser exaustiva. Por exemplo, para cada assinatura Σ, a teoria $\emptyset^{\vdash\Sigma}$ é coerente mas não exaustiva, como será demonstrado mais à frente. Por outro lado, a teoria L_Σ é exaustiva e não coerente. De facto, L_Σ é a única teoria incoerente. Tal como o leitor esperaria, as teorias que são simultaneamente coerentes e exaustivas têm um interesse particular.

A axiomatização é outro assunto importante. Voltando à formalização da noção de grupo, seria interessante poder identificar um conjunto computável de fórmulas sobre grupos que usadas como axiomas (extra) permitissem derivar todas as fórmulas que expressam factos verdadeiros sobre grupos. Esta ideia motiva as definições seguintes.

Uma *apresentação* sobre uma assinatura Σ é um conjunto computável Ξ de fórmulas fechadas. Os elementos de Ξ designam-se por *axiomas específicos* ou *axiomas próprios* da apresentação. Os elementos do conjunto $\Xi^{\vdash\Sigma}$ designam-se por *teoremas* da apresentação. O conjunto $\Xi^{\vdash\Sigma}$ é a *teoria axiomatizada* pela apresentação. Além disso, Ξ diz-se uma *axiomatização* ou uma *apresentação* da teoria $\Xi^{\vdash\Sigma}$.

Uma teoria Θ sobre Σ diz-se *axiomatizável* se é axiomatizada por alguma apresentação Ξ sobre Σ, isto é, se existe um conjunto computável Ξ de fórmulas fechadas tal que $\Xi^{\vdash\Sigma} = \Theta$.

Infelizmente, nem toda a teoria é axiomatizável. Este é o caso da teoria dos números naturais tal como é afirmado na Proposição 15 da Secção 13.2, um corolário do primeiro teorema da incompletude de Gödel.

Exemplo 3 Seja $\Sigma_{\leq}$ uma assinatura sem símbolos de função e com apenas um símbolo de predicado binário $\leq$. Considerem-se os dois predicados binários seguintes introduzidos como abreviaturas:

- $(x < y)$ para $(\neg(y \leq x))$;

- $(x \cong y)$ para $((x \leq y) \wedge (y \leq x))$.

De modo a formalizar o conceito de ordem densa sem limites esquerdo e direito, considere-se a teoria Θ_D sobre $\Sigma_{\leq}$ com os axiomas específicos seguintes:

- Igualdade:

  - $(\forall x_1 \, (x_1 \cong x_1))$;
  - $(\forall x_1 \, (\forall x_2 \, (\forall x_3 \, (\forall x_4 \, ((x_1 \cong x_3) \Rightarrow ((x_2 \cong x_4) \Rightarrow$
  $$((x_1 \leq x_2) \Rightarrow (x_3 \leq x_4)))))))).$

- Ordem estrita:

  - $(\forall x_1 \, (\forall x_2 \, (\neg((x_1 < x_2) \wedge (x_2 < x_1)))))$;
  - $(\forall x_1 \, (\forall x_2 \, (\forall x_3(((x_1 < x_2) \wedge (x_2 < x_3)) \Rightarrow (x_1 < x_3)))))).$

- Ordem total:

  - $(\forall x_1 \, (\forall x_2 \, ((x_1 < x_2) \vee (x_1 \cong x_2) \vee (x_2 < x_1)))).$

- Densidade:

  - $(\forall x_1 \, (\forall x_2 \, ((x_1 < x_2) \Rightarrow ((\exists x_3 \, ((x_1 < x_3) \wedge (x_3 < x_2)))))))).$

- Sem limite esquerdo:

  - $(\forall x_1 \, (\exists x_2 \, (x_2 < x_1))).$

- Sem limite direito:

  - $(\forall x_1 \, (\exists x_2 \, (x_1 < x_2))).$

Como exemplo, o leitor pode demonstrar que o predicado $<$ é irreflexivo e assimétrico em ordens densas sem limites esquerdo e direito. Isto é:

- $\vdash_{\Theta_D} (\forall x_1 \, (\neg(x_1 < x_1)))$;

- $\vdash_{\Theta_D} (\forall x_1 \, (\forall x_2 \, ((x_1 < x_2) \Rightarrow (\neg(x_2 < x_1))))).$

Exercício 4 Axiomatize a teoria das ordens parciais sobre a assinatura $\Sigma_{\leq}$.

Exercício 5 Axiomatize a teoria dos grupos sobre a assinatura Σ_G. Mostre que a unicidade do inverso é um teorema.

O exercício seguinte dá uma caracterização útil da exaustividade.

Exercício 6 Demonstre que uma teoria Θ sobre Σ é exaustiva se e só se, para todas as fórmulas fechadas φ e ψ, se verifica o seguinte:

$$\text{se } \Theta \vdash_\Sigma (\varphi \vee \psi), \text{ então } \Theta \vdash_\Sigma \varphi \text{ ou } \Theta \vdash_\Sigma \psi.$$

Dada a importância da exaustividade, vale a pena mencionar o teorema de Vaught que dá uma condição suficiente para demonstrar que uma teoria é exaustiva quando é sabido que a teoria não tem modelos finitos. O leitor interessado deverá consultar por exemplo [12], mas apenas depois de dominar o material dos Capítulos 7 e 8.

6.2   Decidibilidade e semidecidibilidade

Uma vez que as teorias são conjuntos de fórmulas, faz sentido questionar se estas teorias são conjuntos computáveis (decidíveis) ou computavelmente enumeráveis (semidecidíveis). O resultado seguinte estabelece uma condição suficiente para que uma teoria computavelmente enumerável seja computável.

Proposição 7 Qualquer teoria computavelmente enumerável e exaustiva é computável.

Demonstração:
Existem dois casos a considerar.
(i) Se a teoria Θ sobre Σ não é coerente, então, pelo resultado (g) da Secção 5.4, $\Theta^{\vdash_\Sigma} = L_\Sigma$, e assim $\Theta = \Theta^{\vdash_\Sigma}$ é computável.
(ii) Caso contrário, é ainda possível dar um algoritmo para computar χ_Θ usando o facto de que Θ é computavelmente enumerável e exaustiva. Para este efeito sejam:

- f enumeração computável de Θ a qual existe pois Θ é computavelmente enumerável e não vazio;

- $a = \lambda \psi . (\forall \psi) : L_\Sigma \to cL_\Sigma$ e $b = \lambda \psi . (\neg(\forall \psi)) : L_\Sigma \to cL_\Sigma$ funções computáveis o que é fácil de verificar.

Considere-se então o algoritmo seguinte:

```
Function[w,
    If[χ_{L_Σ}[w] == 0,
        0
    ,
        φ_1 = a[w];
        φ_2 = b[w];
        k = 0;
        φ = f[0];
        While[(φ =!= φ_1) && (φ =!= φ_2),
            k = k + 1;
            φ = f[k]
        ];
        If[φ === φ_1, 1, 0]
    ]
]
```

A justificação do algoritmo é a seguinte. Recorde-se que $w \in \Theta$ se e só se $(\forall w) \in \Theta$. Dado w assuma-se que $w \in L_\Sigma$ (se não, o algoritmo devolveria 0 como pretendido).

Então, ou $(\forall w) \in \Theta$ ou $(\neg(\forall w)) \in \Theta$ mas não ambos. Na verdade, como Θ é exaustiva, ou $(\forall w) \in \Theta$ ou $(\neg(\forall w)) \in \Theta$. Além disso, como a teoria Θ é também coerente, exatamente uma das duas fórmulas $(\forall w)$ e $(\neg(\forall w))$ está em Θ.

Finalmente uma vez que f é uma enumeração de Θ tem de existir k tal que $f(k) = (\forall w)$ se $(\forall w) \in \Theta$ ou $f(k) = (\neg(\forall w))$ caso contrário. No primeiro caso o algoritmo devolve 1 e no segundo caso devolve 0, precisamente como pretendido.   QED

Proposição 8 Qualquer teoria axiomatizável é computavelmente enumerável.

Demonstração: Se Θ é axiomatizável, então existe um conjunto computável Ξ tal que $\Xi^{\vdash_\Sigma} = \Theta$. Note-se que Ξ é computavelmente enumerável pela Proposição 9 no Capítulo 3. Então, pela semidecidibilidade do cálculo de Hilbert (Proposição 21 no Capítulo 5), segue que $\Xi^{\vdash_\Sigma}$ é um conjunto computavelmente enumerável.   QED

O resultado seguinte é um corolário direto da Proposição 7 e da Proposição 8.

Proposição 9 Qualquer teoria axiomatizável e exaustiva é computável.

O teorema a seguir foi primeiramente estabelecido por William Craig (veja-se [13]). É o recíproco da Proposição 8. Juntos dão uma condição necessária e suficiente para que uma teoria seja semidecidível.

Proposição 10 (Teorema de Craig)

Qualquer teoria computavelmente enumerável é axiomatizável.

Demonstração: Seja Θ teoria computavelmente enumerável sobre Σ. Observe-se que $\Theta \neq \emptyset$, uma vez que $\Theta = \Theta^{\vdash_\Sigma}$. Então, existe uma enumeração computável f de Θ.

Considere-se a aplicação $u : \Theta \to cL_\Sigma$ tal que $u(\theta)$ é a fórmula fechada

$$(\forall x_0(\ldots(\forall x_{m_\theta} \theta)\ldots))$$

onde m_θ é o supremo dos índices das variáveis que ocorrem livres em θ. Note-se que $u(\theta)$ é $(\forall x_0 \theta)$ quando θ é fechada. A aplicação u é claramente computável (o leitor interessado não deverá encontrar dificuldades em apresentar um algoritmo que a compute).

Observe-se que $\Theta = u(\Theta)^{\vdash_\Sigma}$, apesar de $u(\Theta)$ não ser mais fechada para a derivação. Note-se também que o conjunto $u(\Theta)$ é computavelmente enumerável por $g = u \circ f$.

Finalmente considere-se o conjunto

$$\Xi = \{(\wedge_{i=1}^{n+1} g(n)) : n \in \mathbb{N}\}$$

em que se usa a noção seguinte: para cada fórmula ψ, a fórmula

$$(\wedge_{i=1}^{n}\psi)$$

é conhecida como a *n-replicação conjuntiva* de ψ e é definida para $n \in \mathbb{N}^+$ como se segue:

- $(\wedge_{i=1}^{1}\psi)$ é ψ;

- $(\wedge_{i=1}^{k+1}\psi)$ é $((\wedge_{i=1}^{k}\psi) \wedge \psi)$, isto é, $(\neg((\wedge_{i=1}^{k}\psi) \Rightarrow (\neg \psi)))$.

A fórmula $(\wedge_{i=1}^{n}\psi)$ diz-se uma *replicação conjuntiva própria* de ψ no caso de n ser maior do que 1.

Uma vez que $\Theta = \Xi^{\vdash_\Sigma}$ e $\Xi \subseteq cL_\Sigma$, resta demonstrar que Ξ é computável. Para este fim, vale a pena olhar para a natureza dos elementos de Ξ como se ilustra na tabela seguinte:

Θ	$u(\Theta)$	Ξ
$f(0) = \theta_0$	$\overline{\theta}_0 = u(\theta_0)$	$\overline{\theta}_0$
$f(1) = \theta_1$	$\overline{\theta}_1 = u(\theta_1)$	$(\overline{\theta}_1 \wedge \overline{\theta}_1)$
$f(2) = \theta_2$	$\overline{\theta}_2 = u(\theta_2)$	$((\overline{\theta}_2 \wedge \overline{\theta}_2) \wedge \overline{\theta}_2)$
$f(3) = \theta_3$	$\overline{\theta}_3 = u(\theta_3)$	$(((\overline{\theta}_3 \wedge \overline{\theta}_3) \wedge \overline{\theta}_3) \wedge \theta_3)$
$\ldots$	$\ldots$	$\ldots$

Uma vez que todo o elemento de $u(\Theta)$ é da forma $(\forall x_0 \, \gamma)$, para se decidir se uma fórmula está ou não em Ξ é suficiente verificar-se se é a $n + 1$-ésima replicação conjuntiva de $g(n) = u(f(n))$ para algum $n \in \mathbb{N}$. Logo, o algoritmo seguinte determina χ_Ξ:

```
Function[w,
    If[χ_{L_Σ}[w] == 0,
        0
      ,
        φ = ToExpression[w];
        q[φ, c[φ], ToExpression[g[c[φ] − 1]]]
    ]
]
```

onde as aplicações q e c são definidas como se segue, escrevendo

$$EL_\Sigma$$

para denotar o conjunto de expressões da linguagem *Mathematica* que correspondem a fórmulas. A aplicação

$$q : EL_\Sigma \times \mathbb{N}^+ \times EL_\Sigma \to \{0, 1\},$$

quando aplicada a (φ, n, ψ), devolve:

- 1 se φ tem a forma $(\wedge_{i=1}^{n} \psi)$;

- 0 caso contrário.

A aplicação

$$c : EL_\Sigma \to \mathbb{N}^+,$$

quando aplicada a φ, devolve o único $n \in \mathbb{N}^+$ tal que $q(\varphi, n, \psi) = 1$ para algum $\psi \in EL_\Sigma$. A aplicação q pode ser computada como se segue:

```
Function[{φ, n, ψ},
    If[n == 1,
        If[φ === ψ, 1, 0]
      ,
        If[(φ[[0]] === ¬) && (φ[[1, 0]] === ⇒) &&
              (φ[[1, 2, 0]] === ¬) && (φ[[1, 2, 1]] === ψ),
          q[φ[[1, 1]], n − 1, ψ]
          ,
          0
        ]
    ]
]
```

A aplicação c é computada pelo algoritmo seguinte:

```
Function[φ,
   If[(φ[[0]] === ¬) && (φ[[1,0]] === ⇒) &&
                  (φ[[1,2,0]] === ¬) && e[φ[[1,1]], φ[[1,2,1]]],
       c[φ[[1,1]]] + 1
   ,
       1
   ]
]
```

onde a aplicação

$$e : EL_\Sigma \times EL_\Sigma \to \{0,1\},$$

quando aplicada a (φ, ψ), devolve:

- 1 se existe $n \in \mathbb{N}^+$ tal que $q(\varphi, n, \psi) = 1$;

- 0 caso contrário.

A aplicação e pode ser computada como se segue:

```
Function[{φ, ψ},
   Which[
       (φ === ψ),
       1
   ,
       (φ[[0]] === ¬) && (φ[[1,0]] === ⇒) &&
                  (φ[[1,2,0]] === ¬) && (φ[[1,2,1]] === ψ),
       e[φ[[1,1]], ψ]
   ,
       True,
       0
   ]
]
```

Note-se que, no cálculo de $\chi_\Xi(w)$, para a contagem correta do número de replicações, é essencial que nenhuma fórmula do conjunto imagem de u seja uma replicação conjuntiva própria (pois é da forma $(\forall x_0\, \gamma)$).

Por exemplo, se $g(0)$ fosse a fórmula fechada $(p(d) \wedge p(d))$ e $g(1) \neq g(0)$, então $(p(d) \wedge p(d))$ estaria incorretamente classificada como não estando em Ξ. Com efeito, $c((p(d) \wedge p(d))) = 2$ e $g(2-1) \neq (p(d) \wedge p(d))$.   QED

6.3 Eliminação de quantificadores

Não obstante o primeiro teorema da incompletude de Gödel, existem muitas teorias matemáticas que são decidíveis. Nomeadamente, as teorias das ordens densas, grupos Abelianos, corpos reais fechados, corpos algebricamente fechados e a aritmética de Presburger.

Várias técnicas têm vindo a ser usadas para demonstrar que uma teoria é computável. Entre elas, a eliminação de quantificadores merece atenção especial (para uma síntese veja-se [42]). A técnica da eliminação de quantificadores tem duas variantes principais. A variante construtiva (também conhecida por simbólica ou sintática) é apresentada abaixo para demonstrar a decidibilidade de Θ_D (a teoria das ordens densas sem limites direito e esquerdo). A variante semântica é usada no Capítulo 15 para demonstrar a decidibilidade da aritmética de Presburger. O leitor interessado na variante semântica deverá consultar [53]. A variante semântica da eliminação de quantificadores foi usada por Alfred Tarski [47, 50] para estabelecer a decidibilidade da teoria dos corpos reais fechados. Outra técnica importante para demonstrar a decidibilidade de teorias assenta no teorema de Vaught (veja-se por exemplo [12]).

Um conjunto Ψ de fórmulas diz-se *fechado para combinações Booleanas* se Ψ é fechado para a negação e a implicação. Isto é, Ψ é tal que:

- $(\neg\,\psi) \in \Psi$ sempre que $\psi \in \Psi$;

- $(\psi_1 \Rightarrow \psi_2) \in \Psi$ sempre que $\psi_1, \psi_2 \in \Psi$.

Denote-se por Γ^{B} o fecho para combinações Booleanas do conjunto Γ. Isto é, Γ^{B} é o conjunto mais pequeno fechado para combinações Booleanas que contém Γ. Uma fórmula φ diz-se uma *combinação Booleana* de fórmulas em Γ se $\varphi \in \Gamma^{\mathsf{B}}$.

Um *conjunto de eliminação* (ou *núcleo de eliminação*) para uma teoria Θ é um conjunto de fórmulas Δ tal que, para qualquer fórmula $\varphi \in L_\Sigma$, existe $\varphi^* \in \Delta^{\mathsf{B}}$ tal que:

- $\mathrm{vlv}_\Sigma(\varphi) = \mathrm{vlv}_\Sigma(\varphi^*)$;

- $\Theta \vdash_\Sigma (\varphi \Leftrightarrow \varphi^*)$.

O resultado seguinte é uma condição suficiente para concluir que um conjunto de fórmulas é um núcleo de eliminação para uma teoria.[1]

Proposição 11 Seja Θ teoria sobre Σ e $\Delta \subseteq L_\Sigma$. Assuma-se que

- $B_\Sigma \subseteq \Delta$;

- $\Delta^{\mathsf{B}} = \Delta$;

---

[1]Recorde-se que B_Σ é o conjunto de fórmulas atómicas sobre a assinatura Σ.

- para cada fórmula $\delta \in \Delta$ com $vlv_\Sigma(\delta) = \{x_1, \ldots, x_n, x\}$, existe $\delta' \in \Delta$ com $vlv_\Sigma(\delta') = \{x_1, \ldots, x_n\}$ tal que

$$\Theta \vdash_\Sigma ((\exists x\, \delta) \Leftrightarrow \delta').$$

Então, Δ é um conjunto de eliminação para Θ.

Demonstração: Seja $\varphi \in L_\Sigma$. A demonstração é realizada por indução sobre a estrutura de φ.

(Base) $\varphi \in B_\Sigma$. Então $\varphi \in \Delta$ e, portanto, é suficiente tomar φ^* como φ.

(Passo) Neste caso, é mais fácil num dos passos da indução considerar-se a quantificação existencial em vez da quantificação universal.

(a) φ é $(\neg\,\psi)$.

Por hipótese de indução, existe $\psi^* \in \Delta$ tal que $vlv_\Sigma(\psi) = vlv_\Sigma(\psi^*)$ e

$$\Theta \vdash_\Sigma (\psi \Leftrightarrow \psi^*).$$

Então $vlv_\Sigma((\neg\,\psi)) = vlv_\Sigma((\neg\,\psi^*))$ e

$$\Theta \vdash_\Sigma ((\neg\,\psi) \Leftrightarrow (\neg\,\psi^*)).$$

Além disso, $(\neg\,\psi^*) \in \Delta$, uma vez que Δ é fechado para combinações Booleanas.

(b) φ é $(\exists x\, \psi)$.

Por hipótese de indução, existe $\psi^* \in \Delta$ tal que $vlv_\Sigma(\psi) = vlv_\Sigma(\psi^*)$ e

$$\Theta \vdash_\Sigma (\psi \Leftrightarrow \psi^*).$$

Assim

$$\Theta \vdash_\Sigma ((\exists x\, \psi) \Leftrightarrow (\exists x\, \psi^*)).$$

Por outro lado, usando a terceira hipótese sobre ψ^*, existe $\psi^{*\prime} \in \Delta$ tal que $vlv_\Sigma(\psi^{*\prime}) = vlv_\Sigma(\psi^*) \setminus \{x\}$ e

$$\Theta \vdash_\Sigma ((\exists x\, \psi^*) \Leftrightarrow \psi^{*\prime}).$$

Logo, $vlv_\Sigma(\psi^{*\prime}) = vlv_\Sigma(\varphi)$ e

$$\Theta \vdash_\Sigma ((\exists x\, \psi) \Leftrightarrow \psi^{*\prime}).$$

A demonstração para a implicação é deixada como exercício.   QED

No que se segue, $\overline{\Psi}$ é usado para denotar o conjunto $\{(\neg\,\psi) : \psi \in \Psi\}$.

Proposição 12 Seja Θ teoria sobre Σ e $\Delta \subseteq L_\Sigma$. Assuma-se que

- $B_\Sigma \subseteq \Delta$;

- para cada fórmula $(\exists x \, \varphi)$ tal que

  - φ é uma conjunção de fórmulas em $\Delta \cup \overline{\Delta}$;
  - $\mathrm{vlv}_\Sigma(\varphi) = \{x_1, \ldots, x_n, x\}$;

  existe uma fórmula $\psi \in L_\Sigma$ tal que

  - ψ é uma combinação Booleana de fórmulas em Δ;
  - $\mathrm{vlv}_\Sigma(\psi) = \{x_1, \ldots, x_n\}$;
  - $\Theta \vdash_\Sigma ((\exists x \varphi) \Leftrightarrow \psi)$.

Então Δ é um conjunto de eliminação para Θ.

Demonstração: Usa-se a Proposição 11.   QED

Uma teoria Θ *tem eliminação de quantificadores* se o conjunto de fórmulas sem quantificadores é um núcleo de eliminação para Θ. A Proposição 12 também dá uma condição suficiente para concluir que uma teoria tem eliminação de quantificadores. Com efeito, o conjunto das fórmulas atómicas está contido no conjunto de fórmulas livres de quantificadores. Assim, apenas é necessário verificar a segunda condição.

Antes de se usar esta técnica para demonstrar a decidibilidade da teoria das ordens densas sem limites esquerdo e direito introduzidos na secção anterior, é necessário introduzir o conceito seguinte.

Uma fórmula $\psi \in L_\Sigma$ diz-se estar *na forma normal disjuntiva* se ψ é uma disjunção finita de fórmulas $\delta_1, \ldots, \delta_n$ e cada δ_i é uma conjunção finita de fórmulas em $B_\Sigma \cup \overline{B}_\Sigma$.

Exercício 13 Mostre que para cada fórmula φ sem quantificadores existe uma fórmula ψ na forma normal disjuntiva tal que $\vdash_\Sigma (\varphi \Leftrightarrow \psi)$.

Proposição 14 A teoria Θ_D das ordens densas sem limites esquerdo e direito tem eliminação de quantificadores.

Demonstração: A demonstração assenta na Proposição 12. Pelo Exercício 13, qualquer fórmula sem quantificadores é equivalente a uma fórmula na forma normal disjuntiva. Além disso

- $\Theta_D \vdash_\Sigma ((\neg(x \cong y)) \Leftrightarrow ((x < y) \vee (y < x)))$;

- $\Theta_D \vdash_\Sigma ((\neg(x < y)) \Leftrightarrow ((x \cong y) \vee (y < x)))$.

Assim, qualquer fórmula sem quantificadores é, neste caso, equivalente a uma fórmula na forma normal disjuntiva onde os elementos das conjunções são fórmulas atómicas.

Sejam $\top$ abreviatura de $(\forall x(x \cong x))$ e $\bot$ abreviatura de $(\neg \top)$.

Observe-se também que as fórmulas da forma $(x \cong x)$ e $(x_i \cong x_i)$ são equivalentes a $\top$ e que as fórmulas da forma $(x < x)$ e $(x_i < x_i)$ são equivalentes a $\bot$. Além disso, uma vez que

$$\vdash_\Sigma ((\exists x \,(\varphi_1 \vee \varphi_2)) \Leftrightarrow ((\exists x \,\varphi_1) \vee (\exists x \,\varphi_2))),$$

é suficiente considerar-se fórmulas que são conjunções de fórmulas atómicas da forma

$$(*) \quad (x \cong x_i), \quad (x_i \cong x_j), \quad (x < x_i), \quad (x_i < x), \quad (x_i < x_j).$$

Assuma-se que γ é uma conjunção de fórmulas na forma em $(*)$. Seja $B_\Sigma(\gamma)$ o conjunto de fórmulas atómicas que ocorrem em γ. Existem dois casos a considerar.

(a) $(x \cong x_i) \in B_\Sigma(\gamma)$ para algum $i = 1, \ldots, n$. Então tome-se ψ como sendo

$$[\gamma]^x_{x_i}.$$

(b) Caso contrário, sejam γ_1 e γ_2 fórmulas tais que γ_1 é uma conjunção de fórmulas atómicas da forma $(x_i \cong x_j), (x_i < x_j)$ que ocorrem em γ e γ_2 é uma conjunção de fórmulas atómicas da forma $(x < x_j), (x_i < x)$ que ocorrem em γ. Claro que γ é $(\gamma_1 \wedge \gamma_2)$. Então $(\exists x\gamma)$ é equivalente à fórmula

$$(\gamma_1 \wedge (\exists x \,\gamma_2))$$

e a fórmula $(\exists x\gamma_2)$ pode ser escrita como

$$(\dagger) \quad \left(\exists x \left(\left(\bigwedge_{i \in I}(x_i < x) \right) \wedge \left(\bigwedge_{j \in J}(x < x_j) \right) \right) \right)$$

onde $I = \{i : (x_i < x) \in B_\Sigma(\gamma_2)\}$ e $J = \{j : (x < x_j) \in B_\Sigma(\gamma_2)\}$. Existem quatro casos a considerar:

(i) $I \cap J \neq \emptyset$. Então $(\dagger)$ é equivalente a $\bot$ e portanto tomando-se ψ como $\bot$

$$\Theta_D \vdash_\Sigma ((\exists x \,\gamma) \Leftrightarrow \psi).$$

(ii) $I \cap J = \emptyset$ e $I, J \neq \emptyset$. Tome-se ψ como sendo

$$\left(\bigwedge_{i \in I, j \in J} (x_i < x_j) \right).$$

Resta mostrar que
$$\Theta_D \vdash_\Sigma ((\exists x\, \gamma_2) \Leftrightarrow \psi).$$

(a) $\Theta_D \vdash_\Sigma ((\exists x\, \gamma_2) \Rightarrow \psi)$

Por transitividade de $<$, para todos os $i \in I$ e $j \in J$,
$$\Theta_D \vdash_\Sigma ((\neg(x_i < x_j)) \Rightarrow (\neg(\exists x\, ((x_i < x) \wedge (x < x_j)))))$$

e portanto, pelo Exercício 36, de Θ_D tira-se
$$\left(\left(\bigvee_{i \in I, j \in J} (\neg(x_i < x_j)) \right) \Rightarrow \left(\bigvee_{i \in I, j \in J} (\neg(\exists x\, ((x_i < x) \wedge (x < x_j)))) \right) \right).$$

Logo, de Θ_D deriva-se
$$\left(\left(\bigvee_{i \in I, j \in J} (\neg(x_i < x_j)) \right) \Rightarrow \left(\neg \left(\bigwedge_{i \in I, j \in J} (\exists x\, ((x_i < x) \wedge (x < x_j))) \right) \right) \right)$$

e portanto, de Θ_D obtém-se
$$\left(\left(\bigvee_{i \in I, j \in J} (\neg(x_i < x_j)) \right) \Rightarrow \left(\neg \left(\exists x \left(\bigwedge_{i \in I, j \in J} ((x_i < x) \wedge (x < x_j)) \right) \right) \right) \right).$$

(b) $\Theta_D \vdash_\Sigma (\psi \Rightarrow (\exists x\, \gamma_2))$

Pela densidade de $<$, para todos os $i \in I$ e $j \in J$,
$$\Theta_D \vdash_\Sigma ((x_i < x_j) \Rightarrow (\exists x\, ((x_i < x) \wedge (x < x_j))))$$

e portanto
$$\Theta_D \vdash_\Sigma \left(\left(\bigwedge_{i \in I, j \in J} (x_i < x_j) \right) \Rightarrow \left(\bigwedge_{i \in I, j \in J} (\exists x((x_i < x) \wedge (x < x_j))) \right) \right)$$

Observe-se que, neste caso particular,
$$\left(\exists x \left(\left(\bigwedge_{i \in I} (x_i < x) \right) \wedge \left(\bigwedge_{j \in J} (x < x_j) \right) \right) \right) \Leftrightarrow \left(\bigwedge_{\substack{i \in I \\ j \in J}} (\exists x((x_i < x) \wedge (x < x_j))) \right)$$

uma vez que $x_i < x_j$ para todas as possíveis combinações de $i \in I$ e $j \in J$.

(iii) $I = \emptyset$. Tomando-se ψ como $\top$ a equivalência é um teorema usando o facto de que a ordem não tem limite esquerdo.

(iv) $J = \emptyset$. Tomando-se ψ como $\top$ a equivalência é um teorema usando o facto de que a ordem não tem limite direito. $\hfill$ QED

Para outros exemplos de teorias que permitem a eliminação de quantificadores, o leitor interessado deve consultar [29, 14].

Proposição 15 Seja Θ teoria sobre Σ. Assuma-se que

- Θ tem eliminação de quantificadores;

- para cada $\alpha \in (B_\Sigma \cap cL_\Sigma)$, ou $\Theta \vdash_\Sigma \alpha$ ou $\Theta \vdash_\Sigma (\neg\alpha)$.

Então Θ é exaustiva.

Demonstração: Seja φ uma fórmula fechada. Então, dado que Θ tem eliminação de quantificadores, existe φ^* tal que φ^* é combinação Booleana de fórmulas em Δ, $\mathrm{vlv}_\Sigma(\varphi) = \mathrm{vlv}_\Sigma(\varphi^*) = \emptyset$ e $\Theta \vdash_\Sigma (\varphi \Leftrightarrow \varphi^*)$. Pode demonstrar-se que se ψ é uma fórmula fechada e é combinação Booleana de fórmulas em Δ, então ou $\Theta \vdash_\Sigma \psi$ ou $\Theta \vdash_\Sigma (\neg\psi)$. A demonstração é realizada por indução sobre a estrutura de ψ. Assim ou $\Theta \vdash_\Sigma \varphi$ ou $\Theta \vdash_\Sigma (\neg\varphi)$.   QED

Proposição 16 Seja Θ teoria que satisfaz as condições da Proposição 15. Se Θ é axiomatizável, então Θ é computável.

Demonstração: Da Proposição 15, Θ é exaustiva. Assim, pela Proposição 9 é computável.   QED

Proposição 17 A teoria Θ_D das ordens densas sem limites esquerdo e direito é computável.

Capítulo 7

Semântica

Intuitivamente falando, as fórmulas de primeira ordem estabelecem asserções sobre o universo do discurso considerado. Por exemplo, recorde-se a assinatura Σ_G (a assinatura da linguagem apropriada para o universo dos grupos). Intuitivamente, a fórmula

$$(\forall x_1 \, ((x_1 \, \mathbf{o} \, \mathbf{e}) \cong x_1))$$

significa que, para todo o elemento x_1 do grupo considerado, aplicando a operação $\mathbf{o}$ a x_1 e ao elemento $\mathbf{e}$ do grupo reobtém-se x_1. Será de esperar que qualquer teorema na teoria de grupos deva ser interpretado como verdadeiro em qualquer grupo (correção da teoria). Além disso pode esperar-se que o recíproco se verifique (completude da teoria).

Esta abordagem intuitiva de atribuir um significado aos termos e fórmulas foi tornada precisa por Alfred Tarski (naquilo a que se chama teoria semântica da verdade), veja-se [45]. O objetivo principal deste capítulo é dar uma perspetiva moderna da semântica de Tarski para a lógica de primeira ordem. O significado de termos e fórmulas é fixado por uma estrutura de interpretação (correspondente ao universo considerado). Uma estrutura de interpretação inclui um domínio de valores (também conhecidos por indivíduos), uma operação n-ária para cada símbolo de função n-ário, e uma relação n-ária para cada símbolo de predicado n-ário. Dada uma atribuição às variáveis, cada termo denota um elemento do domínio e cada fórmula denota um valor Booleano.

Apesar de estar fora do âmbito deste livro, deve mencionar-se que a semântica de Tarski não é a única forma de atribuir significado a termos e fórmulas. A semântica algébrica é outra abordagem interessante do ponto de vista teórico. No caso da lógica de primeira ordem, a abordagem algébrica foi também iniciada por Alfred Tarski que introduziu para este propósito as álgebras cilíndricas (veja-se [24]). O papel desempenhado pelas álgebras cilíndricas pode ser comparado ao das álgebras Booleanas na lógica proposicional (veja-se por exemplo [11]) e ao das álgebras de Heyting na lógica intuicionista (veja-se por exemplo [39]), respetivamente.

A Secção 7.1 apresenta as estruturas de interpretação e atribuições. Na Secção 7.2 são introduzidas as denotações de termos, satisfação local e satisfação (global). Seguidamente, as noções de fórmula válida e consequência semântica são definidas e ilustradas. É também demonstrado que a consequência semântica induz um operador de fecho. A Secção 7.3 contém vários lemas técnicos sobre variáveis omissas, fórmulas fechadas, substituições e tautologias. A correção do cálculo de Hilbert é demonstrada na Secção 7.4. A Secção 7.5 introduz a noção chave de teoria induzida por estrutura de interpretação. Finalmente, a Secção 7.6 estuda relações importantes entre estruturas de interpretação, recorrendo a alguns rudimentos de Teoria das Categorias.

7.1   Estruturas de interpretação

Seja $\Sigma = (F, P, \tau)$ assinatura de primeira ordem. Por *estrutura de interpretação* sobre Σ entende-se um triplo

$$I = (D, \_^{\mathsf{F}}, \_^{\mathsf{P}})$$

tal que:

- D é um conjunto não vazio (*domínio*);

- $\_^{\mathsf{F}} = \lambda\, n \in \mathbb{N}\,.\,\_^{\mathsf{F}}_n$ em que cada $\_^{\mathsf{F}}_n : F_n \to (D^n \to D)$;

- $\_^{\mathsf{P}} = \lambda\, n \in \mathbb{N}^+\,.\,\_^{\mathsf{P}}_n$ em que cada $\_^{\mathsf{P}}_n : P_n \to (D^n \to \{0, 1\})$.

Isto é, para estabelecer uma estrutura de interpretação, devem escolher-se um conjunto não vazio de valores (o domínio), uma aplicação n-ária f_n^{F} para cada símbolo de função f de aridade n (a denotação do símbolo de função), e uma relação n-ária p_n^{P} para cada símbolo de predicado p de aridade n (tomando-se a sua aplicação característica como denotação do símbolo de predicado). Assim, para a mesma assinatura, existem muitas estruturas de interpretação com diferentes domínios e diferentes denotações para os símbolos de função e de predicado.

A restrição a domínios não vazios leva a uma lógica com melhor comportamento. Os leitores interessados no caso em que se admitem domínios vazios devem consultar [35].

Exemplo 1 Seja Σ_G a assinatura de grupos do Exercício 1 do Capítulo 4. Considerem-se as estruturas de interpretação seguintes sobre Σ_G:

- $\langle \mathbb{Z}, \_^F, \_^P \rangle$ em que o_2^F é $+$, e_0^F é 0, i_1^F é $\lambda d.\, -d$, e $\cong_2^P$ é $=$.

- $\langle \mathbb{Q} \setminus \{0\}, \_^F, \_^P \rangle$ em que o_2^F é $\times$, e_0^F é 1, i_1^F é $\lambda d.\, d^{-1}$, e $\cong_2^P$ é $=$.

- de modo geral, cada grupo $\langle G, \circ, e, i \rangle$ induz a estrutura de interpretação $\langle G, \_^F, \_^P \rangle$ onde o_2^F é $\circ$, e_0^F é e, i_1^F é i, e $\cong_2^P$ é $=$.

Exercício 2 Encontre uma estrutura de interpretação sobre Σ_G que não seja um grupo.

Exercício 3 Defina uma estrutura de interpretação sobre Σ_G baseada num espaço vetorial.

Exercício 4 Defina uma estrutura de interpretação sobre $\Sigma_\leq$.

O que se segue é um exemplo de uma estrutura de interpretação com um domínio simbólico. A ideia subjacente a esta estrutura desempenha um papel importante na demonstração da completude do cálculo de Hilbert (veja-se o Capítulo 8).

Exercício 5 Seja $\Sigma = (F, P, \tau)$ uma assinatura com $F_0 \neq \emptyset$. Defina uma estrutura de interpretação sobre Σ com domínio cT_Σ e

$$f_n^F = \lambda d_1, \ldots, d_n .\, f(d_1, \ldots, d_n) : cT_\Sigma{}^n \to cT_\Sigma$$

para cada $n \in \mathbb{N}$ e $f \in F_n$.

Uma estrutura de interpretação I dá a denotação de símbolos de função e de predicado. De modo a determinar a denotação de termos e fórmulas são necessários ingredientes adicionais. Uma *atribuição* em I é uma aplicação

$$\rho : X \to D$$

que atribui um valor a cada variável.

Uma estrutura de interpretação e uma atribuição são suficientes para determinar o significado de todos os termos e fórmulas, como se explica na Secção 7.2. Para tal, a noção que se segue de atribuições equivalentes (exceto num conjunto de variáveis em que podem diferir) é necessária para interpretar fórmulas universalmente quantificadas.

Seja Y um subconjunto de X. Duas atribuições ρ, ρ' em I dizem-se Y-*equivalentes*, o que se pode escrever $\rho \equiv_Y \rho'$, se $\rho(x) = \rho'(x)$ para cada $x \notin Y$, isto é, se ρ e ρ' diferem, no máximo, em Y. É conveniente usar Y-equiv(ρ) para denotar o conjunto de atribuições Y-equivalentes a ρ. Pode escrever-se y-equivalente em vez de $\{y\}$-equivalente, e y-equiv(ρ) para $\{y\}$-equiv(ρ).

Quando D é um conjunto finito, existe apenas um número finito de atribuições que são y-equivalentes a uma dada atribuição (se o número de elementos de D é n então existem exatamente n atribuições y-equivalentes à dada).

Exercício 6 Discuta a cardinalidade do conjunto de atribuições sobre uma estrutura de interpretação I.

Exercício 7 Para cada $Y \subseteq X$, defina Y-equivalência como uma relação binária sobre o conjunto de atribuições. Identifique as propriedades desta família de relações.

7.2   Satisfação, consequência e validade

O primeiro objetivo desta secção é definir satisfação de fórmula por estrutura de interpretação. Para este fim, é necessário primeiramente mostrar de que forma são interpretados os termos.

Dada uma estrutura de interpretação I sobre uma assinatura Σ e uma atribuição ρ em I, a aplicação de *denotação de termo*

$$\llbracket \_ \rrbracket^{I\rho}_\Sigma : T_\Sigma \to D$$

é definida indutivamente da forma seguinte:

- $\llbracket x \rrbracket^{I\rho}_\Sigma = \rho(x)$;

- $\llbracket c \rrbracket^{I\rho}_\Sigma = c^{\mathsf{F}}_0$;

- $\llbracket f(t_1, \ldots, t_n) \rrbracket^{I\rho}_\Sigma = f^{\mathsf{F}}_n(\llbracket t_1 \rrbracket^{I\rho}_\Sigma, \ldots, \llbracket t_n \rrbracket^{I\rho}_\Sigma)$.

Esta aplicação de denotação é estrutural no sentido em que a denotação de um termo é funcionalmente dependente da denotação dos seus subtermos. De facto, a denotação de um termo $f(t_1, \ldots, t_n)$ é o valor que se obtém por aplicação da denotação f^{F}_n do símbolo de função f às denotações dos termos $t_1, \ldots, t_n$. A denotação de uma variável vista como um termo atómico é o valor que a atribuição dá à variável.

A satisfação pode ser definida a dois níveis: satisfação local, quando uma estrutura de interpretação e uma atribuição são dadas e a satisfação global, quando apenas é dada uma estrutura de interpretação. A satisfação global verifica-se quando a satisfação local se verifica para todas as possíveis atribuições.

A *satisfação local* de fórmula por estrutura de interpretação e atribuição é definida indutivamente como se segue:

- $I\rho \Vdash_\Sigma p(t_1, \ldots, t_n)$ se $p^{\mathsf{P}}_n(\llbracket t_1 \rrbracket^{I\rho}_\Sigma, \ldots, \llbracket t_n \rrbracket^{I\rho}_\Sigma) = 1$;

- $I\rho \Vdash_\Sigma (\neg\, \varphi)$ se $I\rho \nVdash_\Sigma \varphi$;

- $I\rho \Vdash_\Sigma (\varphi \Rightarrow \psi)$ se $I\rho \nVdash_\Sigma \varphi$ ou $I\rho \Vdash_\Sigma \psi$;

- $I\rho \Vdash_\Sigma (\forall x\, \varphi)$ se $I\rho' \Vdash_\Sigma \varphi$ para todas as atribuições $\rho' \in x\text{-equiv}(\rho)$.

Quando $I\rho \Vdash_\Sigma \varphi$ diz-se que I juntamente com ρ *satisfaz* φ. Nesta situação também pode dizer-se que φ é *verdadeira* em I para ρ.

Para uma dada estrutura de interpretação I sobre Σ, a aplicação de *denotação de fórmula*

$$[\![\_]\!]^I_\Sigma : L_\Sigma \to D^X$$

é facilmente definida usando a satisfação local:

$$[\![\varphi]\!]^I_\Sigma = \{\rho \in D^X : I\rho \Vdash_\Sigma \varphi\}.$$

Esta aplicação de denotação é estrutural. De facto:

- $[\![(\neg\, \varphi)]\!]^I_\Sigma = D^X \setminus [\![\varphi]\!]^I_\Sigma$;

- $[\![(\varphi \Rightarrow \psi)]\!]^I_\Sigma = (D^X \setminus [\![\varphi]\!]^I_\Sigma) \cup [\![\psi]\!]^I_\Sigma$;

- $[\![(\forall x\, \varphi)]\!]^I_\Sigma = \{\rho \in D^X : x\text{-equiv}(\rho) \subseteq [\![\varphi]\!]^I_\Sigma\}$.

Exercício 8 Usando as abreviaturas defina satisfação local e a denotação de fórmula para a conjunção, disjunção e a quantificação existencial.

A *satisfação global* (abreviadamente, *satisfação*) de fórmula por estrutura de interpretação é definida como se segue: diz-se que I satisfaz φ, o que se escreve

$$I \Vdash_\Sigma \varphi,$$

se $I\rho \Vdash_\Sigma \varphi$ para toda a atribuição ρ em I. Nesta situação, I diz-se ser um *modelo* de φ, ou, mais coloquialmente, pode dizer-se que φ é *verdadeira* em I. Estas noções estendem-se a conjuntos de fórmulas como se espera (satisfação de toda a fórmula no conjunto).

Uma fórmula φ diz-se *válida*, o que se escreve

$$\vDash_\Sigma \varphi,$$

se $I \Vdash_\Sigma \varphi$ para toda a estrutura de interpretação I sobre a assinatura Σ. Nesta situação pode dizer-se que φ é universalmente verdadeira, uma vez que é verdadeira para todas as possíveis interpretações dos símbolos de função e de predicado e para todos os valores possíveis das variáveis.

Exercício 9 Mostre que as fórmulas seguintes são válidas:

1. $((\forall x\, (\varphi_1 \wedge \varphi_2)) \Leftrightarrow ((\forall x\, \varphi_1) \wedge (\forall x\, \varphi_2)))$.

2. $((\exists x\, (\varphi_1 \vee \varphi_2)) \Leftrightarrow ((\exists x\, \varphi_1) \vee (\exists x\, \varphi_2)))$.

3. $((\forall x\,\varphi) \Rightarrow (\exists x\,\varphi))$.

4. $((\forall x\,(\varphi_1 \vee \varphi_2)) \Rightarrow ((\forall x\,\varphi_1) \vee (\exists x\,\varphi_2)))$.

5. $(\exists x\,(\varphi \Rightarrow (\forall x\,\varphi)))$.

6. $((\exists x\,(\forall y\,\varphi)) \Rightarrow (\forall y\,(\exists x\,\varphi)))$.

7. $((\forall x\,(\varphi_1 \Rightarrow \varphi_2)) \Rightarrow ((\forall x\,\varphi_1) \Rightarrow (\forall x\,\varphi_2)))$

Exercício 10 Dado $\Gamma \subseteq L_\Sigma$, seja $\mathcal{M}(\Gamma)$ a classe de estruturas de interpretação sobre Σ que satisfaz Γ.

- Mostre que $\mathcal{M}(\Gamma_2) \subseteq \mathcal{M}(\Gamma_1)$ sempre que $\Gamma_1 \subseteq \Gamma_2$.

- Avalie $\mathcal{M}(\Gamma)$ em termos de $\mathcal{M}(\{\gamma\})$ para cada $\gamma \in \Gamma$.

Os exercícios seguintes dão exemplos de fórmulas que não são válidas. Demonstrar que uma fórmula não é válida requer apresentar uma estrutura de interpretação particular que não satisfaça a fórmula para um valor particular das variáveis.

Exercício 11 Mostre que as fórmulas seguintes não são válidas:

1. $((\exists x\,(\varphi_1 \wedge \varphi_2)) \Leftrightarrow ((\exists x\,\varphi_1) \wedge (\exists x\,\varphi_2)))$.

2. $((\forall x\,(\varphi_1 \vee \varphi_2)) \Leftrightarrow ((\forall x\,\varphi_1) \vee (\forall x\,\varphi_2)))$.

3. $((\forall y\,(\exists x\,\varphi)) \Rightarrow (\exists x\,(\forall y\,\varphi)))$.

Exercício 12 Mostre que se fossem permitidos domínios vazios, então a fórmula

$$((\forall x\,\varphi) \Rightarrow (\exists x\,\varphi))$$

não seria válida.

Uma fórmula φ sobre Σ é *consequência (semântica)* de um conjunto de fórmulas Γ sobre a mesma assinatura, o que se escreve

$$\Gamma \vDash_\Sigma \varphi,$$

se, para toda a estrutura de interpretação I sobre Σ, $I \Vdash_\Sigma \varphi$ sempre que $I \Vdash_\Sigma \gamma$ para cada $\gamma \in \Gamma$.

Esta noção de consequência é baseada na satisfação global. É possível introduzir a noção de consequência local baseada em satisfação local (veja-se o Exercício 36 na Secção 7.4). Como se demonstra no que resta deste capítulo e no Capítulo 8, a consequência (global) é a contraparte semântica da noção simbólica de derivabilidade definida no Capítulo 5.

Claramente, $\vDash_\Sigma \varphi$ se e só se $\emptyset \vDash_\Sigma \varphi$. Pode escrever-se

$$\gamma_1, \ldots, \gamma_n \vDash_\Sigma \varphi$$

em vez de $\{\gamma_1, \ldots, \gamma_n\} \vDash_\Sigma \varphi$.

O *fecho por consequência (semântica)* de um conjunto $\Gamma \subseteq L_\Sigma$ é o conjunto

$$\Gamma^{\vDash_\Sigma} = \{\varphi \in L_\Sigma : \Gamma \vDash_\Sigma \varphi\}$$

das fórmulas que são sua consequência semântica. A proposição seguinte mostra que $\lambda\,\Gamma\,.\,\Gamma^{\vDash_\Sigma}$ é realmente um operador de fecho.

Proposição 13 Para todo o $\Gamma, \Psi \subseteq L_\Sigma$:

1. *Extensividade*: $\Gamma \subseteq \Gamma^{\vDash_\Sigma}$.

2. *Idempotência*: $(\Gamma^{\vDash_\Sigma})^{\vDash_\Sigma} \subseteq \Gamma^{\vDash_\Sigma}$.

3. *Monotonia*: $\Psi^{\vDash_\Sigma} \subseteq \Gamma^{\vDash_\Sigma}$ sempre que $\Psi \subseteq \Gamma$.

A consequência semântica é também um operador compacto como se verá no Capítulo 8, usando a correção e completude do cálculo de Hilbert. É possível estabelecer a compacidade da consequência de forma mais direta (usando ultraprodutos), mas tal sai do âmbito deste livro. O leitor interessado deverá consultar por exemplo [2, 35].

Exercício 14 Mostre que o operador $\vDash_\Sigma$ não é um operador de Kuratowski.

7.3 Lemas básicos

Nesta secção são apresentados e demonstrados alguns lemas semânticos, sobretudo de natureza técnica. Estes preparam o caminho para demonstrar a correção do cálculo de Hilbert relativamente à semântica de Tarski. O primeiro lema afirma um facto bastante intuitivo: o valor dado por uma atribuição a uma variável que não ocorre num termo não afeta a denotação do termo.

Proposição 15 (Lema das variáveis omissas em termo)
Para quaisquer atribuições $(X \setminus \text{var}_\Sigma(t))$-equivalentes ρ, ρ',

$$[\![t]\!]_\Sigma^{I\rho'} = [\![t]\!]_\Sigma^{I\rho}.$$

Demonstração: A demonstração realiza-se facilmente por indução sobre a estrutura do termo e é deixada como exercício para o leitor. $\qquad$ QED

Vale a pena mencionar que duas atribuições são $(X \setminus Y)$-equivalentes se e só se coincidem em pelo menos Y.

O segundo lema é também intuitivo: a satisfação local de uma fórmula não é afetada pelo valor que a atribuição dá às variáveis que não ocorrem livres na fórmula.

Proposição 16 (Lema das variáveis livres omissas em fórmula)
Para quaisquer atribuições $(X \setminus \text{vlv}_\Sigma(\varphi))$-equivalentes ρ, ρ',

$$I\rho' \Vdash_\Sigma \varphi \quad \text{se e só se} \quad I\rho \Vdash_\Sigma \varphi.$$

Demonstração: A demonstração faz-se por indução sobre a estrutura de φ.

(Base) φ é $p(t_1, \ldots, t_n)$. Então:

$$
\begin{array}{ll}
I\rho' \Vdash_\Sigma p(t_1, \ldots, t_n) & \text{se e só se} \\
p_n^{\mathsf{P}}(\llbracket t_1 \rrbracket_\Sigma^{I\rho'}, \ldots, \llbracket t_n \rrbracket_\Sigma^{I\rho'}) = 1 & \text{se e só se} \quad (*) \\
p_n^{\mathsf{P}}(\llbracket t_1 \rrbracket_\Sigma^{I\rho}, \ldots, \llbracket t_n \rrbracket_\Sigma^{I\rho}) = 1 & \text{se e só se} \\
I\rho \Vdash_\Sigma p(t_1, \ldots, t_n).
\end{array}
$$

(*) O lema das variáveis omissas em termo pode ser aplicado uma vez que as atribuições ρ e ρ' são $(X \setminus \text{var}_\Sigma(t_i))$-equivalentes para cada $i = 1, \ldots, n$. De facto, $\text{vlv}_\Sigma(p(t_1, \ldots, t_n)) = \bigcup_{i=1}^n \text{var}_\Sigma(t_i)$.

(Passo) Existem três casos a considerar:
(1) φ é $(\neg \psi)$. Este caso é deixado como exercício.
(2) φ é $(\psi_1 \Rightarrow \psi_2)$. Este caso é deixado como exercício.
(3) φ é $(\forall x\, \psi)$. Apenas é necessário demonstrar que se $I\rho' \Vdash_\Sigma (\forall x\, \psi)$ então $I\rho \Vdash_\Sigma (\forall x\, \psi)$. A demonstração do recíproco é deixada como exercício. Suponha-se que $I\rho' \Vdash_\Sigma (\forall x\, \psi)$. De modo a concluir que $I\rho \Vdash_\Sigma (\forall x\, \psi)$, é preciso demonstrar que $I\sigma \Vdash_\Sigma \psi$ para qualquer atribuição σ em x-equiv(ρ).

Seja σ uma atribuição arbitrária em x-equiv(ρ). Considere-se a atribuição

$$
\sigma' = \lambda y\,.\, \begin{cases} \rho'(y) & \text{se } y \text{ não é } x \\ \sigma(x) & \text{n.r.c.} \end{cases}.
$$

Claramente, σ' é x-equivalente a ρ' e, portanto,

$$(\dagger) \quad I\sigma' \Vdash_\Sigma \psi$$

uma vez que $I\rho' \Vdash_\Sigma (\forall x\, \psi)$. Além disso:

- σ' é $(X \setminus \text{vlv}_\Sigma(\varphi))$-equivalente a ρ', uma vez que $\{x\} \subset (X \setminus \text{vlv}_\Sigma(\varphi))$ e σ' é x-equivalente a ρ';

- ρ' é $(X \setminus \text{vlv}_\Sigma(\varphi))$-equivalente a ρ, por hipótese;

- ρ é $(X \setminus \text{vlv}_\Sigma(\varphi))$-equivalente a σ, uma vez que $\{x\} \subset (X \setminus \text{vlv}_\Sigma(\varphi))$ e ρ é x-equivalente a σ.

Assim, por transitividade, σ' é $(X \setminus \text{vlv}_\Sigma(\varphi))$-equivalente a σ e, portanto,

$$(\ddagger) \quad \sigma' \text{ é } (X \setminus \text{vlv}_\Sigma(\psi))\text{-equivalente a } \sigma$$

uma vez que

- $\sigma'(x) = \sigma(x)$, por construção de σ';

- $\text{vlv}_\Sigma(\psi) \subseteq \text{vlv}_\Sigma(\varphi) \cup \{x\}$.

Logo, de ($\dagger$) e ($\ddagger$), por hipótese de indução, conclui-se que $I\sigma \Vdash_\Sigma \psi$, como pretendido. QED

O lema das variáveis omissas em fórmula será usado na secção seguinte para demonstrar a correção dos axiomas em Ax5_Σ.

Dada uma estrutura de interpretação I e uma fórmula φ é possível que $I \nVdash \varphi$ e $I \nVdash (\neg\,\varphi)$. Contudo, quando φ é uma fórmula fechada, ou $I \Vdash \varphi$ ou $I \Vdash (\neg\,\varphi)$, mas não ambos. O lema seguinte estabelece várias propriedades semânticas das fórmulas fechadas que não se verificam para fórmulas com variáveis livres.

Proposição 17 (Lema da fórmula fechada – LFF)
Sejam φ e ψ fórmulas fechadas. Então:

1. $I\rho \Vdash_\Sigma \varphi$ se e só se $I\rho' \Vdash_\Sigma \varphi$ para qualquer par de atribuições ρ e ρ' em I;

2. $I \Vdash_\Sigma \varphi$ se e só se $I\rho \Vdash_\Sigma \varphi$ para alguma atribuição ρ em I;

3. $I \Vdash_\Sigma \varphi$ ou e apenas ou $I \Vdash_\Sigma (\neg\,\varphi)$;

4. $I \Vdash_\Sigma (\neg\,\varphi)$ se e só se $I \nVdash_\Sigma \varphi$;

5. $I \Vdash_\Sigma (\varphi \Rightarrow \psi)$ se e só se $I \nVdash_\Sigma \varphi$ ou $I \Vdash_\Sigma \psi$.

Demonstração: Observe-se que 1 corolário direto do lema das variáveis livres omissas em fórmula. Deixa-se como exercício a demonstração das restantes alíneas. QED

Por outras palavras, a lei do terceiro excluído verifica-se para a satisfação (global) de fórmulas fechadas em lógica de primeira ordem. Contudo, não se verifica em geral. Convida-se o leitor a pensar em contraexemplos. Por outro lado, decorre de imediato da definição que a lei do terceiro excluído se verifica para a satisfação local de qualquer fórmula.

Os lemas seguintes estabelecem resultados técnicos sobre a interação entre substituições e atribuições para termos e fórmulas. O resultado sobre fórmulas será essencial para demonstrar a correção dos axiomas em Ax4_Σ.

Proposição 18 (Lema da substituição em termo)
Sejam $y_1, \ldots, y_m$ variáveis distintas. Então:

$$[\![t]\!]_\Sigma^{I\rho'} = [\![[t]_{u_1,\ldots,u_m}^{y_1,\ldots,y_m}]\!]_\Sigma^{I\rho}$$

para todas as atribuições $\{y_1, \ldots, y_m\}$-equivalentes ρ, ρ' tais que

$$\rho'(y_i) = [\![u_i]\!]_\Sigma^{I\rho}$$

para cada $1 \leq i \leq m$.

Demonstração: O resultado é demonstrado facilmente por indução sobre a estrutura do termo t, o que se deixa como exercício ao leitor interessado. QED

Proposição 19 (Lema da substituição em fórmula)
Sejam $y_1, \ldots, y_m$ variáveis distintas e $u_i \rhd_\Sigma y_i : \varphi$ para cada $i = 1, \ldots, m$.
Então:

$$I\rho' \Vdash_\Sigma \varphi \quad \text{se e só se} \quad I\rho \Vdash_\Sigma [\varphi]_{u_1,\ldots,u_m}^{y_1,\ldots,y_m}$$

para todas as atribuições $\{y_1, \ldots, y_m\}$-equivalentes ρ, ρ' tais que

$$\rho'(y_i) = [\![u_i]\!]_\Sigma^{I\rho}$$

para cada $1 \leq i \leq m$.

Demonstração: O resultado é demonstrado por indução sobre a estrutura de φ. Apenas se considera o caso $m = 1$ para simplificar notação.
(Base) φ é $p(t_1, \ldots, t_n)$:

$$
\begin{array}{ll}
I\rho' \Vdash_\Sigma p(t_1, \ldots, t_n) & \text{se e só se} \\
p_n^P([\![t_1]\!]_\Sigma^{I\rho'}, \ldots, [\![t_n]\!]_\Sigma^{I\rho'}) = 1 & \text{se e só se} \quad (*) \\
p_n^P([\![[t_1]_u^y]\!]_\Sigma^{I\rho}, \ldots, [\![[t_n]_u^y]\!]_\Sigma^{I\rho}) = 1 & \text{se e só se} \\
I\rho \Vdash_\Sigma [p(t_1, \ldots, t_n)]_u^y &
\end{array}
$$

(*) Usando o lema da substituição em termo.

(Passo) Existem três casos a considerar.
(1) φ é $(\neg \psi)$:

$$
\begin{array}{ll}
I\rho' \Vdash_\Sigma (\neg \psi) & \text{se e só se} \\
I\rho' \not\Vdash_\Sigma \psi & \text{se e só se} \quad (\text{HI}) \\
I\rho \not\Vdash_\Sigma [\psi]_u^y & \text{se e só se} \\
I\rho \Vdash_\Sigma (\neg [\psi]_u^y) & \text{se e só se} \\
I\rho \Vdash_\Sigma [(\neg \psi)]_u^y &
\end{array}
$$

(2) φ é $(\psi_1 \Rightarrow \psi_2)$:

$$I\rho' \Vdash_\Sigma (\psi_1 \Rightarrow \psi_2) \qquad \text{se e só se}$$
$$I\rho' \nVdash_\Sigma \psi_1 \text{ ou } I\rho' \Vdash_\Sigma \psi_2 \qquad \text{se e só se} \quad \text{(HI)}$$
$$I\rho \nVdash_\Sigma [\psi_1]_u^y \text{ ou } I\rho \Vdash_\Sigma [\psi_2]_u^y \qquad \text{se e só se}$$
$$I\rho \Vdash_\Sigma ([\psi_1]_u^y \Rightarrow [\psi_2]_u^y) \qquad \text{se e só se}$$
$$I\rho \Vdash_\Sigma [(\psi_1 \Rightarrow \psi_2)]_u^y$$

(3) φ é $(\forall x\,\psi)$:
Então, uma vez que $u \rhd_\Sigma y : (\forall x\,\psi)$, existem três casos a considerar:
(i) y é x:

$$I\rho \Vdash_\Sigma [(\forall x\,\psi)]_u^y \qquad \text{se e só se}$$
$$I\rho \Vdash_\Sigma (\forall x\,\psi) \qquad \text{se e só se} \quad (*)$$
$$I\rho' \Vdash_\Sigma (\forall x\,\psi)$$

(*) Pelo lema das variáveis livres omissas em fórmula, uma vez que neste caso $y \notin \text{vlv}_\Sigma((\forall x\,\psi))$.

(ii) y não é x, $u \rhd_\Sigma y : \psi$ e $y \notin \text{vlv}_\Sigma(\psi)$:

$$I\rho \Vdash_\Sigma [(\forall x\,\psi)]_u^y \qquad \text{se e só se} \quad \text{(dado que } y \text{ não é } x)$$
$$I\rho \Vdash_\Sigma (\forall x\,[\psi]_u^y) \qquad \text{se e só se} \quad \text{(dado que } y \notin \text{vlv}_\Sigma(\psi))$$
$$I\rho \Vdash_\Sigma (\forall x\,\psi) \qquad \text{se e só se} \quad (*)$$
$$I\rho' \Vdash_\Sigma (\forall x\,\psi)$$

(*) Pelo lema das variáveis livres omissas em fórmula, uma vez que neste caso $y \notin \text{vlv}_\Sigma((\forall x\,\psi))$.

(iii) y não é x, $u \rhd_\Sigma y : \psi$ e $x \notin \text{var}_\Sigma(u)$:
($\rightarrow$) No sentido de demonstrar por contrarrecíproco que se $I\rho' \Vdash_\Sigma (\forall x\,\psi)$ então $I\rho \Vdash_\Sigma [(\forall x\,\psi)]_u^y$, suponha-se que $I\rho \nVdash_\Sigma [(\forall x\,\psi)]_u^y$. Então $I\rho \nVdash_\Sigma (\forall x[\psi]_u^y)$, uma vez que neste caso y não é x, e, portanto, pode encontrar-se uma atribuição σ em x-equiv(ρ) tal que $I\sigma \nVdash_\Sigma [\psi]_u^y$.

Seja σ' a atribuição y-equivalente a σ tal que

$$\sigma'(y) = [\![u]\!]_\Sigma^{I\sigma}.$$

Então, pela hipótese de indução, $I\sigma' \nVdash_\Sigma \psi$, uma vez que neste caso $u \rhd_\Sigma y : \psi$.

Finalmente, tem de se demonstrar que σ' é x-equivalente a ρ', o que permite concluir que $I\rho' \nVdash_\Sigma (\forall x\,\psi)$. De facto, verifica-se o seguinte:

- σ' é $\{x, y\}$-equivalente a σ, uma vez que σ' é y-equivalente a σ;

- σ é $\{x, y\}$-equivalente a ρ, uma vez que σ é x-equivalente a ρ;

- ρ é $\{x, y\}$-equivalente a ρ', uma vez que por hipótese ρ' é y-equivalente a ρ.

Assim, por transitividade, σ' é $\{x,y\}$-equivalente a ρ'. Além disso,

$$\rho'(y) = \llbracket u \rrbracket_\Sigma^{I\rho} = \llbracket u \rrbracket_\Sigma^{I\sigma} = \sigma'(y)$$

pelo facto de $\llbracket u \rrbracket_\Sigma^{I\rho} = \llbracket u \rrbracket_\Sigma^{I\sigma}$, que se verifica pelo lema das variáveis omissas em termo, uma vez que neste caso $x \notin \mathrm{var}_\Sigma(u)$. Assim, como pretendido, σ' é x-equivalente a ρ'.

($\leftarrow$) A demonstração da afirmação recíproca é realizada de um modo seme-lhante, novamente por contrarrecíproco. Suponha-se que $I\rho' \not\Vdash_\Sigma (\forall x\,\psi)$. Então pode encontrar-se uma atribuição σ' em x-equiv(ρ') tal que $I\sigma' \not\Vdash_\Sigma \psi$. Note-se que

$$\sigma'(y) = \rho'(y) = \llbracket u \rrbracket_\Sigma^{I\rho}$$

porque neste caso y não é x.

Seja σ uma atribuição y-equivalente a σ' tal que $\sigma(y) = \rho(y)$. Então σ é x-equivalente a ρ. Além disso, $\sigma'(y) = \llbracket u \rrbracket_\Sigma^{I\sigma}$, uma vez que $\llbracket u \rrbracket_\Sigma^{I\sigma} = \llbracket u \rrbracket_\Sigma^{I\rho}$, aplicando o lema das variáveis omissas em termo, o que é possível uma vez que neste caso $x \notin \mathrm{var}_\Sigma(u)$. Assim, pela hipótese de indução, segue que $I\sigma \not\Vdash_\Sigma [\psi]_u^y$.

Finalmente, como σ é x-equivalente a ρ, $I\rho \not\Vdash_\Sigma (\forall x[\psi]_u^y)$, donde $I\rho \not\Vdash_\Sigma [(\forall x\psi)]_u^y$, tendo-se novamente em atenção que neste caso y não é x.   QED

O exercício seguinte estabelece uma condição suficiente para a substituição legítima de variáveis mudas. É a variante semântica da Proposição 33 do Capítulo 5.

Exercício 20
Sejam $x, y \in X$ e $\varphi \in L_\Sigma$ tais que:

- $y \notin \mathrm{vlv}_\Sigma(\varphi)$;

- $y \rhd_\Sigma x : \varphi$.

Então a fórmula $((\forall x\,\varphi) \Leftrightarrow (\forall y\,[\varphi]_y^x))$ é válida.

O objetivo agora é demonstrar que certas fórmulas da lógica de primeira ordem são instâncias de fórmulas proposicionais. Este facto tem duas grandes vantagens. Uma é reconhecer que a lógica de primeira ordem estende a lógica proposicional. A outra é permitir importar algum conhecimento sobre fórmulas proposicionais verdadeiras.

Uma assinatura Π da lógica proposicional é um conjunto (de *variáveis proposicionais*) contável não vazio. O *alfabeto* induzido por Π contém Π, os pa-rênteses e os conetivos $\neg$ e $\Rightarrow$. O conjunto L_Π das *fórmulas* (proposicionais) sobre Π define-se indutivamente como seria de esperar:[1]

---

[1]Adotando a notação tradicional usada pelos lógicos.

- $\pi \in L_\Pi$ para cada $\pi \in \Pi$;

- $(\neg\,\beta) \in L_\Pi$ sempre que $\beta \in L_\Pi$;

- $(\beta_1 \Rightarrow \beta_2) \in L_\Pi$ sempre que $\beta_1, \beta_2 \in L_\Pi$.

Tal como na lógica de primeira ordem, os conetivos $\wedge$, $\vee$ e $\Leftrightarrow$ podem ser introduzidos como abreviaturas.

Interpretações proposicionais, conhecidas por valorações, são muito simples: estas atribuem valores de verdade às variáveis proposicionais. Mais precisamente, uma *valoração* sobre uma assinatura proposicional Π é uma aplicação $v : \Pi \to \{0, 1\}$. A *satisfação* de fórmula $\beta \in L_\Pi$ por uma valoração v, o que se escreve $v \Vdash_\Pi \beta$, é definida, indutivamente, como se segue:

- $v \Vdash_\Pi \pi$ se $v(\pi) = 1$;

- $v \Vdash_\Pi (\neg\,\beta)$ se $v \nVdash_\Pi \beta$;

- $v \Vdash_\Pi (\beta_1 \Rightarrow \beta_2)$ se $v \nVdash_\Pi \beta_1$ ou $v \Vdash_\Pi \beta_2$.

Uma fórmula $\beta \in L_\Pi$ diz-se uma *tautologia*, o que se escreve $\vDash_\Pi \beta$, quando $v \Vdash_\Pi \beta$ para toda a valoração v sobre Π.

Seja $\mathrm{var}_\Pi(\beta)$ o conjunto de variáveis proposicionais que ocorrem em β. Tal como o leitor espera, existe um resultado sobre as variáveis proposicionais omissas que é facilmente demonstrável por indução sobre a estrutura da fórmula:

Proposição 21 Sejam v_1 e v_2 valorações sobre uma assinatura proposicional Π e $\beta \in L_\Pi$. Assuma-se que $v_1(\pi) = v_2(\pi)$ para qualquer $\pi \in \mathrm{var}_\Pi(\beta)$. Então

$$v_1 \Vdash_\Pi \beta \quad \text{se e só se} \quad v_2 \Vdash_\Pi \beta.$$

Como consequência deste resultado, para testar se β é uma tautologia basta considerar as restrições das valorações a $\mathrm{var}_\Pi(\beta)$. Claramente, o número de restrições que têm de ser consideradas é $2^{\#\mathrm{var}_\Pi(\beta)}$.

Por exemplo, $(\pi_1 \Rightarrow (\pi_2 \Rightarrow \pi_1))$ é uma tautologia porque é satisfeita pelas quatro possíveis restrições a $\{\pi_1, \pi_2\}$ das valorações.

Uma vez que é muito simples verificar que se uma fórmula proposicional é uma tautologia, vale a pena poder reconhecer-se quando é que uma fórmula da lógica de primeira ordem é uma instância de uma fórmula proposicional, isto é, quando é obtida a partir de uma fórmula proposicional substituindo uniformemente cada variável proposicional por uma fórmula de primeira ordem. De facto, como será estabelecido mais à frente, uma fórmula de primeira ordem é válida sempre que é uma instância de uma tautologia.

Seja Π uma assinatura proposicional. Por *instanciação* de Π em Σ entende-se uma aplicação $\mu : \Pi \to L_\Sigma$. Tal instanciação pode ser estendida canonicamente a $\hat{\mu} : L_\Pi \to L_\Sigma$ como se segue:

- $\hat{\mu}(\pi) = \mu(\pi)$;

- $\hat{\mu}((\neg\,\alpha)) = (\neg\,\hat{\mu}(\alpha))$;

- $\hat{\mu}((\alpha \Rightarrow \beta)) = (\hat{\mu}(\alpha) \Rightarrow \hat{\mu}(\beta))$.

Na lógica da primeira ordem, uma fórmula φ sobre Σ diz-se uma *fórmula tautológica* se existem uma assinatura proposicional Π, uma instanciação μ de Π em Σ e uma tautologia α em Π tais que $\hat{\mu}(\alpha) = \varphi$.

Por exemplo, considere-se uma assinatura proposicional Π contendo π_1 e π_2, a tautologia $(\pi_1 \Rightarrow (\pi_2 \Rightarrow \pi_1)) \in L_\Pi$ e uma instanciação $\mu : \Pi \to L_\Sigma$ tal que $\mu(\pi_1) = (\forall x_1\, p(x_1))$ e $\mu(\pi_2) = q(x_1, x_2, x_3)$. Então,

$$\hat{\mu}(\pi_1 \Rightarrow (\pi_2 \Rightarrow \pi_1)) \;=\; ((\forall x_1\, p(x_1)) \Rightarrow (q(x_1, x_2, x_3) \Rightarrow (\forall x_1\, p(x_1)))),$$

mostrando que a última é uma fórmula tautológica em L_Σ.

Proposição 22 (Lema da fórmula tautológica)
Qualquer fórmula tautológica é válida.

Demonstração: Suponha-se que φ é uma fórmula tautológica. Então existem uma assinatura proposicional Π, uma instanciação $\mu : \Pi \to L_\Sigma$ e uma tautologia α em Π tais que $\hat{\mu}(\alpha) = \varphi$. Sejam I estrutura de interpretação sobre Σ e ρ atribuição em I. Considere-se a valoração $v_{I\rho} : \Pi \to \{0, 1\}$ tal que:

$$v_{I\rho}(\pi) = \begin{cases} 1 & \text{se } I\rho \Vdash_\Sigma \mu(\pi) \\ 0 & \text{n.r.c.} \end{cases}.$$

Então $I\rho \Vdash_\Sigma \hat{\mu}(\beta)$ se e só se $v_{I\rho} \Vdash_\Pi \beta$ para todo $\beta \in L_\Pi$. A demonstração, realizada por indução sobre a estrutura de β, é deixada como exercício. Dado que α é uma tautologia, $v_{I\rho} \Vdash_\Pi \alpha$ e, portanto, $I\rho \Vdash_\Sigma \hat{\mu}(\alpha)$. Logo, $I\rho \Vdash_\Sigma \varphi$ para I e ρ arbitrários. Assim, φ é válida.   QED

Exercício 23 Mostre que qualquer axioma em $\text{Ax1}_\Sigma \cup \text{Ax2}_\Sigma \cup \text{Ax3}_\Sigma$ é válido.

Exercício 24 (Lema do modus ponens)
Mostre que:
$$\varphi, (\varphi \Rightarrow \psi) \vDash_\Sigma \psi\,.$$

Exercício 25 (Lemas da instanciação e da generalização)
Mostre que:

- $I \Vdash_\Sigma \varphi$ se e só se $I \Vdash_\Sigma (\forall x\, \varphi)$ se e só se $I \Vdash_\Sigma (\forall\, \varphi)$;

- $(\forall x\, \varphi) \vDash_\Sigma \varphi$;

- $\varphi \vDash_\Sigma (\forall x\, \varphi)$.

Exercício 26 Mostre, através de contraexemplos, que os resultados seguintes, em geral, não se verificam:

- $\vDash_\Sigma ((\forall x\, \varphi) \Rightarrow [\varphi]_t^x)$;

- $\vDash_\Sigma ((\forall x\, (\varphi \Rightarrow \psi)) \Rightarrow (\varphi \Rightarrow (\forall x\, \psi)))$;

- $\varphi \vDash_\Sigma \psi$ se e só se $\vDash_\Sigma (\varphi \Rightarrow \psi)$.

7.4 Correção do cálculo de Hilbert

Por correção de um cálculo entende-se que tudo o que é derivável é consequência semântica. A correção do cálculo de Hilbert apresentado no Capítulo 5 é demonstrada como se segue:

- primeiro, demonstra-se que os axiomas são fórmulas válidas – correção dos axiomas;

- segundo, para cada regra de inferência, demonstra-se que a conclusão é consequência semântica do conjunto de premissas – correção das regras de inferência;

- finalmente, demonstra-se que $\Gamma^{\vdash_\Sigma} \subseteq \Gamma^{\vDash_\Sigma}$ para $\Gamma \subseteq L_\Sigma$ arbitrário.

Proposição 27 (Lema da correção de axiomas)
Os axiomas do cálculo de Hilbert são válidos:

1. $\vDash_\Sigma (\varphi \Rightarrow (\psi \Rightarrow \varphi))$;

2. $\vDash_\Sigma ((\varphi \Rightarrow (\psi \Rightarrow \delta)) \Rightarrow ((\varphi \Rightarrow \psi) \Rightarrow (\varphi \Rightarrow \delta)))$;

3. $\vDash_\Sigma (((\neg\, \varphi) \Rightarrow (\neg\psi)) \Rightarrow (\psi \Rightarrow \varphi))$;

4. $\vDash_\Sigma ((\forall x\, \varphi) \Rightarrow [\varphi]_t^x)$ desde que $t \rhd_\Sigma x : \varphi$;

5. $\vDash_\Sigma ((\forall x\, (\varphi \Rightarrow \psi)) \Rightarrow (\varphi \Rightarrow (\forall x\, \psi)))$ desde que $x \notin \mathrm{vlv}_\Sigma(\varphi)$.

Demonstração: Graças ao Exercício 23, resta demonstrar a validade dos axiomas em $\mathrm{Ax4}_\Sigma \cup \mathrm{Ax5}_\Sigma$.

(Ax4) Sejam I estrutura de interpretação sobre Σ e ρ atribuição em I. Tem de se demonstrar que $I\rho \Vdash_\Sigma ((\forall x\, \varphi) \Rightarrow [\varphi]_t^x)$ se t é livre para x em φ. Existem dois casos a considerar:

(i) $I\rho \nVdash_\Sigma (\forall x\, \varphi)$. Então $I\rho \Vdash_\Sigma ((\forall x\, \varphi) \Rightarrow [\varphi]_t^x)$.

(ii) $I\rho \Vdash_\Sigma (\forall x\, \varphi)$. Neste caso é necessário estabelecer que $I\rho \Vdash_\Sigma [\varphi]_t^x$ de modo a concluir que $I\rho \Vdash_\Sigma ((\forall x\, \varphi) \Rightarrow [\varphi]_t^x)$. Para isso, considere-se a atribuição ρ' tal que $\rho' \equiv_x \rho$ e $\rho'(x) = [\![t]\!]_\Sigma^{I\rho}$. Então $I\rho' \Vdash_\Sigma \varphi$, de onde, usando o lema da substituição em fórmula, que pode ser aplicado uma vez que t é livre para x em φ, segue que $I\rho \Vdash_\Sigma [\varphi]_t^x$.

(Ax5) A demonstração é realizada por contradição. Assuma-se que existe uma estrutura de interpretação I sobre Σ e uma atribuição ρ em I tal que

$$I\rho \nVdash_\Sigma ((\forall x\,(\varphi \Rightarrow \psi)) \Rightarrow (\varphi \Rightarrow (\forall x\, \psi)))$$

onde $x \notin \mathrm{vlv}_\Sigma(\varphi)$. Então:

$$\begin{cases} (1) & I\rho \Vdash_\Sigma (\forall x\,(\varphi \Rightarrow \psi)) \\ (2) & I\rho \nVdash_\Sigma (\varphi \Rightarrow (\forall x\, \psi)). \end{cases}$$

De (2) conclui-se que

$$\begin{cases} (2.1) & I\rho \Vdash_\Sigma \varphi \\ (2.2) & I\rho \nVdash_\Sigma (\forall x\, \psi). \end{cases}$$

De (2.2) segue que existe uma atribuição σ x-equivalente a ρ tal que

$$(2.2')\ \ I\sigma \nVdash_\Sigma \psi.$$

Uma vez que $x \notin \mathrm{vlv}_\Sigma(\varphi)$, aplicando o lema das variáveis livres omissas em fórmula a (2.1) obtém-se

$$(2.1')\ \ I\sigma \Vdash_\Sigma \varphi.$$

Logo, de $(2.1')$ e $(2.2')$ obtém-se

$$I\sigma \nVdash_\Sigma (\varphi \Rightarrow \psi)$$

e portanto

$$I\rho \nVdash_\Sigma (\forall x\,(\varphi \Rightarrow \psi)),$$

contradizendo (1).   QED

Observe-se que a validade dos axiomas em $\mathrm{Ax4}_\Sigma$ estaria em jogo sem a condição $t \rhd_\Sigma x : \varphi$, como o exercício seguinte ilustra.

Exercício 28 Mostre que $((\forall x(\exists y\, p(x,y))) \Rightarrow (\exists y\, p(y,y)))$ não é válida. Sugestão: Use uma estrutura de interpretação I tal que:

- D é $\mathbb{N}$;

- $p_2^{\mathsf{P}} : \mathbb{N}^2 \to \{0,1\}$ é tal que $p_2^{\mathsf{P}}(d_0, d_1) = 1$ se e só se $d_0 < d_1$.

Uma observação semelhante pode ser feita para Ax5$_\Sigma$. O leitor deverá ser capaz de encontrar um contraexemplo ilustrativo do facto de que a validade dos axiomas em Ax5$_\Sigma$ seria questionável sem a condição $x \notin \text{vlv}_\Sigma(\varphi)$.

Tendo em conta os resultados relevantes das secções precedentes, as demonstrações dos dois lemas seguintes são fáceis e são deixadas como exercícios para o leitor interessado.

Proposição 29 (Lema da correção do uso das regras)
As regras do cálculo de Hilbert preservam consequência semântica:

1. se $\Gamma \vDash_\Sigma \varphi$ e $\Gamma \vDash_\Sigma (\varphi \Rightarrow \psi)$, então $\Gamma \vDash_\Sigma \psi$;

2. se $\Gamma \vDash_\Sigma \varphi$, então $\Gamma \vDash_\Sigma (\forall x\, \varphi)$.

Proposição 30 (Lema da correção do uso de hipóteses)
Se $\varphi \in \Gamma$, então $\Gamma \vDash_\Sigma \varphi$.

Capitalizando nos resultados anteriores e na Proposição 8 do Capítulo 5, é agora possível estabelecer a correção do cálculo.

Proposição 31 (Correção do cálculo Hilbert)

$$\text{Se } \Gamma \vdash_\Sigma \varphi, \text{ então } \Gamma \vDash_\Sigma \varphi.$$

Demonstração: Esta demonstração é realizada por indução sobre o comprimento de uma sequência de derivação para $\Gamma \vdash_\Sigma \varphi$, usando as proposições anteriores.   QED

A implicação seguinte é consequência direta da correção do cálculo de Hilbert:
$$\text{Se } \varphi \text{ é um teorema, então } \varphi \text{ é uma fórmula válida.}$$

Este resultado mais fraco é conhecido como *correção fraca* do cálculo de Hilbert. Por esta razão, alguns autores referem-se à Proposição 31 como sendo a *correção forte* do cálculo de Hilbert.

O propósito do próximo capítulo é demonstrar o recíproco dos dois resultados anteriores: qualquer consequência semântica pode ser derivada e qualquer fórmula válida é teorema (completude forte e fraca, respetivamente, do cálculo de Hilbert face à semântica de Tarski).

A correção pode ser usada para demonstrar que uma fórmula não é derivável a partir de um certo conjunto de hipóteses, como se ilustra nos exercícios seguintes.

Exercício 32 Mostre que

$$((\forall x\, \varphi) \Rightarrow [\varphi]_t^x) \in \emptyset^{\vdash_\Sigma}$$

em geral não se verifica.

Exercício 33 Recorde o metateorema da dedução. Mostre que

$$(\eta \Rightarrow \varphi) \in \Gamma^{\vdash_\Sigma} \text{ sempre que } \varphi \in (\Gamma \cup \{\eta\})^{\vdash_\Sigma}$$

em geral não se verifica.

Exercício 34 Recorde o Exercício 35 da Secção 5.4. Mostre que

$$[\varphi]^x_t \in ([\Gamma]^x_t)^{\vdash_\Sigma} \text{ sempre que } \varphi \in \Gamma^{\vdash_\Sigma}$$

em geral não se verifica.

A correção permite demonstrar a coerência do cálculo de Hilbert recorrendo a técnicas semânticas, como se demonstra no exercício seguinte.

Exercício 35 (Coerência do cálculo de Hilbert)
Mostre que o cálculo de Hilbert é coerente demonstrando que não existe uma fórmula φ tal que

$$\begin{cases} \emptyset \vdash_\Sigma \varphi \\ \emptyset \vdash_\Sigma (\neg\varphi). \end{cases}$$

Discuta esta demonstração de coerência do cálculo de Hilbert do ponto de vista do programa de Hilbert.

A apresentação de uma demonstração puramente simbólica da coerência do cálculo de Hilbert é o objetivo principal do Capítulo 9.

Neste ponto, o leitor pode questionar-se se é possível definir uma consequência semântica baseada na satisfação local. O exercício seguinte responde a esta questão.

Exercício 36 Uma fórmula φ diz-se que é consequência local de Γ, o que se escreve

$$\Gamma \vDash^\ell_\Sigma \varphi,$$

se $I\rho \Vdash_\Sigma \Gamma$ implica que $I\rho \Vdash_\Sigma \varphi$ para toda a estrutura de interpretação I sobre Σ e atribuição ρ em I. Verifique que o cálculo de Hilbert (global) introduzido no Capítulo 5 não é correto face à consequência local. Proponha um cálculo de Hilbert local correto. Estabeleça o metateorema da dedução para o cálculo local. Sugestão: Defina $\Gamma^{\vdash_\Sigma}$ como sendo $\Gamma^{\vdash_\Sigma}$ mas sem a regra de generalização e incluindo como axiomas todas as generalizações dos axiomas em Ax_Σ.

7.5 Teoria de estrutura de interpretação

Dada uma estrutura de interpretação I sobre Σ, o conjunto

$$\text{Th}_\Sigma(I) = \{\gamma \in L_\Sigma : I \Vdash_\Sigma \gamma\}$$

é conhecido como a *teoria de I*, uma vez que $\text{Th}_\Sigma(I)^{\vdash_\Sigma} = \text{Th}_\Sigma(I)$.

Exercício 37 Mostre que $\text{Th}_\Sigma(I)$ é uma teoria coerente e exaustiva.

Um dos objetivos principais deste livro é demonstrar que não é axiomatizável a teoria da estrutura de interpretação correspondente à aritmética dos números naturais (desde que suficientemente rica), uma vez que não é computavelmente enumerável. Este facto (corolário do primeiro teorema da incompletude de Gödel) é demonstrado no Capítulo 13.

Exercício 38 Seja $\text{Th}_\Sigma(\mathcal{I})$, onde $\mathcal{I}$ é uma classe de estruturas de interpretação sobre Σ, o conjunto de fórmulas que são satisfeitas por qualquer estrutura de interpretação em $\mathcal{I}$. Recorde a definição de $\mathcal{M}(\Gamma)$ do Exercício 10. Mostre que

1. $\text{Th}_\Sigma(\mathcal{I})$ é uma teoria;

2. $\text{Th}_\Sigma(\mathcal{I}') \subseteq \text{Th}_\Sigma(\mathcal{I})$ sempre que $\mathcal{I} \subseteq \mathcal{I}'$;

3. $\Gamma \subseteq \text{Th}_\Sigma(\mathcal{I})$ se e só se $\mathcal{I} \subseteq \mathcal{M}(\Gamma)$;

4. $\Gamma \subseteq \text{Th}_\Sigma(\mathcal{M}(\Gamma))$ e $\mathcal{I} \subseteq \mathcal{M}(\text{Th}_\Sigma(\mathcal{I}))$.

Aplique as afirmações acima à classe de todos os grupos e à classe dos grupos Abelianos.

O facto 3 no exercício anterior é conhecido como a *conexão de Galois* entre teorias e as estruturas de interpretação.

7.6 Relações entre estruturas de interpretação

O propósito desta secção é relacionar estruturas de interpretação, sobre a mesma assinatura ou até mesmo sobre assinaturas diferentes. Algumas estruturas de interpretação introduzidas neste livro estão relacionadas de uma forma significativa, como se verá, nomeadamente, nos Capítulos 8 e 15.

Dadas duas estruturas de interpretação I e I' sobre a mesma assinatura Σ, diz-se que:

- I é uma *subestrutura* de I', o que se escreve

$$I \subseteq I',$$

se $D \subseteq D'$, $f_n^{\mathsf{F}} = f_n^{\mathsf{F}'}|_D$ e $p_m^{\mathsf{P}} = p_m^{\mathsf{P}'}|_D$ para todo o $n \in \mathbb{N}$, $m \in \mathbb{N}^+$, $f \in F_n$ e $p \in P_m$.

- I é uma *subestrutura elementar* de I', o que se escreve

$$I \leq I',$$

se $I \subseteq I'$ e, quaisquer que sejam φ e ρ em I, $I\rho \Vdash_\Sigma \varphi$ se e só se $I'\rho \Vdash_\Sigma \varphi$.

Exercício 39 Dê exemplos de estruturas de interpretação I e I' sobre as assinaturas de grupos apresentadas no Capítulo 4, Exercício 1, tais que:

1. $I \subseteq I'$;

2. $I \not\leq I'$.

Exercício 40 Mostre que a relação de subestrutura elementar é reflexiva e transitiva.

Exercício 41 Mostre que se $I' \leq I$, $I'' \leq I$ e $I' \subseteq I''$, então $I' \leq I''$.

Duas estruturas de interpretação I e I' sobre uma mesma assinatura Σ dizem-se *equivalentes*, o que se escreve

$$I \equiv I',$$

se $\mathrm{Th}_\Sigma(I) = \mathrm{Th}_\Sigma(I')$.

Exercício 42 Mostre que se $I \leq I'$, então $I \equiv I'$.

As noções acima sobre inclusões são generalizáveis a aplicações da seguinte forma. Dadas estruturas de interpretação I e I' sobre uma mesma assinatura Σ, a aplicação

$$h : D \to D'$$

diz-se:

- um *homomorfismo* de I para I' (o que se escreve $h : I \to I'$) se:
  - $h(f_n^{\mathsf{F}}(d_1, \ldots, d_n)) = f_n^{\mathsf{F}'}(h(d_1), \ldots, h(d_n))$;
  - $p_n^{\mathsf{P}}(d_1, \ldots, d_n) = p_n^{\mathsf{P}'}(h(d_1), \ldots, h(d_n))$;

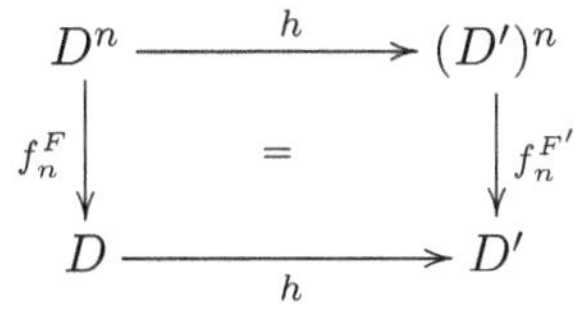

$$D^n \xrightarrow{\quad h \quad} (D')^n$$

with f_n^F on the left, $=$ in the middle, $f_n^{F'}$ on the right, and

$$D \xrightarrow{\quad h \quad} D'$$

Figura 7.1: Condição de homomorfismo para símbolo de função f.

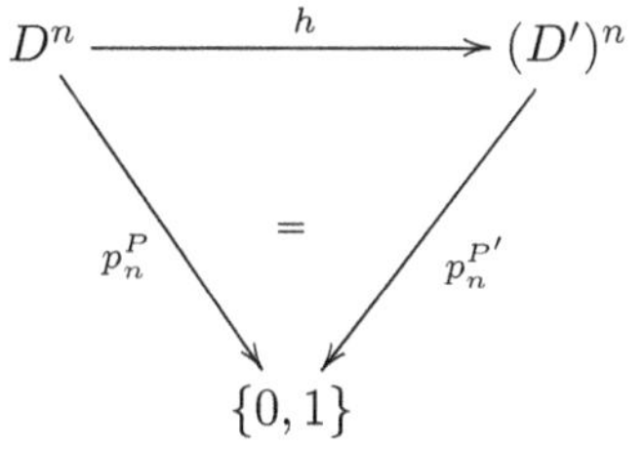

$$D^n \xrightarrow{\quad h \quad} (D')^n$$

with p_n^P, $=$, $p_n^{P'}$ pointing down to

$$\{0, 1\}$$

Figura 7.2: Condição de homomorfismo para símbolo de predicado p.

- *elementar* no caso de se verificar a condição seguinte:

$$I\rho \Vdash_\Sigma \varphi \text{ se e só se } I'(h \circ \rho) \Vdash_\Sigma \varphi.$$

A condição de homomorfismo pode ser vista como a comutatividade dos diagramas das Figuras 7.1 e 7.2.

Exercício 43 Mostre que nem toda a aplicação que é um homomorfismo é elementar.

O exercício seguinte constrói uma categoria de estruturas de interpretação sobre a mesma assinatura e estabelece algumas das suas propriedades básicas. O leitor interessado deverá consultar, por exemplo, [34] para uma introdução às categorias.

Exercício 44 Demonstre os seguintes resultados:

1. Estruturas de interpretação sobre uma mesma assinatura fixada e os homomorfismos entre elas formam um categoria,[2] que no que se segue é denotada por Int_Σ e é conhecida como a *categoria das estruturas de interpretação* sobre Σ.

---

[2]A composição de homomorfismos é associativa. Existe um homomorfismo identidade para cada estrutura de interpretação que é o elemento neutro à esquerda e à direita para a composição.

2. Em Int$_\Sigma$, os monomorfismos[3], os epimorfismos[4] e os isomorfismos[5] são aplicações homomórficas que são, respetivamente, injetivas, sobrejetivas e bijetivas.

O exercício seguinte dá, entre outras coisas, uma condição suficiente para que um homomorfismo $h : I \to I'$ seja elementar, e, assumindo que I e I' são estruturas sobre a mesma assinatura, uma condição suficiente para que a imagem $h(I)$ seja uma subestrutura elementar de I'.

Exercício 45 Demonstre os resultados seguintes:

- Se $I \subseteq I'$, então a inclusão $D \hookrightarrow D'$ é um homomorfismo de I para I'.

- Se $h : I \to I'$ é um epimorfismo, então a aplicação $h : D \to D'$ é elementar.

- Se $h : D \to D'$ é elementar e injetiva, então a estrutura de interpretação

$$h(I) = (h(D), \_^{h(\mathsf{F})}, \_^{h(\mathsf{P})})$$

em que:

- $f_n^{h(\mathsf{F})}(h(d_1), \ldots, h(d_n)) = h(f_n^{\mathsf{F}}(d_1, \ldots, d_n))$;
- $p_n^{h(\mathsf{P})}(h(d_1), \ldots, h(d_n)) = p_n^{\mathsf{P}}(d_1, \ldots, d_n)$.

é uma substrutura elementar de I'. Além disso, $h : D \to h(D)$ é um isomorfismo.

- Se existe $h : D \to D'$ elementar, então $I \equiv I'$.

O resultado seguinte será ulteriormente utilizado para demonstrar o teorema da cardinalidade (veja-se a Proposição 17 do Capítulo 8). Este mostra como construir uma estrutura de interpretação I' que estende o domínio de uma estrutura de interpretação I de tal modo que $I \leq I'$.

Exercício 46 Sejam $I = (D, \_^{\mathsf{F}}, \_^{\mathsf{P}})$ estrutura de interpretação sobre Σ, D subconjunto de D' e $a \in D$. Considere-se a aplicação

$$(\_)_a : D' \to D$$

tal que

$$(d')_a = \begin{cases} d' & \text{sempre que } d' \in D \\ a & \text{n.r.c.} \end{cases}$$

---

[3]Um homomorfismo h é um monomorfismo se $h \circ f_1 = h \circ f_2$ implica que $f_1 = f_2$.
[4]Um homomorfismo h é um epimorfismo se $f_1 \circ h = f_2 \circ h$ implica $f_1 = f_2$.
[5]Um homomorfismo $h : I \to I'$ é um isomorfismo se existe $h' : I' \to I$ tal que $h' \circ h = \mathrm{id}_I$ e $h \circ h' = \mathrm{id}_{I'}$.

1. Considere o triplo $I' = (D', \_^{\mathsf{F}'}, \_^{\mathsf{P}'})$ em que

   - $f_n^{\mathsf{F}'}(d'_1, \ldots, d'_n) = f_n^{\mathsf{F}}((d'_1)_a, \ldots, (d'_n)_a);$
   - $p_n^{\mathsf{P}'}(d'_1, \ldots, d'_n) = p_n^{\mathsf{P}}((d'_1)_a, \ldots, (d'_n)_a).$

   Mostre que I' é uma estrutura de interpretação sobre Σ.

2. Mostre que:

   - $f_n^{\mathsf{F}'}|_D = f_n^{\mathsf{F}};$
   - $p_n^{\mathsf{P}'}|_D = p_n^{\mathsf{P}}.$

3. Dada $\rho' : X \to D'$, seja $\rho'_a : X \to D$ tal que $\rho'_a(x) = (\rho'(x))_a$. Mostre que:

   (a) $[\![t]\!]_\Sigma^{I\rho'_a} = ([\![t]\!]_\Sigma^{I'\rho'})_a;$

   (b) $I\rho'_a \Vdash_\Sigma \varphi$ se e só se $I'\rho' \Vdash_\Sigma \varphi$.

4. Classifique a relação entre I e I'.

É também possível definir relações interessantes entre estruturas de interpretação sobre assinaturas diferentes, nomeadamente o conceito de criptomorfismo ou heteromorfismo que será usado no Capítulo 8. A noção de criptomorfismo foi primeiramente introduzida por Garrett Birkhoff em [3] para álgebras. Aqui, generaliza-se para estruturas de interpretação.

Para isso, é necessário definir morfismo de assinaturas. Sejam $\Sigma = (F, P, \tau)$ e $\Sigma' = (F', P', \tau')$ assinaturas. O par $(\sigma_{\mathsf{F}} : F \to F', \sigma_{\mathsf{P}} : P \to P')$ diz-se um *morfismo de assinaturas* $\sigma : \Sigma \to \Sigma'$ se $\tau' \circ \sigma_{\mathsf{F}}(f) = \tau(f)$ e $\tau' \circ \sigma_{\mathsf{P}}(p) = \tau(p)$ para todo o $f \in F$ e $p \in P$.

O *reduto* por $\sigma : \Sigma \to \Sigma'$ da estrutura de interpretação $I' = (D', \_^{\mathsf{F}'}, \_^{\mathsf{P}'})$ sobre Σ' é a estrutura de interpretação sobre Σ seguinte:

$$I'|_\sigma = (D', \_^{\mathsf{F}}, \_^{\mathsf{P}})$$

em que

- $f_n^{\mathsf{F}} = (\sigma(f))_n^{\mathsf{F}'}$, para todo o $f \in F_n;$

- $p_n^{\mathsf{P}} = (\sigma(p))_n^{\mathsf{P}'}$, para todo o $p \in P_n.$

Se σ é uma inclusão, escreve-se $I'|_\Sigma$ para $I'|_\sigma$.

Dadas as estruturas de interpretação I e I' sobre Σ e Σ', respetivamente, um *criptomorfismo* de I para I' é um par (σ, h) em que $\sigma : \Sigma \to \Sigma'$ é um morfismo de assinaturas e $h : I \to I'|_\sigma$ é um homomorfismo.

Exercício 47 Dado o morfismo de assinaturas $\sigma : \Sigma \to \Sigma'$, defina as aplicações $\sigma_T : T_\Sigma \to T_{\Sigma'}$ e $\sigma_L : L_\Sigma \to L_{\Sigma'}$ como sendo as extensões de σ a termos e a fórmulas, respetivamente.

A aplicação σ_T é conhecida como sendo a *aplicação de tradução de termo* induzida por σ, e σ_L como sendo a *aplicação de tradução de fórmula* induzida por σ. Pode escrever-se $\sigma(t)$ e $\sigma(\varphi)$ em vez de $\sigma_T(t)$ e $\sigma_L(\varphi)$, respetivamente.

Exercício 48 Sejam $\sigma : \Sigma \to \Sigma'$ morfismo de assinaturas e I' estrutura de interpretação sobre Σ'. Mostre que:

1. Para toda a atribuição ρ' em I',

    - $[\![\sigma(t)]\!]_{\Sigma'}^{I'\rho'} = [\![t]\!]_\Sigma^{I'|_\sigma \rho'}$;
    - $I'\rho' \Vdash_{\Sigma'} \sigma(\varphi)$ se e só se $I'|_\sigma \rho' \Vdash_\Sigma \varphi$.

2. $I' \Vdash_{\Sigma'} \sigma(\varphi)$ se e só se $I'|_\sigma \Vdash_\Sigma \varphi$.

A asserção 2 diz-se a *condição de satisfação* ou a *condição de Barwise*. De facto, foi John Barwise o primeiro a estabelecer esta condição (veja-se [1]).

Exercício 49 Seja (σ, h) criptomorfismo de I para I'. Enuncie e demonstre uma condição suficiente para:

$$I' \Vdash_{\Sigma'} \sigma(\varphi) \text{ se e só se } I \Vdash_\Sigma \varphi.$$

O leitor interessado deve consultar [21, 40, 9] para mais desenvolvimentos no contexto da teoria das instituições, em particular, e da lógica universal, em geral.

Capítulo 8

Completude

O propósito deste capítulo é demonstrar a completude do cálculo de Hilbert introduzido no Capítulo 5 com respeito à semântica de Tarski apresentada no Capítulo 7:

$$\text{se } \Gamma \vDash_\Sigma \varphi, \text{ então } \Gamma \vdash_\Sigma \varphi.$$

Por outras palavras, assumindo que φ é consequência semântica de Γ, quer-se apresentar uma sequência de derivação de φ a partir de Γ, uma tarefa difícil à primeira vista. Parece ser mais fácil olhar para a demonstração do contrarrecíproco:

$$\text{se } \Gamma \nvdash_\Sigma \varphi, \text{ então } \Gamma \nvDash_\Sigma \varphi.$$

Isto é, assumindo que não existe uma derivação de φ a partir de Γ, o objetivo é encontrar uma estrutura de interpretação I tal que I é um modelo de Γ mas não de φ.

A demonstração deste resultado baseia-se na construção apresentada por Leon Henkin [23] onde, dado um conjunto coerente Γ de fórmulas, um dos seus modelos é construído da forma seguinte:

1. Obtém-se uma assinatura enriquecida Σ^+ a partir da assinatura original Σ adicionando um conjunto numerável de constantes novas, e define-se um enriquecimento coerente $\Gamma^\exists$ de Γ impondo que para cada asserção $(\exists x\, \varphi) \in \Gamma^{\vdash_\Sigma}$ com $\text{vlv}_\Sigma(\varphi) = \{x\}$ exista uma constante c tal que $[\varphi]_c^x \in (\Gamma^\exists)^{\vdash_{\Sigma^+}}$.

2. Obtém-se uma extensão exaustiva e ainda coerente $\widehat{\Gamma}$ de $\Gamma^\exists$ (usando a técnica proposta por Adolf Lindenbaum).

3. Define-se uma estrutura de interpretação I_Γ sobre Σ^+ a partir de $\widehat{\Gamma}$, tomando como domínio o conjunto dos termos fechados.

4. Demonstra-se que a estrutura I_Γ satisfaz toda a fórmula de Γ.

5. Finalmente, obtém-se o modelo pretendido de Γ sobre a assinatura original Σ de I_Γ esquecendo as denotações das constantes adicionais.

O resultado pretendido de completude resulta então facilmente. De facto, se $\Gamma \not\vDash_\Sigma \varphi$, então

$$\Gamma \cup \{(\neg(\forall\varphi))\}$$

é coerente, e, portanto, a construção de Henkin pode ser aplicada, dando um modelo de Γ que não satisfaz φ.

Deve mencionar-se que a demonstração apresentada por Henkin da completude é essencialmente não construtiva, dado que nenhuma sequência de derivação é apresentada para obter φ a partir de Γ quando $\Gamma \vDash_\Sigma \varphi$. Em vez disso, define-se uma estrutura de interpretação I_Γ que mostra que $\Gamma \not\vDash_\Sigma \varphi$ quando $\Gamma \not\vdash_\Sigma \varphi$.

Note-se também que I_Γ é obtida pela técnica de Henkin de forma não efetiva. Isto é, não é dado um algoritmo para a obter a partir de Γ. A análise da computabilidade da construção proposta por Henkin está fora do âmbito deste livro uma vez que requer um conhecimento mais amplo da Teoria da Computabilidade, para além do que é dado no Capítulo 3.

A Secção 8.1 concentra-se na demonstração do lema de Lindenbaum começando com alguns lemas úteis. A Secção 8.2 dedica-se à construção propriamente dita de Henkin. O passo fundamental é a definição da estrutura de interpretação I_Γ pretendida sobre Σ^+, a partir da extensão exaustiva $\widehat{\Gamma} \subseteq L_{\Sigma^+}$ do conjunto coerente $\Gamma \subseteq L_\Sigma$ dado, de tal modo que a satisfação por I_Γ mimica a derivabilidade a partir de $\widehat{\Gamma}$ para fórmulas fechadas. Na Secção 8.3 apresenta-se a demonstração da completude do cálculo de Hilbert usando o lema da existência de modelo demonstrado no fim da Secção 8.2. Alguns corolários do teorema da completude são também apresentados, nomeadamente o teorema de Skolem–Löwenheim, o teorema da cardinalidade e o teorema da compacidade.

8.1   Lema de Lindenbaum

Antes de se prosseguir, é conveniente estender as noções de coerência e de exaustividade a conjuntos arbitrários de fórmulas, introduzidas para teorias no Capítulo 6.

Um conjunto Γ de fórmulas sobre Σ diz-se *coerente* em Σ se a teoria $\Gamma^{\vdash_\Sigma}$ sobre Σ é coerente, isto é, se existe uma fórmula fechada φ sobre Σ tal que $\Gamma \not\vdash_\Sigma \varphi$.

Um conjunto Γ de fórmulas sobre Σ diz-se *exaustivo* em Σ se a teoria $\Gamma^{\vdash\Sigma}$ sobre Σ é exaustiva, isto é, se para cada fórmula fechada φ sobre Σ se tem que $\Gamma \vdash_\Sigma \varphi$ ou $\Gamma \vdash_\Sigma (\neg\varphi)$.

Quando a assinatura considerada é clara do contexto, pode dizer-se que o conjunto de fórmulas é coerente ou exaustivo sem se referir explicitamente a assinatura em causa.

Para qualquer fórmula fechada φ, a coerência impõe que φ e $(\neg\varphi)$ não possam estar ambas em $\Gamma^{\vdash\Sigma}$ enquanto a exaustividade impõe que ou $\varphi \in \Gamma^{\vdash\Sigma}$ ou $(\neg\varphi) \in \Gamma^{\vdash\Sigma}$. Por exemplo, $\emptyset$ é coerente mas não exaustivo e a linguagem L_Σ é exaustiva mas não é coerente.

Proposição 1 O conjunto Γ não é coerente se e só se $\Gamma^{\vdash\Sigma} = L_\Sigma$.

Demonstração:

($\leftarrow$) Imediato pela definição de conjunto coerente.

($\rightarrow$) Por contrarrecíproco, suponha-se que $\Gamma^{\vdash\Sigma} \neq L_\Sigma$. Então existe $\varphi \in L_\Sigma$ tal que $\Gamma \nvdash_\Sigma \varphi$. Assim, pelo Exercício 2 do Capítulo 5, $\Gamma \nvdash_\Sigma (\forall\varphi)$, então segue, por definição, que Γ é coerente. QED

Então, L_Σ é a única teoria não coerente sobre Σ. Contudo, L_Σ não é o único conjunto não coerente em Σ. De facto, um conjunto não é coerente sempre que o seu fecho de derivação é L_Σ. Tal como o leitor espera a incoerência deve surgir da derivação de uma fórmula e da sua negação. Esta intuição é capturada pelo resultado seguinte.

Proposição 2 O conjunto Γ não é coerente se e só se existe ψ tal que $\Gamma \vdash_\Sigma \psi$ e $\Gamma \vdash_\Sigma (\neg\psi)$.

Demonstração:

($\rightarrow$) Se Γ não é coerente, então a Proposição 1 implica que $\Gamma^{\vdash\Sigma} = L_\Sigma$. Logo, dado que $L_\Sigma \neq \emptyset$, existe ψ tal que $\psi, (\neg\psi) \in \Gamma^{\vdash\Sigma}$.

($\leftarrow$) Seja ψ tal que $\psi, (\neg\psi) \in \Gamma^{\vdash\Sigma}$. Pelo resultado (g) da Secção 5.4 e pela monotonia da derivação, segue que, para todo o η, $((\neg\psi) \Rightarrow (\psi \Rightarrow \eta)) \in \Gamma^{\vdash\Sigma}$. Então, por MP, obtém-se $\eta \in \Gamma^{\vdash\Sigma}$ qualquer que seja η. Assim, $\Gamma^{\vdash\Sigma} = L_\Sigma$, e portanto segue, novamente pela Proposição 1, que Γ não é coerente. QED

O resultado seguinte demonstra como obter um sobreconjunto ainda coerente de um conjunto coerente adicionando, com algum cuidado, uma fórmula fechada ao conjunto original.

Proposição 3 Se $\Gamma \subseteq L_\Sigma$, $\varphi \in cL_\Sigma$ e $\Gamma \nvdash_\Sigma (\neg\varphi)$, então $\Gamma \cup \{\varphi\}$ é coerente.

Demonstração: A demonstração é realizada por contradição. Assuma-se que $\Gamma \subseteq L_\Sigma$, $\varphi \in cL_\Sigma$, $\Gamma \nvdash_\Sigma (\neg \varphi)$ e $\Gamma \cup \{\varphi\}$ não é coerente em Σ.

Uma vez que $\Gamma \cup \{\varphi\}$ não é coerente, $\Gamma \cup \{\varphi\} \vdash_\Sigma (\neg \varphi)$. Recorrendo à equivalência entre as noções de derivação, sabe-se que existe uma sequência da derivação w para $\Gamma \cup \{\varphi\} \vdash_\Sigma (\neg \varphi)$. Dado que φ é fechada, w não contém qualquer generalização essencial de dependentes de φ. Logo, usando o MTD, vem que

$$(1) \quad \Gamma \vdash_\Sigma (\varphi \Rightarrow (\neg \varphi)).$$

Por outro lado, $\vdash_\Sigma ((\varphi \Rightarrow (\neg \varphi)) \Rightarrow (\neg \varphi))$, demonstração do qual se deixa como exercício, de onde, por monotonia da derivação,

$$(2) \quad \Gamma \vdash_\Sigma ((\varphi \Rightarrow (\neg \varphi)) \Rightarrow (\neg \varphi)).$$

Então, aplicando MP a (1) e a (2), vem que $\Gamma \vdash_\Sigma (\neg \varphi)$, contradizendo a suposição que $\Gamma \nvdash_\Sigma (\neg \varphi)$.   QED

Apesar de não ser necessário na sequência do livro, o exercício seguinte introduz uma noção interessante que dá uma caracterização de conjuntos coerentes e exaustivos.

Exercício 4 Um conjunto Γ de fórmulas diz-se *coerente maximal* em Σ se é coerente em Σ e, para toda a fórmula ψ sobre Σ, se $\Gamma \nvdash_\Sigma \psi$, então $\Gamma \cup \{\psi\}$ não é coerente em Σ. Mostre que um conjunto é coerente maximal se e só se é coerente e exaustivo.

A Proposição 3 fornece uma técnica para estender a coerência de um conjunto a um conjunto exaustivo e ainda coerente que o contenha: itera-se a aplicação da proposição a todas as fórmulas fechadas.

Seja $e : \mathbb{N} \to cL_\Sigma$ enumeração injetiva das fórmulas fechadas sobre Σ. Dado um conjunto Γ de fórmulas sobre Σ, seja

$$\Gamma^e = \bigcup_{k \in \mathbb{N}} \Gamma_k^e$$

em que a sucessão $\lambda k . \Gamma_k^e$ é definida como se segue:

- $\Gamma_0^e = \Gamma$;

- $\Gamma_{k+1}^e = \begin{cases} \Gamma_k^e \cup \{e(k)\} & \text{se } \Gamma_k^e \nvdash_\Sigma (\neg e(k)) \\ \Gamma_k^e & \text{n.r.c.} \end{cases}$.

Observe-se que por construção cada Γ_k^e contém Γ_j^e para todo o $j = 0, \ldots, k$.

Proposição 5 (Lema de Lindenbaum)

Dado um conjunto coerente Γ de fórmulas, qualquer que seja a enumeração e de cL_Σ, o conjunto Γ^e é uma extensão coerente e exaustiva de Γ.

Demonstração: Começa-se por demonstrar por indução que Γ^e_k é coerente para cada k em $\mathbb{N}$:

(Base) $\Gamma^e_0 = \Gamma$, e portanto coerente por hipótese.

(Passo) $k = k' + 1$. Existem dois casos a considerar:

(i) $\Gamma^e_{k'} \vdash_\Sigma (\neg e(k'))$, caso em que $\Gamma^e_k = \Gamma^e_{k'}$, e portanto coerente por hipótese.

(ii) $\Gamma^e_{k'} \not\vdash_\Sigma (\neg e(k'))$, caso em que $\Gamma^e_k = \Gamma^e_{k'} \cup \{e(k')\}$. Dado que $\Gamma^e_{k'} \not\vdash_\Sigma (\neg e(k'))$, invocando a Proposição 3 acima, conclui-se novamente que Γ^e_k é coerente.

De seguida, demonstra-se por contradição que Γ^e é coerente. Com efeito, suponha-se que Γ^e não é coerente. Então, pela Proposição 2, existe uma fórmula ψ tal que $\Gamma^e \vdash_\Sigma \psi$ e $\Gamma^e \vdash_\Sigma (\neg \psi)$. Assim, pela compacidade da derivação, existem conjuntos finitos $\Delta_1, \Delta_2 \subset \Gamma^e$ tais que $\Delta_1 \vdash_\Sigma \psi$ e $\Delta_2 \vdash_\Sigma (\neg \psi)$. Dado que estes conjuntos são finitos, existe $k \in \mathbb{N}$ para o qual $\Delta_1 \cup \Delta_2 \subseteq \Gamma^e_k$. Assim, existe $k \in \mathbb{N}$ tal que $\Gamma^e_k \vdash_\Sigma \psi$ e $\Gamma^e_k \vdash_\Sigma (\neg \psi)$. Logo, pela Proposição 2, existe $k \in \mathbb{N}$ tal que Γ^e_k não é coerente, o que contradiz o resultado estabelecido no início da demonstração.

Finalmente, verifica-se que Γ^e é exaustivo. De facto, qualquer que seja $\delta \in cL_\Sigma$, sabe-se que δ é $e(k)$ para algum (único) k. Observe-se que

- ou $\Gamma^e_k \not\vdash_\Sigma (\neg \delta)$ caso em que $\delta \in \Gamma^e_{k+1}$ e, portanto, $\delta \in \Gamma^e$,

- ou $\Gamma^e_k \vdash_\Sigma (\neg \delta)$ caso em que $\Gamma^e \vdash_\Sigma (\neg \delta)$.

Logo, para toda a fórmula fechada δ, ou $\Gamma^e \vdash_\Sigma \delta$ ou $\Gamma^e \vdash_\Sigma (\neg \delta)$.   QED

8.2 Construção de Henkin

O objetivo da construção de Henkin é demonstrar que qualquer conjunto coerente de fórmulas tem um modelo. Para chegar a tal resultado, tem de se enriquecer primeiramente a assinatura com novos símbolos de constante. Com efeito, de acordo com a ideia de Henkin, o domínio do modelo canónico pretendido deverá ser o conjunto dos termos fechados. Mas, tal como o exemplo seguinte mostra, pode acontecer que os termos fechados de uma assinatura dada não sejam suficientes.

Seja Σ a assinatura com apenas um símbolo de constante c e um símbolo de predicado p unário. Observe-se que $cT_\Sigma = \{c\}$. Considere-se o subconjunto de L_Σ seguinte:

$$\Gamma = \{(\neg p(c)), (\exists x\, p(x))\}.$$

Claramente, Γ é coerente. Note-se que qualquer modelo de Γ tem de ter pelo menos dois elementos, um denotado por c e outro que permite a satisfação da fórmula $(\exists x\, p(x))$. Logo, é impossível estabelecer um modelo de Γ com cT_Σ como domínio.

Esta dificuldade é facilmente ultrapassada acrescentando símbolos de constantes adicionais que possam ser usados como testemunhas para as fórmulas existenciais que se pretende que sejam satisfeitas.

Dada uma assinatura $\Sigma = (F, P, \tau)$, a assinatura

$$\Sigma^+ = (F^+, P, \tau^+)$$

é definida (assumindo que $A_\Sigma \cap \{b_k : k \in \mathbb{N}\} = \emptyset$) como se segue:

- $F^+ = F \cup \{b_k : k \in \mathbb{N}\}$;

- $\tau^+ = \lambda s\,.\, \begin{cases} \tau(s) & \text{se } s \in F \cup P \\ 0 & \text{n.r.c.} \end{cases}$.

Dado um conjunto $\Gamma \subseteq L_\Sigma$ coerente em Σ, levanta-se a questão de saber se continua coerente em Σ^+. A resposta é afirmativa, mas demonstrá-la requer o lema técnico seguinte que permite que sequências de derivação sobre Σ^+ sejam traduzidas em sequências de derivação sobre Σ. A ideia é substituir os novos símbolos de constante usados na derivação por variáveis frescas.

Proposição 6 Sejam:

- $\Gamma \subseteq L_\Sigma$;

- $w = (\psi_1, J_1)\ldots(\psi_n, J_n)$ uma sequência de derivação para $\Gamma \vdash_{\Sigma^+} \varphi$;

- $\vec{b}$ o vetor $b_{i_1}\ldots b_{i_m}$ (com $i_j < i_{j+1}$ para $j = 1,\ldots, m-1$) de novas constantes que ocorrem em w;

- $\vec{y}$ um vetor $y_1 \ldots y_m$ de variáveis distintas que não ocorrem em w;

- $[w]_{\vec{y}}^{\vec{b}}$ a sequência de derivação obtida de w substituindo cada ψ_k pela fórmula $[\psi_k]_{\vec{y}}^{\vec{b}}$ obtida de ψ_k substituindo cada b_{i_j} por y_j.

Então $[w]_{\vec{y}}^{\vec{b}}$ é uma sequência de derivação para $\Gamma \vdash_\Sigma [\varphi]_{\vec{y}}^{\vec{b}}$.

Demonstração: Observe-se que a sequência $[w]_{\vec{y}}^{\vec{b}}$ contém apenas fórmulas sobre Σ, sendo $[\varphi]_{\vec{y}}^{\vec{b}}$ a última fórmula. Logo, resta apenas verificar que $[w]_{\vec{y}}^{\vec{b}}$ é uma sequência de derivação, por outras palavras, que as justificações continuam legítimas, o que é alcançado pela análise dos casos seguintes:

Se J_k é Hip, então, dado que $\Gamma \subseteq L_\Sigma$, $[\psi_k]_{\vec{y}}^{\vec{b}}$ é ψ_k, e portanto $[\psi_k]_{\vec{y}}^{\vec{b}} \in \Gamma$.

Se J_k é Axi, então $[\psi_k]_{\vec{y}}^{\vec{b}}$ é também uma instância de Axi — claramente, apenas nos casos dos Ax4 e Ax5 é necessário invocar a hipótese que o vetor $\vec{y}$ é constituído por variáveis frescas.

Se J_k é MP k_1, k_2 e, por exemplo, ψ_{k_2} é $(\psi_{k_1} \Rightarrow \psi_k)$, então $[\psi_k]_{\vec{y}}^{\vec{b}}$ também segue por MP a partir de $[\psi_{k_1}]_{\vec{y}}^{\vec{b}}$ e $[\psi_{k_2}]_{\vec{y}}^{\vec{b}}$, uma vez que esta última fórmula é $([\psi_{k_1}]_{\vec{y}}^{\vec{b}} \Rightarrow [\psi_k]_{\vec{y}}^{\vec{b}})$.

Se J_k é Gen k' sobre a variável x, então $[\psi_k]_{\vec{y}}^{\vec{b}}$ também segue por Gen a partir de $[\psi_{k'}]_{\vec{y}}^{\vec{b}}$, uma vez que $[\psi_k]_{\vec{y}}^{\vec{b}}$ é $[(\forall x\, \psi_{k'})]_{\vec{y}}^{\vec{b}}$, ou seja, $(\forall x [\psi_{k'}]_{\vec{y}}^{\vec{b}})$, tendo em conta novamente que $\vec{y}$ é constituído por variáveis frescas. QED

Proposição 7 Seja $\Gamma \subseteq L_\Sigma$. Então Γ é coerente em Σ se e só se Γ é coerente em Σ^+.

Demonstração:

($\rightarrow$) Por contrarrecíproco, assuma-se que Γ não é coerente em Σ^+. Então, pela Proposição 1, $\Gamma^{\vdash_{\Sigma^+}} = L_{\Sigma^+}$. Em particular, dado que $L_\Sigma \subset L_{\Sigma^+}$, $\Gamma \vdash_{\Sigma^+} \varphi$ qualquer que seja $\varphi \in L_\Sigma$. Então, pela equivalência entre as noções de derivação, qualquer que seja $\varphi \in L_\Sigma$ existe uma sequência de derivação w^φ para $\Gamma \vdash_{\Sigma^+} \varphi$. Assim, pelo lema anterior, qualquer que seja $\varphi \in L_\Sigma$, $[w^\varphi]_{\vec{y}}^{\vec{b}}$ é sequência de derivação para $\Gamma \vdash_\Sigma \varphi$. Assim $\Gamma^{\vdash_\Sigma} = L_\Sigma$, donde, novamente pela Proposição 1, resulta que Γ não é coerente em Σ.

($\leftarrow$) Por contrarrecíproco, assuma-se que Γ não é coerente em Σ. Então, pela Proposição 2, existe $\psi \in L_\Sigma$ tal que $\Gamma \vdash_\Sigma \psi$ e $\Gamma \vdash_\Sigma (\neg \psi)$. Assim, pela equivalência entre as noções de derivação, existem sequências de derivação w e w' para $\Gamma \vdash_\Sigma \psi$ e $\Gamma \vdash_\Sigma (\neg \psi)$, respetivamente. Note-se que, uma vez que $L_\Sigma \subset L_{\Sigma^+}$, tais w e w' são também sequências de derivação para $\Gamma \vdash_{\Sigma^+} \psi$ e $\Gamma \vdash_{\Sigma^+} (\neg \psi)$, respetivamente. Logo, usando novamente a Proposição 2, segue que Γ não é coerente em Σ^+. QED

Seja
$$L_{\Sigma^+}^1 = \{\varphi \in L_{\Sigma^+} : \#\mathrm{vlv}_{\Sigma^+}(\varphi) = 1\}.$$

Isto é, $L_{\Sigma^+}^1$ é o conjunto de fórmulas com apenas uma variável livre (ditas fórmulas unárias).

Escolhida uma enumeração injetiva $\lambda k \,.\, \pi_k$ de $L_{\Sigma^+}^1$, seja $\lambda k \,.\, y_k$ a sucessão de variáveis tal que $\mathrm{vlv}_{\Sigma^+}(\pi_k) = \{y_k\}$.

Exercício 8 Defina por indução a aplicação $\mathrm{cns}_\Sigma : L_\Sigma \to \wp F_0$ que atribui a cada fórmula o conjunto de símbolos de constante que nela ocorrem.

Considere a sucessão $\lambda k \,.\, c_k$ tal que:

- $c_k \in \{b_i : i \in \mathbb{N}\}$ para cada $k \in \mathbb{N}$;

- $c_k \notin \mathrm{cns}_{\Sigma^+}(\pi_k)$ para cada $k \in \mathbb{N}$;

- $c_k \notin \{c_0, \ldots, c_{k-1}\}$ para cada $k \in \mathbb{N}^+$.

Considere-se agora a sucessão $\lambda k . \eta_k$ em que cada η_k é a fórmula fechada

$$((\neg(\forall y_k\, \pi_k)) \Rightarrow (\neg[\pi_k]^{y_k}_{c_k}))$$

sobre Σ^+. A fórmula $(\neg[\pi_k]^{y_k}_{c_k})$ dá uma testemunha para a fórmula $(\neg(\forall y_k\, \pi_k))$. Claramente, se $(\neg(\forall y_k\, \pi_k))$ é derivável de um conjunto que contém η_k, então também o é $(\neg[\pi_k]^{y_k}_{c_k})$.

Finalmente, seja

$$\Gamma^\exists = \bigcup_{k \in \mathbb{N}} \Gamma^\exists_k$$

em que $\lambda k . \Gamma^\exists_k$ é a sucessão definida como se segue:

- $\Gamma^\exists_0 = \Gamma$;

- $\Gamma^\exists_{k+1} = \Gamma^\exists_k \cup \{\eta_k\}$.

Observe-se que, por construção, cada $\Gamma^\exists_k$ contém todos os conjuntos anteriores da sequência.

Proposição 9 Se Γ é coerente em Σ, então a sua extensão $\Gamma^\exists$ é coerente em Σ^+.

Demonstração: Primeiro demonstra-se por indução que $\Gamma^\exists_k$ é coerente em Σ^+ para todo o $k \in \mathbb{N}$:

(Base) $\Gamma^\exists_0 = \Gamma$, e portanto coerente em Σ^+ pela Proposição 7, uma vez que se assume que é coerente em Σ.

(Passo) $\Gamma^\exists_{k+1} = \Gamma^\exists_k \cup \{\eta_k\}$. A demonstração faz-se por contradição. Suponha-se que $\Gamma^\exists_{k+1}$ não é coerente em Σ^+. Então, pela Proposição 1, $(\Gamma^\exists_{k+1})^{\vdash_{\Sigma^+}} = L_{\Sigma^+}$. Assim, em particular,

$$\Gamma^\exists_{k+1} \vdash_{\Sigma^+} (\neg\,\eta_k),$$

isto é,

$$\Gamma^\exists_k \cup \{\eta_k\} \vdash_{\Sigma^+} (\neg\,\eta_k).$$

Logo, aplicando o MTD (dado que η_k é fechada),

$$\Gamma^\exists_k \vdash_{\Sigma^+} (\eta_k \Rightarrow (\neg\,\eta_k)),$$

e portanto, uma vez que $\vdash_\Sigma ((\eta_k \Rightarrow (\neg \eta_k)) \Rightarrow (\neg \eta_k))$ como já havia sido mencionado na demonstração da Proposição 3,

$$\Gamma_k^\exists \vdash_{\Sigma^+} (\neg \eta_k).$$

Ou seja,

$$\Gamma_k^\exists \vdash_{\Sigma^+} (\neg((\neg(\forall y_k \, \pi_k)) \Rightarrow (\neg [\pi_k]_{c_k}^{y_k}))).$$

Dado que $\vdash_{\Sigma^+} ((\neg(\psi \Rightarrow \delta)) \Rightarrow \psi)$ e que $\vdash_{\Sigma^+} ((\neg(\psi \Rightarrow \delta)) \Rightarrow (\neg \delta))$, como o leitor pode verificar, e tendo também em conta que $\vdash_{\Sigma^+} ((\neg(\neg \varphi)) \Rightarrow \varphi)$, conclui-se que

$$\begin{cases} (1) & \Gamma_k^\exists \vdash_{\Sigma^+} (\neg(\forall y_k \, \pi_k)) \\ (2) & \Gamma_k^\exists \vdash_{\Sigma^+} [\pi_k]_{c_k}^{y_k}. \end{cases}$$

Aplicando a equivalência entre as noções de derivação a (2), segue que existe uma sequência de derivação $w = (\psi_1, J_1) \ldots (\psi_n, J_n)$ para

$$\Gamma_k^\exists \vdash_{\Sigma^+} [\pi_k]_{c_k}^{y_k}.$$

Seja $[w]_x^{c_k}$ a sequência obtida a partir de w por substituição de cada ψ_i por $[\psi_i]_x^{c_k}$, em que x é uma variável que não ocorre em w. Dado que c_k não ocorre em $\Gamma_k^\exists$, mostra-se facilmente, usando a técnica da demonstração da Proposição 6, que $[w]_x^{c_k}$ é uma sequência de derivação para

$$\Gamma_k^\exists \vdash_{\Sigma^+} [[\pi_k]_{c_k}^{y_k}]_x^{c_k}.$$

Logo,

$$\Gamma_k^\exists \vdash_{\Sigma^+} [\pi_k]_x^{y_k}$$

porque $[[\pi_k]_{c_k}^{y_k}]_x^{c_k}$ é $[\pi_k]_x^{y_k}$, uma vez que c_k não ocorre em π_k. Assim, por generalização,

$$\Gamma_k^\exists \vdash_{\Sigma^+} (\forall x [\pi_k]_x^{y_k}).$$

Por outro lado, por Ax4, tem-se

$$\vdash_{\Sigma^+} ((\forall x [\pi_k]_x^{y_k}) \Rightarrow [[\pi_k]_x^{y_k}]_{y_k}^x)$$

uma vez que $y_k \rhd_{\Sigma^+} x : [\pi_k]_x^{y_k}$, porque a variável nova x ocorre apenas em $[\pi_k]_x^{y_k}$ em que y_k ocorre livre em π_k. Observe-se também que $[[\pi_k]_x^{y_k}]_{y_k}^x$ é π_k, uma vez que x não ocorre em π_k. Logo,

$$\Gamma_k^\exists \vdash_{\Sigma^+} \pi_k$$

e, portanto, por generalização,

$$(2') \quad \Gamma_k^\exists \vdash_{\Sigma^+} (\forall y_k \, \pi_k).$$

Usando a Proposição 2, de (1) e (2′) conclui-se que $\Gamma_k^\exists$ não é coerente em Σ^+, em contradição com a hipótese de indução.

Uma vez que se demonstrou que $\Gamma_k^\exists$ é coerente em Σ^+ qualquer que seja $k \in \mathbb{N}$, é fácil demonstrar por contradição que $\Gamma^\exists$ é também coerente em Σ^+, tarefa que é deixada como exercício para o leitor. Sugestão: Siga a técnica usada na demonstração do lema de Lindenbaum.   QED

Escolha-se uma enumeração injetiva e de cL_{Σ^+}. Dado $\Gamma \subseteq L_\Sigma$, seja

$$\widehat{\Gamma} = (\Gamma^\exists)^e.$$

Claramente, decorre da Proposição 9 e do lema de Lindenbaum que se Γ é coerente em Σ, então $\widehat{\Gamma}$ é coerente e exaustivo em Σ^+. Para além disso, $\widehat{\Gamma}$ estende $\Gamma^\exists$ e, portanto, contém Γ.

Considere-se a estrutura de interpretação sobre Σ^+:

$$I_\Gamma = (D, \_^{\mathsf{F}}, \_^{\mathsf{P}})$$

definida como se segue:

- $D = cT_{\Sigma^+}$;

- $c_0^{\mathsf{F}} = c$;

- $f_n^{\mathsf{F}} = \lambda d_1, \ldots, d_n.\, f(d_1, \ldots, d_n)$ para cada $n \in \mathbb{N}^+$;

- $p_n^{\mathsf{P}} = \lambda d_1, \ldots, d_n. \begin{cases} 1 & \text{se } \widehat{\Gamma} \vdash_{\Sigma^+} p(d_1, \ldots, d_n) \\ 0 & \text{n.r.c.} \end{cases}$ para cada $n \in \mathbb{N}^+$.

Deve enfatizar-se que, para cada tuplo $d_1, \ldots, d_n \in cT_{\Sigma^+}$, a aplicação f_n^{F} devolve o termo fechado $f[d_1, \ldots, d_n]$, usualmente denotado por $f(d_1, \ldots, d_n)$, como já havia sido referido.

Observe-se que o facto de I_Γ estar bem definida não depende da coerência e da exaustividade de $\widehat{\Gamma}$. Mas estas propriedades são essenciais para se estabelecer a relação seguinte entre satisfação por I_Γ e derivabilidade a partir de $\widehat{\Gamma}$.

Proposição 10 (Lema fundamental da construção de Henkin)
Se Γ é coerente em Σ, então, qualquer que seja a fórmula fechada φ sobre Σ^+, tem-se:

$$\widehat{\Gamma} \vdash_{\Sigma^+} \varphi \text{ se e só se } I_\Gamma \Vdash_{\Sigma^+} \varphi.$$

Demonstração: Recorde que $\widehat{\Gamma}$ é coerente e exaustivo dado que se assume que Γ é coerente. O resultado é obtido por indução estrutural sobre $\varphi \in cL_{\Sigma^+}$ como se segue:

(Base) φ é $p(d_1, \ldots, d_n)$:

$\widehat{\Gamma} \vdash_{\Sigma^+} p(d_1, \ldots, d_n)$	se e só se (construção de I_Γ)
$p_n^{\mathsf{P}}(d_1, \ldots, d_n) = 1$	se e só se (*)

para todo ρ,
$$p_n^{\mathsf{P}}(\llbracket d_1 \rrbracket_{\Sigma^+}^{I_\Gamma \rho}, \ldots, \llbracket d_n \rrbracket_{\Sigma^+}^{I_\Gamma \rho}) = 1 \quad \text{se e só se}$$

para todo ρ,
$$I_\Gamma \rho \Vdash_{\Sigma^+} p(d_1, \ldots, d_n) \quad \text{se e só se}$$

$I_\Gamma \Vdash_{\Sigma^+} p(d_1, \ldots, d_n)$.

(*) Tendo em conta que

$$\llbracket d \rrbracket_{\Sigma^+}^{I_\Gamma \rho} = d \text{ quaisquer que sejam } d \in cT_{\Sigma^+} \text{ e a atribuição } \rho \text{ em } I_\Gamma,$$

um resultado que o leitor interessado deverá demonstrar por indução sobre a estrutura de d.

(Passo) Existem três casos a considerar:

(a) φ é $(\neg \psi)$:
($\rightarrow$):

se	$\widehat{\Gamma} \vdash_{\Sigma^+} (\neg \psi)$,	então
	$\widehat{\Gamma} \nvdash_{\Sigma^+} \psi$	(dado que $\widehat{\Gamma}$ é coerente)
	$I_\Gamma \nVdash_{\Sigma^+} \psi$	(por hipótese de indução)
	$I_\Gamma \Vdash_{\Sigma^+} (\neg \psi)$	(pelo lema da fórmula fechada).

($\leftarrow$):

se	$I_\Gamma \Vdash_{\Sigma^+} (\neg \psi)$,	então
	$I_\Gamma \nVdash_{\Sigma^+} \psi$	(pelo lema da fórmula fechada)
	$\widehat{\Gamma} \nvdash_{\Sigma^+} \psi$	(por hipótese de indução)
	$\widehat{\Gamma} \vdash_{\Sigma^+} (\neg \psi)$	(dado que $\widehat{\Gamma}$ é exaustivo).

(b) φ é $(\psi \Rightarrow \delta)$:
($\rightarrow$) por contrarrecíproco:

se	$I_\Gamma \nVdash_{\Sigma^+} (\psi \Rightarrow \delta)$,	então
	$I_\Gamma \Vdash_{\Sigma^+} \psi$ e $I_\Gamma \nVdash_{\Sigma^+} \delta$	(pelo lema da fórmula fechada)
	$\widehat{\Gamma} \vdash_{\Sigma^+} \psi$ e $\widehat{\Gamma} \nvdash_{\Sigma^+} \delta$	(por hipótese de indução)
	$\widehat{\Gamma} \nvdash_{\Sigma^+} (\psi \Rightarrow \delta)$	(por MP)

($\leftarrow$) novamente por contrarrecíproco:

$$
\begin{array}{lll}
\text{se} & \widehat{\Gamma} \not\vdash_{\Sigma+} (\psi \Rightarrow \delta), & \text{então}\\
& \widehat{\Gamma} \vdash_{\Sigma+} (\neg(\psi \Rightarrow \delta)) & \text{(dado que } \widehat{\Gamma} \text{ é exaustivo)}\\
& \widehat{\Gamma} \vdash_{\Sigma+} \psi \text{ e } \widehat{\Gamma} \vdash_{\Sigma+} (\neg \delta) & (*)\\
& \widehat{\Gamma} \vdash_{\Sigma+} \psi \text{ e } \widehat{\Gamma} \not\vdash_{\Sigma+} \delta & \text{(dado que } \widehat{\Gamma} \text{ é coerente)}\\
& I_\Gamma \Vdash_{\Sigma+} \psi \text{ e } I_\Gamma \not\Vdash_{\Sigma+} \delta & \text{(por hipótese de indução)}\\
& I_\Gamma \not\Vdash_{\Sigma+} (\psi \Rightarrow \delta) & \text{(pelo lema da fórmula fechada).}
\end{array}
$$

(*) Uma vez que $\vdash_{\Sigma+} ((\neg(\psi \Rightarrow \delta)) \Rightarrow \psi)$ e que $\vdash_{\Sigma+} ((\neg(\psi \Rightarrow \delta)) \Rightarrow (\neg \delta))$ como havia sido já mencionado na demonstração da Proposição 9.

(c) φ é $(\forall x\, \psi)$. Existem dois casos a considerar:

(i) $x \notin \text{vlv}_{\Sigma+}(\psi)$, caso em que a fórmula ψ é fechada:

$$
\begin{array}{ll}
\widehat{\Gamma} \vdash_{\Sigma+} (\forall x\, \psi) & \text{se e só se   (Capítulo 5, Exercício 2)}\\
\widehat{\Gamma} \vdash_{\Sigma+} \psi & \text{se e só se   (por hipótese de indução)}\\
I_\Gamma \Vdash_{\Sigma+} \psi & \text{se e só se   (Capítulo 7, Exercício 25)}\\
I_\Gamma \Vdash_{\Sigma+} (\forall x\, \psi) &
\end{array}
$$

(ii) $x \in \text{vlv}_{\Sigma+}(\psi)$, caso em que $\psi \in L^1_{\Sigma+}$:

Seja $k \in \mathbb{N}$ tal que π_k é ψ, e portanto x é y_k; por outras palavras, φ é $(\forall y_k\, \pi_k)$. Então:

($\rightarrow$) por contradição:

Assuma-se que

$$
\begin{cases}
(1) & \widehat{\Gamma} \vdash_{\Sigma+} (\forall y_k\, \pi_k)\\
(2) & I_\Gamma \not\Vdash_{\Sigma+} (\forall y_k\, \pi_k).
\end{cases}
$$

De (2) segue que existe uma atribuição ρ tal que

$$
I_\Gamma \rho \not\Vdash_{\Sigma+} (\forall y_k\, \pi_k).
$$

Assim, existe uma atribuição σ que é y_k-equivalente a ρ e tal que

$$
I_\Gamma \sigma \not\Vdash_{\Sigma+} \pi_k.
$$

Seja $d = \sigma(y_k)$. Então, usando o lema da substituição em fórmula (Proposição 19 do Capítulo 7), dado que $d \vartriangleright_{\Sigma+} y_k : \pi_k$ e que $\sigma(y_k) = d = [\![d]\!]^{I_\Gamma \rho}_{\Sigma+}$, conclui-se que

$$
I_\Gamma \rho \not\Vdash_{\Sigma+} [\pi_k]^{y_k}_d.
$$

Logo,

$$
(2') \quad I_\Gamma \not\Vdash_{\Sigma+} [\pi_k]^{y_k}_d.
$$

Por outro lado, de (1) segue que

$$\widehat{\Gamma} \vdash_{\Sigma^+} [\pi_k]_d^{y_k}$$

e, portanto, pela hipótese de indução,

$$I_\Gamma \Vdash_{\Sigma^+} [\pi_k]_d^{y_k},$$

o que está em contradição com (2′).

(←) novamente por contradição:

Assuma-se que

$$\begin{cases} (1) & I_\Gamma \Vdash_{\Sigma^+} (\forall y_k \, \pi_k) \\ (2) & \widehat{\Gamma} \nvdash_{\Sigma^+} (\forall y_k \, \pi_k). \end{cases}$$

Usando a correção do Ax4, de (1) resulta que

$$I_\Gamma \Vdash_{\Sigma^+} [\pi_k]_{c_k}^{y_k}.$$

e, portanto, pela hipótese de indução,

$$(1') \quad \widehat{\Gamma} \vdash_{\Sigma^+} [\pi_k]_{c_k}^{y_k}.$$

Por outro lado, dado que $\widehat{\Gamma}$ é exaustivo, de (2) resulta que

$$\widehat{\Gamma} \vdash_{\Sigma^+} (\neg(\forall y_k \, \pi_k)).$$

e, portanto, dado que $\eta_k \in \widehat{\Gamma}$, por MP obtém-se

$$\widehat{\Gamma} \vdash_{\Sigma^+} (\neg[\pi_k]_{c_k}^{y_k}),$$

o que está em contradição com (1′). QED

Note-se que $\forall \Gamma = \{(\forall \gamma) : \gamma \in \Gamma\} \subseteq \widehat{\Gamma}^{\vdash_{\Sigma^+}}$. Logo, assumindo que Γ é coerente, pelo lema fundamental da construção de Henkin, a estrutura de interpretação I_Γ sobre Σ^+ é um modelo de $\forall \Gamma$ e, portanto, pelo lema da instanciação (Exercício 25 do Capítulo 7), I_Γ é um modelo de Γ.

Resta apenas obter o modelo de Γ sobre a assinatura original Σ, o que se consegue ignorando as interpretações das constantes adicionais em Σ^+.

Recorde da Secção 7.6 que, dadas uma assinatura $\Sigma = (F, P, \tau)$ e uma estrutura de interpretação $J = (D, \_^F, \_^P)$ sobre $\Sigma^+ = (F^+, P, \tau^+)$, o reduto de J pela inclusão $\Sigma \hookrightarrow \Sigma^+$ é a estrutura de interpretação

$$J|_\Sigma = (D, \_^{F|_F}, \_^P)$$

sobre Σ em que:

$$\_^{\mathsf{F}|_F} = \lambda\, n \in \mathbb{N}\, .\, \_^{\mathsf{F}|_F}_n$$

com cada $\_^{\mathsf{F}|_F}_n : F_n \to (D^n \to D)$ tal que

$$f_n^{\mathsf{F}|_F} = f_n^{\mathsf{F}} \text{ para cada } f \in F_n.$$

Exercício 11 Estabeleça um criptomorfismo de $J|_\Sigma$ para J.

Proposição 12 (Lema da existência de modelo)
Se $\Gamma \subseteq L_\Sigma$ é coerente, então a estrutura de interpretação $(I_\Gamma)|_\Sigma$ sobre Σ é modelo de Γ.

Demonstração: O resultado é consequência do facto de I_Γ ser um modelo de Γ que se assume ser coerente, tal como observado acima, e do lema seguinte.

Quaisquer que sejam $\psi \in L_\Sigma$ e $\rho : X \to D$, $I_\Gamma\, \rho \Vdash_{\Sigma^+} \psi$ sse $(I_\Gamma)|_\Sigma\, \rho \Vdash_\Sigma \psi$.

A demonstração deste lema é simples e realiza-se por indução estrutural sobre ψ. Portanto, deixa-se como exercício para o leitor. Sugestão: Comece por demonstrar o resultado auxiliar seguinte.

Quaisquer que sejam $t \in T_\Sigma$ e $\rho : X \to D$, $[\![t]\!]_{\Sigma^+}^{I_\Gamma\, \rho} = [\![t]\!]_\Sigma^{(I_\Gamma)|_\Sigma\, \rho}$.

Vale a pena mencionar que estes dois resultados são casos particulares dos considerados no Exercício 48 da Secção 7.6. O morfismo de assinaturas aqui em causa é a inclusão $\Sigma \hookrightarrow \Sigma^+$.   QED

8.3   Teorema da completude de Gödel

A completude da lógica de primeira ordem foi demonstrada em primeiro lugar por Kurt Gödel em 1929, mas usando uma técnica bastante diferente daquela que foi proposta por Henkin. O método de Gödel é específico para as lógicas de primeira ordem enquanto que o método de Henkin é mais universal e foi adaptado com grande sucesso para demonstrar a completude de muitas outras lógicas.

Seguindo o método de Henkin, a completude do cálculo de Hilbert é obtida facilmente do lema da existência de modelo.

Proposição 13 (Teorema da completude de Gödel)

Se $\Gamma \vDash_\Sigma \varphi$, então $\Gamma \vdash_\Sigma \varphi$.

Demonstração: De modo a realizar-se a demonstração por contrarrecíproco, assuma-se que $\Gamma \nVdash_\Sigma \varphi$. Então:

$\Gamma \nVdash_\Sigma (\forall \varphi)$	(Capítulo 5, Exercício 2)
$\Gamma \nVdash_\Sigma (\neg(\neg(\forall \varphi)))$	(usando (a) na Secção 5.4)
$\Gamma \cup \{(\neg(\forall \varphi))\}$ é coerente	(Proposição 3)

Assim, pelo lema da existência de modelo, existe uma estrutura de interpretação I sobre Σ que é um modelo de $\Gamma \cup \{(\neg(\forall \varphi))\}$. Ou seja, existe I tal que:

$$\begin{cases} (1) & I \Vdash_\Sigma \Gamma \\ (2) & I \Vdash_\Sigma (\neg(\forall \varphi)) \end{cases}.$$

De (2) e do lema da fórmula fechada resulta que $I \nVdash_\Sigma (\forall \varphi)$, de onde $I \nVdash_\Sigma \varphi$, usando o contrarrecíproco do lema de generalização (Exercício 25 do Capítulo 7).

Por outras palavras, existe uma estrutura de interpretação I tal que

$$\begin{cases} (1) & I \Vdash_\Sigma \Gamma \\ (2') & I \nVdash_\Sigma \varphi \end{cases}$$

e, portanto, $\Gamma \nVdash_\Sigma \varphi$. QED

Deve frisar-se novamente que esta demonstração não é construtiva, uma vez que não dá uma derivação para $\Gamma \vdash_\Sigma \varphi$ quando $\Gamma \vDash_\Sigma \varphi$. Note-se também que a demonstração original apresentada por Gödel também não é construtiva e apenas infere que uma fórmula é teorema a partir da sua validade.

A implicação seguinte é um corolário direto da completude do cálculo de Hilbert:

se φ é uma fórmula válida, então φ é um teorema.

Este resultado mais fraco é conhecido como a *completude fraca* do cálculo de Hilbert. Por este motivo, alguns autores referem-se à Proposição 13 com a *completude forte* do cálculo de Hilbert.

Os resultados que se seguem são também consequências do teorema da completude e da técnica usada para o estabelecer.

Proposição 14 (Derivabilidade das fórmulas tautológicas)
Toda a fórmula tautológica é teorema.[1]

---

[1] Embora se obtenha aqui este resultado como um simples corolário do teorema da completude da lógica de primeira ordem, é possível demonstrar que para derivar qualquer fórmula tautológica é suficiente usar-se os axiomas 1 a 3 e a regra MP.

Este resultado permite o uso da justificação Taut (fórmula tautológica) nas sequências de derivação quando se usa o cálculo de Hilbert.

Exemplo 15 Recorde a Proposição 30 do Capítulo 5 em que se assume que x é uma variável que não ocorre livre em ψ. A sequência

1	$(\forall x(\varphi \Rightarrow \psi))$	Hip
2	$((\forall x((\neg\psi) \Rightarrow (\neg\varphi))) \Rightarrow ((\neg\psi) \Rightarrow (\forall x(\neg\varphi))))$	Ax5
3	$((\forall x(\varphi \Rightarrow \psi)) \Rightarrow (\varphi \Rightarrow \psi))$	Ax4
4	$(\varphi \Rightarrow \psi)$	MP 1,3
5	$((\varphi \Rightarrow \psi) \Rightarrow ((\neg\psi) \Rightarrow (\neg\varphi)))$	Taut
6	$((\neg\psi) \Rightarrow (\neg\varphi))$	MP 4,5
7	$(\forall x((\neg\psi) \Rightarrow (\neg\varphi)))$	Gen 6
8	$((\neg\psi) \Rightarrow (\forall x(\neg\varphi)))$	MP 7,2
9	$(((\neg\psi) \Rightarrow (\forall x(\neg\varphi))) \Rightarrow ((\neg(\forall x(\neg\varphi))) \Rightarrow (\neg(\neg\psi))))$	Taut
10	$((\neg(\forall x(\neg\varphi))) \Rightarrow (\neg(\neg\psi)))$	MP 8,9
11	$((\neg(\neg\psi)) \Rightarrow \psi)$	Taut
12	$((\neg(\forall x(\neg\varphi))) \Rightarrow \psi)$	SH 10,11

pode ser agora aceite como uma derivação de $(\forall x (\varphi \Rightarrow \psi)) \vdash_\Sigma ((\exists x\, \varphi) \Rightarrow \psi)$.

Proposição 16 (Teorema de Skolem–Löwenheim)
Se um conjunto de fórmulas tem modelo, então tem um modelo com domínio numerável.

Demonstração: Seja I modelo de Γ. Então, Γ é coerente (o que se deixa como exercício). Logo, pelo lema da existência de modelo da construção de Henkin, $(I_\Gamma)|_\Sigma$ é modelo de Γ com domínio numerável, uma vez que este é o conjunto de todos os termos fechados sobre Σ^+.   QED

Proposição 17 (Teorema da cardinalidade)
Se um conjunto Γ de fórmulas tem modelo cujo domínio tem cardinalidade ξ, então Γ tem um modelo com domínio de cardinalidade ξ' qualquer que seja o cardinal $\xi' \geq \xi$.

Demonstração: Seja $I = (D, \_^F, \_^P)$ um modelo do conjunto de fórmulas Γ tais que $\#D = \xi$. Seja $D' \supseteq D$ tal que $\#D' = \xi'$.
Recorde-se a estrutura de interpretação

$$I' = (D', \_^{F'}, \_^{P'})$$

construída no Exercício 46 do Capítulo 7. Recorde-se também que, escolhendo $a \in D$, para qualquer assinatura ρ' em I', tem-se:

$$I\rho'_a \Vdash_\Sigma \varphi \text{ se e só se } I'\rho' \Vdash_\Sigma \varphi$$

em que

$$\rho'_a = \lambda x \cdot \begin{cases} \rho'(x) & \text{se } \rho'(x) \in D \\ a & \text{n.r.c.} \end{cases}.$$

Pode mostrar-se por contrarrecíproco que se I é um modelo de γ, então também o é I'. De facto, suponha-se que $I' \not\models_\Sigma \gamma$. Então existe uma atribuição ρ' em I' tal que $I'\rho' \not\models_\Sigma \gamma$. Logo $I\rho'_a \not\models_\Sigma \gamma$, e portanto $I \not\models_\Sigma \gamma$.

Assim, como se pretendia, se $I \Vdash_\Sigma \Gamma$, então $I' \Vdash_\Sigma \Gamma$. QED

O exercício seguinte dá uma condição suficiente para a validade de uma fórmula e ilustra a aplicação dos teoremas de Skolem–Löwenheim e da cardinalidade.

Exercício 18 Demonstre que se uma fórmula é satisfeita por toda a estrutura de interpretação cujo domínio tem cardinalidade maior do que $\aleph_0 = \#\mathbb{N}$, então a fórmula é válida.

Tal como o leitor devia esperar, a completude (juntamente com a correção) permite demonstrar a compacidade da existência de modelo a partir da compacidade da derivação. Outros resultados de compacidade ao nível semântico podem ser obtidos de modo semelhante.

Proposição 19 (Teorema da compacidade)
Se cada um dos subconjuntos finitos de um conjunto Γ de fórmulas tem modelo, então Γ tem modelo.

Demonstração: De modo a realizar a demonstração por contradição, assuma-se que Γ não tem modelo. Escolha-se uma fórmula φ. Então:

$$\begin{cases} \Gamma \models_\Sigma \varphi \\ \Gamma \models_\Sigma (\neg \varphi). \end{cases}$$

Assim, pela completude do cálculo de Hilbert, pode deduzir-se que:

$$\begin{cases} \Gamma \vdash_\Sigma \varphi \\ \Gamma \vdash_\Sigma (\neg \varphi). \end{cases}$$

Além disso, usando a compacidade de $\vdash_\Sigma$, existe um conjunto finito $\Psi \subseteq \Gamma$ tal que:

$$\begin{cases} \Psi \vdash_\Sigma \varphi \\ \Psi \vdash_\Sigma (\neg \varphi). \end{cases}$$

Logo, usando a correção do cálculo de Hilbert, pode inferir-se:

$$\begin{cases} \Psi \vDash_\Sigma \varphi \\ \Psi \vDash_\Sigma (\neg\, \varphi). \end{cases}$$

Pode assim concluir-se que Ψ não tem modelo, o que contradiz a hipótese do teorema.   QED

Vale a pena mencionar que o teorema da compacidade para a lógica pro-posicional é consequência do teorema de Tychonoff (que diz que o produto de espaços compactos é compacto, veja-se [31]) aplicado aos espaços de Stone (veja-se [30]), e portanto este é o nome tradicionalmente adotado pelos lógicos para este resultado em cada lógica onde este se verifica.

Proposição 20 Um conjunto é coerente se e só se todos os seus subconjuntos finitos são coerentes.

Demonstração:

($\rightarrow$) Assuma-se que Γ é coerente. Então, pela Proposição 12, Γ tem um modelo I. Logo, I é também um modelo para todo o subconjunto finito Φ de Γ.

($\leftarrow$) Assuma-se que cada subconjunto finito Φ de Γ é coerente. Então cada Φ tem modelo pela Proposição 12. Logo, pelo teorema da compacidade, Γ tem modelo e, portanto, é coerente.   QED

Exercício 21 Demonstre que o operador $\vDash_\Sigma$ é compacto. Ou seja,

$$\Gamma^{\vDash_\Sigma} = \bigcup_{\Phi \in \wp_{\text{fin}}\Gamma} \Phi^{\vDash_\Sigma}.$$

Adaptando a técnica usada neste capítulo para demonstrar a completude do cálculo (global) de Hilbert apresentada no Capítulo 5 com respeito à con-sequência semântica (global) apresentada no Capítulo 7, o leitor interessado deverá ser capaz de demonstrar a completude do cálculo local (Exercício 36 da Secção 7.4) com respeito à consequência semântica local, como se pede no exercício seguinte.

Exercício 22 Mostre que se $\Gamma \vDash_\Sigma^\ell \varphi$ então $\Gamma \vdash_\Sigma^\ell \varphi$.

Capítulo 9

Cálculo de Gentzen

Este capítulo tem duas finalidades. A primeira, é demonstrar a coerência da lógica de primeira ordem por meios puramente sintáticos, isto é, sem recurso a técnicas semânticas, seguindo a proposta inicial de Gerhard Gentzen de 1936 (veja-se [18]), e dando desta forma uma resposta positiva a uma das perguntas chaves colocada por David Hilbert. A segunda é introduzir o cálculo de sequentes que é mais fácil de usar do que o cálculo de Hilbert, pelo menos no que diz respeito à demonstração automática de teoremas. De facto, a primeira finalidade serve-se da segunda.

No cálculo de Hilbert (tal como se viu no Catípulo 5), a unidade básica de raciocínio é a fórmula. Os axiomas são fórmulas; cada regra de inferência é um par composto por um conjunto de fórmulas (as premissas das regras) e uma fórmula (a conclusão de uma regra); e as derivações são sequências finitas de fórmulas.

No cálculo de Gentzen (como se verá a seguir), a unidade básica de raciocínio é o sequente, um par composto por duas sequências de fórmulas. O primeiro componente do par é designado por antecedente e o segundo por consequente. Intuitivamente, um sequente $\vec{\gamma} \to \vec{\eta}$ afirma que se todas as fórmulas do antecedente $\vec{\gamma}$ forem verdadeiras, então pelo menos uma fórmula do consequente $\vec{\eta}$ deverá ser verdadeira.

No cálculo de Gentzen, os axiomas são sequentes; cada regra é um par composto por um conjunto de sequentes (as premissas da regra) e um sequente (a conclusão da regra); e as derivações são sequências de sequentes.

De modo a demonstrar, no cálculo de Gentzen, que uma fórmula φ é derivável de um conjunto Γ de hipóteses, tem de se derivar um sequente $\varepsilon \to \varphi$ (com antecedente vazio ε e um consequente singular composto por φ) a partir do conjunto $\{\varepsilon \to \gamma : \gamma \in \Gamma\}$ de sequentes. Ou seja, de modo a fazer inferências nas fórmulas no cálculo de Gentzen tem de se reescrever o problema em termos de inferências de sequentes.

A contraparte no cálculo de Hilbert para raciocinar sobre sequentes pode ser reconhecida de certa forma nos metateoremas.

Num cálculo de Gentzen, existem regras gerais como o corte, permutação, enfraquecimento e contração que não dependem da lógica considerada, e regras específicas que dependem dos construtores de fórmulas da lógica.

Quando se define um cálculo de sequentes para uma lógica, tem de se decidir que regras gerais usar. Esta é uma decisão importante que condiciona a natureza do antecedente e do consequente de um sequente. Por exemplo, incluir a permutação como regra significa que a ordem das fórmulas no antecedente e no consequente de um sequente é irrelevante.

As regras específicas devem ser dadas para cada construtor na linguagem. No caso da lógica de primeira ordem é necessário definir regras específicas para $\neg$, $\Rightarrow$, $\forall x$ e assim sucessivamente. Além disso, regras específicas para cada operador c de aridade n devem incluir uma regra à esquerda em que a fórmula $c(\varphi_1, \ldots, \varphi_n)$ aparece no antecedente da conclusão da regra e uma regra à direita em que a fórmula aparece no consequente da conclusão da regra. As fórmulas atómicas (as construtoras básicas da linguagem) são usadas para escolher os axiomas.

Os cálculos de Gentzen têm sido extensivamente utilizados em demonstradores automáticos de teoremas. Todas as regras de primeira ordem são apropriadas para este propósito, com exceção da regra do corte. Felizmente, a regra do corte não é essencial como se verá. Este facto é também essencial na demonstração da coerência do cálculo de Gentzen.

A correção e a completude do cálculo de Gentzen com respeito à semântica de Tarski podem ser estabelecidas ao nível dos sequentes e ao nível das fórmulas. Para o objetivo principal deste livro, a correção e a completude ao nível das fórmulas são particularmente relevantes.

Na Secção 9.1, são apresentados os axiomas e as regras do cálculo de Gentzen, bem como a noção de sequência de derivação. A Secção 9.2 dedica-se à demonstração da coerência do cálculo de Gentzen por meios puramente simbólicos. A secção começa com alguns conceitos técnicos e inclui como resultado principal que os cortes podem ser eliminados das sequências de derivação. A coerência é então demonstrada como corolário simples do resultado da eliminação do corte. A Secção 9.3 começa por relacionar o cálculo de Hilbert e o cálculo de Gentzen nas fórmulas. Esta relação puramente simbólica permite demonstrar a coerência do cálculo de Hilbert a partir da coerência do cálculo de Gentzen. Na Secção 9.4 discute-se a correção e completude do cálculo de Gentzen com respeito à semântica de Tarski. A correção é estabelecida para raciocinar sobre sequentes e fórmulas. A completude para raciocinar sobre fórmulas é demonstrada via cálculo de Hilbert. Finalmente, a derivabilidade de fórmulas no cálculo de Gentzen demonstra-se ser equivalente à derivabilidade no cálculo de Hilbert.

Vale a pena mencionar que existem outros cálculos para lógicas de primeira ordem, nomeadamente o cálculo de tableaux (proposto por Raymond Smullyan [43]) e a dedução natural (proposta por Gerhard Gentzen [18]). O primeiro é bastante apropriado para a demonstração automática de teoremas. O segundo foi introduzido como formalização dos métodos de demonstração usados pelos matemáticos.

9.1 Regras e derivações

Seja Σ assinatura de primeira ordem. Por *sequente* (finito)[1] sobre Σ entende-se um par

$$(\gamma_1 \ldots \gamma_e, \eta_1 \ldots \eta_d) \in L_\Sigma^* \times L_\Sigma^*$$

que normalmente se escreve

$$\gamma_1, \ldots, \gamma_e \to \eta_1, \ldots, \eta_d$$

ou ainda

$$\gamma_1 \ldots \gamma_e \to \eta_1 \ldots \eta_d.$$

O conjunto de sequentes sobre Σ denota-se por S_Σ.

Neste ponto é útil apresentar a noção de satisfação de um sequente. Uma estrutura de interpretação I sobre Σ *satisfaz* o sequente $\gamma_1 \ldots \gamma_e \to \eta_1 \ldots \eta_d$, o que se escreve

$$I \Vdash_\Sigma \gamma_1 \ldots \gamma_e \to \eta_1 \ldots \eta_d,$$

se, qualquer que seja a atribuição ρ em I, existe $j = 1, \ldots, d$ para o qual $I\rho \Vdash_\Sigma \eta_j$ sempre que $I\rho \Vdash_\Sigma \gamma_i$ quaisquer que sejam $i = 1, \ldots, e$. Assim, $I \Vdash_\Sigma \gamma_1 \ldots \gamma_e \to \eta_1 \ldots \eta_d$ se e só se, qualquer que seja ρ,

$$I\rho \Vdash_\Sigma \bigvee_{j=1}^d \eta_j \text{ sempre que } I\rho \Vdash_\Sigma \bigwedge_{i=1}^e \gamma_i.$$

Além disso um sequente s diz-se *válido*, o que se escreve $\vDash_\Sigma s$, se $I \Vdash_\Sigma s$ qualquer que seja a estrutura de interpretação I.

Recorde que B_Σ denota o conjunto de fórmulas *básicas* (ou *atómicas*) sobre a assinatura Σ:

$$B_\Sigma = \bigcup_{n \in \mathbb{N}^+} \{p(t_1, \ldots, t_n) : p \in P_n \ \& \ t_1, \ldots, t_n \in T_\Sigma\}.$$

---

[1]Apesar de ser possível definir o cálculo de Gentzen para trabalhar com sequentes infinitos, aqui apenas se consideram sequentes finitos uma vez que estes são suficientes para os objetivos deste capítulo.

Pode escrever-se $\vec{\delta}$ em vez de $\delta_1 \ldots \delta_{|\vec{\delta}|}$ sempre que o comprimento da sequência é irrelevante.

A noção principal de derivabilidade no cálculo de Gentzen consiste em dizer quando um sequente é derivável de um conjunto de sequentes. No caso considerado, as regras são dadas para os construtores $\neg$, $\Rightarrow$ e $\forall$ podendo as outras regras ser obtidas por abreviatura. A título de exemplo dão-se também as regras do $\exists$. Seja $\mathfrak{S} \subseteq S_\Sigma$. O conjunto $\mathfrak{S}^{\vdash_\Sigma}$ de sequentes *deriváveis* a partir de $\mathfrak{S}$ é definido indutivamente como se segue:

- $\mathfrak{S}^{\vdash_\Sigma}$ contém as *hipóteses*:

    - $\mathfrak{S} \subseteq \mathfrak{S}^{\vdash_\Sigma}$.

- $\mathfrak{S}^{\vdash_\Sigma}$ contém os *axiomas*:

    - $\beta \to \beta \in \mathfrak{S}^{\vdash_\Sigma}$ para qualquer $\beta \in B_\Sigma$.

- $\mathfrak{S}^{\vdash_\Sigma}$ é fechado para as *regras (de inferência)*:

    - *Permutação à direita* (PD):
      $\vec{\gamma} \to \vec{\eta}\,\vec{\nu}\,\psi \in \mathfrak{S}^{\vdash_\Sigma}$ se $\vec{\gamma} \to \vec{\eta}\,\psi\,\vec{\nu} \in \mathfrak{S}^{\vdash_\Sigma}$;

    - *Permutação à esquerda* (PE):
      $\psi\,\vec{\gamma}\,\vec{\nu} \to \vec{\eta} \in \mathfrak{S}^{\vdash_\Sigma}$ se $\vec{\gamma}\,\psi\,\vec{\nu} \to \vec{\eta} \in \mathfrak{S}^{\vdash_\Sigma}$;

    - *Contração à direita* (CD):
      $\vec{\gamma} \to \vec{\eta}\,\psi \in \mathfrak{S}^{\vdash_\Sigma}$ se $\vec{\gamma} \to \vec{\eta}\,\psi\,\psi \in \mathfrak{S}^{\vdash_\Sigma}$;

    - *Contração à esquerda* (CE):
      $\psi\,\vec{\gamma} \to \vec{\eta} \in \mathfrak{S}^{\vdash_\Sigma}$ se $\psi\,\psi\,\vec{\gamma} \to \vec{\eta} \in \mathfrak{S}^{\vdash_\Sigma}$;

    - *Enfraquecimento à direita* (ED):
      $\vec{\gamma} \to \vec{\eta}\,\psi \in \mathfrak{S}^{\vdash_\Sigma}$ se $\vec{\gamma} \to \vec{\eta} \in \mathfrak{S}^{\vdash_\Sigma}$;

    - *Enfraquecimento à esquerda* (EE):
      $\psi\,\vec{\gamma} \to \vec{\eta} \in \mathfrak{S}^{\vdash_\Sigma}$ se $\vec{\gamma} \to \vec{\eta} \in \mathfrak{S}^{\vdash_\Sigma}$;

    - *Regra do corte* (Corte):
      $\vec{\gamma} \to \vec{\eta} \in \mathfrak{S}^{\vdash_\Sigma}$ se $\vec{\gamma} \to \vec{\eta}\,\psi \in \mathfrak{S}^{\vdash_\Sigma}$ e $\psi\,\vec{\gamma} \to \vec{\eta} \in \mathfrak{S}^{\vdash_\Sigma}$;

    - *Negação à direita* (¬D):
      $\vec{\gamma} \to \vec{\eta}\,(\neg\,\varphi) \in \mathfrak{S}^{\vdash_\Sigma}$ se $\varphi\,\vec{\gamma} \to \vec{\eta} \in \mathfrak{S}^{\vdash_\Sigma}$;

    - *Negação à esquerda* (¬E):
      $(\neg\,\varphi)\,\vec{\gamma} \to \vec{\eta} \in \mathfrak{S}^{\vdash_\Sigma}$ se $\vec{\gamma} \to \vec{\eta}\,\varphi \in \mathfrak{S}^{\vdash_\Sigma}$;

    - *Implicação à direita* (⇒D):
      $\vec{\gamma} \to \vec{\eta}\,(\varphi \Rightarrow \psi) \in \mathfrak{S}^{\vdash_\Sigma}$ se $\varphi\,\vec{\gamma} \to \vec{\eta}\,\psi \in \mathfrak{S}^{\vdash_\Sigma}$;

- *Implicação à esquerda* ($\Rightarrow$E):

  $(\varphi \Rightarrow \psi)\vec{\gamma} \to \vec{\eta} \in \mathfrak{S}^{\vdash \Sigma}$ se $\psi\vec{\gamma} \to \vec{\eta} \in \mathfrak{S}^{\vdash \Sigma}$ e $\vec{\gamma} \to \vec{\eta}\varphi \in \mathfrak{S}^{\vdash \Sigma}$;

- *Quantificação universal à direita* ($\forall$D):

  $\vec{\gamma} \to \vec{\eta}\,(\forall x\,\varphi) \in \mathfrak{S}^{\vdash \Sigma}$ se $\vec{\gamma} \to \vec{\eta}\,[\varphi]_y^x \in \mathfrak{S}^{\vdash \Sigma}$ e $y \notin \mathrm{vlv}_\Sigma(\vec{\gamma}) \cup \mathrm{vlv}_\Sigma(\vec{\eta})$;

- *Quantificação universal à esquerda* ($\forall$E):

  $(\forall x\,\varphi)\vec{\gamma} \to \vec{\eta} \in \mathfrak{S}^{\vdash \Sigma}$ se $[\varphi]_t^x\,\vec{\gamma} \to \vec{\eta} \in \mathfrak{S}^{\vdash \Sigma}$ e $t \rhd_\Sigma x : \varphi$;

- *Quantificação existencial à direita* ($\exists$D):

  $\vec{\gamma} \to \vec{\eta}\,(\exists x\,\varphi) \in \mathfrak{S}^{\vdash \Sigma}$ se $\vec{\gamma} \to \vec{\eta}\,[\varphi]_t^x \in \mathfrak{S}^{\vdash \Sigma}$ e $t \rhd_\Sigma x : \varphi$;

- *Quantificação existencial à esquerda* ($\exists$E):

  $(\exists x\,\varphi)\vec{\gamma} \to \vec{\eta} \in \mathfrak{S}^{\vdash \Sigma}$ se $[\varphi]_y^x\,\vec{\gamma} \to \vec{\eta} \in \mathfrak{S}^{\vdash \Sigma}$ e $y \notin \mathrm{vlv}_\Sigma(\vec{\gamma}) \cup \mathrm{vlv}_\Sigma(\vec{\eta})$;

para quaisquer $\vec{\gamma}, \vec{\eta}, \vec{\nu} \in L_\Sigma^*$, $\varphi, \psi \in L_\Sigma$, $x, y \in X$ e $t \in T_\Sigma$.

As regras de enfraquecimento, contração, permutação e de corte são *regras gerais*. Todas as restantes regras são *específicas* para a lógica de primeira ordem. Para cada conetivo e cada quantificador existem regras à direita e à esquerda. As regras de $\forall$D, $\forall$E, $\exists$D e $\exists$E têm condições. Logo, estas regras só podem ser aplicadas quando as condições se verificam. Contrariamente ao cálculo de Hilbert em que as condições apareciam nos axiomas (4 e 5), aqui as condições aparecem nas regras de inferência.

Usualmente escreve-se $\mathfrak{S} \vdash_\Sigma s$ em vez de $s \in \mathfrak{S}^{\vdash \Sigma}$. O sequente s diz-se um *teorema* se $\emptyset \vdash_\Sigma s$, o que se escreve $\vdash_\Sigma s$.

Uma *sequência de derivação* para $s \in S_\Sigma$ a partir de $\mathfrak{S} \subseteq S_\Sigma$ é uma sequência

$$(s_1, J_1) \ldots (s_n, J_n)$$

tal que:

- cada $s_i \in S_\Sigma$;

- s_1 é s;

- cada J_i é a justificação para s_i:

  - se J_i é Hip, então $s_i \in \mathfrak{S}$;

  - se J_i é Ax, então s_i é um axioma;

  - se J_i é $R\,k$ com

    $$R \in \{\mathrm{PD}, \mathrm{PE}, \mathrm{CD}, \mathrm{CE}, \mathrm{ED}, \mathrm{EE}, \neg\mathrm{D}, \neg\mathrm{E}, \Rightarrow\mathrm{D}, \forall\mathrm{D}, \forall\mathrm{E}\}$$

    e $n \geq k > i$, então s_i obtém-se aplicando a regra R a s_k;

– se J_i é $R\,k_1, k_2$ com $R \in \{\text{Corte}, {\Rightarrow}\text{E}\}$ e $n \geq k_1, k_2 > i$, então s_i obtém-se aplicando a regra R a s_{k_1} e a s_{k_2}.

Contrariamente à natureza das derivações de baixo para cima do cálculo de Hilbert introduzido no Capítulo 5, e seguindo a tradição dos cálculos de Gentzen, aqui as derivações são construídas, de cima para baixo, partindo do sequente alvo até às hipóteses e axiomas. Deve também ser mencionado que as derivações nos cálculos de Gentzen são usualmente apresentadas como árvores invertidas. Usar sequências em vez de árvores é mais simples, não apresentando problemas teóricos, e mostrando que a diferença entre os cálculos de Hilbert e Gentzen é a unidade básica de raciocínio (fórmula versus sequente) e não a natureza de uma derivação (sequência versus árvore). De facto, é fácil definir cálculos de Hilbert em que as derivações sejam apresentadas por árvores.

Exercício 1 Mostre que $\mathfrak{S} \vdash_\Sigma s$ se e só se existe uma sequência de derivação para s a partir de $\mathfrak{S}$.

Como primeiro exemplo,

$$
\begin{array}{lll}
1 & \varepsilon \to (p(x) \Rightarrow (q(x) \Rightarrow p(x))) & {\Rightarrow}\text{D } 2 \\
2 & p(x) \to (q(x) \Rightarrow p(x)) & {\Rightarrow}\text{D } 3 \\
3 & q(x)p(x) \to p(x) & \text{EE } 4 \\
4 & p(x) \to p(x) & \text{Ax}
\end{array}
$$

é uma sequência de derivação para $\vdash_\Sigma \varepsilon \to (p(x) \Rightarrow (q(x) \Rightarrow p(x)))$. Esta simples sequência de derivação mostra que as demonstrações no cálculo de Gentzen são realizadas seguindo a estrutura das fórmulas no sequente a ser demonstrado.

Exercício 2 Derive os *axiomas generalizados* (Axg):

$$
\vdash_\Sigma \vec{\gamma}\psi\vec{\nu} \to \vec{\eta}\psi\vec{\mu}.
$$

Assim, é legítimo utlizar axiomas generalizados nas derivações. Por exemplo,

$$
\begin{array}{lll}
1 & \varepsilon \to (\varphi \Rightarrow (\psi \Rightarrow \varphi)) & {\Rightarrow}\text{D } 2 \\
2 & \varphi \to (\psi \Rightarrow \varphi) & {\Rightarrow}\text{D } 3 \\
3 & \psi\varphi \to \varphi & \text{Axg}
\end{array}
$$

é uma sequência de derivação para $\vdash_\Sigma \varepsilon \to (\varphi \Rightarrow (\psi \Rightarrow \varphi))$ que o leitor deverá comparar com o Ax1 do cálculo de Hilbert.

O exemplo seguinte ilustra o uso das regras de inferência com condições de modo a derivar o sequente correspondente ao axioma Ax5 do cálculo de Hilbert.

Exemplo 3 Assuma-se que $x \notin \text{vlv}_\Sigma(\varphi)$. Então,

$$\vdash_\Sigma \varepsilon \to ((\forall x(\varphi \Rightarrow \psi)) \Rightarrow (\varphi \Rightarrow (\forall x\, \psi)))$$

é estabelecido pela sequência de derivação seguinte:

1	$\varepsilon \to ((\forall x(\varphi \Rightarrow \psi)) \Rightarrow (\varphi \Rightarrow (\forall x\, \psi)))$	$\Rightarrow$D 2
2	$(\forall x(\varphi \Rightarrow \psi)) \to (\varphi \Rightarrow (\forall x\, \psi))$	$\Rightarrow$D 3
3	$\varphi, (\forall x(\varphi \Rightarrow \psi)) \to (\forall x\, \psi)$	$\forall$D 4 (*)
4	$\varphi, (\forall x(\varphi \Rightarrow \psi)) \to \psi$	PE 5
5	$(\forall x(\varphi \Rightarrow \psi)), \varphi \to \psi$	$\forall$E 6
6	$(\varphi \Rightarrow \psi), \varphi \to \psi$	$\Rightarrow$E 7,8
7	$\psi, \varphi \to \psi$	PE 9
8	$\varphi \to \psi, \varphi$	PD 10
9	$\varphi, \psi \to \psi$	EE 11
10	$\varphi \to \varphi, \psi$	ED 12
11	$\psi \to \psi$	Axg
12	$\varphi \to \varphi$	Axg

(*) A regra $\forall$D pode ser usada porque $x \notin \text{vlv}_\Sigma(\varphi)$, por hipótese, e $x \notin \text{vlv}_\Sigma((\forall x(\varphi \Rightarrow \psi)))$, por definição de variável livre em fórmula.

Como primeiro exemplo da utilização da regra do corte, veja-se a derivação do exemplo seguinte, em que, como usualmente, os passos de permutação são omitidos.

Exemplo 4 A sequência

1	$(\forall x\, (\forall y\, p(y, x))) \to p(t, t)$	Corte 2,3
2	$(\forall z\, p(z, z)), (\forall x\, (\forall y\, p(y, x))) \to p(t, t)$	$\forall$E 4
3	$(\forall x\, (\forall y\, p(y, x))) \to p(t, t), (\forall z\, p(z, z))$	$\forall$D 6
4	$p(t, t), (\forall x\, (\forall y\, p(y, x))) \to p(t, t)$	ED 5
5	$p(t, t) \to p(t, t)$	Ax
6	$(\forall x\, (\forall y\, p(y, x))) \to p(t, t), p(z, z)$	$\forall$E 7
7	$(\forall y\, p(y, z)) \to p(t, t), p(z, z)$	$\forall$E 8
8	$p(z, z) \to p(t, t), p(z, z)$	ED 9
9	$p(z, z) \to p(z, z)$	Ax

é uma derivação do sequente $(\forall x\, (\forall y\, p(y, x))) \to p(t, t)$ sabendo que $z \notin \text{var}_\Sigma(t)$. Compare-a com o Exemplo 34 do Capítulo 5.

O exercício que se segue mostra que as regras (à direita e à esquerda) para a negação, implicação e quantificação universal são suficientes para obter as regras (à direita e à esquerda) para outros conetivos e a quantificação existencial.

Exercício 5 Enuncie e demonstre a admissibilidade de regras para a conjunção, disjunção, equivalência e quantificação existencial.

Observe-se que as regras de contração são essenciais para se poder usar as regras de quantificação mais do que uma vez. Ou seja, por exemplo

$$(\forall x\, \varphi), \vec{\gamma} \to \vec{\eta} \in \mathfrak{S}^{\vdash_\Sigma} \quad \text{sempre que} \quad [\varphi]^x_t, (\forall x\, \varphi), \vec{\gamma} \to \vec{\eta} \in \mathfrak{S}^{\vdash_\Sigma} \text{ e } t \vartriangleright_\Sigma x : \varphi$$

é uma regra derivável. De facto, basta considerar a sequência de derivação

$$
\begin{array}{llll}
1 & (\forall x\, \varphi), \vec{\gamma} \to \vec{\eta} & & \text{CE } 2 \\
2 & (\forall x\, \varphi), (\forall x\, \varphi), \vec{\gamma} \to \vec{\eta} & & \forall\text{E } 3 \\
3 & [\varphi]^x_t, (\forall x\, \varphi), \vec{\gamma} \to \vec{\eta} & & \text{Hip}
\end{array}
$$

Note também que se w é uma sequência de derivação e s_i é o sequente na posição i, então existe uma subsequência v de w que demonstra $\mathfrak{S} \vdash_\Sigma s_i$.

9.2   Eliminação do corte e coerência

Um conjunto $\mathfrak{S}$ de sequentes diz-se *coerente* se $\mathfrak{S}^{\vdash_\Sigma} \subsetneq S_\Sigma$. É fácil verificar que $\mathfrak{S}$ é coerente se e só se $\varepsilon \to \varepsilon \notin \mathfrak{S}^{\vdash_\Sigma}$. O sequente $\varepsilon \to \varepsilon$ é conhecido como o *sequente vazio* ou *contraditório*.

O objetivo desta secção é estabelecer por meios puramente simbólicos a coerência do cálculo de Gentzen, isto é, demonstrar, sem recurso à semântica, que o sequente $\varepsilon \to \varepsilon$ não é derivável a partir dos axiomas.

Para este efeito é necessário introduzir alguns conceitos e estabelecer alguns resultados técnicos. Recorde que se $\vec{\gamma} \in L^*_\Sigma$, então $|\vec{\gamma}|$ denota o comprimento da sequência $\vec{\gamma}$. O *comprimento do sequente* $s = \vec{\gamma} \to \vec{\eta}$ é $|s| = |\vec{\gamma}| + |\vec{\eta}|$.

Proposição 6 (Lema do comprimento de sequente)
Seja $(s_1, J_1) \ldots (s_n, J_n)$ sequência de derivação para $\vdash_\Sigma s_1$ em que não se utiliza a regra do corte. Então, para cada $i = 1, \ldots, n$, $|s_i| > 0$.

Demonstração: Para cada $i = 1, \ldots, n$, verifica-se que o comprimento de s_i é maior do que 0 por análise de casos:

- J_i é Ax: neste caso $|s_i| = 2 > 0$;

- J_i é $R\, k$ com $R \in \{\text{PD}, \text{PE}, \text{CD}, \text{CE}, \text{ED}, \text{EE}, \neg\text{D}, \neg\text{E}, \Rightarrow\text{D}, \forall\text{D}, \forall\text{E}\}$ ou J_i é $\Rightarrow\text{E } k_1, k_2$: nestes casos $|s_i| \geq 1 > 0$.

QED

Portanto, sem recorrer à regra do corte, não é possível derivar o sequente vazio apenas a partir dos axiomas. Este facto levou Gerhard Gentzen a tentar e a conseguir demonstrar que a regra não é essencial. Demonstra-se aqui este resultado usando a técnica proposta por Samuel Buss [7].

A *profundidade de uma fórmula* é definida indutivamente do modo seguinte:

- $\mathrm{dp}_\Sigma(\beta) = 0$ para cada $\beta \in B_\Sigma$;

- $\mathrm{dp}_\Sigma(\neg\, \varphi) = 1 + \mathrm{dp}_\Sigma(\varphi)$;

- $\mathrm{dp}_\Sigma(\varphi \Rightarrow \psi) = 1 + \max\{\mathrm{dp}_\Sigma(\varphi), \mathrm{dp}_\Sigma(\psi)\}$;

- $\mathrm{dp}_\Sigma(\forall x\, \varphi) = 1 + \mathrm{dp}_\Sigma(\varphi)$.

A *profundidade de uma aplicação da regra do corte* numa sequência de derivação é a profundidade da fórmula à qual a regra do corte se aplica.

Seja s o sequente $\gamma_1 \ldots \gamma_e \to \eta_1 \ldots \eta_d$. Recorde-se que $|s| = e + d$. No que se segue, $\mathrm{ant}(s)$ denota o antecedente $\gamma_1 \ldots \gamma_e$ e $\mathrm{con}(s)$ denota o consequente $\eta_1 \ldots \eta_d$. Assim, $|\mathrm{ant}(s)| = e$ e $|\mathrm{con}(s)| = d$. Para $i = 1, \ldots, |s|$, a i-ésima fórmula de s é:

$$\begin{cases} \gamma_i & \text{se } i \le |\mathrm{ant}(s)|; \\ \eta_{i-|\mathrm{ant}(s)|} & \text{se } i > |\mathrm{ant}(s)|. \end{cases}$$

Seja w a sequência de derivação $(s_1, J_1) \ldots (s_n, J_n)$. A j-ésima fórmula de s_k diz-se um *ascendente (direto)* em w da i-ésima fórmula de s_m se

$$\begin{cases} 1 \le j \le |s_k| \\ 1 \le i \le |s_m| \end{cases}$$

e pelo menos uma das alternativas seguintes se verifica:

- J_m é PD k, a j'-ésima fórmula de s_k é o outro alvo da permutação, $j = j'$ e $i = |s_m|$;

- J_m é PD k, a j'-ésima fórmula de s_k é o outro alvo da permutação, $j = |s_k|$ e $i = j'$;

- J_m é PD k, a j'-ésima fórmula de s_k é o outro alvo da permutação, $j = i$, $j \ne |s_k|$, $j \ne j'$, $i \ne |s_m|$ e $i \ne j'$;

- J_m é PE k, a j'-ésima fórmula de s_k é o outro alvo da permutação, $j = j'$ e $i = 1$;

- J_m é PE k, a j'-ésima fórmula de s_k é o outro alvo da permutação, $j = 1$ e $i = j'$;

- J_m é PE k, a j'-ésima fórmula de s_k é o outro alvo da permutação, $j = i$, $j \neq 1$, $j \neq j'$, $i \neq 1$ e $i \neq j'$;

- J_m é CD k e $j = i$;

- J_m é CD k, $j = |s_k|$ e $i = |s_m|$;

- J_m é CE k e $j = i + 1$;

- J_m é CE k, $j = 1$ e $i = 1$;

- J_m é ED k e $j = i$;

- J_m é EE k e $j = i - 1$ e $i > 1$;

- J_m é Corte k_1, k_2, $k = k_1$ e $j = i$;

- J_m é Corte k_1, k_2, $k = k_2$ e $j = i + 1$;

- J_m é $\neg$D k, $j = i + 1$ e $i < |s_m|$;

- J_m é $\neg$D k, $j = 1$ e $i = |s_m|$;

- J_m é $\neg$E k, $j = i - 1$ e $i > 1$;

- J_m é $\neg$E k, $j = |s_k|$ e $i = 1$;

- J_m é $\Rightarrow$D k, $j = i + 1$ e $i < |s_m|$;

- J_m é $\Rightarrow$D k, $j = 1$ e $i = |s_m|$;

- J_m é $\Rightarrow$D k, $j = |s_k|$ e $i = |s_m|$;

- J_m é $\Rightarrow$E k_1, k_2, $k = k_1$ e $j = i$;

- J_m é $\Rightarrow$E k_1, k_2, $k = k_2$, $j = i - 1$ e $i > 1$;

- J_m é $\Rightarrow$E k_1, k_2, $k = k_2$, $j = |s_k|$ e $i = 1$;

- J_m é $\forall$D k e $j = i$;

- J_m é $\forall$E k e $j = i$.

O resultado seguinte mostra que se a regra do corte é usada na sequência de derivação de uma fórmula ψ, então existe uma sequência de derivação equivalente (isto é, com as mesmas hipóteses e o mesmo objetivo) em que o corte é eliminado em prol dos cortes nas subfórmulas de ψ.

Proposição 7 (Lema da redução da profundidade de corte)

Seja w uma sequência de derivação para $\vdash_\Sigma s$ em que a justificação do primeiro passo é um corte com profundidade r e tal que todas as outras aplicações da regra do corte tem profundidade menor que r. Então existe uma sequência de derivação w' para $\vdash_\Sigma s$ em que todas as aplicações da regra do corte tem profundidade menor que r.

Demonstração: Sejam s o sequente $\vec{\gamma} \to \vec{\eta}$, ψ a fórmula alvo (de profundidade r) do corte do primeiro passo da sequência w, Corte k_1, k_2 a justificação para este passo, w'' a subsequência[2] de w que é uma sequência de derivação para $\vdash_\Sigma \vec{\gamma} \to \vec{\eta}\psi$ e w''' a subsequência de w que é uma sequência de derivação para $\vdash_\Sigma \psi\vec{\gamma} \to \vec{\eta}$. A demonstração realiza-se por análise de casos:

(1) $\psi \in B_\Sigma$:

Considere-se a sequência u''' obtida a partir de w''' substituindo cada sequente

$$\vec{\gamma}\,_k''' \to \vec{\eta}\,_k''' \quad \text{por} \quad (\vec{\gamma}\,_k''' \setminus \psi)\vec{\gamma} \to \vec{\eta}\,\vec{\eta}\,_k''',$$

em que $(\vec{\gamma}\,_k''' \setminus \psi)$ é obtida de $\vec{\gamma}\,_k'''$ removendo os ascendentes (no k-ésimo sequente de w''') da primeira fórmula no primeiro sequente de w''', sempre que este último exista. Note-se que u''' não é, em geral, uma sequência de derivação.

- Se a justificação no passo k é Ax sobre um ascendente da primeira fórmula no primeiro sequente de w''', então $\vec{\gamma}\,_k'''$ e $\vec{\eta}\,_k'''$ são ambas sequências singulares ψ e $(\vec{\gamma}\,_k''' \setminus \psi)$ é a sequência ε, de onde o passo k em u''' é $\vec{\gamma} \to \vec{\eta}\psi$, que não é justificável por Ax. Contudo, a sequência de derivação w'' estabelece este sequente. Logo, é suficiente combinar-se u''' com w'' de modo a justificar o passo relevante em u''' legitimamente.

- Se a justificação no passo k é Ax sobre algum β que não é um ascendente da primeira fórmula no primeiro sequente de w''', então $\vec{\gamma}\,_k'''$ e $\vec{\eta}\,_k'''$ são ambas β e $(\vec{\gamma}\,_k''' \setminus \psi)$ continua a ser uma sequência singular β, de onde o passo k de u''' é $\beta\vec{\gamma} \to \vec{\eta}\beta$, que não é justificável por Ax. Contudo, é suficiente estender u''' com enfraquecimentos suficientes de modo a justificar o passo relevante em u''' legitimamente.

Seja v''' a sequência obtida a partir de u''' como se detalhou acima. Esta é uma sequência de derivação para $\vdash_\Sigma \vec{\gamma}, \vec{\gamma} \to \vec{\eta}\vec{\eta}$. Assim, a sequência de derivação almejada w' para $\vdash_\Sigma \vec{\gamma} \to \vec{\eta}$ obtém-se adicionando as contrações necessárias para o início de v'''.

(2) ψ é $(\neg\delta)$:

---

[2] Com a referência nas justificações alteradas adequadamente.

Considere-se a sequência u_1'' obtida a partir de w'' substituindo cada sequente

$$\vec{\gamma}\,''_k \to \vec{\eta}\,''_k \quad \text{por} \quad \delta, \vec{\gamma}\,''_k \to (\vec{\eta}\,''_k \setminus \psi),$$

em que $(\vec{\eta}\,''_k \setminus \psi)$ é obtida de $\vec{\eta}\,''_k$ removendo os ascendentes (no k-ésimo sequente de w'') da última fórmula no primeiro sequente de w'', sempre que este último exista. O primeiro sequente de u_1'' é

$$\delta, \vec{\gamma} \to \vec{\eta}.$$

Note-se que u_1'' não é, em geral, uma sequência de derivação.

- Regra ¬D aplicada a ψ.

  Assuma-se que em certo ponto k' de w'' a regra ¬D foi aplicada a ψ. Isto significa que em w'' o sequente correspondente era $\vec{\gamma}\,''_{k'} \to \eta''_{k'}, \psi$ e, que com a aplicação da regra, se obtive o sequente $\delta, \vec{\gamma}\,''_{k'} \to \eta''_{k'}$. Em u_1'' os sequentes acima são os seguintes:

$$
\begin{array}{ll}
k' & \delta, \vec{\gamma}\,''_{k'} \to \eta''_{k'} \\
k'+1 & \delta, \delta, \gamma''_{k'} \to \eta''_{k'}
\end{array}
$$

  A justificação deverá ser a seguinte:

$$
\begin{array}{lll}
k' & \delta, \vec{\gamma}\,''_{k'} \to \eta''_{k'} & \text{CE } k'+1 \\
k'+1 & \delta, \delta, \gamma''_{k'} \to \eta''_{k'}
\end{array}
$$

- Axiomas.

  Assuma-se que o k-ésimo sequente de w'' é $\beta \to \beta$ em que β é uma fórmula atómica. Então em u_1'' o sequente correspondente é $\delta, \beta \to \beta$ que não é justificável por Ax. Contudo a sequência pode ser estendida com um enfraquecimento de tal modo que um axioma seja obtido.

Seja u_2'' a sequência obtida a partir de u_1'' como detalhado acima com a justificação relevante ¬D alterada. Então u_2'' é uma sequência de derivação para $\vdash_\Sigma \delta, \vec{\gamma} \to \vec{\eta}$ em que se assume que foi feita a reordenação necessária. De modo semelhante é possível obter uma sequência de derivação u''' para $\vdash_\Sigma \vec{\gamma} \to \vec{\eta}, \delta$. Considere-se a sequência

$$
\begin{array}{llc}
1 & \vec{\gamma} \to \vec{\eta} & \text{Corte 2,3} \\
2 & \vec{\gamma} \to \vec{\eta}, \delta & J_1 \\
3 & \delta, \vec{\gamma} \to \vec{\eta} & J_2
\end{array}
$$

$$\vdots$$

em que J_1 e J_2 são as justificações dos primeiros sequentes em u''' e u_2'', respetivamente e os pontos indicam as sequências u''' e u_2'' sem os primeiros sequentes. Então, a sequência de derivação almejada w' para $\vdash_\Sigma \vec\gamma \to \vec\eta$ é obtida reordenando os passos e eliminando possíveis passos repetidos.

(3) ψ é $(\delta_1 \Rightarrow \delta_2)$:

Considere-se a sequência u_1'' obtida a partir de w'' substituindo cada sequente

$$\vec\gamma\,''_k \to \vec\eta\,''_k \quad \text{por} \quad \delta_1, \vec\gamma\,'' \to (\vec\eta\,''_k \setminus \psi), \delta_2$$

onde $(\vec\eta\,''_k \setminus \psi)$ é obtida a partir $\vec\eta\,''_k$ removendo os ascendentes (no k-ésimo sequente de w'') da última fórmula no primeiro sequente de w'', sempre que o último exista. Então o primeiro sequente de u_1'' é

$$\delta_1, \vec\gamma \to \vec\eta, \delta_2.$$

Note-se que u_1'' não é, em geral, uma sequência de derivação.

- Regra $\Rightarrow$D aplicada a ψ.

  Assuma-se que em certo ponto k' de w'' a regra $\Rightarrow$D foi aplicada a ψ. Isto significa que o sequente correspondente foi $\vec\gamma_{k'}'' \to \eta_{k'}'', \psi$ e, com a aplicação da regra, o sequente obtido foi $\delta_1, \vec\gamma_{k'}'' \to \eta_{k'}'', \delta_2$. Em u_1'' os sequentes acima são transformados como se segue:

  $$\begin{aligned} k' && \delta_1, \vec\gamma_{k'}'' \to \eta_{k'}'', \delta_2 \\ k'+1 && \delta_1, \delta_1, \gamma_{k'}'' \to \eta_{k'}'', \delta_2 \end{aligned}$$

  em que nenhuma justificação é dada. A sequência acima deverá ser substituída pela sequência

  $$\begin{aligned} k' && \delta_1, \vec\gamma_{k'}'' \to \eta_{k'}'', \delta_2 && \text{CE } k'+1 \\ k'+1 && \delta_1, \delta_1, \gamma_{k'}'' \to \eta_{k'}'', \delta_2 \end{aligned}$$

  em que as justificações adequadas foram já inseridas.

- Axioma.

  Um axioma $\alpha \to \alpha$ em w'' foi transformado por u_1'' em $\delta_1, \alpha \to \alpha, \delta_2$. Então, têm de ser adicionados dois novos passos a u_1'' justificados por EE e ED de tal modo que a sequência também termina com um axioma.

Seja u_2'' a sequência obtida de u_1'' como detalhado acima com a justificação relevante $\Rightarrow$D alterada. Isto é uma sequência de derivação para $\vdash_\Sigma \delta_1, \vec\gamma \to \vec\eta, \delta_2$ fazendo a reordenação necessária. De modo semelhante é possível obter as sequências de derivação u''' e v''' para $\vdash_\Sigma \vec\gamma \to \vec\eta, \delta_1$ e $\vdash_\Sigma \delta_2, \vec\gamma \to \vec\eta$, respetivamente. Então, a sequência de derivação almejada w' para $\vdash_\Sigma \vec\gamma \to \vec\eta$ é obtida da forma seguinte:

$$
\begin{array}{lll}
1 & \vec{\gamma} \to \vec{\eta} & \text{Corte } 2,3 \\
2 & \vec{\gamma} \to \vec{\eta}, \delta_2 & \text{Corte } 4,5 \\
3 & \delta_2, \vec{\gamma} \to \vec{\eta} & J_1 \\
4 & \delta_1, \vec{\gamma} \to \vec{\eta}, \delta_2 & J_2 \\
5 & \vec{\gamma} \to \vec{\eta}, \delta_2, \delta_1 & \text{PD } 6 \\
6 & \vec{\gamma} \to \vec{\eta}, \delta_1, \delta_2 & \text{ED } 7 \\
7 & \vec{\gamma} \to \vec{\eta}, \delta_1 & J_3
\end{array}
$$

$$\vdots$$

em que J_1, J_2 e J_3 são as justificações dos primeiros sequentes em v''', u_2'' e u''', respetivamente e os pontos indicam as sequências v''', u_2'' e u''' sem os primeiros sequentes.

(4) ψ é $(\forall x \delta)$:

Por simplicidade, assuma-se que a regra $\forall$E foi aplicada uma única vez no passo k' a uma fórmula $(\forall x \delta)$ usando o termo t. Isto é, por aplicação de $\forall$E, se o sequente $w_{k'}$ é $(\forall x \delta), \vec{\gamma}_{k'} \to \vec{\eta}_{k'}$, então o sequente $w_{k'+1}$ é $[\delta]_t^x, \vec{\gamma}_{k'} \to \vec{\eta}_{k'}$.

Considere-se a sequência u_1''' obtida a partir de w''' por substituição de cada sequente

$$\vec{\omega}_k''' \to \vec{\delta}_k''' \quad \text{por} \quad (\vec{\omega}_k''' \setminus \psi), \vec{\gamma} \to \vec{\eta}, \vec{\delta}_k'''$$

em que $(\vec{\omega}_k''' \setminus \psi)$ é obtida a partir de $\vec{\omega}_k'''$ removendo os antecessores (no k-ésimo sequente de w'') da primeira fórmula no primeiro sequente de w''', sempre que o último exista. Observe-se que u_1''' não é uma sequência de derivação. De facto:

- Um axioma $\alpha \to \alpha$ em w''' tornar-se-á um sequente $\alpha, \vec{\gamma} \to \vec{\eta}, \alpha$ em u_1'''.

- Os sequentes $w_{k'}$ e $w_{k'+1}$ em w''' tornar-se-ão

$$\vec{\gamma}_{k'}, \vec{\gamma} \to \vec{\eta}, \vec{\eta}_{k'} \quad \text{e} \quad [\delta]_t^x, \vec{\gamma}_{k'}, \vec{\gamma} \to \vec{\eta}, \vec{\eta}_{k'}.$$

Assim, os axiomas em w''' não são mais axiomas em u_1''' e nenhuma justificação é dada para os sequentes que substituem $w_{k'}$ e $w_{k'+1}$. Considere-se a sequência u_2''' obtida a partir de u_1''' substituindo os passos k' e $k'+1$ pelas sequências seguintes:

$$\vec{\gamma}, \vec{\gamma} \to \vec{\eta}, \vec{\eta}$$

$$\vdots$$

$$
\begin{array}{ll}
\vec{\gamma}_{k'}, \vec{\gamma} \to \vec{\eta}, \vec{\eta}_{k'} & \text{Corte } 2,3 \\
\vec{\gamma}_{k'}, \vec{\gamma} \to \vec{\eta}, \vec{\eta}_{k'}, [\delta]_t^x & (*) \\
[\delta]_t^x, \vec{\gamma}_{k'}, \vec{\gamma} \to \vec{\eta}, \vec{\eta}_{k'} & (**)
\end{array}
$$

$$\vdots$$

em que (∗∗) é justificado na sequência u_1''' (existe em u_1''' uma derivação deste sequente) mas (∗) não tem justificação na sequência u_2'''. Por outro lado, considere-se a sequência u'' obtida a partir de w'' eliminando $(\forall x\delta)$, adicionando $[\delta]_t^x$, substituindo $[\delta]_y^x$ por $[\delta]_t^x$ e alterando, adequadamente, algumas justificações. A sequência u'' é uma derivação para $\vec{\gamma} \to \vec{\eta}, [\delta]_t^x$. Então (∗) pode justificar-se por vários enfraquecimentos, uma permutação e u''. Seja u_3''' obtida a partir de u_2''' fazendo as inserções de u'', isto é, a sequência acima torna-se

$$\vec{\gamma}, \vec{\gamma} \to \vec{\eta}, \vec{\eta}$$

$$\vdots$$

$$\begin{array}{ll} \vec{\gamma}_{k'}, \vec{\gamma} \to \vec{\eta}, \vec{\eta}_{k'} & \text{Corte } 2,3 \\ \vec{\gamma}_{k'}, \vec{\gamma} \to \vec{\eta}, \vec{\eta}_{k'}, [\delta]_t^x & J_1 \\ [\delta]_t^x, \vec{\gamma}_{k'}, \vec{\gamma} \to \vec{\eta}, \vec{\eta}_{k'} & J_2 \end{array}$$

$$\vdots$$

em que J_1 e J_2 são justificações dos primeiros sequentes em u_k'' e u_1''', respetivamente e os pontos indicam as sequências u_k'' com os referidos enfraquecimentos e permutação e u_1''' sem os primeiros sequentes.

Seja u_4''' a sequência obtida a partir de u_3''' inserindo as permutações e enfraquecimentos sobre sequentes $\alpha, \vec{\gamma} \to \vec{\eta}, \alpha$ de modo a torná-los em axiomas. Seja w' a sequência u_4''' obtida adicionando no início as contrações e as permutações à esquerda e à direita tais que $\vec{\gamma}$ é o lado esquerdo e $\vec{\eta}$ é o lado direito do sequente inicial. Além disso, em w' os passos repetidos são eliminados e a ordenação corrigida. Então w' é uma sequência de derivação para $\vdash_\Sigma \vec{\gamma} \to \vec{\eta}$ em que as aplicações do corte são feitas sobre $[\delta]_t^x$.

No caso em que as regras ∀E foram aplicadas mais do que uma vez a um ascendente da fórmula de corte, o procedimento descrito acima tem de ser aplicado sucessivamente às subderivações que terminam na aplicação da regra ∀E, começando pelas que aparecem em primeiro lugar. QED

Finalmente, é agora possível demonstrar que o cálculo de sequentes para a lógica de primeira ordem admite a eliminação da regra do corte.

Proposição 8 (Eliminação do corte)
Se $\vdash_\Sigma s$, então existe uma sequência de derivação para s a partir do conjunto vazio de hipóteses sem aplicações da regra do corte.

Demonstração: Seja w a sequência de derivação de s. O resultado é verdadeiro quando não há aplicação da regra do corte em w. Assuma-se que existe pelo menos uma aplicação da regra do corte em w. Assuma-se que todas as aplicações da regra do corte têm profundidade r no máximo. Então, é possível apresentar uma sequência de derivação para s em que todas as aplicações da regra do corte têm profundidade no máximo $r - 1$ o que pode ser demonstrado facilmente usando a Proposição 7. Aplicando sucessivas vezes esta proposição obtém-se o resultado.   QED

O que se segue é um exemplo concreto da eliminação de corte em que, por exemplo, ED^n é usada para indicar que o enfraquecimento à esquerda foi usado n vezes e $+$ é usado para combinar duas regras.

Exemplo 9 Considere-se o Exemplo 4. É possível usar os passos relevantes da Proposição 7 para eliminar a regra do corte na segunda derivação. O corte tem profundidade 1. A sequência w''' é

$$
\begin{array}{lll}
2 & (\forall z\, p(z, z)), (\forall x\, (\forall y\, p(y, x))) \to p(t, t) & \forall\text{E } 4 \\
4 & p(t, t), (\forall x\, (\forall y\, p(y, x))) \to p(t, t) & \text{ED } 5 \\
5 & p(t, t) \to p(t, t) & \text{Ax}
\end{array}
$$

e a sequência w'' é

$$
\begin{array}{lll}
3 & (\forall x\, (\forall y\, p(y, x))) \to p(t, t), (\forall z\, p(z, z)) & \forall\text{E } 6 \\
6 & (\forall x\, (\forall y\, p(y, x))) \Rightarrow p(t, t), p(z, z) & \forall\text{E } 7 \\
7 & (\forall y\, p(y, z)) \to p(t, t), p(z, z) & \forall\text{E } 8 \\
9 & p(z, z) \to p(t, t), p(z, z) & \text{ED } 10 \\
10 & p(z, z) \to p(z, z) & \text{Ax}
\end{array}
$$

Começa-se por usar o passo (4) da demonstração da referida proposição. A sequência u_1''' é a seguinte:

$$
\begin{array}{lll}
2 & (\forall x\, (\forall y\, p(y, x)))^2 \to p(t, t)^2 & \\
4 & p(t, t), (\forall x\, (\forall y\, p(y, x)))^2 \to p(t, t)^2 & \text{ED } 5 \\
5 & p(t, t), (\forall x\, (\forall y\, p(y, x))) \to p(t, t)^2 &
\end{array}
$$

em que φ^2 é uma abreviatura de φ, φ. A sequência u_2''' é a seguinte:

$$
\begin{array}{lll}
2 & (\forall x\, (\forall y\, p(y, x)))^2 \to p(t, t)^2 & \text{Corte } 3,4 \\
3 & (\forall x\, (\forall y\, p(y, x)))^2 \to p(t, t)^3 & \\
4 & p(t, t), (\forall x\, (\forall y\, p(y, x)))^2 \to p(t, t)^2 & \text{ED } 5 \\
5 & p(t, t), (\forall x\, (\forall y\, p(y, x))) \to p(t, t)^2 &
\end{array}
$$

A sequência u'' é a seguinte:

$$
\begin{array}{lll}
6 & (\forall x\, (\forall y\, p(y, x))) \Rightarrow p(t, t)^2 & \forall\text{E } 7 \\
7 & (\forall y\, p(y, z)) \to p(t, t)^2 & \forall\text{E } 8 \\
9 & p(t, t) \to p(t, t)^2 & \text{ED } 10 \\
10 & p(t, t) \to p(t, t) & \text{Ax}
\end{array}
$$

A sequência u_4''' é a seguinte:

2	$(\forall x\,(\forall y\,p(y,x)))^2 \to p(t,t)^2$	Corte 3,4
3	$(\forall x\,(\forall y\,p(y,x)))^2 \to p(t,t)^3$	
4	$p(t,t), (\forall x\,(\forall y\,p(y,x)))^2 \to p(t,t)^2$	ED^2 5
5	$p(t,t), (\forall x\,(\forall y\,p(y,x))) \to p(t,t)^2$	
6	$(\forall x\,(\forall y\,p(y,x))) \Rightarrow p(t,t)^2$	$\forall E$ 7
7	$(\forall y\,p(y,z)) \to p(t,t)^2$	$\forall E$ 8
9	$p(t,t) \to p(t,t)^2$	ED 10
10	$p(t,t) \to p(t,t)$	Ax

Finalmente a sequência w' (já ordenada e eliminando passos repetidos)

1	$(\forall x\,(\forall y\,p(y,x))) \to p(t,t)$	CD+CE 2
2	$(\forall x\,(\forall y\,p(y,x)))^2 \to p(t,t)^2$	Corte 3,4
3	$(\forall x\,(\forall y\,p(y,x)))^2 \to p(t,t)^3$	EE+ED 6
4	$p(t,t), (\forall x\,(\forall y\,p(y,x)))^2 \to p(t,t)^2$	EE^2 5
5	$p(t,t) \to p(t,t)^2$	ED 9
6	$(\forall x\,(\forall y\,p(y,x))) \to p(t,t)^2$	$\forall E$ 7
7	$(\forall y\,p(y,z)) \to p(t,t)^2$	$\forall E$ 8
8	$p(t,t) \to p(t,t)^2$	ED 9
9	$p(t,t) \to p(t,t)$	Ax

tem uma aplicação da regra do corte à fórmula $p(t,t)$ de profundidade mais baixa. A aplicação da regra do corte sobre a fórmula atómica $p(t,t)$ tem de ser eliminada usando o passo (1) da demonstração da Proposição 7 e é deixada como exercício.

A eliminação do corte é um ingrediente chave da demonstração por meios puramente simbólicos da coerência do cálculo de Gentzen. É também bastante útil nas demonstrações automáticas de teoremas, uma vez que a regra do corte não é analítica no sentido em que, em geral, as fórmulas nas premissas não são todas subfórmulas de fórmulas na conclusão. Claramente, o uso de regras analíticas é mais fácil de automatizar.

Proposição 10 (Coerência do cálculo de Gentzen)

$$\varepsilon \to \varepsilon \notin \emptyset^{\vdash_\Sigma}.$$

Demonstração: A demonstração é realizada por contradição. Assuma-se que $\vdash_\Sigma \varepsilon \to \varepsilon$. Então, pelo teorema da eliminação do corte, existe uma sequência de derivação livre de corte para $\emptyset \vdash_\Sigma \varepsilon \to \varepsilon$. Logo, pelo lema do comprimento de sequente, $|\varepsilon \to \varepsilon| > 0$, o que é absurdo. QED

Observe-se que a Proposição 10 apenas afirma a coerência fraca do cálculo de Gentzen. De facto, a coerência forte (se $\mathfrak{S}$ é coerente, então $\mathfrak{S}^{\vdash_\Sigma}$ é coerente) não foi estabelecida uma vez que o resultado chave da eliminação do corte apenas foi demonstrado na ausência de hipóteses. De facto, tal coerência forte com toda a generalidade é impossível de estabelecer.

9.3   Coerência da lógica de primeira ordem

Para se estabelecer, ainda por meios puramente simbólicos, a coerência do cálculo de Hilbert para a lógica de primeira ordem é suficiente relacionar o cálculo de Hilbert com o cálculo de Gentzen. Para isso, é obrigatório trabalhar simultaneamente com as noções de derivação de Hilbert e Gentzen, o que requer alguma notação extra. Seja $\Gamma \subseteq L_\Sigma$. Por

$$\Gamma \vdash^{\mathsf{H}}_\Sigma \varphi$$

entende-se que a fórmula φ é derivável no cálculo de Hilbert a partir das hipóteses Γ. Por

$$\Gamma \vdash^{\mathsf{G}}_\Sigma \varphi$$

entende-se que existe um subconjunto finito $\{\gamma_1, \ldots, \gamma_e\}$ de Γ tal que $\vdash^{\mathsf{G}}_\Sigma \varepsilon \to \varphi$ sempre que $\vdash^{\mathsf{G}}_\Sigma \varepsilon \to \gamma_i$ qualquer que seja $i = 1, \ldots, e$. Note-se que, pela regra da permutação à esquerda, a ordem pela qual a sequência $\gamma_1 \ldots \gamma_e$ é extraída a partir de $\{\gamma_1, \ldots, \gamma_e\}$ é irrelevante. Por

$$\Gamma \Vdash^{\mathsf{G}}_\Sigma \varphi$$

entende-se que existe um subconjunto finito $\{\gamma_1, \ldots, \gamma_e\}$ de Γ tal que

$$\vdash^{\mathsf{G}}_\Sigma \gamma_1 \ldots \gamma_e \to \varphi.$$

Observe-se que nem sempre é o caso de

$$\vdash^{\mathsf{G}}_\Sigma \varphi \to (\forall x \varphi)$$

uma vez que a regra $\forall$D não pode ser aplicada quando $x \in \mathrm{vlv}_\Sigma(\varphi)$. Assim,

$$\varphi \nVdash^{\mathsf{G}}_\Sigma (\forall x\, \varphi).$$

Mas, é sempre verdade que

$$\varphi \vdash^{\mathsf{G}}_\Sigma (\forall x\, \varphi).$$

Este facto ajuda à compreensão das definições de $\vdash^{\mathsf{G}}_\Sigma$ e de $\Vdash^{\mathsf{G}}_\Sigma$.

Neste ponto, é conveniente introduzir dois operadores sobre o reticulado completo $\langle \wp L_\Sigma, \subseteq \rangle$:

- (operador global) $\lambda \Gamma . \Gamma^{\vdash^{G}_{\Sigma}}$ em que $\Gamma^{\vdash^{G}_{\Sigma}} = \{\varphi : \Gamma \vdash^{G}_{\Sigma} \varphi\}$;

- (operador local) $\lambda \Gamma . \Gamma^{\Vdash^{G}_{\Sigma}}$ em que $\Gamma^{\Vdash^{G}_{\Sigma}} = \{\varphi : \Gamma \Vdash^{G}_{\Sigma} \varphi\}$.

Proposição 11 O operador $\Vdash^{G}_{\Sigma}$ é um operador de fecho compacto.

Demonstração: (a) Extensividade. Seja $\gamma \in \Gamma$. Então $\gamma \to \gamma$ é um axioma (generalizado) e portanto existe um conjunto finito $\{\gamma\}$ tal que $\vdash_{\Sigma} \gamma \to \gamma$.
(b) Monotonia. Assuma-se que $\Gamma_1 \subseteq \Gamma_2$ e que $\Gamma_1 \Vdash^{G}_{\Sigma} \varphi$. Então existe um conjunto finito $\Psi \subseteq \Gamma_1$ tal que $\vdash_{\Sigma} \Psi \to \varphi$. Mas Ψ é também um subconjunto de Γ_2 e portanto $\Gamma_2 \Vdash^{G}_{\Sigma} \varphi$.
(c) Idempotência. Assuma-se que $\Gamma^{\Vdash^{G}_{\Sigma}} \Vdash^{G}_{\Sigma} \varphi$. Então existe um subconjunto finito Ψ de $\Gamma^{\Vdash^{G}_{\Sigma}}$ tal que $\vdash_{\Sigma} \Psi \to \varphi$. Além disso, existe um conjunto finito $\Omega_\psi \subseteq \Gamma$ tal que $\vdash_{\Sigma} \Omega_\psi \to \psi$, para cada $\psi \in \Psi$. Demonstra-se abaixo que

$$\vdash_{\Sigma} \bigcup_{\psi \in \Psi} \Omega_\psi \to \varphi.$$

Assuma-se, sem perda de generalidade que $\Psi = \{\psi_1, \psi_2\}$ e $\Omega = \bigcup_{\psi \in \Psi} \Omega_\psi$. Da sequência

1	$\Omega \to \varphi$	Corte 2,3
2	$\Omega \to \varphi, \psi_1$	EE$^+$+ED 4
3	$\psi_1, \Omega \to \varphi$	Corte 5,6
4	$\Omega_{\psi_1} \to \psi_1$	Teo
5	$\psi_1, \Omega \to \varphi, \psi_2$	EE$^+$+ED 7
6	$\psi_2, \psi_1, \Omega \to \varphi$	EE$^+$ 8
7	$\Omega_{\psi_2} \to \psi_2$	Teo
8	$\psi_2, \psi_1 \to \varphi$	Teo

a tese segue. A demonstração de compacidade é direta a partir da definição e é deixada como exercício. QED

Exercício 12 Analise as propriedade do operador $\vdash^{G}_{\Sigma}$.

O resultado seguinte estabelece uma relação importante entre operador local e global de Gentzen sobre conjuntos de fórmulas.

Proposição 13 Se $\Gamma \Vdash^{G}_{\Sigma} \varphi$, então $\Gamma \vdash^{G}_{\Sigma} \varphi$.

Demonstração: Assuma-se que $\Gamma \Vdash^{G}_{\Sigma} \varphi$. Então existe $\{\gamma_1, \ldots, \gamma_n\} \subseteq \Gamma$ tal que $\gamma_1, \ldots, \gamma_n \Vdash^{G}_{\Sigma} \varphi$. Isto é, $\gamma_1, \ldots, \gamma_n \to \varphi$ é um teorema. A sequência

1	$\varepsilon \to \varphi$	Corte 2,3
2	$\varepsilon \to \varphi, \gamma_n$	ED 4
3	$\gamma_n \to \varphi$	Corte 5,6
4	$\varepsilon \to \gamma_n$	Hip
	$\ldots$	
3n-2	$\gamma_2, \ldots, \gamma_n \to \varphi$	Corte 3n-1,3n
3n-1	$\gamma_2, \ldots, \gamma_n \to \varphi, \gamma_1$	EE+ED 3n+1
3n	$\gamma_1, \ldots, \gamma_n \to \varphi$	Teo
3n+1	$\varepsilon \to \gamma_1$	Hip

mostra que se $\varepsilon \to \gamma_i$ é um teorema para $i = 1, \ldots, n$, então $\varepsilon \to \varphi$ é também um teorema e portanto $\Gamma \vdash_\Sigma^G \varphi$.   QED

Por exemplo $\{\varphi, (\varphi \Rightarrow \psi)\}$ $\Vdash_\Sigma^G \psi$ e, portanto, $\{\varphi, (\varphi \Rightarrow \psi)\} \vdash_\Sigma^G \psi$. Os dois resultados seguintes relacionam derivabilidade nos cálculos de Hilbert e de Gentzen.

Proposição 14 Seja w a sequência de derivação para $\Gamma \vdash_\Sigma^H \varphi$ em que não são aplicadas generalizações às variáveis que ocorrem livres em Γ. Então $\Gamma \Vdash_\Sigma^G \varphi$.

Demonstração: A demonstração é realizada por indução sobre o comprimento n de w.
(Base): Existem dois casos a considerar.
(i) $w_n = \langle \varphi, \mathrm{Hip} \rangle$. Então $\varphi \to \varphi$ é um axioma.
(ii) $w_n = \langle \varphi, \mathrm{Ax} \rangle$. Então $\varepsilon \to \varphi$ é um teorema.
(Passo): Apenas se considera um caso deixando os restantes para o leitor.
(iii) $w_n = \langle \varphi, \mathrm{Gen}\, k \rangle$. Então, pela hipótese de indução, $\Gamma \Vdash_\Sigma^G \psi_k$ e portanto existe um conjunto finito $\Phi \subseteq \Gamma$ tal que $\Phi \to \psi_k$ é um teorema. Além disso

| 1 | $\Phi \to \varphi$ | $\forall$D 2 |
| 2 | $\Phi \to \psi_k$ | Teo |

é uma sequência de derivação em que a regra $\forall$D pode ser aplicada por causa da hipótese.   QED

Proposição 15
$$\text{Se } \Gamma \vdash_\Sigma^H \varphi, \text{ então } \Gamma \vdash_\Sigma^G \varphi.$$

Demonstração: Começa-se por verificar que $\vdash_\Sigma^G \alpha$, isto é, $\vdash_\Sigma \varepsilon \to \alpha$ para cada axioma α do cálculo de Hilbert.

Verifica-se se $\vdash_\Sigma^G \varphi$ e se $\vdash_\Sigma^G (\varphi \Rightarrow \psi)$, isto é, se $\vdash_\Sigma \varepsilon \to \varphi$ e se $\vdash_\Sigma \varepsilon \to (\varphi \Rightarrow \psi)$, então $\vdash_\Sigma \varepsilon \to \psi$, isto é, $\vdash_\Sigma^G \psi$.

De seguida verifica-se que se $\vdash_\Sigma^G \varphi$, isto é, se $\vdash_\Sigma \varepsilon \to \varphi$, então $\vdash_\Sigma \varepsilon \to (\forall x\, \varphi)$, isto é, $\vdash_\Sigma^G (\forall x\, \varphi)$.

Finalmente, obtém-se o resultado por indução sobre o comprimento da sequência de derivação para φ a partir de Γ no cálculo de Hilbert.   QED

Usando este resultado e a coerência do cálculo de Gentzen, é possível, tal como David Hilbert pretendia, estabelecer, por meios puramente simbólicos, a coerência fraca da lógica de primeira ordem (como definida no Capítulo 5).

Proposição 16 (Coerência do cálculo de Hilbert)

$$\emptyset^{\vdash_\Sigma} \neq L_\Sigma.$$

Demonstração: A demonstração realiza-se por contradição. Assuma-se que $\emptyset^{\vdash_\Sigma} = L_\Sigma$. Em particular, para qualquer $\psi \in L_\Sigma$, ter-se-ia que $\vdash_\Sigma^H \psi$ e que $\vdash_\Sigma^H (\neg\psi)$. Portanto, pela Proposição 15, obter-se-ia que $\vdash_\Sigma^G \psi$ e que $\vdash_\Sigma^G (\neg\psi)$. Ou seja,

$$(a) \quad \vdash_\Sigma \varepsilon \to \psi$$
$$(b) \quad \vdash_\Sigma \varepsilon \to (\neg\psi)$$

o que permitiria derivar o sequente vazio, contradizendo a coerência do cálculo de Gentzen, do modo seguinte:

1	$\varepsilon \to \varepsilon$	Corte 2,3
2	$\varepsilon \to (\neg\psi)$	(b)
3	$(\neg\psi) \to \varepsilon$	$\neg$E 4
4	$\varepsilon \to \psi$	(a)

Logo, o cálculo de Hilbert é também coerente. QED

9.4 Correção e completude

A correção (forte) deste cálculo consiste em demonstrar que se $\mathfrak{S} \vdash_\Sigma^G s$ então s é consequência semântica de $\mathfrak{S}$. Tal como se espera, um sequente s diz-se *consequência (semântica)* de um conjunto de sequentes $\mathfrak{S}$, o que se escreve $\mathfrak{S} \vDash_\Sigma s$, se, para toda a estrutura de interpretação I, $I \Vdash_\Sigma s$ sempre que $I \Vdash_\Sigma s'$ qualquer que seja $s' \in \mathfrak{S}$.

Os resultados seguintes são úteis para relacionar a satisfação de sequentes com a satisfação de fórmulas.

Proposição 17 Sejam φ fórmula e I estrutura de interpretação ambas sobre uma assinatura Σ. Então

$$I \Vdash_\Sigma \varphi \text{ se e só se } I \Vdash_\Sigma \varepsilon \to \varphi.$$

Como corolário tem-se:

$$\varphi \text{ é válida se e só se } \varepsilon \to \varphi \text{ é válida.}$$

Além disso, é possível relacionar consequência semântica entre fórmulas e consequência semântica entre sequentes.

Proposição 18 Seja $\Gamma \cup \varphi \subseteq L_\Sigma$. Então

$$\Gamma \vDash_\Sigma \varphi \text{ se e só se } \{\varepsilon \to \gamma : \gamma \in \Gamma\} \vDash_\Sigma \varepsilon \to \varphi.$$

A demonstração da proposição acima é também um corolário da Proposição 17. É possível definir uma noção local de consequência entre fórmulas. Uma fórmula φ diz-se uma *consequência local* de um conjunto de fórmulas Γ, o que se escreve $\Gamma \rhd_\Sigma \varphi$, se, para qualquer estrutura de interpretação I e qualquer atribuição ρ, $I\rho \Vdash_\Sigma \varphi$ sempre que $I\rho \Vdash_\Sigma \gamma$ qualquer que seja $\gamma \in \Gamma$.

Proposição 19 Sejam $\Gamma \cup \varphi \subseteq L_\Sigma$ e Γ conjunto finito. Então

$$\Gamma \rhd_\Sigma \varphi \quad \text{se e só se} \quad \bigwedge_{\gamma \in \Gamma} \gamma \to \varphi \text{ é válido.}$$

As noções de consequência podem ser relacionadas como se mostra abaixo.

Proposição 20 Seja $\Gamma \cup \varphi \subseteq L_\Sigma$. Então

$$\Gamma \rhd_\Sigma \varphi \quad \text{implica} \quad \Gamma \vDash_\Sigma \varphi.$$

A técnica que foi dada para demonstrar a correção do cálculo de Hilbert, veja-se o Capítulo 7, também pode ser aplicada para demonstrar a correção do cálculo de Gentzen: é suficiente demonstrar que os axiomas são sequentes válidos (correção dos axiomas) e que o conjunto de premissas de uma regra implica semanticamente a conclusão da regra (correção das regras).

Proposição 21 Os axiomas são corretos.

Demonstração: Direta a partir da definição de satisfação de um sequente por uma estrutura de interpretação.   QED

Proposição 22 As regras de inferência são corretas.

Demonstração: Apenas se realizam as demonstrações da correção da regra do corte e das regras à direita e à esquerda para o quantificador universal. A correção das outras regras é deixada como exercício.

(i) Correção da regra do corte. É necessário demonstrar

$$\vec{\gamma} \to \vec{\eta}\,\psi, \ \psi\vec{\gamma} \to \vec{\eta} \ \vDash_\Sigma \ \vec{\gamma} \to \vec{\eta}.$$

Seja I uma estrutura de interpretação para Σ. Assuma-se que

$$(\dagger) \ I \Vdash_\Sigma \vec{\gamma} \to \vec{\eta}, \psi \ \text{ e } \ (\dagger\dagger) \ I \Vdash_\Sigma \psi, \vec{\gamma} \to \vec{\eta}.$$

Seja ρ uma atribuição em I. Assuma-se que

$$(\dagger\dagger\dagger) \quad I\rho \Vdash_\Sigma \vec{\gamma}.$$

Existem dois casos a considerar:

(a) $I\rho \Vdash_\Sigma \psi$. Então, por ($\dagger\dagger$) conclui-se que $I\rho \Vdash_\Sigma \eta_j$ para algum $j = 1, \ldots, e$ e portanto $I\rho \Vdash_\Sigma \vec{\eta}$.

(b) $I\rho \nVdash_\Sigma \psi$. Por ($\dagger$), ou $I\rho \Vdash_\Sigma \eta_j$ para algum $j = 1, \ldots, e$ ou $I\rho \Vdash_\Sigma \psi$. A última é impossível por hipótese. Assim, $I\rho \Vdash_\Sigma \eta_j$ para algum $j = 1, \ldots, e$.

Em ambos os casos, $I \Vdash_\Sigma \vec{\gamma} \to \vec{\eta}$.

(ii) Correção da regra $\forall$D. É necessário demonstrar

$$\vec{\gamma} \to \vec{\eta}, [\varphi]_y^x \vDash_\Sigma \vec{\gamma} \to \vec{\eta}, (\forall x \varphi)$$

sempre que $y \notin \mathrm{vlv}_\Sigma(\vec{\gamma} \cup \vec{\eta})$. Seja I uma estrutura de interpretação para Σ. Assuma-se que

$$(\dagger) \quad I \Vdash_\Sigma \vec{\gamma} \to \vec{\eta}, [\varphi]_y^x.$$

Seja ρ uma atribuição em I. Assuma-se que

$$(\dagger\dagger) \quad I\rho \Vdash_\Sigma \vec{\gamma}.$$

Então ou (a) $I\rho \Vdash_\Sigma \eta_i$ para algum $i = 1, \ldots, d$ ou (b) $I\rho \Vdash_\Sigma [\varphi]_y^x$.

(a) Segue imediatamente que $I\rho \Vdash_\Sigma \vec{\gamma} \to \vec{\eta}, (\forall x \varphi)$.

(b) Seja σ uma atribuição x-equivalente a ρ. Defina-se a atribuição σ' y-equivalente a σ tal que $\sigma'(y) = \sigma(x)$. Então, pela Proposição 19 do Capítulo 7, $I\sigma' \Vdash_\Sigma [\varphi]_y^x$ sse $I\sigma \Vdash_\Sigma \varphi$, pois φ é $[[\varphi]_y^x]_x^y$. Uma vez que $y \notin \mathrm{vlv}_\Sigma(\vec{\gamma} \cup \vec{\eta})$, então, pelo Lema das variáveis omissas (Proposição 16 do Capítulo 7), $I\sigma' \Vdash_\Sigma \gamma_i$ para $i = 1, \ldots, d$ e $I\sigma' \nVdash_\Sigma \eta_j$ para $j = 1, \ldots, e$. Portanto, $I\sigma' \Vdash_\Sigma [\varphi]_y^x$ e logo $I\sigma \Vdash_\Sigma \varphi$.

(iii) Correção da regra $\forall$E. É necessário demonstrar

$$[\varphi]_t^x \vec{\gamma} \to \vec{\eta} \vDash_\Sigma (\forall x\, \varphi) \vec{\gamma} \to \vec{\eta}$$

sempre que $t \rhd_\Sigma x : \varphi$. Seja I uma estrutura de interpretação para Σ. Assuma-se que

$$(\dagger) \quad I \Vdash_\Sigma [\varphi]_t^x \vec{\gamma} \to \vec{\eta}.$$

Seja ρ uma atribuição em I. Assuma-se que

$$(\dagger\dagger) \quad I\rho \Vdash_\Sigma (\forall x\, \varphi) \vec{\gamma}.$$

Em particular, $I\rho' \Vdash_\Sigma \varphi$ em que ρ' é x-equivalente a ρ e $\rho'(x) = [\![t]\!]_\Sigma^{I\rho}$. Dado que $t \rhd_\Sigma x : \varphi$, pela Proposição 19 do Capítulo 7,

$$(\dagger\dagger\dagger) \quad I\rho \Vdash_\Sigma [\varphi]_t^x.$$

De (††) e (†††),

$$I\rho \Vdash_\Sigma [\varphi]^x_t \vec{\gamma}$$

e, portanto, por (†), pode concluir-se que existe j tal que

$$I\rho \Vdash_\Sigma \eta_j.$$

Logo, $I\rho \Vdash_\Sigma (\forall x\,\varphi)\vec{\gamma} \to \vec{\eta}$.   QED

Proposição 23 (Correção do cálculo de Gentzen)

$$\text{Se } \mathfrak{S} \vdash^{\mathsf{G}}_\Sigma s, \text{ então } \mathfrak{S} \vDash_\Sigma s.$$

Demonstração: O resultado é obtido por indução sobre o comprimento da sequência de derivação para $\mathfrak{S} \vdash^{\mathsf{G}}_\Sigma s$.   QED

A correção mais apropriada para os propósitos do livro segue como corolário.

Proposição 24 (Correção do cálculo de Gentzen sobre fórmulas)

$$\text{Se } \Gamma \vdash^{\mathsf{G}}_\Sigma \varphi, \text{ então } \Gamma \vDash_\Sigma \varphi.$$

O resultado acima corresponde à correção global. No entanto, existe uma contraparte local:

Proposição 25 Assuma-se que $\Gamma \subseteq L_\Sigma$ é um conjunto finito.

$$\text{Se } \Gamma \Vvdash^{\mathsf{G}}_\Sigma \varphi, \text{ então } \Gamma \rhd_\Sigma \varphi.$$

O cálculo de Gentzen é também completo com respeito à semântica de Tarski. Neste livro, apenas se demonstra, de forma indireta, a completude do cálculo de Gentzen sobre fórmulas (em oposição aos sequentes) a partir do cálculo de Hilbert.

Proposição 26 (Completude do cálculo de Gentzen sobre fórmulas)

$$\text{Se } \Gamma \vDash_\Sigma \varphi, \text{ então } \Gamma \vdash^{\mathsf{G}}_\Sigma \varphi.$$

Demonstração: O resultado segue da Proposição 15 invocando a completude do cálculo de Hilbert.   QED

Finalmente, é possível demonstrar que o cálculo de Hilbert e o cálculo de Gentzen sobre fórmulas são interderiváveis.

Proposição 27 (Equivalência dos cálculos de Hilbert e Gentzen)

$$\Gamma \vdash^{\mathsf{H}}_\Sigma \varphi \text{ se e só se } \Gamma \vdash^{\mathsf{G}}_\Sigma \varphi.$$

Demonstração: De facto,

$$
\begin{aligned}
\text{se} \quad & \Gamma \vdash^{\mathsf{H}}_{\Sigma} \varphi \\
\text{então} \quad & \Gamma \vdash^{\mathsf{G}}_{\Sigma} \varphi \quad \text{(Proposição 15)} \\
& \Gamma \vDash_{\Sigma} \varphi \quad \text{(Proposição 23)} \\
& \Gamma \vdash^{\mathsf{H}}_{\Sigma} \varphi \quad \text{(Completude do cálculo de Hilbert)}
\end{aligned}
$$

QED

Capítulo 10

Igualdade

Este capítulo é dedicado à igualdade, primeiro olhando para as teorias com igualdade e, em seguida, mencionando a lógica de primeira ordem com igualdade intrínseca.

Como seria de esperar, uma teoria com igualdade deve incluir como teoremas as propriedades características da relação binária de igualdade: reflexividade, simetria, transitividade e congruência. Por congruência aqui entende-se que se dois termos são iguais, então são permutáveis entre si (em qualquer termo e em qualquer fórmula).

Um exemplo particular de teoria com igualdade é a teoria mínima da igualdade que contém apenas o conhecimento estrito sobre a igualdade. Não tem símbolos de função e de predicado para além da igualdade.

O símbolo de igualdade pode ser interpretado por qualquer relação de congruência (não necessariamente a relação diagonal =) continuando assim a satisfazer as suas propriedades características. Contudo, um dos resultados principais do capítulo é precisamente demonstrar que se uma teoria com igualdade tem modelo, então tem um modelo normal, isto é, um modelo em que o símbolo de igualdade é interpretado pela relação diagonal.

As teorias com igualdade são o foco da Secção 10.1. Os modelos normais são abordados na Secção 10.2. Finalmente, a Secção 10.3 contém uma referência muito breve à lógica de primeira ordem com igualdade.

10.1 Teorias com igualdade

Por *assinatura com igualdade* entende-se uma assinatura de primeira ordem em que $\cong \in P_2$. É usual escrever-se $(t_1 \cong t_2)$ em vez de $\cong [t_1, t_2]$. Usa-se $\cong$ em lugar de $=$ para a expressar que o símbolo de predicado $\cong$ nem sempre é interpretado como igualdade. Esta opção tem a vantagem adicional de se distinguir entre igualdade na linguagem formal (da lógica de primeira ordem) e igualdade na metalinguagem da Matemática.

Recorde-se que uma teoria de primeira ordem sobre uma assinatura Σ é o conjunto de fórmulas sobre Σ que é fechado para $\vdash_\Sigma$. Uma teoria Θ sobre Σ diz-se uma *teoria com igualdade* se:

- Σ é uma assinatura com igualdade;

- Θ contém os teoremas seguintes:

  I1 $(\forall x_1(x_1 \cong x_1))$;

  I2 $(\forall x_1(\ldots(\forall x_{n+n}((x_1 \cong x_{n+1}) \Rightarrow (\ldots \Rightarrow ((x_n \cong x_{n+n}) \Rightarrow$
  $(f(x_1, \ldots, x_n) \cong f(x_{n+1}, \ldots, x_{n+n}))) \ldots))) \ldots))$ para cada $f \in F_n$;

  I3 $(\forall x_1(\ldots(\forall x_{n+n}((x_1 \cong x_{n+1}) \Rightarrow (\ldots \Rightarrow ((x_n \cong x_{n+n}) \Rightarrow$
  $(p(x_1, \ldots, x_n) \Rightarrow p(x_{n+1}, \ldots, x_{n+n}))) \ldots))) \ldots))$ para cada $p \in P_n$.

O teorema I1 expressa a reflexividade da igualdade. Os teoremas I2 e I3 expressam que a igualdade é congruente com símbolos de função e de predicado, respetivamente.

Convida-se o leitor a mostrar no exercício seguinte que a teoria mínima da igualdade (a teoria que apenas contém o conhecimento da igualdade) é uma teoria com igualdade.

Exercício 1 Considere-se a assinatura $\Sigma_\cong$ tal que:

- $F_n = \emptyset$ para todo o $n \in \mathbb{N}$;

- $P_2 = \{\cong\}$;

- $P_n = \emptyset$ para todo o $n \neq 2$.

Seja a *teoria da igualdade* a teoria sobre $\Sigma_\cong$ com os axiomas específicos seguintes:

Ref $(\forall x_1(x_1 \cong x_1))$;

Sim $(\forall x_1(\forall x_2((x_1 \cong x_2) \Rightarrow (x_2 \cong x_1))))$;

Trans $(\forall x_1(\forall x_2(\forall x_3((x_1 \cong x_2) \Rightarrow ((x_2 \cong x_3) \Rightarrow (x_1 \cong x_3))))))$.

Mostre que a teoria da igualdade é uma teoria com igualdade.

O resultado seguinte mostra que, em qualquer teoria com igualdade, $\cong$ satisfaz os requisitos de uma relação de equivalência sobre o conjunto de termos.

Proposição 2 Em qualquer teoria com igualdade, para todos os termos t, t_1, t_2 e t_3, as afirmações seguintes são teoremas:

RI1 $(t \cong t)$;

RI2 $((t_1 \cong t_2) \Rightarrow (t_2 \cong t_1))$;

RI3 $((t_1 \cong t_2) \Rightarrow ((t_2 \cong t_3) \Rightarrow (t_1 \cong t_3)))$.

Demonstração:

RI1: Imediato por I1 usando Ax4.

RI2: Observe-se primeiro que, para todas as variáveis distintas y_1, y_2, y_3 e y_4, a fórmula

gI3 $(\forall y_1 (\forall y_2 (\forall y_3 (\forall y_4 ((y_1 \cong y_3) \Rightarrow ((y_2 \cong y_4) \Rightarrow ((y_1 \cong y_2) \Rightarrow (y_3 \cong y_4))))))))$

pertence a qualquer teoria com igualdade. De facto, considere-se a sequência de derivação seguinte em que as variáveis auxiliares z_1, z_2 e z_3 são escolhidas distintas umas das outras e dos elementos de $\{x_1, \ldots, x_4, y_1, \ldots, y_4\}$:

1	$(\forall x_1 (\forall x_2 (\forall x_3 (\forall x_4$ $((x_1 \cong x_3) \Rightarrow ((x_2 \cong x_4) \Rightarrow ((x_1 \cong x_2) \Rightarrow (x_3 \cong x_4))))))))$	I3
2	$((\forall x_1 (\forall x_2 (\forall x_3 (\forall x_4$ $((x_1 \cong x_3) \Rightarrow ((x_2 \cong x_4) \Rightarrow ((x_1 \cong x_2) \Rightarrow (x_3 \cong x_4))))))))$ $\Rightarrow$ $(\forall x_2 (\forall x_3 (\forall x_4$ $((z_1 \cong x_3) \Rightarrow ((x_2 \cong x_4) \Rightarrow ((z_1 \cong x_2) \Rightarrow (x_3 \cong x_4))))))))$	Ax4
3	$(\forall x_2 (\forall x_3 (\forall x_4 ((z_1 \cong x_3) \Rightarrow$ $((x_2 \cong x_4) \Rightarrow ((z_1 \cong x_2) \Rightarrow (x_3 \cong x_4)))))))$	MP 1,2
	$\ldots$	
7	$((\forall x_4 ((z_1 \cong z_3) \Rightarrow$ $((z_2 \cong x_4) \Rightarrow ((z_1 \cong z_2) \Rightarrow (z_3 \cong x_4)))))$	MP 5,6
8	$(\forall x_4 ((z_1 \cong z_3) \Rightarrow ((z_2 \cong x_4) \Rightarrow ((z_1 \cong z_2) \Rightarrow (z_3 \cong x_4))))$ $\Rightarrow$ $((z_1 \cong z_3) \Rightarrow ((z_2 \cong y_4) \Rightarrow ((z_1 \cong z_2) \Rightarrow (z_3 \cong y_4))))$	Ax4
9	$((z_1 \cong z_3) \Rightarrow ((z_2 \cong y_4) \Rightarrow ((z_1 \cong z_2) \Rightarrow (z_3 \cong y_4))))$	MP 7,8
10	$(\forall z_1 ((z_1 \cong z_3) \Rightarrow$ $((z_2 \cong y_4) \Rightarrow ((z_1 \cong z_2) \Rightarrow (z_3 \cong y_4)))))$	Gen 9
11	$((\forall z_1 ((z_1 \cong z_3) \Rightarrow$ $((z_2 \cong y_4) \Rightarrow ((z_1 \cong z_2) \Rightarrow (z_3 \cong y_4)))))$ $\Rightarrow$ $((y_1 \cong z_3) \Rightarrow ((z_2 \cong y_4) \Rightarrow ((y_1 \cong z_2) \Rightarrow (z_3 \cong y_4)))))$	Ax4

12   $((y_1 \cong z_3) \Rightarrow ((z_2 \cong y_4) \Rightarrow ((y_1 \cong z_2) \Rightarrow (z_3 \cong y_4))))$ MP 10,11

. . .

18   $((y_1 \cong y_3) \Rightarrow ((y_2 \cong y_4) \Rightarrow ((y_1 \cong y_2) \Rightarrow (y_3 \cong y_4))))$ MP 16,17

. . .

22   $(\forall y_1(\forall y_2(\forall y_3(\forall y_4((y_1 \cong y_3) \Rightarrow$
$((y_2 \cong y_4) \Rightarrow ((y_1 \cong y_2) \Rightarrow (y_3 \cong y_4)))))))$ Gen 21

Com este resultado, considere-se a seguinte sequência de derivação, em que as variáveis $y_1, \ldots, y_4$ são escolhidas distintas umas das outras e dos elementos de $\mathrm{var}_\Sigma(t_1) \cup \mathrm{var}_\Sigma(t_2)$:

1 $(t_1 \cong t_2)$								Hip
2   $(\forall y_1(\forall y_2(\forall y_3(\forall y_4$

   $((y_1 \cong y_3) \Rightarrow ((y_2 \cong y_4) \Rightarrow ((y_1 \cong y_2) \Rightarrow (y_3 \cong y_4))))))))$ gI3

. . .												(*)

10   $((t_1 \cong t_2) \Rightarrow ((t_1 \cong t_1) \Rightarrow ((t_1 \cong t_1) \Rightarrow (t_2 \cong t_1))))$ MP 8,9
11   $((t_1 \cong t_1) \Rightarrow ((t_1 \cong t_1) \Rightarrow (t_2 \cong t_1)))$ MP 1,10
12 $(t_1 \cong t_1)$								RI1
13 $((t_1 \cong t_1) \Rightarrow (t_2 \cong t_1))$				MP 11,12
14 $(t_2 \cong t_1)$								MP 12,13

(*) Usando Ax4 e MP para se obter as instanciações: $y_1 \mapsto t_1$, $y_2 \mapsto t_1$, $y_3 \mapsto t_2$ e $y_4 \mapsto t_1$.
Assim, aplicando o MTD, vem que RI2 pertence a toda a teoria com igualdade.

RI3: Pode ser estabelecido por uma técnica semelhante, usando novamente RI1 e gI3, mas desta vez com as instanciações seguintes: $y_1 \mapsto t_1$, $y_2 \mapsto t_2$, $y_3 \mapsto t_1$ e $y_4 \mapsto t_3$.										QED

Exercício 3 Simplifique a demonstração da Proposição 2 usando a regra da substituição (Proposição 33 da Secção 5.4).

De ora em diante, no contexto de uma estrutura de interpretação $I = (D, \_^F, \_^P)$ sobre uma assinatura com igualdade, pode confundir-se a aplicação $\cong_2^P \colon D^2 \to \{0, 1\}$ com a relação binária

$$\{(d_1, d_2) \in D^2 : \cong_2^P (d_1, d_2) = 1\}.$$

Além disso, $d_1 \cong_2^P d_2$ pode usar-se em vez de $\cong_2^P(d_1, d_2) = 1$.
O próximo resultado mostra que $I1$, $I2$ e $I3$ restringem tal como se previa a interpretação do símbolo de predicado $\cong$.

Proposição 4 Em qualquer modelo de uma teoria com igualdade, $\cong_2^P$ é uma relação de congruência. Por outras palavras, $\cong_2^P$ é uma relação de equivalência tal que:

- para cada $f \in F_n$,

    se $d_1 \cong_2^P d_1'$, ..., $d_n \cong_2^P d_n'$, então $f_n^F(d_1, \ldots, d_n) \cong_2^P f_n^F(d_1', \ldots, d_n')$;

- para cada $p \in P_n$,

    se $d_1 \cong_2^P d_1'$, ..., $d_n \cong_2^P d_n'$, então $p_n^P(d_1, \ldots, d_n) = p_n^P(d_1', \ldots, d_n')$.

Demonstração: Note-se primeiro que, de acordo com a proposição anterior, a teoria contém as fórmulas seguintes:

(1) $(x_1 \cong x_1)$;

(2) $((x_1 \cong x_2) \Rightarrow (x_2 \cong x_1))$;

(3) $((x_1 \cong x_2) \Rightarrow ((x_2 \cong x_3) \Rightarrow (x_1 \cong x_3)))$.

Seja $I = (D, \_^F, \_^P)$ um modelo da teoria. Então:

(a) A relação $\cong_2^P$ é uma relação de equivalência. Na verdade:

A relação $\cong_2^P$ é reflexiva graças a (1). De facto, $I \Vdash_\Sigma (x_1 \cong x_1)$, de onde, para qualquer atribuição ρ em I, $I\rho \Vdash_\Sigma (x_1 \cong x_1)$, isto é, $\rho(x_1) \cong_2^P \rho(x_1)$. Em particular, qualquer que seja $d \in D$, escolhendo ρ tal que $\rho(x_1) = d$, segue que $d \cong_2^P d$. A simetria e a transitividade da relação $\cong_2^P$ são estabelecidas de modo semelhante, usando o facto de que a teoria contém (2) e (3), respetivamente.

(b) Para cada $f \in F_n$,

    se $d_1 \cong_2^P d_1', \ldots, d_n \cong_2^P d_n'$, então $f_n^F(d_1, \ldots, d_n) \cong_2^P f_n^F(d_1', \ldots, d_n')$.

De facto,

$$I \Vdash_\Sigma ((x_1 \cong x_{n+1}) \Rightarrow (\ldots \Rightarrow ((x_n \cong x_{n+n}) \Rightarrow$$
$$(f(x_1, \ldots, x_n) \cong f(x_{n+1}, \ldots, x_{n+n}))) \ldots))$$

e, portanto, para qualquer atribuição ρ em I,

(1) $\quad I\rho \Vdash_\Sigma ((x_1 \cong x_{n+1}) \Rightarrow (\ldots \Rightarrow ((x_n \cong x_{n+n}) \Rightarrow$
$$(f(x_1, \ldots, x_n) \cong f(x_{n+1}, \ldots, x_{n+n}))) \ldots)).$$

Escolhendo ρ tal que $\rho(x_i) = d_i$ e $\rho(x_{n+i}) = d_i'$ para $i = 1, \ldots, n$, das hipóteses

$$\begin{cases} d_1 \cong_2^P d_1' \\ \ldots \\ d_n \cong_2^P d_n' \end{cases}$$

pode obter-se:

$$(2) \quad \begin{cases} I\rho \Vdash_\Sigma (x_1 \cong x_{n+1}) \\ \ldots \\ I\rho \Vdash_\Sigma (x_n \cong x_{n+n}). \end{cases}$$

De (1) e (2), segue que

$$I\rho \Vdash_\Sigma (f(x_1, \ldots, x_n) \cong f(x_{n+1}, \ldots, x_{n+n})),$$

de onde

$$f_n^{\mathsf{F}}(d_1, \ldots, d_n) \cong_2^{\mathsf{P}} f_n^{\mathsf{F}}(d_1', \ldots, d_n').$$

(c) Para cada $p \in P_n$,

se $d_1 \cong_2^{\mathsf{P}} d_1'$, $\ldots$, $d_n \cong_2^{\mathsf{P}} d_n'$, então $p_n^{\mathsf{P}}(d_1, \ldots, d_n) = p_n^{\mathsf{P}}(d_1', \ldots, d_n')$.

De facto, o leitor não deverá encontrar qualquer dificuldade em demonstrar este resultado. Sugestão: Comece por mostrar que, para cada $p \in P_n$, a fórmula

$$\mathbf{I3} \Leftrightarrow (\forall x_1 (\ldots (\forall x_{n+n} ((x_1 \cong x_{n+1}) \Rightarrow (\ldots \Rightarrow ((x_n \cong x_{n+n}) \Rightarrow$$
$$(p(x_1, \ldots, x_n) \Leftrightarrow p(x_{n+1}, \ldots, x_{n+n}))) \ldots))) \ldots))$$

pertence a todas as teorias com igualdade.   QED

O próximo exercício pede ao leitor que demonstre que, em qualquer teoria com igualdade, substituindo termos por termos iguais leva a fórmulas equivalentes, desde que a captura de variáveis por quantificadores seja evitada.

Exercício 5 (Princípio da substituição de iguais – PSI)
Mostre que o que se segue se verifica em qualquer teoria Θ com igualdade:

$$((x \cong y) \Rightarrow (\varphi \Rightarrow \psi)) \in \Theta,$$

em que ψ é obtida a partir de φ substituindo, fora do alcance das quantificações sobre y, nenhuma, uma ou mais ocorrências livres de x por y.

Quando a igualdade está disponível, é possível definir o útil quantificador *existe um e um só*, como se mostra no exercício seguinte.

Exercício 6 (Quantificador $\exists^1$) Seja $(\exists^1 x \, \varphi)$ abreviatura da fórmula

$$((\exists x \, \varphi) \wedge (\forall x \, (\forall x_i ((\varphi \wedge [\varphi]_{x_i}^x) \Rightarrow (x \cong x_i)))))$$

em que i é o menor j tal que a variável x_j não é x e não ocorre em φ. Enuncie e demonstre propriedades deste quantificador numa teoria com igualdade.

10.2 Modelos normais

Entre as estruturas de interpretação sobre uma assinatura com igualdade é interessante identificar aquelas que interpretam $\cong$ como a relação diagonal.

Seja $I = (D, \_^{\mathsf{F}}, \_^{\mathsf{P}})$ a estrutura de interpretação sobre uma assinatura com igualdade. Então I diz-se *normal* se a interpretação de $\cong$ é a aplicação característica da igualdade, isto é, se:

$$\cong_2^{\mathsf{P}} = \lambda\, d_1, d_2 \cdot \begin{cases} 1 & \text{se } d_1 = d_2 \\ 0 & \text{n.r.c.} \end{cases}.$$

Proposição 7 (Existência de modelo normal)
Qualquer teoria coerente com igualdade admite modelo normal com domínio contável.

Demonstração: Seja Θ uma teoria coerente com igualdade sobre Σ. A construção de Henkin conduz a uma estrutura de interpretação

$$I = (D, \_^{\mathsf{F}}, \_^{\mathsf{P}})$$

com domínio numerável que é um modelo de Θ. Recorde-se que, graças à Proposição 4, $\cong_2^{\mathsf{P}}$ é uma relação de congruência. Considere-se

$$I/\cong\ =\ (D/\cong, \_^{\mathsf{F}/\cong}, \_^{\mathsf{P}/\cong})$$

(o quociente de I por $\cong_2^{\mathsf{P}}$) definida com se espera:

- $D/\cong\ =\ D/\cong_2^{\mathsf{P}}\ =\ \{[d]_{\cong_2^{\mathsf{P}}} : d \in D\}$
  em que, como habitualmente, $[d]_{\cong_2^{\mathsf{P}}}$ denota a classe de equivalência de d com respeito à relação de equivalência $\cong_2^{\mathsf{P}}$;

- $f_n^{\mathsf{F}/\cong}([d_1]_{\cong_2^{\mathsf{P}}}, \ldots, [d_n]_{\cong_2^{\mathsf{P}}}) = [f_n^{\mathsf{F}}(d_1, \ldots, d_n)]_{\cong_2^{\mathsf{P}}}$,
  para cada $n \in \mathbb{N}$, $f \in F_n$ e $(d_1, \ldots, d_n) \in D^n$;

- $p_n^{\mathsf{P}/\cong}([d_1]_{\cong_2^{\mathsf{P}}}, \ldots, [d_n]_{\cong_2^{\mathsf{P}}}) = p_n^{\mathsf{P}}(d_1, \ldots, d_n)$,
  para cada $n \in \mathbb{N}^+$, $p \in P_n$ e $(d_1, \ldots, d_n) \in D^n$.

Observe-se que se

$$\begin{cases} [d_1]_{\cong_2^{\mathsf{P}}} = [d_1']_{\cong_2^{\mathsf{P}}} \\ \cdots \\ [d_n]_{\cong_2^{\mathsf{P}}} = [d_n']_{\cong_2^{\mathsf{P}}} \end{cases},$$

então

$$\begin{cases} d_1 \cong_2^{\mathsf{P}} d_1' \\ \cdots \\ d_n \cong_2^{\mathsf{P}} d_n' \end{cases}$$

e, portanto, pela Proposição 4, tem-se que:

- $f_n^{\mathsf{F}}(d_1, \ldots, d_n) \cong_2^{\mathsf{P}} f_n^{\mathsf{F}}(d_1', \ldots, d_n')$

  e, portanto, $[f_n^{\mathsf{F}}(d_1, \ldots, d_n)]_{\cong_2^{\mathsf{P}}} = [f_n^{\mathsf{F}}(d_1', \ldots, d_n')]_{\cong_2^{\mathsf{P}}};$

- $p_n^{\mathsf{P}}(d_1, \ldots, d_n) = p_n^{\mathsf{P}}(d_1', \ldots, d_n').$

Logo, cada equação

$$f_n^{\mathsf{F}/\cong}([d_1]_{\cong_2^{\mathsf{P}}}, \ldots, [d_n]_{\cong_2^{\mathsf{P}}}) = [f_n^{\mathsf{F}}(d_1, \ldots, d_n)]_{\cong_2^{\mathsf{P}}}$$

produz uma aplicação bem definida

$$f_n^{\mathsf{F}/\cong} : D/\cong^n \to D/\cong$$

e cada equação

$$p_n^{\mathsf{P}/\cong}([d_1]_{\cong_2^{\mathsf{P}}}, \ldots, [d_n]_{\cong_2^{\mathsf{P}}}) = p_n^{\mathsf{P}}(d_1, \ldots, d_n)$$

produz uma aplicação bem definida

$$p_n^{\mathsf{P}/\cong} : D/\cong^n \to \{0, 1\}.$$

Assim, o triplo $I/\cong$ é uma estrutura de interpretação sobre Σ. Note-se que tem domínio contável. Resta verificar que este é um modelo normal de Θ.

Primeiro, observe-se que a interpretação dada por $I/\cong$ a $\cong$ é de facto a pretendida:

$$
\begin{aligned}
\cong_2^{\mathsf{P}/\cong}([d_1]_{\cong_2^{\mathsf{P}}}, [d_2]_{\cong_2^{\mathsf{P}}}) &= \cong_2^{\mathsf{P}}(d_1, d_2) \\
&= \begin{cases} 1 & \text{se } d_1 \cong_2^{\mathsf{P}} d_2 \\ 0 & \text{n.r.c.} \end{cases} = \begin{cases} 1 & \text{se } [d_1]_{\cong_2^{\mathsf{P}}} = [d_2]_{\cong_2^{\mathsf{P}}} \\ 0 & \text{n.r.c.} \end{cases}.
\end{aligned}
$$

Além disso, para qualquer atribuição ρ em I, denotando-se $([\cdot]_{\cong_2^{\mathsf{P}}} \circ \rho)$ por $[\rho]_{\cong_2^{\mathsf{P}}}$, pode demonstrar-se por indução, o que é deixado como exercício, que:

- qualquer que seja $t \in T_\Sigma$,

$$[\![t]\!]_\Sigma^{I/\cong \; [\rho]_{\cong_2^{\mathsf{P}}}} = [[\![t]\!]_\Sigma^{I\rho}]_{\cong_2^{\mathsf{P}}};$$

- qualquer que seja $\varphi \in L_\Sigma$;

$$I/\cong [\rho]_{\cong_2^{\mathsf{P}}} \Vdash_\Sigma \varphi \quad \text{se e só se} \quad I\rho \Vdash_\Sigma \varphi.$$

Assim, qualquer que seja $\theta \in \Theta$, dado que $I \Vdash_\Sigma \theta$, isto é, dado que $I\rho \Vdash_\Sigma \theta$ qualquer que seja a atribuição ρ em I, usando o resultado acima conclui-se que

$$I/\!\cong \, [\rho]_{\cong_2^{\mathsf{P}}} \Vdash_\Sigma \theta \text{ para todo } \rho \text{ sobre } I,$$

de onde, uma vez que a aplicação $\lambda\, d\,.\, [d]_{\cong_2^{\mathsf{P}}}$ é sobrejetiva, segue facilmente por contrarrecíproco que

$$I/\!\cong \, \sigma \Vdash_\Sigma \theta \text{ para todo } \sigma \text{ sobre } I/\!\cong$$

e, portanto,

$$I/\!\cong \, \Vdash_\Sigma \theta\,.$$

QED

Seja Θ uma teoria com igualdade sobre Σ. Recorde a categoria Int_Σ de estruturas de interpretação sobre a assinatura Σ introduzida na Secção 7.6. Considere-se a subcategoria Mod_Θ de Int_Σ composta pelos modelos de Θ juntamente com todos os seus homomorfismos.[1] Seja nMod_Σ a subcategoria de Mod_Θ composta pelos modelos de Θ em que a igualdade é interpretada por $=$ juntamente com todos os seus homomorfismos.[2]

No demonstração da Proposição 7 mostra-se que a aplicação

$$h = \lambda\, d\,.\,[d]_{\cong_2^{\mathsf{P}}} : D \to D/\!\cong$$

é um homomorfismo em Mod_Θ e, além disso, é elementar. De facto, mais se pode dizer em termos de categorias:

Exercício 8 Mostre que,[3] dado $I \in \mathrm{Mod}_\Theta$, existe $h' : I \to I'$ em Mod_Θ tal que:

- I' é um objeto de nMod_Θ;

- qualquer que seja $g : I \to I''$ com I'' um objeto de nMod_Θ, existe um único $g' : I' \to I''$ tal que $g' \circ h' = g$.

Mostre que h' é elementar. Conclua que se g é elementar, então também o é g'.

Os exercícios seguintes mostram que a igualdade pode impor em algum sentido restrições às cardinalidades dos modelos.

---

[1]Especialistas da Teoria das Categorias diriam que Mod_Θ é uma subcategoria cheia de Int_Σ.

[2]Novamente, nMod_Θ é uma subcategoria cheia de Mod_Θ.

[3]Especialistas da Teoria das Categorias diriam que nMod_Θ é uma subcategoria reflectiva de Mod_Θ.

Exercício 9 Mostre que, para todo o $k \in \mathbb{N}$, existe uma teoria com igualdade que apenas admite modelos normais cujos domínios têm cardinalidade:

1. menor ou igual a k;

2. igual a k.

Exercício 10 Mostre que não existe uma teoria com igualdade que admita modelos normais com domínios de qualquer cardinalidade finita e modelos não normais com domínios infinitos.

10.3   Lógica de primeira ordem com igualdade

Alguns autores preferem trabalhar com a lógica de primeira ordem munida de igualdade. O exercício seguinte é um convite ao leitor para estudar esta alternativa.

Exercício 11 (Lógica de primeira ordem com igualdade)
(a) Defina a linguagem, o cálculo de Hilbert e a semântica da lógica de primeira ordem com igualdade (LPOI), impondo a interpretação normal para o símbolo de predicado $\cong$.

(b) Seja LPO a lógica de primeira ordem introduzida nos capítulos anteriores. Para cada assinatura Σ com igualdade, mostre os seguintes resultados:

- $\Gamma \vDash_\Sigma^{\text{LPOI}} \varphi$ se e só se $\Gamma, \text{I1, I2, I3} \vDash_\Sigma^{\text{LPO}} \varphi$;

- $\Gamma \vdash_\Sigma^{\text{LPOI}} \varphi$ se e só se $\Gamma, \text{I1, I2, I3} \vdash_\Sigma^{\text{LPO}} \varphi$.

(c) Estabeleça a correção e a completude da LPOI.

Para mais resultados sobre a igualdade na lógica de primeira ordem, refere-se ao leitor a Secção 2.8 do livro [35] de Elliott Mendelson.

Parte III

Aritmética e os teoremas da incompletude

Capítulo 11

Aritmética

Considere-se o conjunto dos números naturais munido de três operações (sucessor, adição e multiplicação), bem como de duas relações binárias (igual a e menor que). Seja $\Sigma_\mathbb{N}$ a assinatura com símbolos de função e de predicado para representar estas operações e relações, respetivamente, bem como um símbolo de constante para zero. Seja $\mathbb{N}$ a estrutura de interpretação sobre $\Sigma_\mathbb{N}$ tendo o conjunto $\mathbb{N}$ dos números naturais como domínio e interpretando os símbolos de função e de predicado como esperado.[1]

Seguindo o programa de Hilbert, depois da definição da lógica de primeira ordem estar concluída, os lógicos tentaram formalizar, numa teoria de primeira ordem axiomatizável, o conhecimento sobre a estrutura $\mathbb{N}$. Mas este esforço foi em vão pois Kurt Gödel veio a demonstrar que $\mathrm{Th}(\mathbb{N})$ não é axiomatizável (o resultado principal estabelecido no Capítulo 13).

Não obstante este facto, é possível axiomatizar fragmentos do conhecimento aritmético. Por exemplo, é possível afirmar que

$$\langle \mathbb{N}, +, 0, \times, 1 \rangle$$

é um semianel comutativo. Isto é, $\langle \mathbb{N}, + \rangle$ é um monoide comutativo ($+$ é associativa e comutativa) com elemento neutro 0 e $\langle \mathbb{N}, \times \rangle$ é também um monoide comutativo ($\times$ é associativa e comutativa) com elemento neutro 1. Além disso, $\times$ distribui sobre $+$ à esquerda e à direita e 0 é elemento absorvente com respeito a $\times$. A injetividade do sucessor é também fácil de axiomatizar. Finalmente, no que diz respeito a $<$, não levanta dificuldades impor que $<$ seja estável para a adição (se $n < m$, então $n + k < m + k$). Este conhecimento parcial sobre a aritmética é capturado pela teoria axiomatizada $\mathbf{P}$ que se introduz neste capítulo. Esta teoria inclui a versão de primeira ordem do princípio de indução proposto por Richard Dedekind e Giuseppe Peano.

---

[1] Não deverão advir problemas desta notação sobrecarregada.

A teoria **N** é uma teoria da aritmética bastante fraca (sem o princípio de indução) e também é introduzida neste capítulo. Contrariamente a **P**, a teoria **N** é finitamente axiomatizável, mas, em todo o caso, continua suficientemente rica para representar todas as aplicações computáveis. Este facto será usado no fim do Capítulo 13 para estabelecer a indecidibilidade da lógica de primeira ordem.

Deve-se referir que os resultados da incompletude de Gödel requerem uma linguagem suficientemente rica em que a teoria Th($\mathbb{N}$) permita a representação de todas as aplicações computáveis. De facto, a aritmética pode mesmo ser decidível quando se usa uma linguagem menos rica. Este é o caso da teoria da aritmética proposta em 1929 por Mojżesz Presburger (veja-se [37]) usando a linguagem com apenas 0, 1, + e $\cong$. Claramente, na teoria de Presburger nem todas as aplicações computáveis são representáveis. A decidibilidade da teoria de Presburger da aritmética demonstra-se no Capítulo 15.

A assinatura e a semântica padrão da aritmética são apresentadas na Secção 11.1 bem como o conceito de numeral. A Secção 11.2 é dedicada às teorias da aritmética, incluindo a teoria padrão Th($\mathbb{N}$) e as teorias axiomatizadas **N** e **P**. Finalmente, faz-se uma breve referência na Secção 11.3 à lógica de predicados de primeira ordem com aritmética intrínseca.

A questão de representar as aplicações computáveis nas teorias da aritmética, um ingrediente chave da demonstração de incompletude de Gödel, deixa-se para o Capítulo 12.

11.1 Linguagem e semântica padrão

A *assinatura da aritmética* usada neste livro é a assinatura de primeira ordem $\Sigma_{\mathbb{N}}$ tal que:

- $F_0 = \{\mathbf{0}\}$;

- $F_1 = \{'\}$;

- $F_2 = \{+, \times\}$;

- $F_n = \emptyset$ for $n > 2$;

- $P_2 = \{\cong, <\}$;

- $P_n = \emptyset$ for $n \neq 2$.

Esta assinatura é suficientemente rica para estabelecer teorias que permitem a representabilidade das aplicações computáveis, como é requerido pelas demonstrações de Gödel dos teoremas da incompletude.

É prática comum escrever-se t' em vez de $'[t]$ e usar-se a notação infixa para os símbolos de função e de predicado.

O conjunto de *numerais* é o subconjunto de $cT_{\Sigma_\mathbb{N}}$ definido indutivamente como se segue:

- **0** é um numeral;

- **n**$'$ é um numeral sempre que **n** é um numeral.

É conveniente usar as abreviaturas seguintes: **1** representa **0**$'$, **2** representa **0**$''$, **3** representa **0**$'''$, etc. Note-se que o número natural n não deve ser confundido com o numeral **n**. O primeiro é um elemento do domínio da estrutura de interpretação implícita quando se fala de aritmética, enquanto que o último é um termo da linguagem formal da aritmética.

Pode escrever-se $\overline{0}$ em vez de **0**, $\overline{1}$ para **1**, $\overline{2}$ para **2**, etc. Assim, dado $k \in \mathbb{N}$, pode denotar-se o numeral correspondente **k** por $\overline{k}$. Esta notação alternativa é mais conveniente para a escrita manual e também quando é necessário referir-se a sequência $\overline{a_1}, \ldots, \overline{a_n}$ de numerais correspondente a uma sequência $a_1, \ldots, a_n$ de números naturais ou a um número natural dado por uma expressão. Nesta altura, o leitor deve refletir sobre a computabilidade da aplicação

$$\lambda k \,.\, \overline{k} : \mathbb{N} \to cT_{\Sigma_\mathbb{N}}.$$

A *estrutura padrão da aritmética* é a estrutura de interpretação sobre $\Sigma_\mathbb{N}$

$$\mathbb{N} = (\mathbb{N}, \_{}^{\mathsf{F}_\mathbb{N}}, \_{}^{\mathsf{P}_\mathbb{N}})$$

tal que:[2]

- $\mathbf{0}_0^{\mathsf{F}_\mathbb{N}} = 0$;

- $'_1^{\mathsf{F}_\mathbb{N}} = \lambda d \,.\, d + 1$;

- $+_2^{\mathsf{F}_\mathbb{N}} = \lambda d_1, d_2 \,.\, d_1 + d_2$;

- $\times_2^{\mathsf{F}_\mathbb{N}} = \lambda d_1, d_2 \,.\, d_1 \times d_2$;

- $\cong_2^{\mathsf{P}_\mathbb{N}} = \lambda d_1, d_2 \,.\, \begin{cases} 1 & \text{se } d_1 = d_2 \\ 0 & \text{n.r.c.} \end{cases}$;

---

[2]Não deverá haver inconveniente em usar $\mathbb{N}$ para denotar a estrutura de interpretação e também para denotar o seu domínio, assim como pelo uso da notação sobrecarregada tradicional no que diz respeito a $+$, $\times$ e $<$. O leitor deverá ser capaz de inferir a partir do contexto do que se está a falar. Por exemplo, $+$ pode ser simultaneamente um símbolo de função binário na linguagem ou uma função binária da estrutura de interpretação.

- $<_2^{\mathsf{P_N}} = \lambda\, d_1, d_2 \,.\; \begin{cases} 1 & \text{se } d_1 < d_2 \\ 0 & \text{n.r.c.} \end{cases}$.

Vale a pena mencionar que $\Sigma_{\mathbb{N}}$ é uma assinatura com igualdade e que a estrutura de interpretação $\mathbb{N} = (\mathbb{N}, {}_\_{}^{\mathsf{F_N}}, {}_\_{}^{\mathsf{P_N}})$ é normal.

Exercício 1 Mostre que $[\![\mathbf{k}]\!]_{\Sigma_{\mathbb{N}}}^{\mathbb{N}\rho} = k$ qualquer que seja $k \in \mathbb{N}$.

11.2   Teorias da aritmética

Por *teoria da aritmética* entende-se uma teoria sobre $\Sigma_{\mathbb{N}}$ com igualdade que contenha

$$(\neg(\mathbf{1} \cong \mathbf{0}))$$

como um dos seus teoremas.

De entre as teorias da aritmética, a *teoria padrão da aritmética*

$$\mathrm{Th}_{\Sigma_{\mathbb{N}}}(\mathbb{N}) = \{\varphi \in L_{\Sigma_{\mathbb{N}}} : \mathbb{N} \Vdash_{\Sigma_{\mathbb{N}}} \varphi\},$$

também conhecida simplesmente por *aritmética* e denotada por $\mathrm{Th}(\mathbb{N})$, é particularmente interessante. Segue do Exercício 37 no Capítulo 7 que a aritmética é coerente e exaustiva.[3] Mais adiante, mostrar-se-á que $\mathrm{Th}(\mathbb{N})$ não é axiomatizável, uma consequência do facto de ser possível representar todas as aplicações computáveis nessa teoria.

É curioso notar que as aplicações computáveis já são representáveis em teorias da aritmética significativamente mais fracas que $\mathrm{Th}(\mathbb{N})$, em particular na *teoria* **N**, a teoria sobre $\Sigma_{\mathbb{N}}$ representada pelos quinze axiomas específicos seguintes:

I1 $(\forall x_1(x_1 \cong x_1))$;

I2a $(\forall x_1(\forall x_2((x_1 \cong x_2) \Rightarrow (x_1' \cong x_2'))))$;

I2b $(\forall x_1(\forall x_2(\forall x_3(\forall x_4((x_1 \cong x_3) \Rightarrow ((x_2 \cong x_4) \Rightarrow$
$((x_1 + x_2) \cong (x_3 + x_4)))))))))$;

I2c $(\forall x_1(\forall x_2(\forall x_3(\forall x_4((x_1 \cong x_3) \Rightarrow ((x_2 \cong x_4) \Rightarrow$
$((x_1 \times x_2) \cong (x_3 \times x_4)))))))))$;

I3a $(\forall x_1(\forall x_2(\forall x_3(\forall x_4((x_1 \cong x_3) \Rightarrow ((x_2 \cong x_4) \Rightarrow$
$((x_1 \cong x_2) \Rightarrow (x_3 \cong x_4)))))))))$;

I3b $(\forall x_1(\forall x_2(\forall x_3(\forall x_4((x_1 \cong x_3) \Rightarrow ((x_2 \cong x_4) \Rightarrow$
$((x_1 < x_2) \Rightarrow (x_3 < x_4)))))))))$;

---

[3]Recorde-se que a coerência de $\mathrm{Th}_\Sigma(I)$ foi estabelecida semanticamente, e portanto depende da coerência da teoria de conjuntos em que esta semântica foi definida.

N1 $(\forall x_1(\neg(x_1' \cong \mathbf{0})))$;

N2 $(\forall x_1(\forall x_2((x_1' \cong x_2') \Rightarrow (x_1 \cong x_2))))$;

N3 $(\forall x_1((x_1 + \mathbf{0}) \cong x_1))$;

N4 $(\forall x_1(\forall x_2((x_1 + x_2') \cong (x_1 + x_2)')))$;

N5 $(\forall x_1((x_1 \times \mathbf{0}) \cong \mathbf{0}))$;

N6 $(\forall x_1(\forall x_2((x_1 \times x_2') \cong ((x_1 \times x_2) + x_1))))$;

N7 $(\forall x_1(\neg(x_1 < \mathbf{0})))$;

N8 $(\forall x_1(\forall x_2((x_1 < x_2') \Leftrightarrow ((x_1 < x_2) \vee (x_1 \cong x_2)))))$;

N9 $(\forall x_1(\forall x_2((x_1 < x_2) \vee (x_1 \cong x_2) \vee (x_2 < x_1))))$.

Os axiomas **I** expressam que a igualdade é reflexiva e congruente com respeito aos símbolos de função e de predicado. O axioma **N1** impõe que nenhum sucessor é o zero. O axioma **N2** estabelece que a aplicação sucessor é injetiva. O axioma **N3** impõe zero como o elemento neutro da adição. O axioma **N4** completa a definição de adição usando o sucessor. O axioma **N5** expressa que o zero é o elemento absorvente da multiplicação. O axioma **N6** completa a definição de multiplicação usando a adição e o sucessor. O axioma **N7** estabelece que o zero é mínimo com respeito a $<$. O axioma **N8** relaciona $<$ com a aplicação sucessor. Finalmente, **N9** expressa que $\leq$ é uma relação de ordem total. O conjunto de axiomas específicos de **N** é a partir de ora em diante denotado por Ax$_{\mathbf{N}}$.

Observe-se que **N** é uma teoria da aritmética, uma vez que é uma teoria com igualdade, devido aos primeiros seis axiomas, e $(\neg(\mathbf{1} \cong \mathbf{0})) \in \mathbf{N}$, graças ao axioma **N1**.

Exercício 2 Verifique que $\mathbb{N}$ é um modelo da teoria **N**. Mostre ainda que Th($\mathbb{N}$) é uma teoria da aritmética.

A teoria **N** é bastante fraca (como o exercício seguinte ilustra). Contudo, tal como já se havia referido, será estabelecido oportunamente que **N** é suficientemente forte para representar todas as aplicações computáveis, um facto que será utilizado no Capítulo 13 para demonstrar a indecidibilidade da lógica de primeira ordem.

Exercício 3 Mostre que $(\neg(x_1 \cong x_1'))$ não é um teorema de **N**.

A *teoria* **P** sobre $\Sigma_{\mathbb{N}}$ obtém-se adicionando o princípio de indução de primeira ordem seguinte aos axiomas específicos da teoria **N**:

Ind $([\varphi]_{\mathbf{0}}^x \Rightarrow ((\forall x(\varphi \Rightarrow [\varphi]_{x'}^x)) \Rightarrow (\forall x\, \varphi)))$.

Observe-se que o conjunto $Ax_P = Ax_N \cup \mathbf{Ind}$ de axiomas específicos de $\mathbf{P}$ não é finito. De facto, o princípio de indução contém um conjunto numerável de axiomas. Note-se também que $\mathbf{P}$ é uma teoria da aritmética uma vez que contém $\mathbf{N}$.

Exercício 4 Mostre que $\mathbb{N}$ é um modelo de $\mathbf{P}$.

O princípio de indução é um instrumento muito poderoso para derivar fórmulas universalmente quantificadas. De facto, para demonstrar que $(\forall x\, \varphi)$ é um teorema de $\mathbf{P}$, é suficiente:

- derivar a fórmula $[\varphi]_{\mathbf{0}}^{x}$ a partir de Ax_P;

- e derivar, sem generalizações essenciais de dependentes de φ, a fórmula $[\varphi]_{x'}^{x}$, a partir de $Ax_P \cup \{\varphi\}$.

Graças ao esquema de indução, a teoria $\mathbf{P}$ é bastante mais forte que a teoria $\mathbf{N}$, como se estabelece no exercício seguinte.

Exercício 5 Mostre que as seguintes afirmações são teoremas de $\mathbf{P}$:

1. $(\neg(x_1 \cong x_1'))$;

2. associatividade e comutatividade da adição e da multiplicação;

3. distributividade da multiplicação sobre a adição.

Exercício 6 Mostre que o axioma $\mathbf{N9}$ é derivável a partir dos outros axiomas em Ax_P.

Para mais resultados sobre as teorias $\mathbf{N}$ e $\mathbf{P}$, o leitor interessado é aconselhado a consultar o livro [42] de Joseph Shoenfield.

O passo crucial em direção ao primeiro teorema da incompletude de Gödel é a demonstração da indecidibilidade de qualquer teoria da aritmética coerente em que as aplicações computáveis sejam representáveis (Teorema de Church).

A representabilidade das aplicações computáveis em $Th(\mathbb{N})$ é estabelecida no Capítulo 12. Também aí se esboça a demonstração da representabilidade de aplicações computáveis em $\mathbf{N}$, e logo em qualquer uma das suas extensões, que aliás incluem $\mathbf{P}$ e $Th(\mathbb{N})$.

No Capítulo 13, depois da demonstração do teorema supra mencionado devido a Church, alguns teoremas fundamentais são estabelecidos como corolários, incluindo a não exaustividade de qualquer teoria axiomatizável e coerente da aritmética em que as aplicações computáveis sejam representáveis (primeiro teorema da incompletude de Gödel, numa formulação devida a Rosser) e a impossibilidade de axiomatizar $Th(\mathbb{N})$. Finalmente, a indecidibilidade da lógica de primeira ordem é demonstrada, usando a representabilidade das aplicações computáveis na teoria $\mathbf{N}$ e capitalizando na cardinalidade finita de $\mathrm{Ax_N}$.

No Capítulo 14, depois de se estender (no sentido fraco) a representabilidade a conjuntos computavelmente enumeráveis, de modo a permitir uma representação (fraca) da derivabilidade, mostra-se que, sempre que Θ é uma teoria da aritmética computavelmente enumerável, coerente e suficientemente forte (capaz de representar aplicações computáveis, *inter alia*), não é possível em Θ derivar a fórmula que afirma a coerência de Θ (segundo teorema da incompletude de Gödel).

11.3 Aritmética como lógica

Tal como no caso da igualdade (recorde-se toda a Secção 10.3) é possível introduzir a aritmética como uma lógica em vez de trabalhar com teorias.

A *lógica de primeira ordem com aritmética* (LPOA) define-se da forma que se segue:

- toda a assinatura contém $\Sigma_{\mathbb{N}}$;

- para cada assinatura, a linguagem é definida como para a LPO;

- o reduto de qualquer estrutura de interpretação para $\Sigma_{\mathbb{N}}$ é a estrutura padrão $\mathbb{N}$;

- a derivação define-se como na LPO, mas enriquecendo o conjunto de axiomas com os axiomas específicos de $\mathbf{P}$.

Exercício 7 (Incompletude da LPOA)

1. Mostre que LPOA não é (fortemente) completa. Sugestão: Comece por demonstrar que a consequência na LPOA não é compacta.

2. Será possível, mantendo a coerência, enriquecer o conjunto de axiomas da LPOA de modo a torná-la (fortemente) completa?

De facto, não existe qualquer conjunto computável $\mathrm{Ax_P^+}$ de axiomas corretos que garanta a completude mesmo que fraca[4] da LPOA$^+$, a lógica obtida por substituição na LPOA dos axiomas específicos da $\mathbf{P}$ pelos axiomas em $\mathrm{Ax_P^+}$. De facto, dado que

$$\mathrm{Ax_P^+} \vdash^{\mathrm{LPO}}_{\Sigma_{\mathbb{N}}} \varphi \quad \text{se e só se} \quad \vdash^{\mathrm{LPOA}^+}_{\Sigma_{\mathbb{N}}} \varphi,$$

---

[4]Recorde-se que uma lógica fracamente completa é uma lógica em que $\vDash \varphi$ implica $\vdash \varphi$. Observe-se que completude (forte) implica a completude fraca. O recíproco não se verifica. Por exemplo, a lógica temporal linear proposicional é fracamente completa, mas não (fortemente) completa.

a correção fraca e a completude da LPOA$^+$

$$\vdash_{\Sigma_N}^{\text{LPOA}^+} \varphi \ \text{ se e só se } \ \vDash_{\Sigma_N}^{\text{LPOA}^+} \varphi$$

permitiriam concluir que

$$\text{Ax}_{\mathbf{P}}^+ \vdash_{\Sigma_N}^{\text{LPO}} \varphi \ \text{ se e só se } \ \vDash_{\Sigma_N}^{\text{LPOA}^+} \varphi$$

e, portanto,

$$\text{Ax}_{\mathbf{P}}^+ \vdash_{\Sigma_N}^{\text{FOL}} \varphi \ \text{ se e só se } \ \varphi \in \text{Th}(\mathbb{N}),$$

em contradição com os resultados do Capítulo 13.

Contudo, tal como foi pedido ao leitor para realizar no Exercício 7, demonstrar a incompletude (forte) de (qualquer variante da) LPOA apenas requer um argumento de compacidade, e, portanto, não requer o uso do primeiro teorema da incompletude de Gödel.

Capítulo 12

Representabilidade

Como foi mencionado anteriormente, representar as aplicações computáveis em teorias da aritmética é um ingrediente crucial da técnica usada por Kurt Gödel para estabelecer os teoremas da incompletude.

Na Secção 12.1 introduzem-se e ilustram-se as noções de aplicação representável e de conjunto representável numa dada teoria da aritmética. A secção termina com a demonstração da equivalência entre a representabilidade de um conjunto e a representabilidade da sua aplicação característica.

A Secção 12.2 é dedicada à caracterização do conjunto das aplicações computáveis. Para isso, é necessário introduzir primeiro a noção de aplicação recursiva primitiva e, ulteriormente, demonstrar o teorema da forma normal de Kleene.

Na Secção 12.3 apresenta-se a noção de aplicação computável à Gödel. Esta noção não envolve recursão de modo a facilitar a representação das aplicações computáveis em teorias da aritmética. A secção termina com a demonstração da equivalência das formalizações de Kleene e Gödel da noção de aplicação computável.

Finalmente, na Secção 12.4 e na Secção 12.5 mostra-se que todas as aplicações computáveis são representáveis na teoria $Th(\mathbb{N})$ e na teoria $\mathbf{N}$, respetivamente. A primeira é essencial para os resultados dos capítulos seguintes. A última é esboçada porque é utilizada apenas no Capítulo 13 para demonstrar a indecidibilidade da lógica de primeira ordem como corolário do primeiro teorema da incompletude.

12.1   Noção de representabilidade

Sejam Θ teoria da aritmética e $h : \mathbb{N}^n \to \mathbb{N}^m$. Então, a aplicação h diz-se *representada* em Θ pela fórmula $\varphi \in L_{\Sigma_{\mathbb{N}}}$ se:

- $\text{vlv}_{\Sigma_{\mathbb{N}}}(\varphi) = \{x_1, \ldots, x_{n+m}\}$;

- dados $a_1, \ldots, a_n, b_1, \ldots, b_m \in \mathbb{N}$, se $h(a_1, \ldots, a_n) = (b_1, \ldots, b_m)$ então

$$\left([\varphi]_{\overline{a_1}, \ldots, \overline{a_n}}^{x_1, \ldots, x_n} \Leftrightarrow \left(\bigwedge_{i=1}^{m} (x_{n+i} \cong \overline{b_i}) \right) \right) \in \Theta.$$

Uma aplicação diz-se *representável* em Θ se pode ser representada em Θ por alguma fórmula.

Exercício 1 Verifique as afirmações seguintes:

1. A aplicação $\lambda k.\, k + 1$ é representada em $\text{Th}(\mathbb{N})$ por $(x_2 \cong x_1')$.

2. A aplicação P_1^2 é representada em $\text{Th}(\mathbb{N})$ por $((x_3 \cong x_1) \wedge (x_2 \cong x_2))$.

O conceito de representabilidade estende-se a conjuntos da seguinte forma. Seja Θ teoria da aritmética e $C \subseteq \mathbb{N}^n$. Então, o conjunto C diz-se *representado* in Θ pela fórmula $\varphi \in L_{\Sigma_{\mathbb{N}}}$ se:

- $\text{vlv}_{\Sigma_{\mathbb{N}}}(\varphi) = \{x_1, \ldots, x_n\}$;

- para $a_1, \ldots, a_n \in \mathbb{N}$,

  – se $(a_1, \ldots, a_n) \in C$ então $[\varphi]_{\overline{a_1}, \ldots, \overline{a_n}}^{x_1, \ldots, x_n} \in \Theta$;

  – caso contrário, $(\neg [\varphi]_{\overline{a_1}, \ldots, \overline{a_n}}^{x_1, \ldots, x_n}) \in \Theta$.

Um conjunto diz-se *representável* em Θ se pode ser representado em Θ por alguma fórmula.

Exercício 2 Mostre que o conjunto $\{(k_1, k_2) : k_1 \leq k_2\}$ é representado em $\text{Th}(\mathbb{N})$ pela fórmula $((x_1 < x_2) \vee (x_1 \cong x_2))$.

Apesar de ser uma consequência imediata das definições, vale a pena mencionar que, dadas duas teorias da aritmética Θ_1 e Θ_2 tais que $\Theta_1 \subseteq \Theta_2$, se uma aplicação/conjunto é representável em Θ_1 então é também representável em Θ_2.

Observe-se ainda que qualquer aplicação/conjunto é representável na teoria incoerente da aritmética $L_{\Sigma_{\mathbb{N}}}$.

Proposição 3 Seja Θ teoria da aritmética. Então, um conjunto é representável em Θ se e só se a sua aplicação característica é representável em Θ.

Demonstração: Seja $C \subseteq \mathbb{N}^n$.

($\leftarrow$) Suponha-se que φ representa χ_C em Θ. Ou seja, assuma-se que:

- $\mathrm{vlv}_{\Sigma_{\mathbb{N}}}(\varphi) = \{x_1, \ldots, x_{n+1}\}$;

- se $\chi_C(a_1, \ldots, a_n) = b$ então $([\varphi]_{\overline{a_1}, \ldots, \overline{a_n}}^{x_1, \ldots, x_n} \Leftrightarrow (x_{n+1} \cong \overline{b})) \in \Theta$.

Então, C é representado por $[\varphi]_1^{x_{n+1}}$. De facto:

(i)

se $(a_1, \ldots, a_n) \in C$ então

$\chi_C(a_1, \ldots, a_n) = 1$

$([\varphi]_{\overline{a_1}, \ldots, \overline{a_n}}^{x_1, \ldots, x_n} \Leftrightarrow (x_{n+1} \cong \overline{1})) \in \Theta$ (representabilidade de χ_C)

$[[\varphi]_{\overline{a_1}, \ldots, \overline{a_n}}^{x_1, \ldots, x_n}]_1^{x_{n+1}} \in \Theta$ (*)

$[[\varphi]_1^{x_{n+1}}]_{\overline{a_1}, \ldots, \overline{a_n}}^{x_1, \ldots, x_n} \in \Theta$ (**)

(*) Recordando que Θ é uma teoria com igualdade, considere-se a seguinte sequência de derivação:

1   $([\varphi]_{\overline{a_1}, \ldots, \overline{a_n}}^{x_1, \ldots, x_n} \Leftrightarrow (x_{n+1} \cong \overline{1}))$ $\in \Theta$

2   $(([\varphi]_{\overline{a_1}, \ldots, \overline{a_n}}^{x_1, \ldots, x_n} \Leftrightarrow (x_{n+1} \cong \overline{1})) \Rightarrow$
$\qquad\qquad ((x_{n+1} \cong \overline{1}) \Rightarrow [\varphi]_{\overline{a_1}, \ldots, \overline{a_n}}^{x_1, \ldots, x_n}))$ Taut

3   $((x_{n+1} \cong \overline{1}) \Rightarrow [\varphi]_{\overline{a_1}, \ldots, \overline{a_n}}^{x_1, \ldots, x_n})$ MP 1,2

4   $(\forall x_{n+1}((x_{n+1} \cong \overline{1}) \Rightarrow [\varphi]_{\overline{a_1}, \ldots, \overline{a_n}}^{x_1, \ldots, x_n}))$ Gen 3

5   $((\forall x_{n+1}((x_{n+1} \cong \overline{1}) \Rightarrow [\varphi]_{\overline{a_1}, \ldots, \overline{a_n}}^{x_1, \ldots, x_n})) \Rightarrow$
$\qquad\qquad ((\overline{1} \cong \overline{1}) \Rightarrow [[\varphi]_{\overline{a_1}, \ldots, \overline{a_n}}^{x_1, \ldots, x_n}]_1^{x_{n+1}}))$ Ax4

6   $((\overline{1} \cong \overline{1}) \Rightarrow [[\varphi]_{\overline{a_1}, \ldots, \overline{a_n}}^{x_1, \ldots, x_n}]_1^{x_{n+1}})$ MP 4,5

7   $(\overline{1} \cong \overline{1})$ RI1

8   $[[\varphi]_{\overline{a_1}, \ldots, \overline{a_n}}^{x_1, \ldots, x_n}]_1^{x_{n+1}}$ MP 6,7

(**) Como as variáveis $x_1, \ldots, x_{n+1}$ são distintas e os termos $\overline{a_1}, \ldots, \overline{a_n}$ e $\overline{1}$ são fechados, a fórmula $[[\varphi]_1^{x_{n+1}}]_{\overline{a_1}, \ldots, \overline{a_n}}^{x_1, \ldots, x_n}$ coincide com a fórmula $[[\varphi]_{\overline{a_1}, \ldots, \overline{a_n}}^{x_1, \ldots, x_n}]_1^{x_{n+1}}$.

(ii) se $(a_1, \ldots, a_n) \notin C$ então

$\chi_C(a_1, \ldots, a_n) = 0$

$([\varphi]_{\overline{a_1}, \ldots, \overline{a_n}}^{x_1, \ldots, x_n} \Leftrightarrow (x_{n+1} \cong \mathbf{0})) \in \Theta$ (representabilidade de χ_C)

$([\varphi]_{\overline{a_1}, \ldots, \overline{a_n}}^{x_1, \ldots, x_n} \Rightarrow (x_{n+1} \cong \mathbf{0})) \in \Theta$ (tautologicamente)

$([[\varphi]_{\overline{a_1}, \ldots, \overline{a_n}}^{x_1, \ldots, x_n}]_{\overline{1}}^{x_{n+1}} \Rightarrow (\mathbf{1} \cong \mathbf{0})) \in \Theta$ (Gen, Ax4 e MP)

$(\neg [[\varphi]_{\overline{a_1}, \ldots, \overline{a_n}}^{x_1, \ldots, x_n}]_{\overline{1}}^{x_{n+1}}) \in \Theta$ (†)

$(\neg [[\varphi]_{\overline{1}}^{x_{n+1}}]_{\overline{a_1}, \ldots, \overline{a_n}}^{x_1, \ldots, x_n}) \in \Theta$ (††)

(†) Recordando que $(\neg(\mathbf{1} \cong \mathbf{0})) \in \Theta$, considere-se a seguinte sequência de derivação:

1   $([[\varphi]_{\overline{a_1}, \ldots, \overline{a_n}}^{x_1, \ldots, x_n}]_{\overline{1}}^{x_{n+1}} \Rightarrow (\mathbf{1} \cong \mathbf{0}))$ $\in \Theta$

2   $(\neg(\mathbf{1} \cong \mathbf{0}))$ $\in \Theta$

3   $(([[\varphi]_{\overline{a_1}, \ldots, \overline{a_n}}^{x_1, \ldots, x_n}]_{\overline{1}}^{x_{n+1}} \Rightarrow (\mathbf{1} \cong \mathbf{0})) \Rightarrow$
$\qquad ((\neg(\mathbf{1} \cong \mathbf{0})) \Rightarrow (\neg [[\varphi]_{\overline{a_1}, \ldots, \overline{a_n}}^{x_1, \ldots, x_n}]_{\overline{1}}^{x_{n+1}})))$ Teo 5.4(f)

4   $((\neg(\mathbf{1} \cong \mathbf{0})) \Rightarrow (\neg [[\varphi]_{\overline{a_1}, \ldots, \overline{a_n}}^{x_1, \ldots, x_n}]_{\overline{1}}^{x_{n+1}}))$ MP 1,3

5   $(\neg [[\varphi]_{\overline{a_1}, \ldots, \overline{a_n}}^{x_1, \ldots, x_n}]_{\overline{1}}^{x_{n+1}})$ MP 2,4

(††) Justificação idêntica a (**) acima.

($\rightarrow$) Suponha-se que ψ representa C em Θ. Ou seja, assuma-se que $\mathrm{vlv}_{\Sigma_N}(\psi) = \{x_1, \ldots, x_n\}$ e:

- se $(a_1, \ldots, a_n) \in C$ então $[\psi]_{\overline{a_1}, \ldots, \overline{a_n}}^{x_1, \ldots, x_n} \in \Theta$;

- caso contrário, $(\neg [\psi]_{\overline{a_1}, \ldots, \overline{a_n}}^{x_1, \ldots, x_n}) \in \Theta$.

Então, χ_C é representada pela fórmula

$$((\psi \wedge (x_{n+1} \cong \mathbf{1})) \vee ((\neg \psi) \wedge (x_{n+1} \cong \mathbf{0})))$$

denotada abaixo por φ. De facto:

(i) se $\chi_C(a_1, \ldots, a_n) = 1$ então

$(a_1, \ldots, a_n) \in C$

$[\psi]_{\overline{a_1}, \ldots, \overline{a_n}}^{x_1, \ldots, x_n} \in \Theta$ (representabilidade de C)

$([\varphi]_{\overline{a_1}, \ldots, \overline{a_n}}^{x_1, \ldots, x_n} \Leftrightarrow (x_{n+1} \cong \mathbf{1})) \in \Theta$ (‡)

(‡) Por raciocínio tautológico,

$$\vdash_\Sigma (\alpha \Rightarrow (((\alpha \wedge \beta_1) \vee ((\neg \alpha) \wedge \beta_2)) \Leftrightarrow \beta_1))$$

que o leitor deverá verificar.

(ii)

se $\quad \chi_C(a_1, \ldots, a_n) = 0 \qquad\qquad$ então

$(a_1, \ldots, a_n) \notin C$

$(\neg[\psi]_{a_1,\ldots,a_n}^{x_1,\ldots,x_n}) \in \Theta \qquad$ (representabilidade de C)

$([\varphi]_{a_1,\ldots,a_n}^{x_1,\ldots,x_n} \Leftrightarrow (x_{n+1} \cong \mathbf{0})) \in \Theta \quad$ (‡‡)

(‡‡) Por raciocínio tautológico,

$$\vdash_\Sigma ((\neg\alpha) \Rightarrow (((\alpha \wedge \beta_1) \vee ((\neg\alpha) \wedge \beta_2)) \Leftrightarrow \beta_2))$$

que o leitor não deverá ter dificuldade em verificar. $\qquad\qquad$ QED

12.2 Aplicações computáveis

De modo a facilitar a demonstração do facto de que toda a aplicação computável é representável na teoria Th($\mathbb{N}$) e noutras teorias da aritmética introduzidas no Capítulo 11, é conveniente invocar que $\mathcal{C} = \mathcal{R}$ (veja-se a Secção 3.5). Em particular, uma aplicação $h : \mathbb{N}^n \to \mathbb{N}^m$ é computável se e só se é recursiva. Assim, basta mostrar que toda a aplicação recursiva é representável em cada uma dessas teorias.

Observe-se que a base da definição indutiva de $\mathcal{R}$ contém apenas aplicações e que todas as construções, com exceção da minimização, geram aplicações a partir de aplicações.

Contudo, é possível restringir o uso da minimização de modo a gerar apenas aplicações: uma *minimização garantida* é uma minimização que produz uma aplicação por existir zero da aplicação argumento para cada tuplo de dados.

Mais concretamente, dada uma aplicação $f : \mathbb{N}^{n+1} \to \mathbb{N}$, a minimização de f diz-se *garantida* se para cada tuplo de $(k_1, \ldots, k_n)$ existe k tal que $f(k_1, \ldots, k_n, k) = 0$. Neste caso, o resultado da minimização, $\mathsf{min}(f)$, é ainda uma aplicação.

Seja $gm\mathcal{R}$ o menor conjunto de aplicações com argumentos e resultados em $\mathbb{N}$ tal que:

- contém a constante k (de aridade zero) para todo o $k \in \mathbb{N}$;

- contém as aplicações Z e S (de aridade um);

- contém as projeções (de todas as aridades positivas);

- é fechado para a agregação, para a composição, para a recursão primitiva e para a minimização garantida.

Perante esta definição, coloca-se imediatamente uma questão: Será que $gm\mathcal{R}$ coincide com o conjunto $\mathcal{R}{\downarrow}$ de aplicações em $\mathcal{R}$?

A resposta é afirmativa, mas a sua demonstração não é trivial e requer alguns preliminares técnicos. É também necessário considerar a classe $p\mathcal{R}$ das *aplicações recursivas primitivas* — o menor conjunto de aplicações com argumentos e resultados em $\mathbb{N}$ tal que:

- contém a constante k (de aridade zero) para todo o $k \in \mathbb{N}$;

- contém as aplicações Z e S (de aridade um);

- contém as projeções (de todas as aridades positivas);

- é fechado para a agregação, para a composição e para a recursão primitiva.

Por outras palavras, $p\mathcal{R}$ é construído de modo semelhante a $gm\mathcal{R}$, mas sem usar a minimização garantida. Observe-se, *en passant*, que $p\mathcal{R}$ está contido estritamente em $gm\mathcal{R}$: por exemplo, a aplicação de Ackermann-Péter é computável mas não é recursiva primitiva (veja-se, por exemplo, a Secção 3 do Capítulo 12 de [16]). Isto é, em síntese,

$$p\mathcal{R} \subsetneq gm\mathcal{R} = \mathcal{R}{\downarrow}.$$

Antes de demonstrar que de facto $gm\mathcal{R} = \mathcal{R}{\downarrow}$, é necessário mostrar que algumas aplicações estão em $p\mathcal{R}$. Nos próximos exercícios o leitor é convidado a levar a cabo estas verificações simples.

Exercício 4 (Predicados básicos)
Mostre que os predicados seguintes são recursivos primitivos:[1]

- $\text{eq} = \lambda\, k_1, k_2 \, . \begin{cases} 1 & \text{se } k_1 = k_2 \\ 0 & \text{n.r.c.} \end{cases} : \mathbb{N}^2 \to \{0,1\};$

- $\text{lt} = \lambda\, k_1, k_2 \, . \begin{cases} 1 & \text{se } k_1 < k_2 \\ 0 & \text{n.r.c.} \end{cases} : \mathbb{N}^2 \to \{0,1\};$

- $\text{leq} = \lambda\, k_1, k_2 \, . \begin{cases} 1 & \text{se } k_1 \leq k_2 \\ 0 & \text{n.r.c.} \end{cases} : \mathbb{N}^2 \to \{0,1\}.$

Exercício 5 (Operações numéricas)
Recorde que a aplicação

$$\text{add} = \lambda\, k_1, k_2 \, . \, k_1 + k_2 : \mathbb{N}^2 \to \mathbb{N}$$

---

[1]Neste contexto, é usual dizer que uma aplicação com conjunto de chegada $\{0,1\}$ é um predicado.

é recursiva primitiva. Mostre que as aplicações seguintes são também recursivas primitivas:

- $\text{mult} = \lambda\, k_1, k_2\, .\, k_1 \times k_2 : \mathbb{N}^2 \to \mathbb{N}$;

- $\text{pred} = \lambda\, k\, .\, \begin{cases} k-1 & \text{se } k \geq 1 \\ 0 & \text{n.r.c.} \end{cases} : \mathbb{N} \to \mathbb{N}$.

Exercício 6 (Operadores proposicionais)
Assuma que $f, f_1, f_2 : \mathbb{N}^n \to \{0, 1\} \in p\mathcal{R}$. Seja:

- $\text{neg}(f) : \mathbb{N}^n \to \{0, 1\}$ a aplicação

$$\lambda\, k_1, \ldots, k_n\, .\, 1 - f(k_1, \ldots, k_n);$$

- $\text{conj}(f_1, f_2) : \mathbb{N}^n \to \{0, 1\}$ a aplicação

$$\lambda\, k_1, \ldots, k_n\, .\, f_1(k_1, \ldots, k_n) \times f_2(k_1, \ldots, k_n);$$

- $\text{disj}(f_1, f_2) : \mathbb{N}^n \to \{0, 1\}$ a aplicação

$$\lambda\, k_1, \ldots, k_n\, .\, 1 - ((1 - f_1(k_1, \ldots, k_n)) \times (1 - f_2(k_1, \ldots, k_n))).$$

Mostre que estes predicados são recursivos primitivos.

Exercício 7 (Operadores de soma e produto finitos)
Assuma que $f_i : \mathbb{N}^n \to \mathbb{N} \in p\mathcal{R}$ para $i = 1, \ldots, k$. Sejam:

- $\text{prod}(f_1, \ldots, f_k) : \mathbb{N}^n \to \mathbb{N}$ a aplicação

$$\lambda\, k_1, \ldots, k_n\, .\, \prod_{i=1}^{k} f_i(k_1, \ldots, k_n);$$

- $\text{sum}(f_1, \ldots, f_k) : \mathbb{N}^n \to \mathbb{N}$ a aplicação

$$\lambda\, k_1, \ldots, k_n\, .\, \sum_{i=1}^{k} f_i(k_1, \ldots, k_n).$$

Mostre que estas aplicações são recursivas primitivas.

Exercício 8 (Quantificadores limitados)
Assuma que $b : \mathbb{N}^n \to \mathbb{N}, f : \mathbb{N}^{n+1} \to \{0, 1\} \in p\mathcal{R}$. Sejam:

- forall$(b, f) : \mathbb{N}^n \to \{0, 1\}$ a aplicação

$$\lambda\, k_1, \ldots, k_n \cdot \prod_{i=0}^{b(k_1, \ldots, k_n)-1} f(k_1, \ldots, k_n, i).$$

- exists$(b, f) : \mathbb{N}^n \to \{0, 1\}$ a aplicação

$$\lambda\, k_1, \ldots, k_n \cdot 1 - \left(\prod_{i=0}^{b(k_1, \ldots, k_n)-1} (1 - f(k_1, \ldots, k_n, i)) \right).$$

Mostre que estes predicados são recursivos primitivos.

Exercício 9 (Minimização limitada)

Assuma que $b : \mathbb{N}^n \to \mathbb{N}, f : \mathbb{N}^{n+1} \to \mathbb{N} \in p\mathcal{R}$. Seja

$$\mathsf{bmin}(b, f) = \lambda\, k_1, \ldots, k_n \cdot \begin{cases} b(k_1, \ldots, k_n) & \text{se } W^{b,f}_{k_1,\ldots,k_n} = \emptyset \\ \text{minímo de } W^{b,f}_{k_1,\ldots,k_n} & \text{n.r.c.} \end{cases} : \mathbb{N}^n \to \mathbb{N}$$

em que

$$W^{b,f}_{k_1,\ldots,k_n} = \{k : k < b(k_1, \ldots, k_n) \ \& \ f(k_1, \ldots, k_n, k) = 0\}.$$

Mostre que $\mathsf{bmin}(b, f) \in p\mathcal{R}$.

Exercício 10 (Definição por casos)

Assuma que:

- $k \in \mathbb{N}^+$;

- $f_i : \mathbb{N}^n \to \mathbb{N} \in p\mathcal{R}$ para $i = 1, \ldots, k+1$;

- $g_j : \mathbb{N}^n \to \{0, 1\} \in p\mathcal{R}$ para $j = 1, \ldots, k$;

- para cada $(k_1, \ldots, k_n) \in \mathbb{N}^n$ existe pelo menos um $j \in \{1, \ldots, k\}$ tal que

$$g_j(k_1, \ldots, k_n) = 1.$$

Seja $\mathsf{dbc}(f_1 \leftarrow g_1; \ldots; f_k \leftarrow g_k; f_{k+1}) : \mathbb{N}^n \to \mathbb{N}$ a aplicação

$$\lambda\, k_1, \ldots, k_n \cdot \begin{cases} f_1(k_1, \ldots, k_n) & \text{se } g_1(k_1, \ldots, k_n) = 1 \\ \ldots \\ f_k(k_1, \ldots, k_n) & \text{se } g_k(k_1, \ldots, k_n) = 1 \\ f_{k+1}(k_1, \ldots, k_n) & \text{n.r.c.} \end{cases}.$$

Mostre que $\mathsf{dbc}(f_1 \leftarrow g_1; \ldots; f_k \leftarrow g_k; f_{k+1}) \in p\mathcal{R}$.

Exercício 11 (Recursão conjunta)

Assuma que $f_0, h_0 : \mathbb{N}^n \to \mathbb{N}$ e que $f_1, h_1 : \mathbb{N}^{n+3} \to \mathbb{N}$ estão em $p\mathcal{R}$. Mostre que as aplicações

$$\mathsf{jrec}_1(f_0, f_1, h_0, h_1), \; \mathsf{jrec}_2(f_0, f_1, h_0, h_1) : \mathbb{N}^{n+1} \to \mathbb{N}$$

estão ambas em $p\mathcal{R}$ onde

- $\mathsf{jrec}_1(f_0, f_1, h_0, h_1)(k_1, \ldots, k_n, 0) = f_0(k_1, \ldots, k_n);$

- $\mathsf{jrec}_2(f_0, f_1, h_0, h_1)(k_1, \ldots, k_n, 0) = h_0(k_1, \ldots, k_n);$

- $\mathsf{jrec}_1(f_0, f_1, h_0, h_1)(k_1, \ldots, k_n, k+1) =$
  $\qquad f_1(k_1, \ldots, k_n, k,$
  $\qquad\qquad \mathsf{jrec}_1(f_0, f_1, h_0, h_1)(k_1, \ldots, k_n, k),$
  $\qquad\qquad \mathsf{jrec}_2(f_0, f_1, h_0, h_1)(k_1, \ldots, k_n, k));$

- $\mathsf{jrec}_2(f_0, f_1, h_0, h_1)(k_1, \ldots, k_n, k+1) =$
  $\qquad h_1(k_1, \ldots, k_n, k,$
  $\qquad\qquad \mathsf{jrec}_1(f_0, f_1, h_0, h_1)(k_1, \ldots, k_n, k),$
  $\qquad\qquad \mathsf{jrec}_2(f_0, f_1, h_0, h_1)(k_1, \ldots, k_n, k)).$

Exercício 12 (Enumeração de $\mathbb{N}^n$) Seja $n \in \mathbb{N}^+$. Mostre que as aplicações $J : \mathbb{N}^2 \to \mathbb{N}$, zigzag $: \mathbb{N} \to \mathbb{N}^2$, $K : \mathbb{N} \to \mathbb{N}$, $L : \mathbb{N} \to \mathbb{N}$ e $\lambda\, k\,.\, k_{\mathbb{N}^n}$ definidas no Capítulo 3 são recursivas primitivas. Mostre que a inversa $J_{\mathbb{N}^n}$ de $\lambda\, k\,.\, k_{\mathbb{N}^n}$ é também recursiva primitiva.

Com o intuito de mostrar que a recursão completa preserva a propriedade de ser recursiva primitiva e também para mostrar a existência de um predicado recursivo primitivo, é necessário poder apresentar uma aplicação capaz de codificar todas as sequências de números naturais. Tais sequências podem ser confundidas com tuplos de números naturais. Logo, tem-se

$$\mathbb{N}^* = \bigcup_{n \in \mathbb{N}} \mathbb{N}^n.$$

Tendo presente que $J_{\mathbb{N}^2} = J$, considere-se a *aplicação de codificação*

$$J_{\mathbb{N}^*} : \mathbb{N}^* \to \mathbb{N}$$

ilustrada na Figura 12.1 tal que:

- $J_{\mathbb{N}^*}(\varepsilon) = 0;$

- $J_{\mathbb{N}^*}(k_1, \ldots, k_n) = J(n-1, J_{\mathbb{N}^n}(k_n, \ldots, k_1)) + 1$ para cada $n \in \mathbb{N}^+$ e $k_1, \ldots, k_n \in \mathbb{N}$.

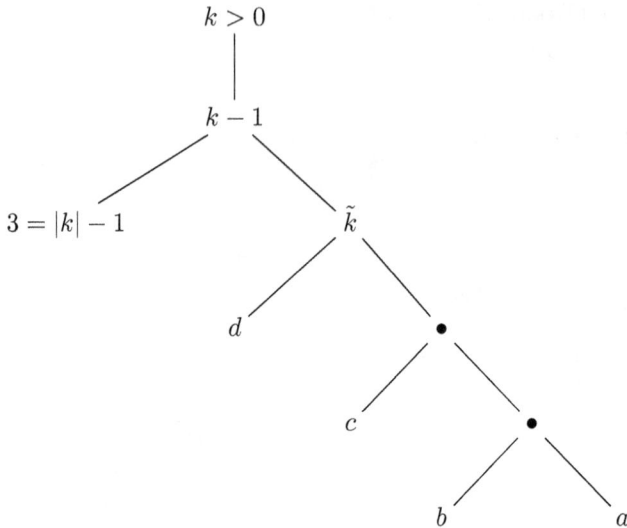

Figura 12.1: $k = J_{\mathbb{N}^*}(a, b, c, d)$.

Observe-se a ordenação inversa dos elementos da sequência na árvore apresentada na Figura 12.1. Esta ordenação inversa facilita a definição no Exercício 13 de alguns operadores úteis sobre sequências quando se realiza a sua codificação. Note-se também que $J_{\mathbb{N}^*}$ é injetiva. A sua inversa

$$\lambda k . k_{\mathbb{N}^*}$$

é uma enumeração injetiva de $\mathbb{N}^*$.

Exercício 13 Verifique que as aplicações seguintes são recursivas primitivas:

1. para cada $n \in \mathbb{N}$:

   $(J_{\mathbb{N}^*})|_{\mathbb{N}^n} : \mathbb{N}^n \to \mathbb{N}$.

2. $|\cdot| = \lambda k . \begin{cases} 0 & \text{se } k = 0 \\ (k-1)_{\mathbb{N}^2}[[1]] + 1 & \text{n.r.c.} \end{cases} : \mathbb{N} \to \mathbb{N}$

   ($|k|$ é o comprimento da sequência com codificação k).

3. $\tilde{\cdot} = \lambda k . \begin{cases} (k-1)_{\mathbb{N}^2}[[2]] & \text{se } k > 0 \\ 0 & \text{n.r.c.} \end{cases} : \mathbb{N} \to \mathbb{N}$

   ($\tilde{k}$ é a codificação por $J_{\mathbb{N}^{|k|}}$ da inversa da sequência com codificação k quando esta sequência é não vazia, e é zero caso contrário).

4. $\mathsf{app} = \lambda\, k_1, k_2 \, . \, \begin{cases} J(0, k_2) + 1 & \text{se } k_1 = 0 \\ J(|k_1|, J(k_2, \tilde{k}_1)) + 1 & \text{n.r.c.} \end{cases} : \mathbb{N}^2 \to \mathbb{N}$

($\mathsf{app}(k_1, k_2)$ é a codificação da sequência que resulta de acrescentar k_2 à sequência com codificação k_1).

5. $\mathsf{last} = \lambda\, k \, . \, \begin{cases} \tilde{k}_{\mathbb{N}^2}[[1]] & \text{se } |k| > 1 \\ \tilde{k} & \text{se } |k| = 1 \\ 0 & \text{n.r.c.} \end{cases} : \mathbb{N} \to \mathbb{N}$

($\mathsf{last}(k)$ é o último elemento da sequência com codificação k quando esta sequência é não vazia, e é zero caso contrário).

6. $\mathsf{most} = \lambda\, k \, . \, \begin{cases} J(|k| - 2, \tilde{k}_{\mathbb{N}^2}[[2]]) + 1 & \text{se } |k| > 1 \\ 0 & \text{n.r.c.} \end{cases} : \mathbb{N} \to \mathbb{N}$

($\mathsf{most}(k)$ é a codificação da sequência que resulta de eliminar o último elemento da sequência com codificação k quando esta sequência é não vazia, e é zero caso contrário).

7. $\mathsf{dlast} = \lambda\, k \, . \, \begin{cases} J(|k| - 1, J(\mathsf{pred}(\tilde{k}_{\mathbb{N}^2}[[1]]), \tilde{k}_{\mathbb{N}^2}[[2]])) + 1 & \text{se } |k| > 1 \\ J(0, \mathsf{pred}(\tilde{k})) + 1 & \text{se } |k| = 1 \\ 0 & \text{n.r.c.} \end{cases} : \mathbb{N} \to$
$\mathbb{N}$

($\mathsf{dlast}(k)$ é a codificação da sequência que resulta de decrementar o último elemento da sequência com codificação k quando esta sequência é não vazia, e é zero caso contrário).

8. $\langle \cdot \rangle^{\bullet}_{\cdot} = \lambda\, k, i \, . \, \begin{cases} \mathsf{last}(k) & \text{se } k > 0, i = 1 \\ \langle \mathsf{most}(k) \rangle^{\bullet}_{i-1} & \text{se } 1 < i \leq |k| \\ 0 & \text{n.r.c.} \end{cases} : \mathbb{N}^2 \to \mathbb{N}$

($\langle k \rangle^{\bullet}_i$ é o i-ésimo elemento a partir do fim da sequência com codificação k quando $1 \leq i \leq |k|$, e é zero caso contrário).

9. $\langle \cdot \rangle_{\cdot} = \lambda\, k, i \, . \, \begin{cases} 0 & \text{se } i > |k| \\ \langle k \rangle^{\bullet}_{|k|+1-i} & \text{n.r.c.} \end{cases} : \mathbb{N}^2 \to \mathbb{N}$

($\langle k \rangle_i$ é o i-ésimo elemento da sequência com a codificação k quando $1 \leq i \leq |k|$, e é zero caso contrário).

10. para cada $m \in \mathbb{N}$:

$\lambda\, k \, . \, k^{m+1}_{\mathbb{N}^*} = \lambda\, k \, . \, \begin{cases} (\langle k \rangle_1, \ldots, \langle k \rangle_{m+1}) & \text{se } |k| = m + 1 \\ (0, \ldots, 0) & \text{n.r.c.} \end{cases} : \mathbb{N} \to \mathbb{N}^{m+1}$

$(k_{\mathbb{N}^*}^{m+1}$ é a sequência $k_{\mathbb{N}^*}$ quando $|k| = m + 1$, e é a sequência de comprimento $m + 1$ composta por zeros caso contrário).

Exercício 14 (Recursão completa)

Assuma que $f_0 : \mathbb{N}^n \to \mathbb{N}$ e $f_1 : \mathbb{N}^{n+3} \to \mathbb{N}$ pertencem a $p\mathcal{R}$. Mostre que as aplicações

$$\mathsf{cvrec}(f_0, f_1),\ \mathsf{cvrec}^*(f_0, f_1) : \mathbb{N}^{n+1} \to \mathbb{N}$$

pertencem ambas a $p\mathcal{R}$ em que

- $\mathsf{cvrec}(f_0, f_1)(k_1, \ldots, k_n, 0) = f_0(k_1, \ldots, k_n)$;

- $\mathsf{cvrec}^*(f_0, f_1)(k_1, \ldots, k_n, 0) = 0$;

- $\mathsf{cvrec}(f_0, f_1)(k_1, \ldots, k_n, k + 1) =$
  $\quad f_1(k_1, \ldots, k_n, k,$
  $\qquad\qquad \mathsf{cvrec}^*(f_0, f_1)(k_1, \ldots, k_n, k), \mathsf{cvrec}(f_0, f_1)(k_1, \ldots, k_n, k))$;

- $\mathsf{cvrec}^*(f_0, f_1)(k_1, \ldots, k_n, k + 1) =$
  $\quad \mathsf{app}(\mathsf{cvrec}^*(f_0, f_1)(k_1, \ldots, k_n, k), \mathsf{cvrec}(f_0, f_1)(k_1, \ldots, k_n, k))$.

A aplicação $\mathsf{cvrec}(f_0, f_1)$ diz-se obtida por *recursão completa* a partir de f_0 e f_1. A aplicação auxiliar $\mathsf{cvrec}^*(f_0, f_1)$ fornece a lista codificada dos valores anteriores da recursão. Cada um dos valores anteriores pode ser obtido com a aplicação $\lambda k, i . \langle k \rangle_i$ e, portanto, usado na definição de f_1.

Considere-se agora o problema de definir uma enumeração $\lambda k . k_{\mathcal{R}}$ do conjunto das funções recursivas. De modo a tornar mais fácil a leitura, seja

$$k_{\mathbb{N}^4} = (n, m, c, p)$$

em que os componentes do tuplo serão usados abaixo como se segue:

- n para a aridade dos argumentos da função;

- $m' = m + 1$ para a aridade dos resultados da função;

- c para a construção usada para obter a função (por exemplo, 7 para a minimização);

- p para o parâmetro da construção (por exemplo, a codificação dos argumentos da construção).

Observe-se que se $c > 0$, então $p < k$. Com esta notação presente, a enumeração pretendida

$$\lambda k . k_{\mathcal{R}}$$

define-se indutivamente como se segue:

p: Se $c = 0$, $n = 0$ e $m' = 1$, então

$$k_{\mathcal{R}} = \mathsf{S}^p(0).$$

Z: Se $c = 1$, $n = 1$ e $m' = 1$, então

$$k_{\mathcal{R}} = \mathsf{Z}.$$

S: Se $c = 2$, $n = 1$ e $m' = 1$, então

$$k_{\mathcal{R}} = \mathsf{S}.$$

P: Se $c = 3$, $n \geq 1$, $m' = 1$ e $1 \leq p \leq n$, então

$$k_{\mathcal{R}} = \mathsf{P}_p^n.$$

$\langle \cdot \rangle$: se $c = 4$ e, para cada $i = 1, \ldots, m$, $(p_{\mathbb{N}^m}[[i]])_{\mathbb{N}^4}[[1]] = n$ (isto é, a aridade do i-ésimo argumento é n) e $(p_{\mathbb{N}^m}[[i]])_{\mathbb{N}^4}[[2]] = 0$ (isto é, a aridade do resultado do i-ésimo argumento é 1) então

$$k_{\mathcal{R}} = \langle (p_{\mathbb{N}^m}[[1]])_{\mathcal{R}}, \ldots, (p_{\mathbb{N}^m}[[m]])_{\mathcal{R}} \rangle.$$

$\circ$: Se $c = 5$, $(p_{\mathbb{N}^2}[[1]])_{\mathbb{N}^4}[[1]] = n$ (isto é, a aridade do primeiro argumento é n), $(p_{\mathbb{N}^2}[[2]])_{\mathbb{N}^4}[[2]] = m$ (isto é, a aridade do resultado do primeiro argumento é m) e $(p_{\mathbb{N}^2}[[1]])_{\mathbb{N}^4}[[2]] = (p_{\mathbb{N}^2}[[2]])_{\mathbb{N}^4}[[1]]$ (isto é, a aridade do resultado do primeiro argumento é igual à aridade do segundo argumento), então

$$k_{\mathcal{R}} = (p_{\mathbb{N}^2}[[2]])_{\mathcal{R}} \circ (p_{\mathbb{N}^2}[[1]])_{\mathcal{R}}.$$

rec: Se $c = 6$, $n \geq 1$, $m' = 1$, $(p_{\mathbb{N}^2}[[1]])_{\mathbb{N}^4}[[1]] = n - 1$ (isto é, a aridade do primeiro argumento é $n-1$) $(p_{\mathbb{N}^2}[[1]])_{\mathbb{N}^4}[[2]] = 0$ (isto é, a aridade do resultado do primeiro argumento é 1), $(p_{\mathbb{N}^2}[[2]])_{\mathbb{N}^4}[[1]] = n + 1$ (isto é, a aridade do segundo argumento é $n+1$) e $(p_{\mathbb{N}^2}[[2]])_{\mathbb{N}^4}[[2]] = 0$ (isto é, a aridade do resultado do segundo argumento é 1), então

$$k_{\mathcal{R}} = \mathsf{rec}((p_{\mathbb{N}^2}[[1]])_{\mathcal{R}}, (p_{\mathbb{N}^2}[[2]])_{\mathcal{R}}).$$

min: Se $c = 7$, $m' = 1$, $p_{\mathbb{N}^4}[[1]] = n + 1$ (isto é, a aridade do argumento é $n+1$) e $p_{\mathbb{N}^4}[[2]] = 0$ (isto é, a aridade do resultado do argumento é 1), então

$$k_{\mathcal{R}} = \mathsf{min}(p_{\mathcal{R}}).$$

↑: Caso contrário,

$$k_{\mathcal{R}} = \lambda\,x\,.\,\text{indefinido} : \mathbb{N}^n \rightharpoonup \mathbb{N}^{m'}.$$

Proposição 15 A aplicação $\lambda\,k\,.\,k_{\mathcal{R}}$ é uma enumeração de $\mathcal{R}$.

Demonstração:

(a) Levando em linha de conta a definição indutiva da aplicação, verifica-se facilmente que, para cada $k \in \mathbb{N}$, se a função $k'_{\mathcal{R}}$ pertence a $\mathcal{R}$ qualquer que seja $k' \in \mathbb{N}$ menor do que k, então $k_{\mathcal{R}}$ é também uma função recursiva. Portanto, por indução completa, para cada $k \in \mathbb{N}$, a função $k_{\mathcal{R}}$ pertence a $\mathcal{R}$.

(b) Resta demonstrar que, para toda a função recursiva f, existe $k \in \mathbb{N}$ tal que $f = k_{\mathcal{R}}$. A demonstração realiza-se facilmente por indução completa na estrutura de qualquer programa *Kleene* dado para computar f.   QED

Exercício 16 Verifique que, para cada $k \in \mathbb{N}$, a aridade do argumento de $k_{\mathcal{R}}$ é $k_{\mathbb{N}^4}[[1]]$ e a aridade do resultado de $k_{\mathcal{R}}$ é $k_{\mathbb{N}^4}[[2]] + 1$.

Proposição 17 (Lema do predicado universal)
Existe uma aplicação recursiva primitiva

$$u : \mathbb{N}^4 \to \{0, 1\}$$

tal que, para todo $k \in \mathbb{N}$, sendo $n = k_{\mathbb{N}^4}[[1]]$ e $m = k_{\mathbb{N}^4}[[2]]$, se verificam as condições seguintes:

   (i)   Quaisquer que sejam $x_1, \ldots, x_n, y_1, \ldots, y_{m+1} \in \mathbb{N}$,
         $k_{\mathcal{R}}(x_1, \ldots, x_n) = (y_1, \ldots, y_{m+1})$ sse existe $s \in \mathbb{N}$ tal que
         $u(k, J_{\mathbb{N}^*}(x_1, \ldots, x_n), J_{\mathbb{N}^*}(y_1, \ldots, y_{m+1}), s) = 1$.

  (ii)   Quaisquer que sejam $x, y, s_1, s_2 \in \mathbb{N}$,
         se $u(k, x, y, s_1) = 1$ e $s_1 < s_2$ então $u(k, x, y, s_2) = 1$.

Demonstração: Novamente, com o intuito de facilitar a leitura, sejam $k_{\mathbb{N}^4} = (n, m, c, p)$ e $m' = m + 1$. Defina-se $u : \mathbb{N}^4 \to \{0, 1\}$ como se segue:

- $u(k, x, y, s) = 1$ se $|x| = n$, $|y| = m'$ e se se verifica uma das condições seguintes:

   p: $\begin{cases} n = 0, m' = 1, c = 0 \\ y = J_{\mathbb{N}^*}(p); \end{cases}$

   Z: $\begin{cases} n = 1, m' = 1, c = 1 \\ y = J_{\mathbb{N}^*}(0); \end{cases}$

S: $\begin{cases} n = 1, m' = 1, c = 2 \\ y = J_{\mathbb{N}^*}(\langle x \rangle_1 + 1); \end{cases}$

P: $\begin{cases} n \geq 1, m' = 1, c = 3 \\ 1 \leq p \leq n \\ y = J_{\mathbb{N}^*}(\langle x \rangle_p); \end{cases}$

$\langle \cdot \rangle$: $\begin{cases} c = 4 \\ (p_{\mathbb{N}^{m'}}[[i]])_{\mathbb{N}^4}[[1]] = n \ \& \ (p_{\mathbb{N}^{m'}}[[i]])_{\mathbb{N}^4}[[2]] = 0 \text{ para } i = 1, \ldots, m' \\ u(p_{\mathbb{N}^{m'}}[[i]], x, J_{\mathbb{N}^*}(\langle y \rangle_i), s) = 1 \text{ para } i = 1, \ldots, m'; \end{cases}$

$\circ$: $\begin{cases} c = 5 \\ (p_{\mathbb{N}^2}[[1]])_{\mathbb{N}^4}[[1]] = n \\ (p_{\mathbb{N}^2}[[2]])_{\mathbb{N}^4}[[2]] = m \\ (p_{\mathbb{N}^2}[[1]])_{\mathbb{N}^4}[[2]] = (p_{\mathbb{N}^2}[[2]])_{\mathbb{N}^4}[[1]] \\ \exists\, z < s \text{ tal que:} \\ \quad \begin{cases} u(p_{\mathbb{N}^2}[[1]], x, z, s) = 1 \\ u(p_{\mathbb{N}^2}[[2]], z, y, s) = 1; \end{cases} \end{cases}$

rec: $\begin{cases} n \geq 1, m' = 1, c = 6 \\ (p_{\mathbb{N}^2}[[1]])_{\mathbb{N}^4}[[1]] = n - 1 \\ (p_{\mathbb{N}^2}[[1]])_{\mathbb{N}^4}[[2]] = m \\ (p_{\mathbb{N}^2}[[2]])_{\mathbb{N}^4}[[1]] = n + 1 \\ (p_{\mathbb{N}^2}[[2]])_{\mathbb{N}^4}[[2]] = m \\ \text{se } \mathsf{last}(x) = 0, \\ \quad \text{então } u(p_{\mathbb{N}^2}[[1]], \mathsf{most}(x), y, s) = 1, \\ \quad \text{ou então } \exists\, z < s \text{ tal que:} \\ \qquad \begin{cases} u(k, \mathsf{dlast}(x), J_{\mathbb{N}^*}(z), s) = 1 \\ u(p_{\mathbb{N}^2}[[2]], \mathsf{app}(\mathsf{dlast}(x), z), y, s) = 1; \end{cases} \end{cases}$

min: $\begin{cases} m' = 1, c = 7 \\ p_{\mathbb{N}^4}[[1]] = n + 1 \\ p_{\mathbb{N}^4}[[2]] = m \\ u(p, \mathsf{app}(x, \langle y \rangle_1), 0, s) = 1 \\ \forall\, j < \langle y \rangle_1 \ \exists\, z < s \text{ tal que:} \\ \quad \begin{cases} z > 0 \\ u(p, \mathsf{app}(x, j), J_{\mathbb{N}^*}(z), s) = 1. \end{cases} \end{cases}$

- $u(k, x, y, s) = 0$ caso contrário.

É necessário verificar que u é de facto recursiva primitiva e que satisfaz as duas propriedades pretendidas. A demonstração da recursividade primitiva de u é rotineira usando os Exercícios 4–14 acima. A demonstração de que u satisfaz a propriedade (i) é realizada, para um y arbitrário, por indução estrutural na ordem parcial bem fundada $\preccurlyeq$ sobre $\mathbb{N}^2$ definida como se segue:

$$(k_1, x_1) \preccurlyeq (k_2, x_2) \quad \text{se e só se} \quad k_1 < k_2 \text{ ou } \begin{cases} k_1 = k_2 \\ x_1 \leq x_2. \end{cases}$$

Observe-se que a indução sobre k não é suficiente uma vez que no caso da recursão o argumento pode ser k. A demonstração de que u satisfaz a propriedade (ii) é realizada, para y, s_1 e s_2 arbitrários, novamente por indução estrutural sobre $\preccurlyeq$. Os detalhes destas demonstrações são deixados para o leitor.   QED

Intuitivamente,
$$u(k, x, y, s) = 1$$

significa que se pode verificar que a k-ésima função recursiva produz (a descodificação de) y dando como argumento (a descodificação de) x, enquanto as procuras são limitadas a s (nas quantificações existenciais).

Note-se que a restrição do espaço de procura está em relação a $\mathcal{R}$ como a restrição do tempo de execução está em relação a $\mathcal{C}$. O resultado seguinte é corolário imediato do lema do predicado universal.[2]

Proposição 18 (Teorema de Kleene da forma normal)
Sejam $m, n \in \mathbb{N}$ e $f : \mathbb{N}^n \rightharpoonup \mathbb{N}^{m+1}$ função em $\mathcal{R}$. Então existe k tal que:

$$f(x_1, \ldots, x_n) = ((\mu s \,.\, u(k, J_{\mathbb{N}^*}(x_1, \ldots, x_n), s_{\mathbb{N}^2}[[1]], s))_{\mathbb{N}^2}[[1]])^{m+1}_{\mathbb{N}^*}$$

para quaisquer $x_1, \ldots, x_n \in \mathbb{N}$.

Demonstração: Sejam $f : \mathbb{N}^n \rightharpoonup \mathbb{N}^{m+1}$ e $k \in \mathbb{N}$ tais que $f = k_{\mathcal{R}}$. Dado $(x_1, \ldots, x_n) \in \mathbb{N}^n$, existem dois casos a considerar:

(1) $(x_1, \ldots, x_n) \in \text{dom} f$:
Seja $f(x_1, \ldots, x_n) = (y_1, \ldots, y_{m+1})$. Então, por (i) da Proposição 17, existe r tal que
$$u(k, J_{\mathbb{N}^*}(x_1, \ldots, x_n), J_{\mathbb{N}^*}(y_1, \ldots, y_{m+1}), r) = 1$$

---

[2]Usando a notação μ. Se p é um predicado, isto é, $p : D^{n+1} \to \{0, 1\}$, com domínio totalmente ordenado D então $\mu a \,.\, p(a, \vec{b})$ denota o menor a tal que $p(a, \vec{b}) = 1$ quando $\{a : p(a, \vec{b}) = 1\} \neq \emptyset$; caso contrário, $\mu a \,.\, p(a, \vec{b})$ está indefinida. Esta notação informal é largamente usada pelos matemáticos. A relação explícita entre a notação μ e a minimização de Kleene deixa-se como exercício.

e, portanto, tendo em conta (ii) da Proposição 17,

$$u(k, J_{\mathbb{N}^*}(x_1, \ldots, x_n), J_{\mathbb{N}^*}(y_1, \ldots, y_{m+1}), J(J_{\mathbb{N}^*}(y_1, \ldots, y_{m+1}), r)) = 1$$

Logo, existe s tal que

$$u(k, J_{\mathbb{N}^*}(x_1, \ldots, x_n), s_{\mathbb{N}^2}[[1]], s) = 1.$$

Além disso, para todo o s nestas condições, $J_{\mathbb{N}^*}(y_1, \ldots, y_{m+1}) = s_{\mathbb{N}^2}[[1]]$. Então,

$$(y_1, \ldots, y_{m+1}) = ((\mu s \,.\, u(k, J_{\mathbb{N}^*}(x_1, \ldots, x_n), s_{\mathbb{N}^2}[[1]], s))_{\mathbb{N}^2}[[1]])_{\mathbb{N}^*}^{m+1}.$$

(2) $(x_1, \ldots, x_n) \notin \operatorname{dom} f$:

Por (i) da Proposição 17, não existem $y, r \in \mathbb{N}$ tais que

$$u(k, J_{\mathbb{N}^*}(x_1, \ldots, x_n), y, r) = 1$$

e, portanto, não existe s tal que

$$u(k, J_{\mathbb{N}^*}(x_1, \ldots, x_n), s_{\mathbb{N}^2}[[1]], s) = 1.$$

Logo,

$$((\mu s \,.\, u(k, J_{\mathbb{N}^*}(x_1, \ldots, x_n), s_{\mathbb{N}^2}[[1]], s))_{\mathbb{N}^2}[[1]])_{\mathbb{N}^*}^{m+1}$$

está indefinida, como se pretendia. QED

O resultado seguinte sobre o uso da minimização é consequência simples do teorema da forma normal de Kleene.

Proposição 19 (Corolário da forma normal)
Qualquer função em $\mathcal{R}$ pode ser computada por um programa *Kleene* o qual envolve no máximo uma minimização. A minimização, se utilizada, é garantida quando a função é total.

Demonstração: Seja $f = k_{\mathcal{R}} : \mathbb{N}^n \to \mathbb{N}^{m+1}$. Considere-se a aplicação

$$
\begin{aligned}
g &= \min(\lambda\, x_1, \ldots, x_n, s \,.\, \mathsf{neg}(u)(k, J_{\mathbb{N}^*}(x_1, \ldots, x_n), s_{\mathbb{N}^2}[[1]], s)) \\
&= \min(\lambda\, x_1, \ldots, x_n, s \,.\, \mathsf{neg}(u)(k, (J_{\mathbb{N}^*})|_{\mathbb{N}^n}(x_1, \ldots, x_n), s_{\mathbb{N}^2}[[1]], s))
\end{aligned}
$$

Então, como $\mathsf{neg}(u)$, $(J_{\mathbb{N}^*})|_{\mathbb{N}^n}$, $\lambda\, k \,.\, k_{\mathbb{N}^2}[[1]]$ e $\lambda\, k \,.\, k_{\mathbb{N}^*}^{m+1}$ são recursivas primitivas,

$$f = \lambda\, x_1, \ldots, x_n \,.\, ((g(x_1, \ldots, x_n))_{\mathbb{N}^2}[[1]])_{\mathbb{N}^*}^{m+1}$$

é computada por um programa *Kleene* contendo no máximo uma minimização. Além disso, se f é total então a minimização usada para computar g é garantida, porque, graças a (i) e a (ii) da Proposição 17, a procura de s é sempre bem sucedida. QED

Finalmente, como consequência imediata do corolário da forma normal, obtém-se o resultado pretendido seguinte que afirma que para gerar todas as aplicações recursivas nunca será necessário usar uma minimização não garantida e, portanto, nunca será necessário usar uma função não total.

Proposição 20 $\mathcal{R}{\downarrow} \subseteq gm\mathcal{R}$.

Em síntese, qualquer aplicação $h : \mathbb{N}^n \to \mathbb{N}^m$ é computável se e só se pertence a $gm\mathcal{R}$. Como se mostra na secção seguinte, pode ser-se ainda mais frugal: a recursão pode ser evitada.

12.3   Computabilidade à Gödel

Hoje em dia, é bem conhecido em programação que a recursão pode ser substituída pela iteração, usando uma pilha para guardar dos valores intermédios da recursão. Kurt Gödel antecipou esta técnica de programação quando se apercebeu que $gm\mathcal{R}$ podia ser obtido sem usar recursão. Para este efeito, introduziu, sem o uso da recursão, um mecanismo de codificação de sequências de números naturais (usadas como pilhas) como números naturais.

Mais concretamente, suponha-se que existe uma aplicação $\alpha : \mathbb{N}^* \to \mathbb{N}$ que codifica as sequências de naturais como naturais, juntamente com uma aplicação de descodificação $\beta : \mathbb{N}^2 \to \mathbb{N}$ tal que

$$\beta(\alpha(k_0 \ldots k_j), i) = k_i \quad \text{para } i = 0, \ldots, j.$$

É então, fácil definir por minimização qualquer aplicação h que resulte de recursão primitiva, usando, para cada $\vec{x}$ e $y > 0$, a sequência de valores

$$h(\vec{x}, 0) \ldots h(\vec{x}, y - 1)$$

para calcular $h(\vec{x}, y)$.

De facto, a codificação de sequências não precisa de ser bijetiva. Tal como o resultado seguinte demonstra, é suficiente encontrar uma aplicação binária β tal que, para qualquer sequência $k_0 \ldots k_j$ de números naturais, existe um número natural w tal que $\beta(w, i) = k_i$ para cada $i = 0, \ldots, j$.

Proposição 21 (Lema da eliminação da recursão)
Seja $\beta : \mathbb{N}^2 \to \mathbb{N}$ aplicação computável tal que, para toda a sequência $k_0 \ldots k_j$ de números naturais, existe um número natural w tal que $\beta(w, i) = k_i$ para cada $i = 0, \ldots, j$. Sejam $f_0 : \mathbb{N}^n \to \mathbb{N}$ e $f_1 : \mathbb{N}^{n+2} \to \mathbb{N}$ aplicações computáveis. Então:

1. O conjunto $C_{f_0 f_1}$ tal que $(\vec{x}, y, w) \in C_{f_0 f_1}$ se e só se

$$\begin{cases} \beta(w, 0) = f_0(\vec{x}) \\ \beta(w, i+1) = f_1(\vec{x}, i, \beta(w, i)) \text{ para cada } i < y \end{cases}$$

é computável.

2. A aplicação $\text{rec}(f_0, f_1) : \mathbb{N}^{n+1} \to \mathbb{N}$ pode ser obtida por minimização garantida como se segue:

$$\beta \circ \Big\langle$$
$$\min(\text{neq} \circ \langle \chi_{C_{f_0 f_1}}, Z \circ \mathsf{P}_1^{n+2} \rangle)$$
$$,$$
$$\mathsf{P}_{n+1}^{n+1}$$
$$\Big\rangle$$

Demonstração:
1. Dado que se assume que β, f_0 e f_1 são aplicações computáveis, é fácil apresentar um algoritmo para computar $\chi_{C_{f_0 f_1}}$.
2. Observe-se que, por construção, considerando $f = \text{rec}(f_0, f_1)$,

$(\vec{x}, y, w) \in C_{f_0 f_1}$ se e só se w codifica a sequência $f(\vec{x}, 0) f(\vec{x}, 1) \dots f(\vec{x}, y)$.

Logo,
$$\text{rec}(f_0, f_1)(\vec{x}, y) = f(\vec{x}, y) = \beta(\mu w . (\vec{x}, y, w) \in C_{f_0 f_1}, y)$$

o que pode ser computado com o programa *Kleene* proposto. QED

Assim, de modo a remover a recursão, é necessário encontrar β com a propriedade de descodificação pretendida e computada sem recursão. É também preciso verificar que $\chi_{C_{f_0 f_1}}$ é computável sem recursão quando $f_0 : \mathbb{N}^n \to \mathbb{N}$ e $f_1 : \mathbb{N}^{n+2} \to \mathbb{N}$ são computáveis sem recursão. Com este objetivo em mente, Kurt Gödel introduziu a classe de aplicações seguinte.

A classe $\mathcal{G}$ é o menor conjunto de aplicações com argumentos e resultados em $\mathbb{N}$ tal que:

- contém a constante k (aplicação de aridade zero) para cada $k \in \mathbb{N}$;

- contém Z (aplicação de aridade um);

- contém as projeções (de todas as aridades positivas);

- contém a adição, a multiplicação e a característica da relação $<$ (aplicações de aridade dois);

- é fechado para a agregação, para a composição e para a minimização garantida.

Em homenagem a Kurt Gödel, as aplicações em $\mathcal{G}$ serão referidas como as *aplicações de Gödel*. Além disso, para cada $n \in \mathbb{N}$, um subconjunto de $\mathbb{N}^n$ dir-se-á em $\mathcal{G}$ se a aplicação característica correspondente pertence a $\mathcal{G}$. Tais conjuntos serão referidos como os *conjuntos de Gödel*.

Proposição 22 $\mathcal{G} \subseteq gm\mathcal{R}$.

Demonstração: A demonstração por indução sobre a estrutura de $\mathcal{G}$ é deixada como exercício.   QED

Para demonstrar o recíproco, primeiro é necessário construir uma pequena biblioteca de aplicações e conjuntos em $\mathcal{G}$, tarefa essa que se deixa ao cuidado do leitor no exercício seguinte.

Exercício 23 Mostre que $\mathcal{G}$ é fechada para as operações usuais finitárias sobre conjuntos (incluindo quantificações limitadas). Mostre que $\mathcal{G}$ contém as aplicações e conjuntos seguintes:

- A aplicação $\lambda k \,.\, n$ para cada $n \in \mathbb{N}$.

- As relações binárias $\leq, >, \geq, =$ e $\neq$.

- As aplicações J e zigzag.

- A aplicação $\lambda x, y \,.\, x \overset{\cdot}{-} y$ que devolve $x - y$ se $x > y$ e devolve 0 caso contrário (subtração natural).

- A aplicação $\lambda x, y \,.\, \mathsf{rem}(x, y)$ que devolve o resto da divisão de y por x.

- O conjunto $\{(x, y) : x|y\}$ em que $x|y$ significa x divide y, isto é, existe $z \in \mathbb{N}$ tal que $y = zx$.

- O conjunto $\{x : \mathsf{prime}(x)\}$ dos números primos.

- O conjunto $\{x, y : \mathsf{power}(x, y)\}$ em que $\mathsf{power(x,y)}$ significa x é potência de y, isto é, existe $z \in \mathbb{N}$ tal que $x = y^z$.

O resultado seguinte fornece um primeiro ingrediente para capitalizar na Proposição 21 e demonstrar que a classe $\mathcal{G}$ é fechada para a recursão primitiva.

Proposição 24 (Aplicação β de Gödel)
Existe uma aplicação $\beta : \mathbb{N}^2 \to \mathbb{N} \in \mathcal{G}$ tal que para cada sequência $k_0 \ldots k_j$ de números naturais existe um número natural w tal que $\beta(w, i) = k_i$ para todo o $i = 0, \ldots, j$.

Demonstração: Dado que

$$\beta^* = \lambda\, x, y, i \,.\, \mathsf{rem}(1 + (i+1)y, x) : \mathbb{N}^3 \to \mathbb{N}$$

pertence a $\mathcal{G}$,

$$\beta = \lambda\, w, i \,.\, \beta^*(\mathsf{zigzag}(w)[[1]], \mathsf{zigzag}(w)[[2]], i) : \mathbb{N}^2 \to \mathbb{N}$$

também pertence a $\mathcal{G}$. Tudo o que resta verificar é que esta última aplicação tem a propriedade de descodificação pretendida: para toda a sequência $k_0 \ldots k_j$ de números naturais, existe um número natural w tal que $\beta(w, i) = k_i$ para todo o $i = 0, \ldots, j$.

Para isso, é necessário um conhecimento mínimo de aritmética modular (para mais detalhes veja-se [33]). Dois números naturais dizem-se *coprimos* ou *primos relativos* se não têm divisores comuns diferentes de 1. Um conjunto de números naturais diz-se um *conjunto de coprimos dois a dois* ou *conjunto de primos relativos dois a dois* se quaisquer dois números no conjunto são coprimos. O teorema chinês do resto (originalmente apresentado num livro do século terceiro D.C. do matemático Chinês Sun Tzu) é o núcleo da demonstração. Assuma-se que $\{u_0, \ldots, u_j\}$ é um conjunto de coprimos dois a dois. Então, para toda a sequência $k_0, \ldots, k_j$ dada de números naturais existe um número x que é solução do sistema seguinte de congruências:

$$\begin{cases} x \equiv k_0 \bmod u_0 \\ \cdots \\ x \equiv k_j \bmod u_j \end{cases}$$

Além disso, as soluções deste sistema são congruentes módulo $u_0 \times \cdots \times u_j$.

Seja

$$y = \ell! \quad \text{com} \quad \ell = \max\{k_0, \ldots, k_j, j\}.$$

e tome-se

$$u_i = 1 + (i+1)y \quad \text{para } i = 0, \ldots, j.$$

O conjunto $\{u_0, \ldots, u_j\}$ é um conjunto de coprimos dois a dois como se demonstra a seguir. Assuma-se, por contradição, que este não é o caso. Ou seja, assuma-se que existem $a, b \le j$ e um primo p que divide $u_a = 1 + (a+1)y$ e $u_b = 1 + (b+1)y$. Sem perda de generalidade, tome-se $a < b$. Então, p divide $u_b - u_a = (b-a)y$ (*). Mas, p não divide y (†). De facto, se assim fosse então p dividiria $(a+1)y$ e portanto dividiria 1, uma vez que divide $1 + (a+1)y$. Além disso, p não divide $b - a$ (‡). De facto, caso contrário, p dividiria $y = \ell!$ uma vez que $b - a$ divide y porque $(b-a) \le j \le \ell$. Logo, como consequência de (†) e de (‡), p não divide $(b-a)y$, contradizendo (*).

Pelo teorema chinês do resto, existe $x \in \mathbb{N}$ tal que

$$\mathsf{rem}(u_i, x) = \mathsf{rem}(u_i, k_i) \quad \text{para cada } i = 0, \ldots, j.$$

Logo, para cada $i = 0, \ldots, j$, uma vez que $k_i < u_i$,

$$\beta^*(x, y, i) = \mathsf{rem}(1 + (i+1)y, x) = \mathsf{rem}(u_i, x) = \mathsf{rem}(u_i, k_i) = k_i$$

e, portanto, escolhendo $w = J(x, y)$,

$$\beta(w, i) = k_i$$

como pretendido.   QED

A existência de tal $\beta : \mathbb{N}^2 \to \mathbb{N}$ em $\mathcal{G}$ foi uma das contribuições chave feita por Gödel em direção aos teoremas de incompletude. Observe-se que outras formas comuns de codificar as sequências de números naturais (como a do Exercício 13 ou aquelas que são baseadas na factorização em primos) não são diretamente aplicáveis para esta tarefa porque são definidas usando recursão primitiva. Munidos da aplicação β de Gödel (usualmente conhecida como *função β de Gödel*), é fácil estabelecer o seguinte:

Proposição 25 Se $f_0 : \mathbb{N}^n \to \mathbb{N}$ e $f_1 : \mathbb{N}^{n+2} \to \mathbb{N}$ são aplicações em $\mathcal{G}$, então $\chi_{C_{f_0 f_1}}$ e $\mathsf{rec}(f_0, f_1)$ pertencem também a $\mathcal{G}$.

Finalmente, é possível demonstrar que $gm\mathcal{R} \subseteq \mathcal{G}$. Assim, denotando o conjunto de aplicações computáveis por $\mathcal{C}{\downarrow}$, o resultado seguinte verifica-se:

Proposição 26 (Lema fundamental das aplicações computáveis)

$$\mathcal{G} = gm\mathcal{R} = \mathcal{R}{\downarrow} = \mathcal{C}{\downarrow}.$$

12.4   Representabilidade em $\mathrm{Th}(\mathbb{N})$

O objetivo desta secção é demonstrar que todas as aplicações e conjuntos computáveis são representáveis na teoria $\mathrm{Th}(\mathbb{N})$. Capitalizando nos resultados da secção anterior, é suficiente demonstrar que todas as aplicações e conjuntos de Gödel são representáveis em $\mathrm{Th}(\mathbb{N})$. Para esse propósito, é útil o lema técnico apresentado no exercício seguinte.

Exercício 27 Seja $\mathsf{vlv}_{\Sigma^\mathbb{N}}(\varphi) = \{x_1\}$. Mostre que:

1. $([\varphi]_0^{x_1} \Rightarrow (\ldots \Rightarrow ([\varphi]_{\mathbf{k-1}}^{x_1} \Rightarrow ((x_1 < \mathbf{k}) \Rightarrow \varphi)))) \in \mathrm{Th}(\mathbb{N})$.

2. se $(\neg[\varphi]_{\mathbf{j}}^{x_1}) \in \text{Th}(\mathbb{N})$ para $j = 0, \ldots, k - 1$ e $[\varphi]_{\mathbf{k}}^{x_1} \in \text{Th}(\mathbb{N})$,

   então $((\varphi \wedge (\forall x_0 ((x_0 < x_1) \Rightarrow (\neg[\varphi]_{x_0}^{x_1})))) \Leftrightarrow (x_1 \cong \mathbf{k})) \in \text{Th}(\mathbb{N})$.

Proposição 28 (Teorema da representabilidade)
Toda a aplicação computável é representável em $\text{Th}(\mathbb{N})$.

Demonstração: A demonstração é realizada por indução sobre a estrutura do algoritmo que certifica que a aplicação seguinte pertence a $\mathcal{G}$:

1. A constante $\mathbf{k}$ é representada por

$$(x_1 \cong \mathbf{k}).$$

2. A aplicação Z é representada por

$$((x_2 \cong \mathbf{0}) \wedge (x_1 \cong x_1)).$$

3. Cada projeção P_i^n é representada por

$$((x_{n+1} \cong x_i) \wedge (x_1 \cong x_1) \wedge \ldots \wedge (x_n \cong x_n)).$$

4. A adição é representada por

$$(x_3 \cong (x_1 + x_2)).$$

5. A multiplicação é representada por

$$(x_3 \cong (x_1 \times x_2)).$$

6. A aplicação $\chi_<$ é representada por

$$(((x_1 < x_2) \Rightarrow (x_3 \cong \mathbf{1})) \wedge ((\neg(x_1 < x_2)) \Rightarrow (x_3 \cong \mathbf{0}))).$$

7. Dadas $h_i : \mathbb{N}^n \to \mathbb{N}$ em $\mathcal{G}$ para $i = 1, \ldots, m$ e portanto, pela hipótese de indução, em que cada uma delas é representada por uma fórmula φ_{h_i}, a agregação

$$\langle h_1, \ldots, h_m \rangle : \mathbb{N}^n \to \mathbb{N}^m$$

   é representada por

$$\varphi_{h_1} \wedge [\varphi_{h_2}]_{x_{n+2}}^{x_{n+1}} \wedge \ldots \wedge [\varphi_{h_m}]_{x_{n+m}}^{x_{n+1}}.$$

8. Dadas $f : \mathbb{N}^n \to \mathbb{N}^m$ e $g : \mathbb{N}^m \to \mathbb{N}^r$ em $\mathcal{G}$ e portanto, pela hipótese de indução, representadas por fórmulas φ_f e φ_g, respetivamente, a composição

$$g \circ f : \mathbb{N}^n \to \mathbb{N}^r$$

é representada por

$$(\exists x_{j+1} \ldots \exists x_{j+m} \, ([[\varphi_g]_{x_{j+1}\ldots x_{j+m}}^{x_1 \ldots x_m}]_{x_{n+1},\ldots,x_{n+r}}^{x_{m+1},\ldots,x_{m+r}} \wedge [\varphi_f]_{x_{j+1},\ldots,x_{j+m}}^{x_{n+1},\ldots,x_{n+m}})),$$

em que $j = \max\{n + m, m + r, n + r\}$.

9. Dada $h : \mathbb{N}^{n+1} \to \mathbb{N}$ em $\mathcal{G}$, e portanto, pela hipótese de indução, representada por φ_h, tal que

    para todo $(a_1, \ldots, a_n) \in \mathbb{N}^n$ existe a satisfazendo $h(a_1, \ldots, a_n, a) = 0$,

a minimização (assim garantida)

$$\min(h) : \mathbb{N}^n \to \mathbb{N}$$

é representada por

$$([\varphi_h]_{\mathbf{0}}^{x_{n+2}} \wedge (\forall x_{n+3} \, ((x_{n+3} < x_{n+1}) \Rightarrow (\neg[\varphi_h]_{x_{n+3}\mathbf{0}}^{x_{n+1}x_{n+2}})))).$$

Mostrar que estas representações são legítimas é deixado como exercício. A tarefa é, na maioria dos casos, simples. O caso da minimização é ajudado pelo facto 2 estabelecido no Exercício 27.   QED

Graças à Proposição 3, a representabilidade de todas as aplicações computáveis implica a representabilidade de todos os conjuntos computáveis. Assim:

Proposição 29 Todo o conjunto computável é representável em Th($\mathbb{N}$).

12.5   Representabilidade em N

A demonstração da proposição seguinte, que será usada no Capítulo 13 apenas para se estabelecer a indecidibilidade da lógica de primeira ordem como corolário do primeiro teorema da incompletude, é deixada como exercício. Capitalizando nos resultados da Secção 12.3, é suficiente demonstrar que todas as aplicações e todos os conjuntos de Gödel são representáveis em **N**. A demonstração realiza-se por indução sobre a estrutura do algoritmo que certifica que a aplicação pertence a $\mathcal{G}$, usando em cada caso a mesma fórmula da demonstração da Proposição 28. A verificação da legitimidade das representações é aqui tecnicamente mais difícil do que na demonstração da Proposição 28. O leitor deverá consultar a Secção 6.7 do livro [42] de Shoenfield para orientação.

Proposição 30 Toda a aplicação computável é representável em **N**.

Em consequência, novamente pela Proposição 3, os conjuntos computáveis são também representáveis nesta teoria:

Proposição 31 Todo o conjunto computável é representável em **N**.

Como corolário, pode concluir-se que as aplicações computáveis e os conjuntos computáveis são representáveis em qualquer extensão de **N**. Logo, os resultados de representabilidade para Th(ℕ) poderiam ter sido obtidos estabelecendo primeiro a representabilidade em **N**.

Capítulo 13

Primeiro teorema da incompletude

Capitalizando nos resultados dos capítulos anteriores, é possível seguir um caminho muito direto para o primeiro teorema de incompletude (na sua forma mais geral, conhecida como a versão de Gödel–Rosser) via o teorema de Church.

Depois disso, podem obter-se facilmente vários resultados negativos sobre a teoria Th($\mathbb{N}$). Todos estes resultados são independentes do facto de que as aplicações computáveis são representáveis na teoria $\mathbf{N}$, mas os resultados da última secção deste capítulo (indecidibilidade da LPO) dependem deste facto.

A Secção 13.1 começa com o lema da diagonalização de Cantor uma vez que esta técnica desempenha um papel central na demonstração do teorema de Church. Depois de alguma notação e alguns resultados técnicos sobre a ideia de representar uma teoria da aritmética como um subconjunto de $\mathbb{N}^2$ e sobre a noção de extensão (aritmética) de uma fórmula em tal teoria, demonstra-se um resultado que relaciona um conjunto com a extensão de uma fórmula que o representa sobre uma teoria coerente. É então possível demonstrar que todo o conjunto computável é extensão de alguma fórmula, desde que se assuma também que as aplicações computáveis são representáveis na teoria. Finalmente, os resultados principais são estabelecidos: o teorema de Church demonstra-se usando a técnica de diagonalização supra citada, a versão mais forte de Gödel–Rosser do teorema da incompletude é apresentada como um corolário imediato do teorema de Church, e uma pequena modificação da demonstração do teorema de Church conduz ao teorema da indefinibilidade de Gödel–Tarski.

Na Secção 13.2, estabelecem-se os resultados negativos sobre a teoria Th($\mathbb{N}$), incluindo indecidibilidade, não semidecidibilidade, impossibilidade de axiomatização, e indefinibilidade.

A indecidibilidade da lógica de primeira ordem é demonstrada na Secção 13.3 capitalizando no facto de as aplicações computáveis serem representáveis na teoria finitamente axiomatizada **N**.

13.1 Não computabilidade de teorias da aritmética

Para obter a incompletude da aritmética, Kurt Gödel recorreu à *técnica da diagonal* ou à *técnica da diagonalização* apresentada por Georg Cantor.[1] Vale a pena mencionar o lema que fundamenta esta técnica sobre o universo dos números naturais:

Proposição 1 (Lema de Cantor)
Seja $C \subseteq \mathbb{N}^2$. Então, para cada $D \subseteq \mathbb{N}$ tem-se:

$$\lambda k . (1 - \chi_C(k,k)) \notin \{\lambda k . \chi_C(d,k) : d \in D\}.$$

Demonstração: Deixa-se como exercício para o leitor interessado.   QED

Por outras palavras, qualquer que seja $D \subseteq \mathbb{N}$,

$$U \notin \{C_d : d \in D\}$$

em que:

- $U = \{k : (k,k) \notin C\}$;

- $C_d = \{k : (d,k) \in C\}$ para cada $d \in D$.

Exercício 2 Recorde a demonstração da indecidibilidade do problema da terminação apresentado no Capítulo 3. Verifique que se utilizou um argumento de diagonalização. Reformule a demonstração de modo a tirar partido do lema de Cantor.

A representação do raciocínio aritmético na própria aritmética foi o ponto de partida de Kurt Gödel no seu percurso em direção aos teoremas da incompletude. Para isso, começa-se por escolher uma Gödelização de tipo $A_{\Sigma_{\mathbb{N}}}$.

Exercício 3 Defina uma Gödelização g de tipo $A_{\Sigma_{\mathbb{N}}}$. Sugestão: Adapte a aplicação dada no Exercício 2 do Capítulo 4.

---

[1] Georg Cantor usou esta técnica pela primeira vez para demonstrar que a cardinalidade do conjunto das partes de um conjunto dado é estritamente maior que a cardinalidade desse conjunto.

Escolha-se de uma vez por todas uma Gödelização $g_\mathbb{N}$ de tipo $A_{\Sigma_\mathbb{N}}$. A aplicação seguinte será necessária:

$$\text{rsb} = \lambda\, d, u\, . \begin{cases} g_\mathbb{N}([g_\mathbb{N}^{-1}(d)]^{x_1}_{g_\mathbb{N}^{-1}(u)}) & \text{se} \begin{cases} d \in g_\mathbb{N}(L_{\Sigma_\mathbb{N}}) \\ u \in g_\mathbb{N}(T_{\Sigma_\mathbb{N}}) \end{cases} : \mathbb{N} \times \mathbb{N} \to \mathbb{N}. \\ d & \text{n.r.c.} \end{cases}$$

Claramente, a aplicação rsb introduz no universo dos números naturais a operação binária

$$\lambda\, \varphi, t\, . [\varphi]^{x_1}_t : L_{\Sigma_\mathbb{N}} \times T_{\Sigma_\mathbb{N}} \to L_{\Sigma_\mathbb{N}}$$

que dados uma fórmula e um termo devolve a fórmula com todas as ocorrências livres de x_1 substituídas pelo termo.

Exercício 4 Mostre que a aplicação rsb é computável.

Dada uma teoria da aritmética Θ, também será necessário trabalhar com a relação binária

$$\text{ths}_\Theta = \{(g_\mathbb{N}(\delta), k) : [\delta]^{x_1}_\mathbf{k} \in \Theta\} \subseteq \mathbb{N} \times \mathbb{N}$$

que se diz ser a *extensão (relacional)* de Θ.

Proposição 5 Seja Θ teoria da aritmética. Então:

$$\text{ths}_\Theta = \{(d, k) : \text{rsb}(d, g_\mathbb{N}(\mathbf{k})) \in g_\mathbb{N}(\Theta)\}.$$

Demonstração: Seja $S_\Theta = \{(d, k) : \text{rsb}(d, g_\mathbb{N}(\mathbf{k})) \in g_\mathbb{N}(\Theta)\}$.

(i) $\text{ths}_\Theta \subseteq S_\Theta$:

se $(g_\mathbb{N}(\delta), k) \in \text{ths}_\Theta$

então $[\delta]^{x_1}_\mathbf{k} \in \Theta$ (definição de ths_Θ)

   $g_\mathbb{N}([\delta]^{x_1}_\mathbf{k}) \in g_\mathbb{N}(\Theta)$

   $g_\mathbb{N}([g_\mathbb{N}^{-1}(g_\mathbb{N}(\delta))]^{x_1}_{g_\mathbb{N}^{-1}(g_\mathbb{N}(\mathbf{k}))}) \in g_\mathbb{N}(\Theta)$

   $\text{rsb}(g_\mathbb{N}(\delta), g_\mathbb{N}(\mathbf{k})) \in g_\mathbb{N}(\Theta)$ (definição de rsb)

   $(g_\mathbb{N}(\delta), k) \in S_\Theta$

(ii) $S_\Theta \subseteq \text{ths}_\Theta$:
Observe-se primeiro que se $(d, k) \in S_\Theta$ então $d \in g_\mathbb{N}(L_{\Sigma_\mathbb{N}})$ porque caso contrário $\text{rsb}(d, g_\mathbb{N}(\mathbf{k})) = d$ e, portanto, $\text{rsb}(d, g_\mathbb{N}(\mathbf{k})) \notin g_\mathbb{N}(\Theta)$. Logo, é suficiente

demonstrar que se $(g_\mathbb{N}(\delta), k) \in S_\Theta$ então $(g_\mathbb{N}(\delta), k) \in \mathrm{ths}_\Theta$. De facto:

se $(g_\mathbb{N}(\delta), k) \in S_\Theta$

então $\mathrm{rsb}(g_\mathbb{N}(\delta), g_\mathbb{N}(\mathbf{k})) \in g_\mathbb{N}(\Theta)$

$g_\mathbb{N}([g_\mathbb{N}^{-1}(g_\mathbb{N}(\delta))]^{x_1}_{g_\mathbb{N}^{-1}(g_\mathbb{N}(\mathbf{k}))}) \in g_\mathbb{N}(\Theta)$ (definição de rsb)

$g_\mathbb{N}([\delta]^{x_1}_{\mathbf{k}}) \in g_\mathbb{N}(\Theta)$

$[\delta]^{x_1}_{\mathbf{k}} \in \Theta$

$(g_\mathbb{N}(\delta), k) \in \mathrm{ths}_\Theta$ (definição de ths_Θ)

QED

A relação binária ths_Θ captura informação suficiente sobre a teoria Θ com o intuito de se estabelecer o teorema de Church por um argumento de diagonalização. Para isso, torna-se também necessário o conceito seguinte de extensão de uma fórmula na teoria da aritmética considerada. Dada a fórmula $\delta \in L_{\Sigma_\mathbb{N}}$, o conjunto

$$\mathrm{ext}^\delta_\Theta = \{k : [\delta]^{x_1}_{\mathbf{k}} \in \Theta\} \subseteq \mathbb{N}.$$

diz-se a *extensão* de δ em Θ. Claramente:

Proposição 6 Seja Θ teoria da aritmética. Então:

$$\mathrm{ext}^\delta_\Theta = \{k : (g_\mathbb{N}(\delta), k) \in \mathrm{ths}_\Theta\}.$$

Exercício 7 Mostre que para toda a fórmula $\delta \in L_{\Sigma_\mathbb{N}}$ tal que $\mathrm{vlv}_{\Sigma_\mathbb{N}}(\delta) = \{x_1\}$:

$$\{\rho(x_1) : \rho \in [\![\delta]\!]^\mathbb{N}_{\Sigma_\mathbb{N}}\} = \mathrm{ext}^\delta_{\mathrm{Th}(\mathbb{N})}.$$

Proposição 8 Seja Θ teoria coerente da aritmética e suponha-se que o conjunto $C \subseteq \mathbb{N}$ é representado em Θ por $\varphi \in L_{\Sigma_\mathbb{N}}$. Então

$$C = \mathrm{ext}^\varphi_\Theta.$$

Demonstração: A demonstração é realizada por análise de casos:

se $k \in C$ então

$[\varphi]^{x_1}_{\mathbf{k}} \in \Theta$ (representabilidade)

$k \in \mathrm{ext}^\varphi_\Theta$ (definição de $\mathrm{ext}^\varphi_\Theta$);

se $k \notin C$ então

$(\neg[\varphi]^{x_1}_{\mathbf{k}}) \in \Theta$ (representabilidade)

$[\varphi]^{x_1}_{\mathbf{k}} \notin \Theta$ (coerência de Θ)

$k \notin \mathrm{ext}^\varphi_\Theta$ (definição de $\mathrm{ext}^\varphi_\Theta$).

QED

Proposição 9 Seja Θ teoria coerente da aritmética em que as aplicações computáveis são representáveis e suponha-se que $C \subseteq \mathbb{N}$ é computável. Então:

$$C \in \{\text{ext}_\Theta^\delta : \delta \in L_{\Sigma_\mathbb{N}}\}.$$

Demonstração: Pela Proposição 3 no Capítulo 12, os conjuntos computáveis são também representáveis em Θ. Seja φ uma fórmula que representa C em Θ. Então, usando o resultado anterior, $C = \text{ext}_\Theta^\varphi$.　　　　　QED

A partir destes resultados, é possível demonstrar o teorema seguinte, atribuído a Alonzo Church, que leva, de forma muito expedita, ao primeiro teorema da incompletude de Gödel, na sua versão mais forte (para a qual também John Rosser contribuiu).

Proposição 10 (Teorema de Church)
Qualquer teoria coerente da aritmética em que as aplicações computáveis são representáveis não pode ser computável.

Demonstração: Seja Θ teoria coerente da aritmética em que as aplicações computáveis são representáveis. A demonstração usa a técnica de diagonalização aplicada ao conjunto ths_Θ. Considere-se o conjunto

$$U = \{k : (k,k) \notin \text{ths}_\Theta\} \subseteq \mathbb{N}$$

com aplicação característica

$$\chi_U = \lambda\, k \,.\, (1 - \chi_{\text{ths}_\Theta}(k,k)).$$

Usando o lema de Cantor, conclui-se que

$$\chi_U \notin \{\lambda\, k \,.\, \chi_{\text{ths}_\Theta}(d,k) : d \in D\}$$

qualquer que seja $D \subseteq \mathbb{N}$. Assim, em particular,

$$\chi_U \notin \{\lambda\, k \,.\, \chi_{\text{ths}_\Theta}(d,k) : d \in g_\mathbb{N}(L_{\Sigma_\mathbb{N}})\}$$

e, portanto,

$$\chi_U \notin \{\lambda\, k \,.\, \chi_{\text{ths}_\Theta}(g_\mathbb{N}(\delta),k) : \delta \in L_{\Sigma_\mathbb{N}}\} \qquad \text{isto é}$$
$$U \notin \{\{k : (g_\mathbb{N}(\delta),k) \in \text{ths}_\Theta\} : \delta \in L_{\Sigma_\mathbb{N}}\} \qquad \text{isto é (Proposição 6)}$$
$$U \notin \{\{k : k \in \text{ext}_\Theta^\delta\} : \delta \in L_{\Sigma_\mathbb{N}}\} \qquad \text{isto é}$$
$$U \notin \{\text{ext}_\Theta^\delta : \delta \in L_{\Sigma_\mathbb{N}}\}$$

Assim, pela Proposição 9, U não é computável e, portanto, χ_U não é computável. Logo, uma vez que, pela Proposição 5,

$$\chi_U = \lambda\, k \,.\, (1 - \chi_{g_\mathbb{N}(\Theta)}(\text{rsb}(k, g_\mathbb{N}(\mathbf{k}))))$$

e $\lambda k \cdot 1 - k : \{0,1\} \to \{0,1\}$, rsb $: \mathbb{N} \times \mathbb{N} \to \mathbb{N}$, $g_{\mathbb{N}} : A^*_{\Sigma_{\mathbb{N}}} \to \mathbb{N}$ e $\lambda k \cdot \mathbf{k} : \mathbb{N} \to T_{\Sigma_{\mathbb{N}}}$ são aplicações computáveis, $\chi_{g_{\mathbb{N}}(\Theta)}$ não pode ser computável. Logo, $g_{\mathbb{N}}(\Theta)$ não é computável e, portanto, pela Proposição 24 do Capítulo 3, a teoria Θ não é computável.   QED

Proposição 11
(Primeiro teorema da incompletude de Gödel–Rosser)

Toda a teoria axiomatizável da aritmética em que as aplicações computáveis sejam representáveis não pode ser simultaneamente exaustiva e coerente.

Demonstração: O resultado é demonstrado por contradição. Assuma-se que existe uma teoria da aritmética Θ que é exaustiva (1), coerente (2), axiomatizável (3), e em que as aplicações computáveis são representáveis (4).

Então, aplicando a Proposição 8 do Capítulo 6 a (3), segue que Θ é computavelmente enumerável (5). De (1) e (5), usando a Proposição 7 do Capítulo 6, segue que Θ é computável (6).

Por outro lado, o teorema de Church, quando aplicado a (2) e a (4), leva a que Θ não seja computável, em contradição com (6).   QED

O resultado seguinte, usualmente atribuído a Alfred Tarski, apesar de independentemente demonstrado por Kurt Gödel, leva a outra perspetiva sobre a impossibilidade de formalizar a aritmética.

Proposição 12 (Teorema da indefinibilidade de Gödel–Tarski)

Seja Θ teoria coerente da aritmética em que as aplicações computáveis são representáveis. Então, o conjunto $g_{\mathbb{N}}(\Theta)$ não é representável em Θ.

Demonstração: O resultado é obtido de forma semelhante à demonstração do teorema de Church, mas raciocinando sobre representabilidade em vez de computabilidade. Seja $U = \{k : (k,k) \notin \text{ths}_\Theta\}$. Então, pelo lema de Cantor e pela Proposição 6, segue que:

$$U \notin \{\text{ext}^\delta_\Theta : \delta \in L_{\Sigma_{\mathbb{N}}}\}.$$

Então, pela Proposição 8, U não é representável em Θ. Logo, pela Proposição 3 do Capítulo 12, χ_U não é representável em Θ. Por outro lado, pela Proposição 5,

$$\begin{aligned} \chi_U &= \lambda k \cdot (1 - \chi_{g_{\mathbb{N}}(\Theta)}(\text{rsb}(k, g_{\mathbb{N}}(\mathbf{k})))) \\ &= \lambda k \cdot (1 \dot{-} \chi_{g_{\mathbb{N}}(\Theta)}(\text{rsb}(k, g_{\mathbb{N}}(\mathbf{k})))). \end{aligned}$$

Portanto, dado que a composição de aplicações representáveis em Θ é ainda representável nessa teoria (veja-se a demonstração da Proposição 28 do Capítulo 12) e as aplicações $\lambda k \cdot 1 \dot{-} k : \mathbb{N} \to \mathbb{N}$ e $\lambda k \cdot \text{rsb}(k, g_{\mathbb{N}}(\mathbf{k})) : \mathbb{N} \to \mathbb{N}$ são representáveis em Θ porque são computáveis, $\chi_{g_{\mathbb{N}}(\Theta)}$ não pode ser representável em Θ e, portanto, pela Proposição 3 do Capítulo 12, $g_{\mathbb{N}}(\Theta)$ não é representável em Θ.   QED

Observe-se que o teorema de Church, o teorema de Gödel–Rosser e o teorema de Gödel–Tarski não se baseiam nas propriedades de Th($\mathbb{N}$). Em particular, estes não se baseiam no facto de as aplicações computáveis serem representáveis em Th($\mathbb{N}$). Contudo, usando este facto, podem-se estabelecer alguns resultados interessantes sobre a teoria padrão da aritmética, os quais são discutidos na secção seguinte.

Por outro lado, se aplicações computáveis não fossem representáveis, pelo menos em Th($\mathbb{N}$), estes teoremas não teriam substância.

13.2 Impossibilidade de axiomatização da aritmética

Proposição 13 (Indecidibilidade da aritmética)
A teoria Th($\mathbb{N}$) não é computável.

Demonstração: A tese é obtida como um corolário imediato do teorema de Church, uma vez que Th($\mathbb{N}$) é coerente (recorde-se o Capítulo 7, Exercício 37) e que as aplicações computáveis são nela representáveis (veja-se o Capítulo 12, Proposição 28).

Em alternativa, o resultado pode ser estabelecido, por contradição, como corolário do teorema de Gödel–Rosser. De facto, assuma-se que Th($\mathbb{N}$) é computável. Então é axiomatizável (porquê?). Logo, dado que Th($\mathbb{N}$) é também coerente e as aplicações computáveis são nela representáveis, o teorema de Gödel–Rosser leva à não exaustividade, contradizendo o Exercício 37 do Capítulo 7. QED

Proposição 14 (Não semidecidibilidade da aritmética)
A teoria Th($\mathbb{N}$) não é computavelmente enumerável.

Demonstração: O resultado é obtido por contradição. Assuma-se que Th($\mathbb{N}$) é computavelmente enumerável. Então, dado que Th($\mathbb{N}$) é exaustiva (Capítulo 7, Exercício 37), pela Proposição 7 do Capítulo 6 segue que Th($\mathbb{N}$) é computável, contradizendo a proposição anterior. QED

Proposição 15 (Impossibilidade da axiomatização da aritmética)
A teoria Th($\mathbb{N}$) não é axiomatizável.

Demonstração: O resultado é obtido por contradição. Assuma-se que Th($\mathbb{N}$) é axiomatizável. Então, pela Proposição 8 do Capítulo 6, segue que Th($\mathbb{N}$) é computavelmente enumerável, contradizendo a proposição anterior. QED

Proposição 16 (Indefinibilidade da aritmética)
O conjunto $g_{\mathbb{N}}(\mathrm{Th}(\mathbb{N}))$ não é representável em Th($\mathbb{N}$).

Demonstração: Dado que $\text{Th}(\mathbb{N})$ é uma teoria coerente da aritmética que permite a representação das aplicações computáveis, o teorema de Gödel–Tarski (Proposição 12) verifica-se para esta teoria.   QED

13.3   Indecidibilidade da lógica de primeira ordem

Nesta secção apresentam-se alguns resultados, independentes das propriedades de $\text{Th}(\mathbb{N})$, sobre as extensões coerentes da teoria $\mathbf{N}$. Beneficiando da axiomatização finita de $\mathbf{N}$, também se mostra que o conjunto de teoremas da lógica de primeira ordem nem sempre é computável.

Proposição 17 Nenhuma extensão coerente da teoria $\mathbf{N}$ é computável.

Demonstração: Este é um caso particular do teorema de Church, dado que as aplicações computáveis são representáveis em $\mathbf{N}$ (Capítulo 12, Proposição 30), e, portanto, em qualquer uma das suas extensões.   QED

Proposição 18 (Indecidibilidade da lógica de primeira ordem)
O conjunto de teoremas da lógica de primeira ordem sobre a assinatura Σ não é, em geral, computável.

Demonstração: A demonstração é feita por contradição. Suponha-se que o conjunto $\emptyset^{\vdash_\Sigma}$ é computável para toda a assinatura Σ. Então, em particular, $\emptyset^{\vdash_{\Sigma_\mathbf{N}}}$ seria computável.

Contudo, por outro lado, dado que o conjunto $\text{Ax}_\mathbf{N}$ de axiomas específicos da teoria $\mathbf{N}$ é finito, tem-se:

$$\varphi \in \mathbf{N} \qquad\qquad\qquad \text{sse}$$
$$\text{Ax}_\mathbf{N} \vdash_{\Sigma_\mathbf{N}} \varphi \qquad\qquad \text{sse}$$
$$\left(\textstyle\bigwedge_{\delta \in \text{Ax}_\mathbf{N}} \delta\right) \vdash_{\Sigma_\mathbf{N}} \varphi \qquad \text{sse}$$
$$\vdash_{\Sigma_\mathbf{N}} \left(\left(\textstyle\bigwedge_{\delta \in \text{Ax}_\mathbf{N}} \delta\right) \Rightarrow \varphi\right) \qquad \text{sse}$$
$$\left(\left(\textstyle\bigwedge_{\delta \in \text{Ax}_\mathbf{N}} \delta\right) \Rightarrow \varphi\right) \in \emptyset^{\vdash_{\Sigma_\mathbf{N}}}$$

Assim, se $\emptyset^{\vdash_{\Sigma_\mathbf{N}}}$ fosse computável, então o conjunto $\mathbf{N}$ seria também computável, contradizendo a proposição anterior.   QED

Deve enfatizar-se que se podem encontrar assinaturas para as quais o conjunto de teoremas de primeira ordem é computável. Por exemplo, se a assinatura Σ contém apenas predicados unários, então $\emptyset^{\vdash_\Sigma}$ é computável.

Proposição 19 Nenhuma extensão coerente e axiomatizável da teoria **N** é exaustiva.

Demonstração: Este é um caso particular do teorema de Gödel–Rosser, dado que as aplicações computáveis são representáveis em **N** (Capítulo 12, Proposição 30), e, portanto, em qualquer uma das suas extensões. QED

Proposição 20 Nenhuma extensão coerente Θ da teoria **N** permite a representação de $g_{\mathbb{N}}(\Theta)$.

Demonstração: Este é um caso particular do teorema de Gödel–Tarski, dado que as aplicações computáveis são representáveis em **N** (Capítulo 12, Proposição 30), e, portanto, em qualquer uma das suas extensões. QED

Capítulo 14

Segundo teorema da incompletude

A demonstração do segundo teorema da incompletude é mais interessante que a demonstração do primeiro teorema da incompletude porque requer na sua forma mais geral a codificação das sequências de derivação dentro da aritmética. Aqui, esta codificação é evitada invocando o teorema da projeção (Proposição 11 do Capítulo 3). Esta abordagem conduz a uma pseudo representação da derivabilidade da aritmética,[1] mas apenas permite a demonstração da primeira das condições de Hilbert–Bernays–Löb.

A Secção 14.1 motiva, introduz e demonstra alguns resultados básicos sobre pseudo representabilidade da derivabilidade em teoria da aritmética apropriada. A Secção 14.2 começa com as condições de Hilbert–Bernays–Löb e o teorema do ponto fixo. Depois disso, demonstra-se o teorema de Löb para qualquer teoria da aritmética apropriada que satisfaça essas condições. Finalmente, estabelece-se uma versão abstrata[2] do segundo teorema da incompletude como corolário imediato.

14.1 Pseudo representabilidade da derivabilidade

Não obstante a importância do primeiro teorema da incompletude, uma das questões colocadas por David Hilbert fica ainda por responder: será possível demonstrar a coerência de uma teoria axiomatizada a partir dos seus axiomas?

---

[1]Recorde-se que conseguir a representabilidade no sentido do Capítulo 12 está fora de questão em consequência do teorema de Gödel–Tarski.

[2]Isto é, que não envolve uma codificação concreta das sequências de derivação.

A resposta negativa a esta questão foi também dada por Kurt Gödel (segundo teorema da incompletude): para toda a axiomatização suficientemente forte e coerente de um fragmento da aritmética, existe uma fórmula que afirma a coerência dos axiomas, mas tal fórmula não é derivável a partir deles.

Para estabelecer este resultado, é necessário representar na linguagem da aritmética a noção de derivabilidade. Mais precisamente, dada uma teoria Θ da aritmética, para cada fórmula $\alpha \in L_{\Sigma_{\mathbb{N}}}$ tem de se encontrar uma fórmula

$$(\square_\Theta \alpha)$$

em $cL_{\Sigma_{\mathbb{N}}}$ que afirme que α é um teorema de Θ. Como seria de esperar, este objetivo apenas será possível via uma Gödelização de tipo $A_{\Sigma_{\mathbb{N}}}$, diga-se $g_{\mathbb{N}}$, e apenas se Θ satisfizer algumas propriedades.

Uma teoria Θ da aritmética diz-se *apropriada* se é computavelmente enumerável e se as aplicações computáveis são nela representáveis. Então, toda a teoria axiomatizável da aritmética que estende a teoria $\mathbf{N}$ é apropriada. Em particular, a teoria $\mathbf{P}$ é apropriada.

Observe-se que, como consequência do teorema de Gödel–Tarski (Proposição 12 do Capítulo 13), não há esperança de se encontrar uma fórmula que represente $g_{\mathbb{N}}(\Theta)$ numa teoria apropriada e coerente Θ da aritmética. De facto, este resultado negativo pode ser demonstrado diretamente do teorema de Church tirando partido do facto de Θ ser computavelmente enumerável, como se pede ao leitor para mostrar no exercício seguinte.

Exercício 1 Seja Θ teoria apropriada e coerente da aritmética. Sem usar o teorema de Gödel–Tarski, mostre que $g_{\mathbb{N}}(\Theta)$ não é representável em Θ.

Sem prejuízo do resultado negativo acima, usando o teorema de projeção, é possível encontrar uma fórmula que representa fracamente a Gödelização de uma dada teoria apropriada na própria. Para isso, a noção que se segue é também necessária.

Uma teoria Θ da aritmética diz-se *ω-coerente* se, para cada $\alpha \in L_{\Sigma_{\mathbb{N}}}$ tal que $\text{vlv}_{\Sigma_{\mathbb{N}}}(\alpha) = \{y\}$, se tem:

$$\text{Se } \{(\neg[\alpha]_{\mathbf{k}}^{y}) : k \in \mathbb{N}\} \subseteq \Theta \text{ então } (\exists y\, \alpha) \notin \Theta.$$

A noção de ω-coerência foi proposta por Kurt Gödel de modo a estabelecer o primeiro teorema da incompletude. Somente mais tarde é que John Rosser apresentou uma demonstração do primeiro teorema da incompletude que não requer esta noção.

Proposição 2 (Pseudo representabilidade da derivabilidade)
Seja Θ teoria apropriada da aritmética. Então, existe uma fórmula $\delta_\Theta \in L_{\Sigma_{\mathbb{N}}}$ tal que:

(1) $\text{vlv}_{\Sigma_{\mathbb{N}}}(\delta_\Theta) = \{x_1\}$;

(2) se $a \in g_{\mathbb{N}}(\Theta)$ então $[\delta_\Theta]_{\mathbf{a}}^{x_1} \in \Theta$;

(3) se $a \notin g_{\mathbb{N}}(\Theta)$ então $[\delta_\Theta]_{\mathbf{a}}^{x_1} \notin \Theta$, desde que, Θ seja também ω-coerente.

Demonstração: Primeiro observe-se que existem muitas fórmulas que trivialmente satisfazem os requisitos (1) e (2), e.g. $(x_1 \cong x_1)$. Mas é possível fazer bastante melhor e dar uma fórmula δ_Θ que depende da teoria Θ considerada e que satisfaz o requisito (3).

De facto, como Θ é computavelmente enumerável segue, pela Proposição 24 no Capítulo 3, que $g_{\mathbb{N}}(\Theta)$ é também computavelmente enumerável. Assim, pelo teorema da projeção (Proposição 11 do Capítulo 3), existe um subconjunto computável R_Θ de $\mathbb{N}^2$ tal que:

$$a \in g_{\mathbb{N}}(\Theta) \text{ se e só se existe } s \in \mathbb{N} \text{ tal que o par } (a, s) \in R_\Theta.$$

Portanto, usando a hipótese da representabilidade das aplicações computáveis em Θ, e assim, graças à Proposição 3 do Capítulo 12, também de conjuntos computáveis, existe $\varphi_\Theta \in L_{\Sigma_{\mathbb{N}}}$ que representa R_Θ na teoria Θ, isto é, tal que:

- $\text{vlv}_{\Sigma_{\mathbb{N}}}(\varphi_\Theta) = \{x_1, x_2\}$;

- se $(a, s) \in R_\Theta$, então $[\varphi_\Theta]_{\mathbf{a},\mathbf{s}}^{x_1,x_2} \in \Theta$;

- se $(a, s) \notin R_\Theta$, então $(\neg[\varphi_\Theta]_{\mathbf{a},\mathbf{s}}^{x_1,x_2}) \in \Theta$.

Tome-se δ_Θ como sendo

$$(\exists x_2\, \varphi_\Theta).$$

Claramente, $\delta_\Theta \in L_{\Sigma_{\mathbb{N}}}$, $\text{vlv}_{\Sigma_{\mathbb{N}}}(\delta_\Theta) = \{x_1\}$. Resta verificar que δ_Θ satisfaz os requisitos (2) e (3).

Requisito (2):

Seja $a \in g_{\mathbb{N}}(\Theta)$. Então existe $s \in \mathbb{N}$ tal que $(a, s) \in R_\Theta$. Assim, dado que φ_Θ representa R_Θ em Θ,

$$\text{existe } s \in \mathbb{N} \text{ tal que } [\varphi_\Theta]_{\mathbf{a},\mathbf{s}}^{x_1,x_2} \in \Theta.$$

Ou seja,

$$\text{existe } s \in \mathbb{N} \text{ tal que } [[\varphi_\Theta]_{\mathbf{a}}^{x_1}]_{\mathbf{s}}^{x_2} \in \Theta.$$

Logo, pela Proposição 29 na Secção 5.4,

$$(\exists x_2\, [\varphi_\Theta]_{\mathbf{a}}^{x_1}) \in \Theta.$$

Ou seja,

$$[(\exists x_2\, \varphi_\Theta)]_{\mathbf{a}}^{x_1} \in \Theta,$$

ou ainda

$$[\delta_\Theta]_\mathbf{a}^{x_1} \in \Theta,$$

como se pretendia.

Requisito (3):

Suponha-se que Θ é ω-coerente e que $a \notin g_\mathbb{N}(\Theta)$. Então

$$\text{não existe } s \in \mathbb{N} \text{ tal que } (a,s) \in R_\Theta.$$

Equivalentemente,

$$\text{para cada } s \in \mathbb{N},\ (a,s) \notin R_\Theta.$$

Logo, dado que φ_Θ representa R_Θ em Θ,

$$\text{qualquer que seja } s \in \mathbb{N},\ (\neg[\varphi_\Theta]_{\mathbf{a},\mathbf{s}}^{x_1,x_2}) \in \Theta.$$

Ou seja,

$$\text{qualquer que seja } s \in \mathbb{N},\ [(\neg[\varphi_\Theta]_\mathbf{a}^{x_1})]_\mathbf{s}^{x_2} \in \Theta.$$

Logo,

$$\{[(\neg[\varphi_\Theta]_\mathbf{a}^{x_1})]_\mathbf{s}^{x_2} : s \in \mathbb{N}\} \subseteq \Theta,$$

donde, pela ω-coerência de Θ, segue que

$$(\exists x_2\,[\varphi_\Theta]_\mathbf{a}^{x_1}) \notin \Theta.$$

Ou seja,

$$[(\exists x_2\,\varphi_\Theta)]_\mathbf{a}^{x_1} \notin \Theta,$$

ou ainda

$$[\delta_\Theta]_\mathbf{a}^{x_1} \notin \Theta,$$

como se pretendia.   QED

Neste ponto, o leitor dever-se-á questionar em que condições uma teoria da aritmética é ω-coerente. O exercício seguinte mostra que a satisfação por $\mathbb{N}$ é condição suficiente para a ω-coerência. É usual dizer que uma teoria Θ da aritmética é *verdadeira* se $\mathbb{N} \Vdash_{\Sigma_\mathbb{N}} \Theta$. Assim, as teorias $\mathbf{N}$ e $\mathbf{P}$ são verdadeiras, assim como o é, obviamente, $\mathrm{Th}(\mathbb{N})$.

Exercício 3 Mostre que toda a teoria verdadeira da aritmética é ω-coerente. Em particular, as teorias $\mathbf{N}$, $\mathbf{P}$ e $\mathrm{Th}(\mathbb{N})$ são ω-coerentes.

Tal como seria de esperar, a ω-coerência é uma hipótese mais forte que a coerência. De facto, a primeira implica a última:

Proposição 4 Seja Θ teoria da aritmética. Então Θ é coerente sempre que Θ é ω-coerente.

Demonstração: Sendo Θ teoria da aritmética, Θ é uma teoria com igualdade e portanto $(\forall x_1(x_1 \cong x_1)) \in \Theta$. Logo, por Ax4 e por MP,

$$\{(\mathsf{k} \cong \mathsf{k}) : k \in \mathbb{N}\} \subseteq \Theta,$$

ou seja,

$$\{(\neg(\neg(\mathsf{k} \cong \mathsf{k}))) : k \in \mathbb{N}\} \subseteq \Theta.$$

Assim, pela ω-coerência,

$$(\exists x_1(\neg(x_1 \cong x_1))) \notin \Theta$$

e portanto Θ é coerente.   QED

Sendo Θ teoria apropriada da aritmética e usando a fórmula δ_Θ definida na demonstração da Proposição 2 (pseudo representabilidade da derivabilidade), para cada $\alpha \in L_{\Sigma_\mathbb{N}}$ seja

$$(\square_\Theta\, \alpha) \text{ uma abreviatura de } [\delta_\Theta]^{x_1}_{\lceil\alpha\rceil}$$

em que $\lceil\alpha\rceil$ representa o numeral

$$\overbrace{0\underbrace{'\cdots'}}^{g_\mathbb{N}(\alpha) \text{ vezes}}$$

correspondente ao número natural $g_\mathbb{N}(\alpha)$. Ou seja, $\lceil\alpha\rceil$ é $\overline{g_\mathbb{N}(\alpha)}$.

Esta notação justifica-se pelo facto, que não é explorado neste livro, que para tal Θ, o operador $\square_\Theta$ se comporta como modalidade. Refere-se ao leitor interessado o livro [4] de George Boolos para material sobre este tema.

Proposição 5 Sendo Θ uma teoria apropriada da aritmética tem-se:

$$\text{Se } \alpha \in \Theta \text{ então } (\square_\Theta\, \alpha) \in \Theta.$$

Demonstração: Seja $\alpha \in \Theta$. Então $g_\mathbb{N}(\alpha) \in g_\mathbb{N}(\Theta)$. Assim, pela Proposição 2,

$$[\delta_\Theta]^{x_1}_{\overline{g_\mathbb{N}(\alpha)}} \in \Theta.$$

Ou seja, $[\delta_\Theta]^{x_1}_{\lceil\alpha\rceil} \in \Theta$ e, portanto, $(\square_\Theta\, \alpha) \in \Theta$.   QED

Embora não seja necessário para a demonstração do segundo teorema da incompletude, o resultado interessante dado a seguir é obtido reforçando as hipóteses sobre Θ com a ω-coerência.

Proposição 6 Seja Θ teoria apropriada e ω-coerente da aritmética. Então:

$$\alpha \in \Theta \ \text{ se e só se } \ (\square_\Theta \, \alpha) \in \Theta.$$

Vale a pena analisar a fórmula $(\square_\Theta \, \alpha)$ semanticamente. Mais precisamente, é útil mencionar as condições sob as quais $(\square_\Theta \, \alpha)$ é satisfeita pela estrutura padrão da aritmética.

Proposição 7 Seja Θ teoria apropriada e verdadeira da aritmética. Então:

$$\mathbb{N} \Vdash_{\Sigma_\mathbb{N}} (\square_\Theta \, \alpha) \ \text{ se e só se } \ \alpha \in \Theta.$$

Demonstração:

($\rightarrow$) Por contrarrecíproco:

se	$\alpha \notin \Theta$,
então	$g_\mathbb{N}(\alpha) \notin g_\mathbb{N}(\Theta)$
	para todo $s \in \mathbb{N}, (g_\mathbb{N}(\alpha), s) \notin R_\Theta$
	para todo $s \in \mathbb{N}, (\neg[\varphi_\Theta]_{\lceil\alpha\rceil,\mathbf{s}}^{x_1,x_2}) \in \Theta$ (representabilidade)
	para todo $s \in \mathbb{N}, (\neg[\varphi_\Theta]_{\lceil\alpha\rceil,\mathbf{s}}^{x_1,x_2}) \in \mathrm{Th}(\mathbb{N})$ (veracidade de Θ)
	para todo $s \in \mathbb{N}, (\neg[[\varphi_\Theta]_{\lceil\alpha\rceil}^{x_1}]_\mathbf{s}^{x_2}) \in \mathrm{Th}(\mathbb{N})$
	$\{(\neg[[\varphi_\Theta]_{\lceil\alpha\rceil}^{x_1}]_\mathbf{s}^{x_2}) : s \in \mathbb{N}\} \subseteq \mathrm{Th}(\mathbb{N})$
	$(\exists x_2 \, [\varphi_\Theta]_{\lceil\alpha\rceil}^{x_1}) \notin \mathrm{Th}(\mathbb{N})$ (ω-coerência de $\mathrm{Th}(\mathbb{N})$)
	$[(\exists x_2 \, \varphi_\Theta)]_{\lceil\alpha\rceil}^{x_1} \notin \mathrm{Th}(\mathbb{N})$
	$[\delta_\Theta]_{\lceil\alpha\rceil}^{x_1} \notin \mathrm{Th}(\mathbb{N})$
	$(\square_\Theta \, \alpha) \notin \mathrm{Th}(\mathbb{N})$
	$\mathbb{N} \nVdash_{\Sigma_\mathbb{N}} (\square_\Theta \, \alpha)$

($\leftarrow$) Diretamente:

se	$\alpha \in \Theta$,
então	$g_\mathbb{N}(\alpha) \in g_\mathbb{N}(\Theta)$
	existe $s \in \mathbb{N}$ tal que $(g_\mathbb{N}(\alpha), s) \in R_\Theta$
	existe $s \in \mathbb{N}$ tal que $[\varphi_\Theta]_{\lceil\alpha\rceil,\mathbf{s}}^{x_1,x_2} \in \Theta$ (representabilidade)
	$(\exists x_2 \, [\varphi_\Theta]_{\lceil\alpha\rceil}^{x_1}) \in \Theta$ (Secção 5.4, 29)
	$[(\exists x_2 \, \varphi_\Theta)]_{\lceil\alpha\rceil}^{x_1} \in \Theta$
	$[(\exists x_2 \, \varphi_\Theta)]_{\lceil\alpha\rceil}^{x_1} \in \mathrm{Th}(\mathbb{N})$ (veracidade de Θ)
	$[\delta_\Theta]_{\lceil\alpha\rceil}^{x_1} \in \mathrm{Th}(\mathbb{N})$
	$(\square_\Theta \, \alpha) \in \mathrm{Th}(\mathbb{N})$
	$\mathbb{N} \Vdash_{\Sigma_\mathbb{N}} (\square_\Theta \, \alpha)$

QED

Claramente, a Proposição 7 permite dizer, como se pretendia, que se Θ é uma teoria apropriada e verdadeira da aritmética então a fórmula $(\Box_\Theta \, \alpha)$ significa que α é teorema em Θ. Observe-se também que a Proposição 7 pode ser formulada como se segue:

$$(\Box_\Theta \, \alpha) \in \mathrm{Th}(\mathbb{N}) \text{ se e só se } \alpha \in \Theta.$$

14.2 Propriedades da derivabilidade

Enquanto procuravam condições adicionais suficientemente fortes para demonstrar que a coerência não é teorema de uma teoria coerente e axiomatizada da aritmética em que as aplicações computáveis são representáveis, David Hilbert e Paul Bernays chegaram às propriedades seguintes, aqui apresentadas numa formulação com a contribuição ulterior de Martin Hugo Löb, razão pela qual são conhecidas como as *condições de Hilbert–Bernays–Löb* ou, abreviadamente, *condições HBL*:

HBL1 Qualquer que seja $\alpha \in cL_{\Sigma_\mathbb{N}}$,

$$\text{se } \alpha \in \Theta \text{ então } (\Box_\Theta \, \alpha) \in \Theta.$$

HBL2 Quaisquer que sejam $\alpha_1, \alpha_2 \in cL_{\Sigma_\mathbb{N}}$,

$$((\Box_\Theta(\alpha_1 \Rightarrow \alpha_2)) \Rightarrow ((\Box_\Theta \, \alpha_1) \Rightarrow (\Box_\Theta \, \alpha_2))) \in \Theta.$$

HBL3 Qualquer que seja $\alpha \in cL_{\Sigma_\mathbb{N}}$,

$$((\Box_\Theta \, \alpha) \Rightarrow (\Box_\Theta(\Box_\Theta \, \alpha))) \in \Theta.$$

Note-se que, graças à Proposição 5, toda a teoria apropriada da aritmética satisfaz HBL1. Por outro lado, mesmo com a hipótese extra de ω-coerência, não é possível, pelo menos à primeira vista, garantir HBL2 ou HBL3, mas apenas variantes fracas destas condições como se estabelece nos exercícios seguintes.

Exercício 8 Mostre que, se Θ é uma teoria apropriada e ω-coerente da aritmética, então, quaisquer que sejam $\alpha_1, \alpha_2 \in cL_{\Sigma_\mathbb{N}}$,

$$\text{se } (\Box_\Theta(\alpha_1 \Rightarrow \alpha_2)) \in \Theta \text{ e } (\Box_\Theta \, \alpha_1) \in \Theta \text{ então } (\Box_\Theta \, \alpha_2) \in \Theta.$$

Exercício 9 Mostre que, se Θ é uma teoria apropriada da aritmética, então, qualquer que seja $\alpha \in cL_{\Sigma_\mathbb{N}}$,

$$\text{se } (\Box_\Theta \, \alpha) \in \Theta \text{ então } (\Box_\Theta(\Box_\Theta \, \alpha)) \in \Theta.$$

Observe-se que a teoria **P** satisfaz as condições HBL2 e HBL3, mas este resultado requer uma demonstração trabalhosa, contruída em torno da concretização da fórmula φ_Θ obtida a partir da Gödelização das derivações, sem invocar o teorema da projeção. Refere-se ao leitor interessado a apresentação desta temática em [4] por George Boolos.

Proposição 10 Seja Θ teoria apropriada e verdadeira da aritmética. Então:

1. Qualquer que seja $\alpha \in L_{\Sigma_{\mathbb{N}}}$,

$$\text{se } \alpha \in \Theta \text{ então } \mathbb{N} \Vdash_{\Sigma_{\mathbb{N}}} (\Box_\Theta\, \alpha).$$

2. Quaisquer que sejam $\alpha_1, \alpha_2 \in L_{\Sigma_{\mathbb{N}}}$,

$$\mathbb{N} \Vdash_{\Sigma_{\mathbb{N}}} ((\Box_\Theta(\alpha_1 \Rightarrow \alpha_2)) \Rightarrow ((\Box_\Theta\, \alpha_1) \Rightarrow (\Box_\Theta\, \alpha_2))).$$

3. Qualquer que seja $\alpha \in L_{\Sigma_{\mathbb{N}}}$,

$$\mathbb{N} \Vdash_{\Sigma_{\mathbb{N}}} ((\Box_\Theta\, \alpha) \Rightarrow (\Box_\Theta(\Box_\Theta\, \alpha))).$$

Demonstração:

1. Resultado já estabelecido: Proposição 7.

2. Tendo em conta que Θ é apropriada e verdadeira e que cada fórmula $(\Box_\Theta\gamma)$ é fechada, a Proposição 7 e o lema da fórmula fechada são usados para estabelecer a tese por contradição como se segue:

se	$\mathbb{N} \nVdash_{\Sigma_{\mathbb{N}}} ((\Box_\Theta(\alpha_1 \Rightarrow \alpha_2)) \Rightarrow ((\Box_\Theta\, \alpha_1) \Rightarrow (\Box_\Theta\, \alpha_2)))$	
então	$\mathbb{N} \Vdash_{\Sigma_{\mathbb{N}}} (\Box_\Theta(\alpha_1 \Rightarrow \alpha_2))$	
	e $\mathbb{N} \nVdash_{\Sigma_{\mathbb{N}}} ((\Box_\Theta\, \alpha_1) \Rightarrow (\Box_\Theta\, \alpha_2))$	(LFF 5)
	$\mathbb{N} \Vdash_{\Sigma_{\mathbb{N}}} (\Box_\Theta(\alpha_1 \Rightarrow \alpha_2))$	
	e $\mathbb{N} \Vdash_{\Sigma_{\mathbb{N}}} (\Box_\Theta\, \alpha_1)$	
	e $\mathbb{N} \nVdash_{\Sigma_{\mathbb{N}}} (\Box_\Theta\, \alpha_2)$	(LFF 5)
	$(\alpha_1 \Rightarrow \alpha_2) \in \Theta$	
	e $\alpha_1 \in \Theta$	
	e $\alpha_2 \notin \Theta$	(Proposição 7)
	$\alpha_2 \in \Theta$ e $\alpha_2 \notin \Theta$	(MP)

3. Deixa-se como exercício.   QED

Vale a pena comentar a importância da Proposição 10 no que diz respeito a HBL2 e a HBL3 (recorde-se que HBL1 se verifica para qualquer teoria apropriada da aritmética). Observe-se que $\text{Th}(\mathbb{N})$ contém as fórmulas HBL2 e HBL3 desde que Θ seja teoria apropriada e verdadeira da aritmética. Assim, se Θ for apropriada e verdadeira e se for suficientemente forte (leia-se suficientemente perto de $\mathrm{Th}(\mathbb{N})$), então incluirá as fórmulas HBL2 e HBL3. O segundo teorema da incompletude de Gödel estabelece-se no fim deste capítulo para tais teorias fortes da aritmética.

Exercício 11 Mostre que o enriquecimento de uma teoria com HBL2 e HBL3 preserva as propriedades de ser apropriada e verdadeira, e, portanto, preserva a ω-coerência.

A disponibilidade de fórmulas do tipo $(\square_\Theta \alpha)$ numa teoria apropriada e verdadeira da aritmética levanta imediatamente a questão: existe um teorema η de Θ que estabelece a sua própria natureza de teorema em Θ? Mais concretamente,

existe uma fórmula η tal que $(\eta \Leftrightarrow (\square_\Theta \eta)) \in \Theta$?

A resposta é afirmativa. Para o demonstrar, vale a pena estabelecer o resultado mais geral, que será usado mais tarde, sobre a existência de ponto fixo para cada fórmula $\beta \in L_{\Sigma_\mathbb{N}}$ tal que $\mathrm{vlv}_{\Sigma_\mathbb{N}}(\beta) = \{x_1\}$, isto é, sobre a existência de uma fórmula $\alpha \in cL_{\Sigma_\mathbb{N}}$ demonstravelmente equivalente em Θ à fórmula $[\beta]_{\lceil \alpha \rceil}^{x_1}$.

Para isso, considere-se a aplicação seguinte:

$$\mathrm{dgn} = \lambda\, k \,.\, \begin{cases} g_\mathbb{N}([g_\mathbb{N}{}^{-1}(k)]_\mathbf{k}^{x_1}) & \text{se } k \in g_\mathbb{N}(L_{\Sigma_\mathbb{N}}) \\ k & \text{n.r.c.} \end{cases} : \mathbb{N} \to \mathbb{N}\,.$$

A aplicação dgn traz para o universo dos números naturais a operação de substituição numa fórmula dada φ da variável x_1 pelo numeral correspondente à Gödelização de φ, isto é, a operação

$$\lambda\, \varphi \,.\, [\varphi]_{\lceil \varphi \rceil}^{x_1} : L_{\Sigma_\mathbb{N}} \to L_{\Sigma_\mathbb{N}}\,.$$

Exercício 12 Mostre que a aplicação dgn é computável.

Proposição 13 (Teorema do ponto fixo)
Seja Θ teoria da aritmética em que as aplicações computáveis são representáveis e seja $\beta \in L_{\Sigma_\mathbb{N}}$ tal que $\mathrm{vlv}_{\Sigma_\mathbb{N}}(\beta) = \{x_1\}$. Então, existe $\alpha \in cL_{\Sigma_\mathbb{N}}$ tal que:

$$(\alpha \Leftrightarrow [\beta]_{\lceil \alpha \rceil}^{x_1}) \in \Theta.$$

Demonstração: Suponha-se que a aplicação dgn é representada em Θ pela fórmula ψ. Por outras palavras:

- $\mathrm{vlv}_{\Sigma_\mathbb{N}}(\psi) = \{x_1, x_2\}$;

- se $\mathrm{dgn}(i) = j$, então $([\psi]_{\mathbf{i}}^{x_1} \Leftrightarrow (x_2 \cong \mathbf{j})) \in \Theta$.

Seja γ a fórmula $(\forall x_2(\psi \Rightarrow [\beta]_{x_2}^{x_1}))$. Tome-se α como sendo a fórmula $[\gamma]_{\lceil\gamma\rceil}^{x_1}$, isto é,

$$[(\forall x_2(\psi \Rightarrow [\beta]_{x_2}^{x_1}))]_{\lceil\gamma\rceil}^{x_1},$$

a qual é claramente fechada.

Antes de prosseguir com a verificação de que α é como se pretende, vale a pena dar uma interpretação intuitiva do que se está a passar, confundindo-se deliberadamente uma fórmula φ com $g_{\mathbb{N}}(\varphi)$ e o seu numeral $\lceil\varphi\rceil$, por razões de simplicidade de exposição.

Dever-se-á olhar para a fórmula β como estabelecendo que x_1 satisfaz alguma propriedade. Então, à fórmula almejada α requer-se que estabeleça que a propriedade se verifique para α. Além disso, este facto deverá ser um teorema de Θ. Observe-se que a fórmula γ escolhida afirma que $\mathrm{dgn}(x_1)$ satisfaz a propriedade. Portanto, a fórmula α proposta afirma que $\mathrm{dgn}(\gamma)$ satisfaz a propriedade. Mais ainda, como definido, α é $\mathrm{dgn}(\gamma)$. Assim, como se pretendia, α afirma que α satisfaz a propriedade.

Resta verificar que

$$(\alpha \Leftrightarrow [\beta]_{\lceil\alpha\rceil}^{x_1}) \in \Theta.$$

Primeiro, note-se que

$$\mathrm{dgn}(g_{\mathbb{N}}(\gamma)) = g_{\mathbb{N}}(\alpha)$$

porque α foi escolhida como sendo $[\gamma]_{\lceil\gamma\rceil}^{x_1}$. Logo, uma vez que ψ representa dgn em Θ,

$$([\psi]_{\lceil\gamma\rceil}^{x_1} \Leftrightarrow (x_2 \cong \lceil\alpha\rceil)) \in \Theta,$$

de onde é possível estabelecer que:

$$(1) \quad (\alpha \Rightarrow [\beta]_{\lceil\alpha\rceil}^{x_1}) \in \Theta;$$
$$(2) \quad ([\beta]_{\lceil\alpha\rceil}^{x_1} \Rightarrow \alpha) \in \Theta.$$

De facto:

(a) Considere-se a sequência de derivação seguinte para

$$\Theta, \alpha \vdash_{\Sigma_{\mathbb{N}}} [\beta]_{\lceil\alpha\rceil}^{x_1} :$$

$$1 \quad [(\forall x_2(\psi \Rightarrow [\beta]_{x_2}^{x_1}))]_{\lceil\gamma\rceil}^{x_1} \qquad \text{Hip}$$
$$(\forall x_2 [(\psi \Rightarrow [\beta]_{x_2}^{x_1})]_{\lceil\gamma\rceil}^{x_1})$$

$$2 \quad [[(\psi \Rightarrow [\beta]_{x_2}^{x_1})]_{\lceil\gamma\rceil}^{x_1}]_{\lceil\alpha\rceil}^{x_2} \qquad \text{RI 1}$$
$$([\psi]_{\lceil\gamma\rceil,\lceil\alpha\rceil}^{x_1,x_2} \Rightarrow [\beta]_{\lceil\alpha\rceil}^{x_1})$$

$$3 \quad ([\psi]_{\lceil\gamma\rceil}^{x_1} \Leftrightarrow (x_2 \cong \lceil\alpha\rceil)) \qquad \in \Theta$$

$$4 \quad (\forall x_2([\psi]_{\lceil\gamma\rceil}^{x_1} \Leftrightarrow (x_2 \cong \lceil\alpha\rceil))) \qquad \text{Gen 3}$$

$$5 \quad ([\psi]_{\lceil\gamma\rceil,\lceil\alpha\rceil}^{x_1,x_2} \Leftrightarrow (\lceil\alpha\rceil \cong \lceil\alpha\rceil)) \qquad \text{RI 4}$$

$$6 \quad (\lceil\alpha\rceil \cong \lceil\alpha\rceil) \qquad \text{RI1}$$

$$7 \quad [\psi]_{\lceil\gamma\rceil,\lceil\alpha\rceil}^{x_1,x_2} \qquad \text{Taut 5,6}$$

$$8 \quad [\beta]_{\lceil\alpha\rceil}^{x_1} \qquad \text{MP 2,7}$$

Logo, dado que α é fechada, aplicando o MTD obtém-se o requisito (1).

(b) Considere-se a seguinte sequência de derivação para

$$\Theta, [\beta]_{\lceil\alpha\rceil}^{x_1}, [\psi]_{\lceil\gamma\rceil}^{x_1} \vdash_{\Sigma_\mathbb{N}} [\beta]_{x_2}^{x_1}$$

assumindo, sem perda de generalidade, que x_2, x_3 e x_4 não ocorrem em β:[3]

$$1 \quad [\beta]_{\lceil\alpha\rceil}^{x_1} \qquad \text{Hip}$$

$$2 \quad [\psi]_{\lceil\gamma\rceil}^{x_1} \qquad \text{Hip}$$

$$3 \quad ([\psi]_{\lceil\gamma\rceil}^{x_1} \Leftrightarrow (x_2 \cong \lceil\alpha\rceil)) \qquad \in \Theta$$

$$4 \quad (x_2 \cong \lceil\alpha\rceil) \qquad \text{Taut 2,3}$$

$$5 \quad (x_3 \cong x_4) \Rightarrow ([\beta]_{x_3}^{x_1} \Rightarrow [\beta]_{x_4}^{x_1}) \qquad \text{PSI}$$

$$6 \quad (\forall x_4((x_3 \cong x_4) \Rightarrow ([\beta]_{x_3}^{x_1} \Rightarrow [\beta]_{x_4}^{x_1}))) \qquad \text{Gen 5}$$

$$7 \quad ((x_3 \cong x_2) \Rightarrow ([\beta]_{x_3}^{x_1} \Rightarrow [\beta]_{x_2}^{x_1})) \qquad \text{RI 6}$$

$$8 \quad (\forall x_3((x_3 \cong x_2) \Rightarrow ([\beta]_{x_3}^{x_1} \Rightarrow [\beta]_{x_2}^{x_1}))) \qquad \text{Gen 7}$$

$$9 \quad ((\lceil\alpha\rceil \cong x_2) \Rightarrow ([\beta]_{\lceil\alpha\rceil}^{x_1} \Rightarrow [\beta]_{x_2}^{x_1})) \qquad \text{RI 8}$$

$$10 \quad ((x_2 \cong \lceil\alpha\rceil) \Rightarrow (\lceil\alpha\rceil \cong x_2)) \qquad \text{RI2}$$

$$11 \quad (\lceil\alpha\rceil \cong x_2) \qquad \text{MP 4,10}$$

$$12 \quad ([\beta]_{\lceil\alpha\rceil}^{x_1} \Rightarrow [\beta]_{x_2}^{x_1}) \qquad \text{MP 9,11}$$

$$13 \quad [\beta]_{x_2}^{x_1} \qquad \text{MP 1,12}$$

---

[3]Caso contrário, invocando RS e MTSE, pode-se trabalhar com uma fórmula equivalente com as variáveis mudas x_2, x_3 e x_4 em β substituídas por outras variáveis frescas.

Logo, dado que as generalizações nesta sequência são sobre as variáveis $x_3, x_4 \notin \{x_2\} = \text{vlv}_{\Sigma_{\mathbb{N}}}([\psi]^{x_1}_{\lceil \gamma \rceil})$, aplicando o MTD obtém-se

$$\Theta, [\beta]^{x_1}_{\lceil \alpha \rceil} \vdash_{\Sigma_{\mathbb{N}}} ([\psi]^{x_1}_{\lceil \gamma \rceil} \Rightarrow [\beta]^{x_1}_{x_2}),$$

donde, por generalização,

$$\Theta, [\beta]^{x_1}_{\lceil \alpha \rceil} \vdash_{\Sigma_{\mathbb{N}}} (\forall x_2([\psi]^{x_1}_{\lceil \gamma \rceil} \Rightarrow [\beta]^{x_1}_{x_2})),$$

ou seja,

$$\Theta, [\beta]^{x_1}_{\lceil \alpha \rceil} \vdash_{\Sigma_{\mathbb{N}}} [(\forall x_2(\psi \Rightarrow [\beta]^{x_1}_{x_2}))]^{x_1}_{\lceil \gamma \rceil},$$

ou ainda

$$\Theta, [\beta]^{x_1}_{\lceil \alpha \rceil} \vdash_{\Sigma_{\mathbb{N}}} \alpha,$$

donde o requisito (2) segue, graças ao MTD dado que $[\beta]^{x_1}_{\lceil \alpha \rceil}$ é fechada.   QED

O teorema do ponto fixo é também conhecido pelo lema da diagonalização.[4] Este resultado foi implicitamente usado por Kurt Gödel para demonstrar os teoremas da incompletude, e foi ulteriormente tornado explícito por Rudolf Carnap.

O exercício seguinte pede ao leitor que estabeleça, como corolário da Proposição 13, a existência de uma fórmula fechada que seja demonstravelmente equivalente em Θ à fórmula que afirma a sua derivabilidade em Θ. Tal fórmula é conhecida como *fórmula de Henkin*.

Exercício 14 Seja Θ teoria apropriada da aritmética. Mostre que existe uma fórmula $\eta \in cL_{\Sigma_{\mathbb{N}}}$ tal que:

$$(\eta \Leftrightarrow (\Box_\Theta \eta)) \in \Theta.$$

Com as condições HBL e o teorema do ponto fixo, pode demonstrar-se o resultado seguinte, devido a Martin Hugo Löb, que permite que o segundo teorema da incompletude de Kurt Gödel seja obtido de uma forma mais prática e formulado numa versão mais geral do que a original.

Proposição 15 (Teorema de Löb)
Seja Θ teoria apropriada da aritmética que satisfaz HBL2 e HBL3. Então, qualquer que seja $\gamma \in cL_{\Sigma_{\mathbb{N}}}$, tem-se o seguinte:

$$\text{Se } ((\Box_\Theta \gamma) \Rightarrow \gamma) \in \Theta \text{ então } \gamma \in \Theta.$$

---

[4]Mas não deve ser confundido com o lema da diagonalização de Cantor.

Demonstração: O primeiro passo é aplicar o teorema do ponto fixo à fórmula

$$(\delta_\Theta \Rightarrow \gamma)$$

para se concluir que existe $\alpha \in cL_{\Sigma_N}$ tal que

$$(\alpha \Leftrightarrow [(\delta_\Theta \Rightarrow \gamma)]^{x_1}_{\lceil\alpha\rceil}) \in \Theta,$$

isto é

$$(\alpha \Leftrightarrow ([\delta_\Theta]^{x_1}_{\lceil\alpha\rceil} \Rightarrow \gamma)) \in \Theta,$$

ou ainda

$$(\alpha \Leftrightarrow ((\square_\Theta\alpha) \Rightarrow \gamma)) \in \Theta.$$

Logo, por raciocínio tautológico, existe $\alpha \in cL_{\Sigma_N}$ tal que

$$\begin{cases} (\dagger) & (\alpha \Rightarrow ((\square_\Theta\alpha) \Rightarrow \gamma)) \in \Theta \\ (\dagger\dagger) & (((\square_\Theta\alpha) \Rightarrow \gamma) \Rightarrow \alpha) \in \Theta. \end{cases}$$

De ($\dagger$), por HBL1, obtém-se:

$$(\square_\Theta(\alpha \Rightarrow ((\square_\Theta\alpha) \Rightarrow \gamma))) \in \Theta,$$

donde, por HBL2 e MP,

$$(1) \quad ((\square_\Theta\alpha) \Rightarrow (\square_\Theta((\square_\Theta\alpha) \Rightarrow \gamma))) \in \Theta.$$

Por outro lado, novamente por HBL2, obtém-se:

$$(2) \quad ((\square_\Theta((\square_\Theta\alpha) \Rightarrow \gamma)) \Rightarrow ((\square_\Theta(\square_\Theta\alpha)) \Rightarrow (\square_\Theta\gamma))) \in \Theta.$$

De (1) e (2), por SH, chega-se a:

$$(3) \quad ((\square_\Theta\alpha) \Rightarrow ((\square_\Theta(\square_\Theta\alpha)) \Rightarrow (\square_\Theta\gamma))) \in \Theta.$$

Além disso, por HBL3,

$$(4) \quad ((\square_\Theta\alpha) \Rightarrow (\square_\Theta(\square_\Theta\alpha))) \in \Theta.$$

Logo, por raciocínio tautológico sobre (3) e (4), obtém-se:

$$(5) \quad ((\square_\Theta\alpha) \Rightarrow (\square_\Theta\gamma)) \in \Theta.$$

Assim, aplicando SH a (5) e a hipótese $((\square_\Theta\gamma) \Rightarrow \gamma) \in \Theta$, pode concluir-se que:

$$(6) \quad ((\square_\Theta\alpha) \Rightarrow \gamma) \in \Theta.$$

De (††) e de (6), por MP, segue que:

$$\alpha \in \Theta,$$

donde, novamente por HBL1,

$$(7) \quad (\square_\Theta \alpha) \in \Theta.$$

Finalmente, de (6) e (7), por MP, tem-se que $\gamma \in \Theta$.   QED

Seja $\perp_{\mathbb{N}}$ a abreviatura da fórmula $(\neg((\mathbf{0} \cong \mathbf{0}) \Rightarrow (\mathbf{0} \cong \mathbf{0})))$. Claramente, para qualquer teoria Θ sobre a assinatura $\Sigma_{\mathbb{N}}$,

$$\Theta \text{ é coerente se e só se } \perp_{\mathbb{N}} \notin \Theta.$$

Logo, se Θ é uma teoria apropriada e verdadeira da aritmética, então a fórmula

$$(\neg(\square_\Theta \perp_{\mathbb{N}}))$$

afirma que a coerência de Θ, dado que, pela Proposição 7,

$$\mathbb{N} \Vdash_{\Sigma_{\mathbb{N}}} (\square_\Theta \perp_{\mathbb{N}}) \text{ se e só se } \perp_{\mathbb{N}} \in \Theta$$

e, portanto,

$$\mathbb{N} \Vdash_{\Sigma_{\mathbb{N}}} (\neg(\square_\Theta \perp_{\mathbb{N}})) \text{ se e só se } \perp_{\mathbb{N}} \notin \Theta.$$

Exercício 16 Mostre que $((\neg\gamma) \Leftrightarrow (\gamma \Rightarrow \perp_{\mathbb{N}}))$ é uma fórmula tautológica sobre a assinatura $\Sigma_{\mathbb{N}}$.

Observe-se que, desde que $((\neg\gamma) \Leftrightarrow (\gamma \Rightarrow \perp_{\mathbb{N}}))$ seja teorema da teoria em causa para cada $\gamma \in L_{\Sigma_{\mathbb{N}}}$, o que se segue não depende da fórmula escolhida para assumir o papel de *falsum* desempenhado aqui por $\perp_{\mathbb{N}}$.

Proposição 17 (Segundo teorema da incompletude – Gödel)
Seja Θ teoria coerente e apropriada da aritmética que satisfaz HBL2 e HBL3. Então:

$$(\neg(\square_\Theta \perp_{\mathbb{N}})) \notin \Theta.$$

Demonstração: A demonstração é realizada por contradição. Assuma-se que

$$(\neg(\square_\Theta \perp_{\mathbb{N}})) \in \Theta.$$

Então, tautologicamente,

$$((\square_\Theta \perp_{\mathbb{N}}) \Rightarrow \perp_{\mathbb{N}}) \in \Theta,$$

donde o teorema de Löb leva a

$$\perp_{\mathbb{N}} \in \Theta,$$

o que contradiz a coerência de Θ.   QED

Logo, se uma dada teoria Θ da aritmética é verdadeira (e, portanto, coerente), apropriada (computavelmente enumerável e capaz de representar as aplicações computáveis) e suficientemente forte (satisfazendo HBL2 e HBL3), então Θ não pode conter a fórmula que afirma a coerência de Θ.

Assim, contrariamente ao que David Hilbert pretendia, não é possível, em geral, demonstrar a coerência de teorias coerentes diretamente a partir dos seus axiomas, isto é, sem recorrer a modelos construídos noutras teorias.

Finalmente, observe-se que o segundo teorema da incompletude providencia um exemplo de fórmula fechada η que é verdadeira em $\mathbb{N}$, mas tal que nem η nem $(\neg \eta)$ são deriváveis em teoria da aritmética axiomatizável, verdadeira e suficientemente forte. De facto:

- $\mathbb{N} \Vdash_{\Sigma_{\mathbb{N}}} (\neg(\square_\Theta \perp_{\mathbb{N}}))$, ou seja, $\mathbb{N} \nVdash_{\Sigma_{\mathbb{N}}} (\square_\Theta \perp_{\mathbb{N}})$, ou ainda, pela Proposição 7, $\perp_{\mathbb{N}} \notin \Theta$, que se verifica porque Θ é coerente, dado que é uma teoria verdadeira da aritmética;

- $(\neg(\square_\Theta \perp_{\mathbb{N}})) \notin \Theta$, pelo segundo teorema da incompletude;

- $(\square_\Theta \perp_{\mathbb{N}}) \notin \Theta$, dado que caso contrário, pela veracidade de Θ, usando o Exercício 3 e a Proposição 6, ter-se-ia que $\perp_{\mathbb{N}} \in \Theta$, contradizendo a coerência de Θ.

Note-se que a existência de tal fórmula η era já assegurada pelo primeiro teorema da incompletude. Contudo, apenas agora foi possível apresentar um exemplo concreto.

Capítulo 15

Uma teoria decidível da aritmética

Os resultados negativos sobre as teorias da aritmética estabelecidos nos dois capítulos anteriores assentam no facto de as aplicações computáveis serem representáveis nessas teorias. Contudo, como já foi referido, ao escolher trabalhar com uma linguagem menos rica, é possível estabelecer uma teoria semântica da aritmética onde as aplicações computáveis não são representáveis. Para tais arиméticas fracas continua a haver esperança de demonstrar alguns resultados positivos. De facto, é ainda possível encontrar entre elas teorias decidíveis.

O propósito deste capítulo é apresentar a aritmética de Presburger e demonstrar a sua decidibilidade. Na Secção 15.1 apresentam-se a linguagem e a estrutura de interpretação padrão da aritmética de Presburger, bem como de um enriquecimento apropriado. A decidibilidade deste enriquecimento da aritmética de Presburger é demonstrada na Secção 15.2, usando a técnica da eliminação de quantificadores. A decidibilidade da aritmética de Presburger propriamente dita decorre como corolário.

O leitor poderia pensar que a linguagem menos rica da aritmética de Presburger torná-la-ia inútil. Pelo contrário, é suficientemente rica para muitas aplicações economicamente importantes. Por exemplo, o algoritmo de decisão da aritmética Presburger é peça fundamental em algumas ferramentas de verificação de software de muitos sistemas robóticos.

15.1 Aritmética de Presburger

A *assinatura da aritmética de Presburger* é a assinatura de primeira ordem $\Sigma_{\mathbb{N}}^{P}$ tal que:

- $F_0 = \{0\}$;

- $F_1 = \{'\}$;

- $F_2 = \{+\}$;

- $F_n = \emptyset$ para $n > 2$;

- $P_2 = \{\cong\}$;

- $P_n = \emptyset$ para $n \neq 2$.

A *estrutura padrão da aritmética de Presburger* é a estrutura de interpretação sobre $\Sigma_{\mathbb{N}}^{P}$

$$\mathbb{N}^P = (\mathbb{N}, \_^{F_{\mathbb{N}}}, \_^{P_{\mathbb{N}}})$$

tal que:

- $\mathbf{0}_0^{F_{\mathbb{N}}} = 0$;

- $'^{F_{\mathbb{N}}}_1 = \lambda k \, . \, k + 1$;

- $+^{F_{\mathbb{N}}}_2 = \lambda d_1, d_2 \, . \, d_1 + d_2$;

- $\cong^{P_{\mathbb{N}}}_2 = \lambda d_1, d_2 \, . \begin{cases} 1 & \text{se } d_1 = d_2 \\ 0 & \text{n.r.c.} \end{cases}$.

Claramente, a estrutura de interpretação $\mathbb{N}^P$ é o reduto da estrutura $\mathbb{N}$ (definida no Capítulo 11) ao longo da inclusão $\Sigma_{\mathbb{N}}^{P} \hookrightarrow \Sigma_{\mathbb{N}}$. Observe-se ainda que $\Sigma_{\mathbb{N}}^{P}$ é uma assinatura com igualdade e que a estrutura $\mathbb{N}^P$ é normal.

O objetivo é demonstrar que a teoria padrão da aritmética de Presburger

$$\text{Th}(\mathbb{N}^P) = \text{Th}_{\Sigma_{\mathbb{N}}^{P}}(\mathbb{N}^P)$$

é decidível, usando a técnica da eliminação de quantificadores.

Contudo, esta teoria não possui eliminação de quantificadores. Por exemplo, a fórmula $(\exists x \, (\mathsf{m} \cong (x + x))) \in \text{Th}(\mathbb{N}^P)$ não possui fórmula equivalente sem quantificadores. De facto, a técnica da eliminação de quantificadores é aplicável a um enriquecimento da teoria com a subtração natural e predicados de divisibilidade.

O caminho para se estabelecer a decidibilidade de $\text{Th}(\mathbb{N}^P)$ é o seguinte:

1. Define-se $\Sigma_{\mathbb{N}}^{P+}$ como um enriquecimento da assinatura $\Sigma_{\mathbb{N}}^{P}$ e a estrutura de interpretação $\mathbb{N}^{P+}$ como um enriquecimento de $\mathbb{N}^P$, com a subtração natural e predicados de divisibilidade.

2. Observe-se que $\varphi \in \mathrm{Th}(\mathbb{N}^P)$ sse $\varphi \in \mathrm{Th}(\mathbb{N}^{P+})$ para toda a fórmula $\varphi \in L_{\Sigma_\mathbb{N}^P}$.

3. Demonstra-se que $\mathrm{Th}(\mathbb{N}^{P+})$ possui eliminação de quantificadores e, em particular, conclui-se que para toda a fórmula $\varphi \in L_{\Sigma_\mathbb{N}^P}$ existe uma fórmula sem quantificadores $\varphi^\bullet \in L_{\Sigma_\mathbb{N}^{P+}}$ tal que

$$(\varphi \Leftrightarrow \varphi^\bullet) \in \mathrm{Th}(\mathbb{N}^{P+}).$$

4. Demonstra-se que existe um algoritmo para decidir se $\varphi^\bullet \in \mathrm{Th}(\mathbb{N}^{P+})$.

5. Conclui-se que existe um algoritmo para decidir se $\varphi \in \mathrm{Th}(\mathbb{N}^P)$.

O enriquecimento pretendido $\Sigma_\mathbb{N}^{P+}$ da assinatura da aritmética de Presburger com a subtração natural e com predicados de divisibilidade é o seguinte:

- $F_0^+ = F_0$;
- $F_1^+ = \{'\}$;
- $F_2^+ = \{+, \dot{-}\}$;
- $F_n^+ = \emptyset$ para $n > 2$;
- $P_1^+ = \{|_k : k \geq 1\}$;
- $P_2 = \{\cong, <\}$;
- $P_n = \emptyset$ para $n \neq 2$.

A estrutura de interpretação correspondente é como se espera:

$$\mathbb{N}^{P+} = (\mathbb{N}, \_^{F_\mathbb{N}^+}, \_^{P_\mathbb{N}^+})$$

em que

- $f_n^{F_\mathbb{N}^+} = f_n^F$ qualquer que seja $f \in F_n$;
- $p_n^{P_\mathbb{N}^+} = p_n^P$ qualquer que seja $p \in P_n$;
- $\dot{-}_2^{F_\mathbb{N}^+} = \lambda\, d_1, d_2 \,.\, d_1 \dot{-} d_2$;
- $<_2^{P_\mathbb{N}^+} = \lambda\, d_1, d_2 \,.\, \begin{cases} 1 & \text{se } d_1 < d_2 \\ 0 & \text{n.r.c.} \end{cases}$.
- $|_{k\,1}^{P_\mathbb{N}^+} = \lambda\, d \,.\, k|d$ (k divide d).

Claramente, $\mathbb{N}^P$ é o reduto de $\mathbb{N}^{P+}$ ao longo da inclusão $\Sigma_{\mathbb{N}}^P \hookrightarrow \Sigma_{\mathbb{N}}^{P+}$. No que se segue, denote-se por $\text{Th}(\mathbb{N}^{P+})$ a teoria de $\mathbb{N}^{P+}$. A demonstração do resultado seguinte deixa-se como exercício.

Proposição 1 Para toda a fórmula $\varphi \in L_{\Sigma_{\mathbb{N}}^P}$,

$$\varphi \in \text{Th}(\mathbb{N}^P) \text{ sse } \varphi \in \text{Th}(\mathbb{N}^{P+}).$$

15.2 Decidibilidade da aritmética de Presburger

A demonstração da computabilidade de $\text{Th}(\mathbb{N}^{P+})$ é realizada recorrendo à técnica semântica da eliminação de quantificadores introduzida na Secção 6.3 (adaptada de [14]), e, em particular, à Proposição 12. Assim, a decidibilidade de $\text{Th}(\mathbb{N}^P)$ obtém-se como corolário imediato. No que se segue, $\mathsf{m}x$ denota o termo $x + \cdots + x$, m vezes.

Proposição 2 Para cada fórmula β em $B_{\Sigma_{\mathbb{N}}^P} \cup \overline{B}_{\Sigma_{\mathbb{N}}^P}$ com $\text{vlv}_{\Sigma_{\mathbb{N}}^P}(\beta) = \{x\}$ existe uma combinação Booleana β^* de fórmulas atómicas em $B_{\Sigma_{\mathbb{N}}^{P+}}$ das formas seguintes:

$$((\mathsf{m}_1 x) < t), (((\mathsf{m}_1 x) + \mathsf{m}_2) < t), (t < (\mathsf{m}_1 x)), (t < ((\mathsf{m}_1 x) + \mathsf{m}_2)),$$

em que $\mathsf{m}_1, \mathsf{m}_2$ são numerais e t é um termo com $x \notin \text{var}_{\Sigma_{\mathbb{N}}^+}(t)$, de tal maneira que

$$\vDash_{\Sigma_{\mathbb{N}}^{P+}} (\beta \Leftrightarrow \beta^*).$$

Demonstração: Comece-se por notar que as igualdades entre termos se reduzem a literais involvendo $<$. Na verdade, seja β a fórmula $(u \cong v)$. Observe-se que

$$\vDash_{\Sigma_{\mathbb{N}}^{P+}} (\beta \Leftrightarrow ((\neg(u < v)) \wedge (\neg(v < u)))).$$

Por outro lado, é muito fácil demonstrar que qualquer fórmula atómica em $L_{\Sigma_{\mathbb{N}}^{P+}}$ da forma $(u < v)$ em que x ocorre livre pode ser escrita numa das formas seguintes:

$$((\mathsf{m}_1 x) < t), (((\mathsf{m}_1 x) + \mathsf{m}_2) < t), (t < (\mathsf{m}_1 x)), (t < ((\mathsf{m}_1 x) + \mathsf{m}_2)).$$

Assuma-se que

$$\vDash_{\Sigma_{\mathbb{N}}^{P+}} ((u < v) \Leftrightarrow ((\mathsf{m}_1 x) < t)).$$

Então, tomando-se β^* como sendo

$$((\neg((\mathsf{m}_1 x) < t)) \wedge ((\neg(t < (\mathsf{m}_1 x)))))$$

tem-se $\vDash_{\Sigma_{\mathbb{N}}^{P+}} (\beta \Leftrightarrow \beta^*)$. Os outros casos são deixados como exercício.   QED

Proposição 3 Para cada fórmula β em $B_{\Sigma_{\mathbb{N}}^P} \cup \overline{B}_{\Sigma_{\mathbb{N}}^P}$ com $\mathrm{vlv}_{\Sigma_{\mathbb{N}}^P}(\beta) = \{x\}$ existe uma combinação Booleana β^* de fórmulas atómicas em $B_{\Sigma_{\mathbb{N}}^{P+}}$ da forma seguinte:

$$((\mathsf{m}x) < t), \ (t < (\mathsf{m}x))$$

em que m é o mesmo para qualquer fórmula atómica de tal modo que

$$\vDash_{\Sigma_{\mathbb{N}}^{P+}} (\beta \Leftrightarrow \beta^*).$$

Demonstração: Observe-se que se $((\mathsf{m}_1 x + \mathsf{m}_2) < t)$ se verifica, então, para um q suficientemente grande (isto é, de tal forma que $\mathsf{m}_1 q \stackrel{.}{-} \mathsf{m}_2 = \mathsf{m}_1 q - \mathsf{m}_2$),

$$\vDash_{\Sigma_{\mathbb{N}}^{P+}} ((((\mathsf{m}_1 x) + \mathsf{m}_2) < t) \Leftrightarrow ((\mathsf{m}_1(x + \mathsf{q})) < (t + (\mathsf{m}_1 \mathsf{q}) \stackrel{.}{-} \mathsf{m}_2))).$$

Assim, é possível trabalhar só com fórmulas atómicas da forma $((\mathsf{m}_j x) < t_j)$. O valor m pode ser o mesmo usando o mínimo múltiplo comum de todos os m_i tais que $((\mathsf{m}_i x) < t_i)$. Logo, tais fórmulas devem ser substituídas por $(\mathsf{m}x) < (\mathsf{m}t_i)/\mathsf{m}_i$. QED

Tendo em conta os dois resultados técnicos anteriores, é possível concluir que o conjunto de combinações Booleanas de fórmulas livres de quantificadores em $L_{\Sigma_{\mathbb{N}}^{P+}}$ é gerado a partir do conjunto Q composto por fórmulas das formas seguintes:

- $((x < t) \wedge (|_m(x)))$ e $((t < x) \wedge (|_m(x)))$;

- $((|_k(x + t)) \wedge (|_m(x)))$.

Seja $\psi^{<,k}$ a fórmula obtida a partir de ψ substituindo:

- a subfórmula $(x < t)$ pela subfórmula $(1 < 0)$;

- a subfórmula $(t < x)$ pela subfórmula $(0 < 1)$;

- o subtermo $|_m(x + t)$ pelo subtermo $|_m(x + \mathsf{k})$.

Proposição 4 Assuma-se que φ é uma combinação Booleana das fórmulas em Q tal que $\mathrm{vlv}_{\Sigma_{\mathbb{N}}^{P+}} = \{x_1, \ldots, x_n, x\}$. Então:

1. $\vDash_{\Sigma_{\mathbb{N}}^{P+}} ([\varphi]_{\mathsf{k}}^x \Leftrightarrow \varphi^{<,k})$ para k suficientemente grande;

2. $\vDash_{\Sigma_{\mathbb{N}}^{P+}} (\varphi^{<,k} \Leftrightarrow \varphi^{<,k+rs})$.

Demonstração:
Os resultados obtêm-se por indução sobre a estrutura de φ. Em ambas as situações apenas se considera um dos casos base. Os restantes casos da base e do passo são deixados como exercício.

1. Seja φ a fórmula $(x < t)$. Pela Proposição 16 do Capítulo 7, o conjunto

$$\{[\![t]\!]^{\mathbb{N}\rho}_{\Sigma^{P+}_{\mathbb{N}}} : \rho \in X^{\mathbb{N}}\}$$

é finito. Tome-se $k = \max\{[\![t]\!]^{\mathbb{N}\rho}_{\Sigma^{P+}_{\mathbb{N}}} : \rho \in X^{\mathbb{N}}\} + 1$. Então $\mathbb{N} \Vdash\!\!\!/_{\Sigma^{P+}_{\mathbb{N}}} (\mathsf{k} < t)$, logo $\mathbb{N} \Vdash\!\!\!/_{\Sigma^{P+}_{\mathbb{N}}} [\varphi]^x_{\mathsf{k}}$ e portanto é equivalente a $(\mathbf{1} < 0)$.

2. Seja φ a fórmula $|_m(x+t)$. Então, $|_m(x+t)^{<,k}$ e $|_m(x+t)^{<,k+rs}$ são $|_m(\mathsf{k}+t)$ e $|_m(\mathsf{k}+rs+t)$, respetivamente. É suficiente observar-se que se m divide $k+t$, então m divide $k+t+rs$. Assuma-se que m divide $k+t$. Então existe a tal que $k+t = am$. Tome-se $b = a + \frac{rs}{m}$. Logo $k+t+rs = bm$ e portanto m divide $k+t+rs$.   QED

Proposição 5 A teoria $\mathrm{Th}(\mathbb{N}^{P+})$ tem eliminação de quantificadores.

Demonstração: O objetivo é demonstrar que $\mathrm{Th}(\mathbb{N}^{P+})$ satisfaz as condições da Proposição 12 do Capítulo 6. Seja φ uma combinação Booleana de fórmulas sem quantificadores tal que $\mathrm{vlv}_{\Sigma^{P+}_{\mathbb{N}}}(\varphi) = \{x_1, \dots, x_n, x\}$. Seja E o conjunto de termos t que ocorrem em subfórmulas de φ da forma $(x < t)$. Tome-se ψ como sendo a fórmula

$$\left(\left(\bigvee_{1 \leq k \leq \ell} \varphi^{<,k} \right) \vee \left(\bigvee_{t \in E} \left(\bigvee_{1 \leq k \leq \ell} [\varphi]^x_{t-k} \right) \right) \right)$$

em que ℓ é o mínimo múltiplo comum de todos os números naturais cujos numerais associados ocorrem em φ.
É imediato que $\mathrm{vlv}_{\Sigma^{P+}_{\mathbb{N}}}(\psi) = \mathrm{vlv}_{\Sigma^{P+}_{\mathbb{N}}}(\varphi) \setminus \{x\}$ e que ψ é uma combinação Booleana. Resta demonstrar que

$$((\exists x\varphi) \Leftrightarrow \psi) \in \mathrm{Th}(\mathbb{N}^{P+}).$$

(1) $\mathbb{N}^{P+} \Vdash_{\Sigma^{P+}_{\mathbb{N}}} (\psi \Rightarrow (\exists x\varphi))$
Assuma-se que $\mathbb{N}^{P+}\rho \Vdash_{\Sigma^{P+}_{\mathbb{N}}} \psi$. Existem dois casos a considerar:

(i) Existem $t \in E$ e $1 \leq k \leq \ell$ tais que $\mathbb{N}^{P+}\rho \Vdash_{\Sigma^{P+}_{\mathbb{N}}} [\varphi]^x_{t-k}$. Então

$$\mathbb{N}^{P+}\rho \Vdash_{\Sigma^{P+}_{\mathbb{N}}} (\exists x\, \varphi).$$

(ii) Existe $1 \leq k \leq \ell$ tal que $\mathbb{N}^{P+}\rho \Vdash_{\Sigma^{P+}_{\mathbb{N}}} \varphi^{<,k}$. Pela asserção 2 da Proposição 4,

$$\mathbb{N}^{P+}\rho \Vdash_{\Sigma^{P+}_{\mathbb{N}}} \varphi^{<,k+rs}$$

para r suficientemente grande. Além disso, pela asserção 1 da mesma proposição

$$\mathbb{N}^{P+}\rho \Vdash_{\Sigma_\mathbb{N}^{P+}} [\varphi]^x_{\mathsf{k+rs}}$$

e portanto

$$\mathbb{N}^{P+}\rho \Vdash_{\Sigma_\mathbb{N}^{P+}} (\exists x\, \varphi).$$

(2) $\mathbb{N}^{P+} \Vdash_{\Sigma_\mathbb{N}^{P+}} ((\exists x\varphi) \Rightarrow \psi)$

Existem dois casos a considerar:

(i) Assuma-se que $\mathbb{N}^{P+}\rho \Vdash_{\Sigma_\mathbb{N}^{P+}} [\varphi]^x_{\mathsf{k+rs}}$ qualquer que seja $s \in \mathbb{N}$. Então, para s suficientemente grande, pela asserção 1 da Proposição 4,

$$\mathbb{N}^{P+}\rho \Vdash_{\Sigma_\mathbb{N}^{P+}} \varphi^{<,\mathsf{k+rs}}$$

e, pela afirmação 2 da mesma proposição,

$$\mathbb{N}^{P+}\rho \Vdash_{\Sigma_\mathbb{N}^{P+}} \varphi^{<,\mathsf{k}}.$$

Assim,

$$\mathbb{N}^{P+}\rho \Vdash_{\Sigma_\mathbb{N}^{P+}} \psi.$$

(ii) Assuma-se que s é o menor número natural tal que:

$$\begin{cases} \mathbb{N}^{P+}\rho \Vdash_{\Sigma_\mathbb{N}^{P+}} [\varphi]^x_{\mathsf{k+rs}} \\ \mathbb{N}^{P+}\rho \nVdash_{\Sigma_\mathbb{N}^{P+}} [\varphi]^x_{\mathsf{k+rs'}} \end{cases}$$

Ou seja, existe uma fórmula $(x < t)$ tal que

$$\begin{cases} \mathbb{N}^{P+}\rho \Vdash_{\Sigma_\mathbb{N}^{P+}} ((\mathsf{k+rs}) < t) \\ \mathbb{N}^{P+}\rho \nVdash_{\Sigma_\mathbb{N}^{P+}} ((\mathsf{k+rs'}) < t). \end{cases}$$

Logo existe m tal que

$$\mathbb{N}^{P+}\rho \Vdash_{\Sigma_\mathbb{N}^{P+}} ((\mathsf{k+rs}) \cong (t \mathbin{\dot-} m)),$$

assim

$$\mathbb{N}^{P+}\rho \Vdash_{\Sigma_\mathbb{N}^{P+}} [\varphi]^x_{(t \mathbin{\dot-} \mathsf{m})}$$

e portanto

$$\mathbb{N}^{P+}\rho \Vdash_{\Sigma_\mathbb{N}^{P+}} \psi.$$

QED

Proposição 6 A teoria $\mathrm{Th}(\mathbb{N}^{P+})$ é computável.

Demonstração:

(a) O conjunto Γ de todas as combinações Booleanas de fórmulas fechadas sem quantificadores em $\mathrm{Th}(\mathbb{N}^{P+})$ é computável.

A aplicação característica χ_Γ é tal que

$$\chi_\Gamma(\varphi) = \begin{cases} k < m & \text{se } \varphi \text{ é } (\mathsf{k} < \mathsf{m}) \\ m|k & \text{se } \varphi \text{ é } |_m(\mathsf{k}) \\ 1 - \chi_\Gamma(\varphi_1) & \text{se } \varphi \text{ é } (\neg\,\varphi_1) \\ \mathsf{prod}(\chi_\Gamma(\varphi_1), \chi_\Gamma(\varphi_2)) & \text{se } \varphi \text{ é } (\varphi_1 \wedge \varphi_2) \end{cases}.$$

Assim χ_Γ é computável dado que é definida por casos a partir de aplicações computáveis.

(b) $\mathrm{Th}(\mathbb{N}^{P+})$ é computável.

Seja $\varphi \in L_{\Sigma_\mathbb{N}^{P+}}$ a fórmula fechada tal que φ é $(\exists x\, \gamma)$. Então, pela Proposição 5, existe uma fórmula fechada ψ que é uma combinação Booleana de fórmulas sem quantificadores tal que

$$(\varphi \Leftrightarrow \psi) \in \mathrm{Th}(\mathbb{N}^{P+}).$$

Assim

$$\varphi \in \mathrm{Th}(\mathbb{N}^{P+}) \ \text{ se e só se } \ \psi \in \Gamma.$$

Pela parte (a) Γ é computável e portanto também o é $\mathrm{Th}(\mathbb{N}^{P+})$.   QED

Proposição 7 (Decidibilidade da aritmética de Presburger)
A teoria $\mathrm{Th}(\mathbb{N}^P)$ é computável.

Demonstração: Para toda a fórmula φ em $L_{\Sigma_\mathbb{N}^P}$, existe uma fórmula $\varphi^\bullet$ em $L_{\Sigma_\mathbb{N}^{P+}}$ tal que $(\varphi \Leftrightarrow \varphi^\bullet) \in \mathrm{Th}(\mathbb{N}^{P+})$. Assim

$$\chi_{\mathrm{Th}(\mathbb{N}^P)}(\varphi) = 1 \ \text{ se e só se } \ \chi_{\mathrm{Th}(\mathbb{N}^{P+})}(\varphi^\bullet) = 1.$$

Dado que, pela Proposição 6, $\mathrm{Th}(\mathbb{N}^{P+})$ é computável então pode-se concluir que $\mathrm{Th}(\mathbb{N}^P)$ é também computável.   QED

Parte IV

Respostas a exercícios selecionados

Capítulo 16

Exercícios sobre computabilidade

Os exercícios resolvidos neste capítulo abordam alguns assuntos tratados no Capítulo 3.

Exercício 1 Sejam C_1 e C_2 conjuntos computáveis de tipo $A_1 \ldots A_n$. Mostre que $C_1 \cap C_2$ é computável.

Resolução: Se C_1 e C_2 são conjuntos de tipo $A_1 \ldots A_n$, isto é, se C_1 e C_2 são subconjuntos de $A_1^* \times \cdots \times A_n^*$, a sua interseção é também um subconjunto de $A_1^* \times \cdots \times A_n^*$, por outras palavras, a sua interseção é de tipo $A_1 \ldots A_n$.

Logo, para mostrar que $C_1 \cap C_2$ é computável, deve-se mostrar que a sua aplicação característica

$$\chi_{C_1 \cap C_2} : A_1^* \times \cdots \times A_n^* \to \{0, 1\}$$

é computável, o que simplesmente requer a apresentação de um algoritmo para a computar.

Considere

```
Function[w,
    If[χ_{C_1}[w] == 1 && χ_{C_2}[w] == 1,
        1,
        0
    ]
]
```

Este algoritmo computa $\chi_{C_1 \cap C_2}$. Na verdade:

- é um programa porque χ_{C_1} e χ_{C_2} são computáveis (isto segue do facto de C_1 e C_2 serem computáveis);

- é um algoritmo porque a execução deste programa termina para qualquer valor do argumento w, uma vez que χ_{C_1} e χ_{C_2} são aplicações;

- computa $\chi_{C_1 \cap C_2}$ porque a execução devolve 1 no caso em que $w \in C_1 \cap C_2$, isto é, $\chi_{C_1}(w) = 1$ e $\chi_{C_2}(w) = 1$, e devolve 0 caso contrário.

$$\nabla$$

A próxima solução dá uma demonstração da Proposição 14 do Capítulo 3.

Exercício 2 Assuma que C_1 e C_2 são conjuntos computavelmente enumeráveis de tipo $A_1 \ldots A_n$. Mostre que $C_1 \cap C_2$ é computavelmente enumerável.

Resolução: De modo a demonstrar que $C_1 \cap C_2$ é computavelmente enumerável, tem de se mostrar que se $C_1 \cap C_2 \neq \emptyset$, então existe uma enumeração computável de $C_1 \cap C_2$, isto é, existe uma aplicação computável sobrejetiva

$$e : \mathbb{N} \to C_1 \cap C_2.$$

Assuma que $C_1 \cap C_2 \neq \emptyset$. Então:

- Existe pelo menos um elemento em $C_1 \cap C_2$. Escolha um c em $C_1 \cap C_2$.

- Os conjuntos C_1 e C_2 são ambos não vazios. Logo, existe uma enumeração computável $e_1 : \mathbb{N} \to C_1$ de C_1 e uma enumeração computável $e_2 : \mathbb{N} \to C_2$ de C_2.

Sob estas hipóteses,

```
Function[k,
    k₁ = k_{ℕ×ℕ}[[1]];
    k₂ = k_{ℕ×ℕ}[[2]];
    If[e₁[k₁] == e₂[k₂],
        e₁[k₁],
        c
    ]
]
```

é um algoritmo que computa uma enumeração de $C_1 \cap C_2$. De facto:

- é um programa porque e_1, e_2 e $\lambda k \, . \, k_{\mathbb{N} \times \mathbb{N}}$ são computáveis;

- é um algoritmo porque a execução deste programa termina independentemente do valor no argumento k, uma vez que e_1, e_2 e $\lambda k \, . \, k_{\mathbb{N} \times \mathbb{N}}$ são aplicações;

- computa uma enumeração de $C_1 \cap C_2$ porque,

  - denotando $(k_{\mathbb{N} \times \mathbb{N}})_1$ por k_1,
  - denotando $(k_{\mathbb{N} \times \mathbb{N}})_2$ por k_2,

  tem-se que:

  - a execução devolve sempre um elemento de $C_1 \cap C_2$, uma vez que, qualquer que seja o valor do argumento k:
    * se $e_1(k_1) = e_2(k_2)$, então $e_1(k_1) \in C_1$ e $e_2(k_2) \in C_2$, pois e_1 e e_2 são enumerações de C_1 e C_2, respetivamente, donde o valor $e_1(k_1) = e_2(k_2)$ devolvido pertence a $C_1 \cap C_2$;
    * se $e_1(k_1) \neq e_2(k_2)$, então o valor c devolvido pertence a $C_1 \cap C_2$;
  - deixando k percorrer todos os elementos de $\mathbb{N}$, os valores devolvidos percorrem todos os elementos de $C_1 \cap C_2$, uma vez que:
    * $\{k_{\mathbb{N} \times \mathbb{N}} : k \in \mathbb{N}\} = \mathbb{N} \times \mathbb{N}$, porque $\lambda\, k\,.\, k_{\mathbb{N} \times \mathbb{N}}$ é uma enumeração de $\mathbb{N} \times \mathbb{N}$;
    * donde
      $$\{(e_1(k_1), e_2(k_2)) : k \in \mathbb{N}\} = C_1 \times C_2,$$
      uma vez que e_1 e e_2 são enumerações de C_1 e C_2, respetivamente;
    * o que implica que a sua diagonal
      $$\{(e_1(k_1), e_2(k_2)) : e_1(k_1) = e_2(k_2)\}$$
      coincide com $C_1 \cap C_2$, e portanto cobre $C_1 \cap C_2$.

∇

A resolução seguinte é uma resposta parcial ao Exercício 26 do Capítulo 3, abordando apenas o fecho por minimização.

Exercício 3 Mostre que se $f : \mathbb{N}^2 \rightharpoonup \mathbb{N}$ é computável, então $\min(f) : \mathbb{N} \rightharpoonup \mathbb{N}$ também é computável.

Resolução: Deve-se mostrar que se $f \in \mathcal{C}$, então $\mathcal{C}$ também contém a função

$$\min(f) = \lambda\, i\,.\, \begin{cases} \text{indefinido} & \text{se } W_i = \emptyset \\ \text{mínimo de } W_i & \text{n.r.c.,} \end{cases}$$

em que

$$W_i = \{k : (i, j) \in \operatorname{dom} f \text{ para cada } j < k\ \&\ f(i, k) = 0\}.$$

Por outras palavras, deve-se mostrar que existe um procedimento em *Mathematica* que computa $\min(f)$. Para isso, considere-se o programa

```
Function[i,
    k = 0;
    While[f[i, k] != 0,
        k = k + 1
    ]
]
```

Note-se que se $(i, k) \notin \text{dom } f$, então a avaliação da guarda do ciclo não termina, e portanto a execução do programa não acaba. A execução do programa também não termina se não houver zero da função. Por outras palavras, uma vez que a pesquisa começa com k a 0, a execução termina se e só se existe k tal que $f(i, k) = 0$ e $(i, j) \in \text{dom } f$ e $f(i, j) \neq 0$ para qualquer $j < k$. A formalização da demonstração da correção do programa proposto usando o cálculo de Hoare enriquecido deixa-se ao cuidado do leitor interessado. ∇

Os exercícios e as soluções seguintes certificam que certas funções são recursivas. A maior parte delas são usadas noutros capítulos do livro.

Exercício 4 Mostre que a aplicação (predecessor natural)

$$\text{pred} = \lambda k \,.\, \begin{cases} k - 1 & \text{se } k > 0 \\ 0 & \text{n.r.c.} \end{cases} : \mathbb{N} \to \mathbb{N}$$

pertence a $\mathcal{R}$.

Resolução: A aplicação pred é facilmente obtida por recorrência. De facto:

- $\text{pred}(0) = 0$;

- $\text{pred}(k + 1) = k$.

Recorde a construção rec para o caso $n = 1$. Se $f_0 :\to \mathbb{N}$ e $f_1 : \mathbb{N}^2 \to \mathbb{N}$, então $\text{rec}(f_0, f_1) : \mathbb{N} \to \mathbb{N}$ é tal que:

- $\text{rec}(f_0, f_1)(0) = f_0$;

- $\text{rec}(f_0, f_1)(k + 1) = f_1(k, \text{rec}(f_0, f_1)(k))$.

Logo, para implementar a recorrência pretendida com rec é suficiente tomar:

- $f_0 = 0$;

- $f_1 = \lambda k_1, k_2 \,.\, k_1$.

Assim,
$$\text{pred} = \text{rec}(0, \mathsf{P}_1^2).$$

A correção do programa proposto é estabelecida, por indução sobre o argumento, como se segue:

(Base: $k = 0$)
$$\text{pred}(0) = \text{rec}(0, \mathsf{P}_1^2)(0) = 0.$$

(Passo: $k = k' + 1$)
$$\text{pred}(k' + 1) = \text{rec}(0, \mathsf{P}_1^2)(k' + 1) = \mathsf{P}_1^2(k', \text{rec}(0, \mathsf{P}_1^2)(k')) = k'.$$

$\triangledown$

Exercício 5 Mostre que a aplicação (subtração natural)

$$\dot{-} = \lambda\, k_1, k_2\,.\, \begin{cases} k_1 - k_2 & \text{se } k_1 \geq k_2 \\ 0 & \text{n.r.c.} \end{cases} : \mathbb{N}^2 \to \mathbb{N}$$

pertence a $\mathcal{R}$.

Resolução: A aplicação $\dot{-}$ é obtida por recorrência no segundo argumento:

- $k_1 \dot{-} 0 = k_1$;

- $k_1 \dot{-} k_2 + 1 = \text{pred}(k_1 \dot{-} k_2)$.

Recorde a construção rec no caso $n = 2$, isto é, com $f_0 : \mathbb{N} \to \mathbb{N}$, $f_1 : \mathbb{N}^3 \to \mathbb{N}$ e $\text{rec}(f_0, f_1) : \mathbb{N}^2 \to \mathbb{N}$,

- $\text{rec}(f_0, f_1)(k_1, 0) = f_0(k_1)$;

- $\text{rec}(f_0, f_1)(k_1, k_2 + 1) = f_1(k_1, k_2, \text{rec}(f_0, f_1)(k_1, k_2))$.

Assim,
$$\dot{-} = \text{rec}(\mathsf{P}_1^1, \text{pred} \circ \mathsf{P}_3^3).$$

A correção do programa proposto é deixada para o leitor interessado. Sugestão: Use indução sobre o segundo argumento. $\triangledown$

Exercício 6 Mostre que a aplicação (que devolve o valor absoluto da diferença entre os dois argumentos):

$$|-| = \lambda\, k_1, k_2\,.\, \begin{cases} k_1 - k_2 & \text{se } k_1 \geq k_2 \\ k_2 - k_1 & \text{n.r.c.} \end{cases} : \mathbb{N}^2 \to \mathbb{N}$$

pertence a $\mathcal{R}$.

Resolução: Uma vez que

$$|k_1 - k_2| = k_1 \mathbin{\dot-} k_2 + k_2 \mathbin{\dot-} k_1\,,$$

tem-se que:

$$|-| \; = \; \mathsf{add} \circ \langle \mathbin{\dot-}, \mathbin{\dot-} \circ \langle \mathsf{P}_2^2, \mathsf{P}_1^2 \rangle \rangle\,.$$

$\triangledown$

Exercício 7 Mostre que a aplicação (sinal)

$$\mathsf{sg} = \lambda\,k\,.\,\begin{cases} 0 & \text{se } k = 0 \\ 1 & \text{n.r.c.} \end{cases} : \mathbb{N} \to \mathbb{N}$$

pertence a $\mathcal{R}$.

Resolução: Uma vez que

$$\mathsf{sg}(k) = k \mathbin{\dot-} \mathsf{pred}(k)\,,$$

tem-se que:

$$\mathsf{sg} \; = \; \mathbin{\dot-} \circ \langle \mathsf{P}_1^1, \mathsf{pred} \rangle\,.$$

$\triangledown$

Exercício 8 Mostre que a aplicação

$$\mathsf{neq} = \lambda\,k_1, k_2\,.\,\begin{cases} 1 & \text{se } k_1 \neq k_2 \\ 0 & \text{n.r.c.} \end{cases} : \mathbb{N}^2 \to \mathbb{N}$$

pertence a $\mathcal{R}$.

Resolução: Uma vez que

$$\mathsf{neq}(k_1, k_2) = \mathsf{sg}(|k_1 - k_2|)\,,$$

tem-se que:

$$\mathsf{neq} \; = \; \mathsf{sg} \circ |-|\,.$$

$\triangledown$

Exercício 9 Mostre que a aplicação (subtração parcial):

$$\lambda\,k_1, k_2\,.\,\begin{cases} k_1 - k_2 & \text{se } k_1 \geq k_2 \\ \text{indefinido} & \text{n.r.c.} \end{cases} : \mathbb{N}^2 \rightharpoonup \mathbb{N}$$

pertence a $\mathcal{R}$ verificando que é computada pelo procedimento seguinte:

$$\min(\mathsf{neq} \circ \langle \mathsf{P}_1^3, \mathsf{add} \circ \langle \mathsf{P}_2^3, \mathsf{P}_3^3 \rangle \rangle)\,.$$

Resolução: Observe primeiro que

$$\mathsf{P}_1^3 = \lambda\, k_1, k_2, k_3 \,.\, k_1 : \mathbb{N}^3 \to \mathbb{N};$$
$$\mathsf{P}_2^3 = \lambda\, k_1, k_2, k_3 \,.\, k_2 : \mathbb{N}^3 \to \mathbb{N};$$
$$\mathsf{P}_3^3 = \lambda\, k_1, k_2, k_3 \,.\, k_3 : \mathbb{N}^3 \to \mathbb{N}.$$

Logo, por definição de agregação,

$$\langle \mathsf{P}_2^3, \mathsf{P}_3^3 \rangle = \lambda\, k_1, k_2, k_3 \,.\, (k_2, k_3) : \mathbb{N}^3 \to \mathbb{N}^2.$$

Assim, por definição de composição,

$$\mathsf{add} \circ \langle \mathsf{P}_2^3, \mathsf{P}_3^3 \rangle = \lambda\, k_1, k_2, k_3 \,.\, k_2 + k_3 : \mathbb{N}^3 \to \mathbb{N}.$$

Portanto, novamente por definição de agregação,

$$\langle \mathsf{P}_1^3, \mathsf{add} \circ \langle \mathsf{P}_2^3, \mathsf{P}_3^3 \rangle \rangle = \lambda\, k_1, k_2, k_3 \,.\, (k_1, k_2 + k_3) : \mathbb{N}^3 \to \mathbb{N}^2,$$

donde, novamente por definição de composição, tem-se que

$$\mathsf{neq} \circ \langle \mathsf{P}_1^3, \mathsf{add} \circ \langle \mathsf{P}_2^3, \mathsf{P}_3^3 \rangle \rangle = \lambda\, k_1, k_2, k_3 \,.\, \begin{cases} 1 & \text{se } k_1 \neq k_2 + k_3 \\ 0 & \text{n.r.c.} \end{cases} : \mathbb{N}^3 \to \mathbb{N}.$$

Sob estas condições, por definição de minimização,

$$\min(\mathsf{neq} \circ \langle \mathsf{P}_1^3, \mathsf{add} \circ \langle \mathsf{P}_2^3, \mathsf{P}_3^3 \rangle \rangle) =$$

$$\lambda\, k_1, k_2 \,.\, \begin{cases} \text{indefinido} & \text{se } W_{k_1,k_2} = \emptyset \\ \text{mínimo de } W_{k_1,k_2} & \text{n.r.c.} \end{cases} : \mathbb{N}^2 \rightharpoonup \mathbb{N}$$

em que, tendo em conta que a função a ser minimizada é uma aplicação, para cada $k_1, k_2 \in \mathbb{N}$ o conjunto

$$W_{k_1,k_2}$$

coincide com

$$\{ k_3 \in \mathbb{N} : \mathsf{neq} \circ \langle \mathsf{P}_1^3, \mathsf{add} \circ \langle \mathsf{P}_2^3, \mathsf{P}_3^3 \rangle \rangle (k_1, k_2, k_3) = 0 \} =$$

$$\{ k_3 \in \mathbb{N} : k_1 = k_2 + k_3 \} =$$

$$\begin{cases} \emptyset & \text{se } k_1 < k_2 \\ \{ k_1 - k_2 \} & \text{n.r.c.} \end{cases}.$$

Logo,

$$\mathsf{min}(\mathsf{neq} \circ \langle \mathsf{P}_1^3, \mathsf{add} \circ \langle \mathsf{P}_2^3, \mathsf{P}_3^3 \rangle \rangle) = \lambda\, k_1, k_2 \cdot \begin{cases} \text{indefinido} & \text{se } k_1 < k_2 \\ k_1 - k_2 & \text{n.r.c.,} \end{cases}$$

isto é, tal como se pretendia originalmente,

$$\mathsf{min}(\mathsf{neq} \circ \langle \mathsf{P}_1^3, \mathsf{add} \circ \langle \mathsf{P}_2^3, \mathsf{P}_3^3 \rangle \rangle) = \lambda\, k_1, k_2 \cdot \begin{cases} k_1 - k_2 & \text{se } k_1 \geq k_2 \\ \text{indefinido} & \text{n.r.c.} \end{cases}$$

∇

Capítulo 17

Exercícios sobre sintaxe

Os exercícios aqui resolvidos dizem respeito ao Capítulo 4.

Exercício 1 Defina uma assinatura de primeira ordem Σ_G adequada para expressar propriedades de grupos. Formalize algumas dessas propriedades em L_{Σ_G}.

Resolução: Seja $\Sigma_G = (F, P, \tau)$ em que:

- $F = \{\mathbf{o}, \mathbf{e}, \mathbf{i}\}$;

- $P = \{\cong\}$;

- $\tau = \{(\mathbf{e}, 0), (\mathbf{i}, 1), (\mathbf{o}, 2), (\cong, 2)\}$.

A mesma assinatura poderia ter sido definida do modo seguinte:

- $F_0 = \{\mathbf{e}\}$;

- $F_1 = \{\mathbf{i}\}$;

- $F_2 = \{\mathbf{o}\}$;

- $F_n = \emptyset$ para $n > 2$;

- $P_2 = \{\cong\}$;

- $P_n = \emptyset$ para $n \neq 2$.

Seguem-se alguns exemplos de propriedades de grupos formalizadas em L_{Σ_G} (usando a notação infixa para a operação binária de grupo e para a igualdade).

- Associatividade:

$$(\forall x_1 (\forall x_2 (\forall x_3 ((x_1 \text{ o } (x_2 \text{ o } x_3)) \cong ((x_1 \text{ o } x_2) \text{ o } x_3)))))\,.$$

- Elemento neutro à esquerda:

$$(\forall x_1 ((\mathbf{e} \text{ o } x_1) \cong x_1))\,.$$

- Inverso à direita:

$$(\forall x_1 ((x_1 \text{ o } \mathbf{i}(x_1)) \cong \mathbf{e}))\,.$$

- Unicidade do elemento neutro à esquerda:

$$(\forall x_1 ((\forall x_2 ((x_1 \text{ o } x_2) \cong x_2)) \Rightarrow (x_1 \cong \mathbf{e})))\,.$$

Existe ainda a possibilidade de se considerar como alternativa a assinatura para grupos em que $F = \{\mathbf{o}\}$. Deixa-se como exercício escrever, neste contexto, as propriedades do elemento neutro à esquerda e do inverso à direita. ∇

No que se segue dá-se uma solução para o Exercício 7 do Capítulo 4.

Exercício 2 Mostre que a aplicação $\lambda x, t \cdot \chi_{\mathrm{var}_\Sigma(t)}(x) : X \times T_\Sigma \to \mathbb{N}$ é computável. Conclua que o conjunto $\mathrm{var}_\Sigma(t)$ é computável qualquer que seja t.

Resolução: Seja

$$h = \lambda x, t \cdot \chi_{\mathrm{var}_\Sigma(t)}(x) : X \times T_\Sigma \to \mathbb{N}$$

a aplicação sob consideração. Então h é computada pelo programa recursivo seguinte:

```
Function[{x, t},
    et = ToExpression[t];
    sh = ToString[et[[0]]];
    na = Length[et];
```

```
Which[
    sh == x,
        1,
    sh ∈ F,
        j = 1;
        b = 0;
        While[j ≤ na && b == 0,
            b = h[x, ToString[et[[j]]]];
            j = j + 1
        ];
        b,
    True,
        0
    ]
]
```

Observe que nada é exigido a este programa se $x \notin X$ ou $t \notin T_\Sigma$, donde não é necessário verificar se os argumentos são legítimos, nem analisar o resultado no caso de não o serem.

A computabilidade de h traz consigo a computabilidade, para cada $t \in T_\Sigma$, do conjunto $\mathrm{var}_\Sigma(t)$, uma vez que, sempre que $x \in X$, $\chi_{\mathrm{var}_\Sigma(t)}(x) = h(x, t)$. De facto, para cada $t \in T_\Sigma$, a aplicação

$$\chi_{\mathrm{var}_\Sigma(t)} : A_\Sigma^* \to \{0, 1\}$$

é computada pelo programa

```
Function[x,
    If[x ∈ X, h[x, t], 0]
]
```

graças ao facto de X ser computável.   ▽

A solução seguinte ajuda a compreender o Exercício 16 do Capítulo 4, em particular a segunda asserção.

Exercício 3 Mostre que:

1. O termo c é livre para a variável x_1 na fórmula $(\exists x_2(x_1 < x_2))$.

2. O termo x_2 não é livre para a variável x_1 na fórmula $(\exists x_2(x_1 < x_2))$.

Resolução:

1. Intuitivamente, c é livre para x_1 em $(\exists x_2(x_1 < x_2))$ porque quando x_1 é substituído por c nesta fórmula nenhuma variável deste último termo é capturada pela quantificação sobre x_2. Rigorosamente, partindo da definição indutiva de termo livre para variável em fórmula, tem-se que:

$c \triangleright_\Sigma x_1 : (\exists x_2(x_1 < x_2))$ sse

$c \triangleright_\Sigma x_1 : (\neg(\forall x_2(\neg(x_1 < x_2))))$ sse (†)

$c \triangleright_\Sigma x_1 : (\forall x_2(\neg(x_1 < x_2)))$ sse (††)

$$x_2 \text{ é } x_1 \text{ ou } \begin{cases} \text{se } x_1 \in \mathrm{vlv}_\Sigma((\neg(x_1 < x_2))), \\ \qquad\qquad \text{então } x_2 \notin \mathrm{var}_\Sigma(c) \quad\text{ sse} \\ c \triangleright_\Sigma x_1 : (\neg(x_1 < x_2)) \end{cases}$$

$$\text{falso ou } \begin{cases} \text{se verdadeiro então verdadeiro} \\ c \triangleright_\Sigma x_1 : (\neg(x_1 < x_2)) \end{cases} \quad\text{ sse}$$

$$\text{falso ou } \begin{cases} \text{verdadeiro} \\ c \triangleright_\Sigma x_1 : (\neg(x_1 < x_2)) \end{cases} \quad\text{ sse}$$

falso ou $c \triangleright_\Sigma x_1 : (\neg(x_1 < x_2))$ sse

$c \triangleright_\Sigma x_1 : (\neg(x_1 < x_2))$ sse (†)

$c \triangleright_\Sigma x_1 : (x_1 < x_2)$ sse (†††)

verdadeiro

(†) Condição para a negação.
(††) Condição para a quantificação.
(†††) Condição para as fórmulas atómicas.

2. Intuitivamente, x_2 não é livre para x_1 em $(\exists x_2(x_1 < x_2))$ porque quando x_1 é substituído por x_2 nesta fórmula esta variável é capturada pela quantificação sobre x_2. Rigorosamente, partindo da definição indutiva de termo livre para variável em fórmula, tem-se que:

$x_2 \triangleright_\Sigma x_1 : (\exists x_2(x_1 < x_2))$ sse

$x_2 \triangleright_\Sigma x_1 : (\neg(\forall x_2(\neg(x_1 < x_2))))$ sse (†)

$x_2 \triangleright_\Sigma x_1 : (\forall x_2(\neg(x_1 < x_2)))$ sse (††)

$$x_2 \text{ é } x_1 \text{ ou } \begin{cases} \text{se } x_1 \in \mathrm{vlv}_\Sigma((\neg(x_1 < x_2))), \\ \qquad\qquad \text{então } x_2 \notin \mathrm{var}_\Sigma(x_2) \quad\text{ sse} \\ x_2 \triangleright_\Sigma x_1 : (\neg(x_1 < x_2)) \end{cases}$$

$$\text{falso ou} \begin{cases} \text{se verdadeiro então falso} \\ x_2 \triangleright_\Sigma x_1 : (\neg(x_1 < x_2)) \end{cases} \text{sse}$$

$$\text{falso ou} \begin{cases} \text{falso} \\ x_2 \triangleright_\Sigma x_1 : (\neg(x_1 < x_2)) \end{cases} \text{sse}$$

falso ou falso   sse

falso

(†) Condição para a negação.
(††) Condição para a quantificação.   ▽

As duas soluções seguintes são as respostas a 1 e a 2 no Exercício 19 do Capítulo 4.

Exercício 4 Mostre que se $x \notin \mathrm{vlv}_\Sigma(\varphi)$, então $t \triangleright_\Sigma x : \varphi$, para qualquer termo t.

Resolução: A demonstração é realizada por indução sobre a estrutura da fórmula φ:

(Base) φ é $p(u_1, \ldots, u_n)$: pela condição para as fórmulas atómicas na definição de termo livre para variável em fórmula, $t \triangleright_\Sigma x : p(u_1, \ldots, u_n)$ sem ter de se usar a hipótese.

(Passo) Existem três casos a considerar:

(Negação) φ é $(\neg\psi)$: pela condição para a negação, $t \triangleright_\Sigma x : (\neg\psi)$ se e só se $t \triangleright_\Sigma x : \psi$, que se verifica pela hipótese de indução, uma vez que se $x \notin \mathrm{vlv}_\Sigma((\neg\psi))$, então $x \notin \mathrm{vlv}_\Sigma(\psi)$.

(Implicação) φ é $(\psi_1 \Rightarrow \psi_2)$: pela condição para a implicação, $t \triangleright_\Sigma x : (\psi_1 \Rightarrow \psi_2)$ se e só se $t \triangleright_\Sigma x : \psi_1$ e $t \triangleright_\Sigma x : \psi_2$, que se verifica pela hipótese de indução, uma vez que se $x \notin \mathrm{vlv}_\Sigma((\psi_1 \Rightarrow \psi_2))$, então $x \notin \mathrm{vlv}_\Sigma(\psi_1)$ e $x \notin \mathrm{vlv}_\Sigma(\psi_2)$.

(Quantificação) φ é $(\forall y\, \psi)$: pela condição para a quantificação, $t \triangleright_\Sigma x : (\forall y\, \psi)$ se e só se

$$y \text{ é } x \text{ ou} \begin{cases} \text{se } x \in \mathrm{vlv}_\Sigma(\psi) \text{ então } y \notin \mathrm{var}_\Sigma(t) \\ t \triangleright_\Sigma x : \psi \end{cases}.$$

Se y é x, então $t \triangleright_\Sigma x : (\forall y\, \psi)$.

Caso contrário, tem de se verificar o seguinte:

- $t \triangleright_\Sigma x : \psi$, que se verifica pela hipótese de indução, uma vez que se y não é x e $x \notin \mathrm{vlv}_\Sigma((\forall y\, \psi))$, então $x \notin \mathrm{vlv}_\Sigma(\psi)$;

- se $x \in \text{vlv}_\Sigma(\psi)$, então $y \notin \text{var}_\Sigma(t)$, que se verifica uma vez que $x \notin \text{vlv}_\Sigma(\psi)$ como se acabou de ver.

$$\nabla$$

Exercício 5 Mostre que se $\text{var}_\Sigma(t) \cap \text{vmd}_\Sigma(\varphi) = \emptyset$, então $t \rhd_\Sigma x : \varphi$, para toda a variável x.

Resolução: A demonstração é realizada por indução sobre a estrutura da fórmula φ:

(Base) φ é $p(u_1, \ldots, u_n)$: pela condição para fórmulas atómicas na definição de termo livre para variável em fórmula, $t \rhd_\Sigma x : p(u_1, \ldots, u_n)$ sem ter de se usar as hipóteses.

(Passo) Existem três casos a considerar:

(Negação) φ é $(\neg \psi)$: pela condição para a negação, $t \rhd_\Sigma x : (\neg \psi)$ se e só se $t \rhd_\Sigma x : \psi$, o que se verifica pela hipótese de indução, uma vez que se $\text{var}_\Sigma(t) \cap \text{vmd}_\Sigma((\neg \psi)) = \emptyset$, então $\text{var}_\Sigma(t) \cap \text{vmd}_\Sigma(\psi) = \emptyset$.

(Implicação) φ é $(\psi_1 \Rightarrow \psi_2)$: pela condição para a implicação, $t \rhd_\Sigma x : (\psi_1 \Rightarrow \psi_2)$ se e só se $t \rhd_\Sigma x : \psi_1$ e $t \rhd_\Sigma x : \psi_2$, que se verifica pela hipótese de indução, uma vez que se $\text{var}_\Sigma(t) \cap \text{vmd}_\Sigma((\psi_1 \Rightarrow \psi_2)) = \emptyset$, então $\text{var}_\Sigma(t) \cap \text{vmd}_\Sigma(\psi_1) = \emptyset$ e $\text{var}_\Sigma(t) \cap \text{vmd}_\Sigma(\psi_2) = \emptyset$.

(Quantificação) φ é $(\forall y \, \psi)$: pela condição para a quantificação, $t \rhd_\Sigma x : (\forall y \, \psi)$ se e só se

$$y \text{ é } x \text{ ou } \begin{cases} \text{se } x \in \text{vlv}_\Sigma(\psi) \text{ então } y \notin \text{var}_\Sigma(t) \\ t \rhd_\Sigma x : \psi. \end{cases}$$

Se y é x, então $t \rhd_\Sigma x : (\forall y \, \psi)$.

Caso contrário, tem de se verificar o seguinte:

- $t \rhd_\Sigma x : \psi$, que é verdadeira pela hipótese de indução, uma vez que se $\text{var}_\Sigma(t) \cap \text{vmd}_\Sigma((\forall y \, \psi)) = \emptyset$, então $\text{var}_\Sigma(t) \cap \text{vmd}_\Sigma(\psi) = \emptyset$;

- se $x \in \text{vlv}_\Sigma(\psi)$, então $y \notin \text{var}_\Sigma(t)$, que se verifica uma vez que $y \in \text{vmd}_\Sigma((\forall y \, \psi))$ e, por hipótese, $\text{var}_\Sigma(t) \cap \text{vmd}_\Sigma((\forall y \, \psi)) = \emptyset$.

$$\nabla$$

O que se segue é uma solução para o Exercício 20 do Capítulo 4.

Exercício 6 Mostre que se $y \notin \text{vlv}_\Sigma(\varphi)$ e $y \rhd_\Sigma x : \varphi$, então $x \rhd_\Sigma y : [\varphi]_y^x$.

Resolução: A demonstração é realizada por indução sobre a estrutura da fórmula φ:

(Base) φ é $p(u_1, \ldots, u_n)$: pela condição para as fórmulas atómicas na definição de termo livre para variável em fórmula, $x \vartriangleright_\Sigma y : p([u_1]_y^x, \ldots, [u_n]_y^x)$, isto é, $x \vartriangleright_\Sigma y : [p(u_1, \ldots, u_n)]_y^x$.

(Passo) Existem três casos a considerar:

(Negação) φ é $(\neg\,\psi)$: então $x \vartriangleright_\Sigma y : [(\neg\,\psi)]_y^x$, isto é, $x \vartriangleright_\Sigma y : (\neg\,[\psi]_y^x)$, segue, pela condição para a negação, a partir de $x \vartriangleright_\Sigma y : [\varphi]_y^x$, que se verifica pela hipótese de indução, uma vez que se $y \notin \mathrm{vlv}_\Sigma((\neg\,\psi))$ e $y \vartriangleright_\Sigma x : (\neg\,\psi)$, então $y \notin \mathrm{vlv}_\Sigma(\psi)$ e $y \vartriangleright_\Sigma x : \psi$.

(Implicação) φ é $(\psi_1 \Rightarrow \psi_2)$: então $x \vartriangleright_\Sigma y : [(\psi_1 \Rightarrow \psi_2)]_y^x$, isto é, $x \vartriangleright_\Sigma y : ([\psi_1]_y^x \Rightarrow [\psi_2]_y^x)$, segue, pela condição para a implicação, a partir de $x \vartriangleright_\Sigma y : [\psi_1]_y^x$ e $x \vartriangleright_\Sigma y : [\psi_2]_y^x$, que se verifica pela hipótese de indução, uma vez que se $y \notin \mathrm{vlv}_\Sigma((\psi_1 \Rightarrow \psi_2))$ e $y \vartriangleright_\Sigma x : (\psi_1 \Rightarrow \psi_2)$, então $y \notin \mathrm{vlv}_\Sigma(\psi_1)$, $y \vartriangleright_\Sigma x : \psi_1$, $y \notin \mathrm{vlv}_\Sigma(\psi_2)$ e $y \vartriangleright_\Sigma x : \psi_2$.

(Quantificação) φ é $(\forall z\,\psi)$:

(Caso 1) z é x: então $x \vartriangleright_\Sigma y : [(\forall x\,\psi)]_y^x$, isto é, $x \vartriangleright_\Sigma y : (\forall x\,\psi)$, que se verifica, uma vez que, por hipótese, $y \notin \mathrm{vlv}_\Sigma((\forall x\,\psi))$, usando o Exercício 19.1 do Capítulo 4 — Exercício 4 resolvido neste capítulo.

(Caso 2) z não é x: então $x \vartriangleright_\Sigma y : [(\forall z\,\psi)]_y^x$, isto é, $x \vartriangleright_\Sigma y : (\forall z\,[\psi]_y^x)$, segue, pela condição para a quantificação, a partir de

$$z \text{ é } y \text{ ou } \begin{cases} \text{se } y \in \mathrm{vlv}_\Sigma([\psi]_y^x) \text{ então } z \notin \mathrm{var}_\Sigma(x) \\ x \vartriangleright_\Sigma y : [\psi]_y^x \end{cases}.$$

Assim, se z é y, então $x \vartriangleright_\Sigma y : [(\forall z\,\psi)]_y^x$.

Caso contrário, tem de se verificar o seguinte:

- $x \vartriangleright_\Sigma y : [\psi]_y^x$, que se verifica pela hipótese de indução, uma vez que se

$$\begin{cases} y \notin \mathrm{vlv}_\Sigma((\forall z\,\psi)) \\ y \vartriangleright_\Sigma x : (\forall z\,\psi) \\ z \text{ não é } y \text{ e } z \text{ não é } x \end{cases},$$

então $y \notin \mathrm{vlv}_\Sigma(\psi)$ e $y \vartriangleright_\Sigma x : \psi$;

- se $y \in \mathrm{vlv}_\Sigma([\psi]_y^x)$ então $z \notin \mathrm{var}_\Sigma(x)$, que se verifica uma vez que z não é x.

$\triangledown$

Exercício 7 Sejam $\Psi \subseteq L_\Sigma$ e

$$\Psi^+ = \Psi \cup \{\alpha : (\alpha \wedge \beta) \in \Psi\} \cup \{\beta : (\alpha \wedge \beta) \in \Psi\}.$$

Justifique ou refute a asserção seguinte:

Se Ψ é computavelmente enumerável, então também o é Ψ^+.

Resolução: A asserção é verdadeira em geral. De facto, se $\Psi = \emptyset$ então Ψ^+ é também vazio e, portanto, computavelmente enumerável. Caso contrário, seja $h : \mathbb{N} \to \Psi$ uma enumeração computável de Ψ. Neste caso, $\Psi^+ \neq \emptyset$ e, portanto, para se mostrar que Ψ^+ é computavelmente enumerável tem de se apresentar uma enumeração computável $h^+ : \mathbb{N} \to \Psi^+$. Para isso, considere-se o algoritmo seguinte:

```
Function[k,
    If[OddQ[k],
        h[(k − 1)/2]
    ,
        j = k/2;
        If[OddQ[j],
            s = h[(j − 1)/2];
            e = ToExpression[s];
            If[Length[e] =!= 2 || e[[0]] =!= ∧,
                s
            ,
                a = e[[1]];
                ToString[a]
            ]
        ,
            s = h[j/2];
            e = ToExpression[s];
            If[Length[e] =!= 2 || e[[0]] =!= ∧,
                s
            ,
                b = e[[2]];
                ToString[b]
            ]
        ]
    ]
]
```

Observe-se que a computação apenas devolve valores em Ψ^+ pois: (i) quando devolve $h[(k − 1)/2]$, $s = h[(j − 1)/2]$ ou $s = h[j/2]$, o resultado pertence a Ψ;

(ii) quando devolve ToString[a], o resultado pertence a $\{\alpha : (\alpha \wedge \beta) \in \Psi\}$; e
(iii) quando devolve ToString[b], o resultado pertence a $\{\beta : (\alpha \wedge \beta) \in \Psi\}$.

Além disso, (i) quando o argumento k varre todos os números naturais ímpares, o valor devolvido $h[(k-1)/2]$ varre todos os elementos de Ψ; (ii) quando o argumento k varre todos os números naturais pares e $j = k/2$ percorre todos os números naturais ímpares, $s = h[(j-1)/2]$ percorre todas as fórmulas em Ψ e, em particular, percorre todas as conjunções em Ψ, e portanto, ToString[a] percorre todos os elementos de $\{\alpha : (\alpha \wedge \beta) \in \Psi\}$; e (iii) quando o argumento k percorre todos os números naturais pares e $j = k/2$ varre todos os números naturais pares, $s = h[j/2]$ percorre todas as fórmulas em Ψ e, em particular, percorre todas as conjunções em Ψ, e portanto, ToString[b] percorre todos os elementos de $\{\beta : (\alpha \wedge \beta) \in \Psi\}$. $\qquad\qquad$ ∇

Capítulo 18

Exercícios sobre cálculo de Hilbert

As soluções aqui apresentadas dizem respeito aos Capítulos 5 e 6.

Exercício 1 Demonstre o princípio da troca de quantificadores (PTQ):

$$(\forall x(\forall y\,\varphi)) \vdash_\Sigma (\forall y(\forall x\,\varphi)).$$

Resolução:

1	$(\forall x(\forall y\,\varphi))$	Hip
2	$((\forall x(\forall y\,\varphi)) \Rightarrow (\forall y\,\varphi))$	Ax4
3	$(\forall y\,\varphi)$	MP 1,2
4	$((\forall y\,\varphi) \Rightarrow \varphi)$	Ax4
5	φ	MP 3,4
6	$(\forall x\,\varphi)$	Gen 5
7	$(\forall y(\forall x\,\varphi))$	Gen 6

$\triangledown$

Exercício 2 Demonstre o silogismo hipotético (SH):

$$(\varphi_1 \Rightarrow \varphi_2), (\varphi_2 \Rightarrow \varphi_3) \vdash_\Sigma (\varphi_1 \Rightarrow \varphi_3).$$

Resolução:

$$
\begin{array}{lll}
1 & (\varphi_1 \Rightarrow \varphi_2) & \text{Hip} \\
2 & (\varphi_2 \Rightarrow \varphi_3) & \text{Hip} \\
3 & ((\varphi_2 \Rightarrow \varphi_3) \Rightarrow (\varphi_1 \Rightarrow (\varphi_2 \Rightarrow \varphi_3))) & \text{Ax1} \\
4 & (\varphi_1 \Rightarrow (\varphi_2 \Rightarrow \varphi_3)) & \text{MP 2,3} \\
5 & ((\varphi_1 \Rightarrow (\varphi_2 \Rightarrow \varphi_3)) \Rightarrow ((\varphi_1 \Rightarrow \varphi_2) \Rightarrow (\varphi_1 \Rightarrow \varphi_3))) & \text{Ax2} \\
6 & ((\varphi_1 \Rightarrow \varphi_2) \Rightarrow (\varphi_1 \Rightarrow \varphi_3)) & \text{MP 4,5} \\
7 & (\varphi_1 \Rightarrow \varphi_3) & \text{MP 1,6}
\end{array}
$$

∇

A solução seguinte fornece uma demonstração da Proposição 12 do Capítulo 5 respeitante aos axiomas em Ax1. A demonstração de que os outros axiomas são também computáveis é semelhante. Note-se que a computabilidade dos axiomas em Ax4 e Ax5 assenta na computabilidade da relação de termo livre para variável em fórmula, e na computabilidade do conjunto de variáveis que ocorrem livres numa fórmula, respetivamente.

Exercício 3 Mostre que o conjunto Ax1 é computável.

Resolução: O algoritmo seguinte computa a aplicação característica do conjunto $\{\Rightarrow[\varphi, \Rightarrow[\psi, \varphi]] : \varphi, \psi \in L_\Sigma\}$:

```
Function[w,
    If[χ_{L_Σ}[w] == 0,
        0
        ,
        α = ToExpression[w];
        If[α[[0]] =!= ⇒,
            0
            ,
            φ = α[[1]];
            δ = α[[2]];
            If[δ[[0]] =!= ⇒,
                0
                ,
                If[δ[[2]] === φ, 1, 0]
            ]
        ]
    ]
]
```

∇

A fórmula que aparece no enunciado do exercício seguinte é por vezes designada de propriedade da *normalidade*.

Exercício 4 Estabeleça $\vdash_\Sigma ((\forall x(\varphi_1 \Rightarrow \varphi_2)) \Rightarrow ((\forall x\, \varphi_1) \Rightarrow (\forall x\, \varphi_2)))$ aplicando o MTD duas vezes.

Resolução: Considere a seguinte sequência de derivação:

$$
\begin{array}{lll}
1 & (\forall x(\varphi_1 \Rightarrow \varphi_2)) & \text{Hip} \\
2 & ((\forall x(\varphi_1 \Rightarrow \varphi_2)) \Rightarrow (\varphi_1 \Rightarrow \varphi_2)) & \text{Ax4} \\
3 & (\varphi_1 \Rightarrow \varphi_2) & \text{MP 1,2} \\
4 & (\forall x\, \varphi_1) & \text{Hip} \\
5 & ((\forall x\, \varphi_1) \Rightarrow \varphi_1) & \text{Ax4} \\
6 & \varphi_1 & \text{MP 4,5} \\
7 & \varphi_2 & \text{MP 3,6} \\
8 & (\forall x\, \varphi_2) & \text{Gen 7}
\end{array}
$$

A generalização foi usada uma vez, sobre x e $x \notin \mathrm{vlv}_\Sigma((\forall x\, \varphi_1))$. Portanto, não existem generalizações essenciais de dependentes de $(\forall x\, \varphi_1)$ na derivação anterior. Logo, aplicando o MTD obtém-se

$$(\forall x(\varphi_1 \Rightarrow \varphi_2)) \vdash_\Sigma ((\forall x\, \varphi_1) \Rightarrow (\forall x\, \varphi_2)).$$

Observe-se que $x \notin \mathrm{vlv}_\Sigma((\forall x(\varphi_1 \Rightarrow \varphi_2)))$. Assim, a última sequência não contém qualquer generalização essencial de dependentes de $(\forall x(\varphi_1 \Rightarrow \varphi_2))$. A derivação devolvida pelo MTD também não contém generalizações essenciais de dependentes de $(\forall x(\varphi_1 \Rightarrow \varphi_2))$. Assim, aplicando novamente o MTD obtém-se o resultado pretendido. ∇

O que se segue é a solução para o Exercício 25 do Capítulo 5.

Exercício 5 Adaptando a demonstração do MTD, expanda a sequência de derivação para

$$(\forall x(\varphi_1 \Rightarrow \varphi_2)), (\forall x\, \varphi_1) \vdash_\Sigma (\forall x\, \varphi_2),$$

de modo a construir uma sequência de derivação para

$$(\forall x(\varphi_1 \Rightarrow \varphi_2)) \vdash_\Sigma ((\forall x\, \varphi_1) \Rightarrow (\forall x\, \varphi_2)).$$

Resolução: Considere-se a derivação seguinte:

$$
\begin{array}{lll}
1.1 & (\forall x(\varphi_1 \Rightarrow \varphi_2)) & \text{Hip} \\
1.2 & ((\forall x(\varphi_1 \Rightarrow \varphi_2)) \Rightarrow ((\forall x\, \varphi_1) \Rightarrow (\forall x(\varphi_1 \Rightarrow \varphi_2)))) & \text{Ax1} \\
1.3 & ((\forall x\, \varphi_1) \Rightarrow (\forall(\varphi_1 \Rightarrow \varphi_2))) & \text{MP 1.1,1.2}
\end{array}
$$

2.1 $((\forall x\,\varphi_1) \Rightarrow ((\forall x\,\varphi_1) \Rightarrow (\forall x\,\varphi_1)))$ Ax1

2.2 $((\forall x\,\varphi_1) \Rightarrow (((\forall x\,\varphi_1) \Rightarrow (\forall x\,\varphi_1)) \Rightarrow (\forall x\,\varphi_1)))$ Ax1

2.3 $(((\forall x\,\varphi_1) \Rightarrow (((\forall x\,\varphi_1) \Rightarrow (\forall x\,\varphi_1)) \Rightarrow (\forall x\,\varphi_1))) \Rightarrow$
       $(((\forall x\,\varphi_1) \Rightarrow$
       $((\forall x\,\varphi_1) \Rightarrow (\forall x\,\varphi_1))) \Rightarrow ((\forall x\,\varphi_1) \Rightarrow (\forall x\,\varphi_1))))$ Ax2

2.4 $(((\forall x\,\varphi_1) \Rightarrow ((\forall x\,\varphi_1) \Rightarrow (\forall x\,\varphi_1))) \Rightarrow$
       $\qquad\qquad\qquad\qquad ((\forall x\,\varphi_1) \Rightarrow (\forall x\,\varphi_1)))$ MP 2.2,2.3

2.5 $((\forall x\,\varphi_1) \Rightarrow (\forall x\,\varphi_1))$ MP 2.1,2.4

3.1 $((\forall x(\varphi_1 \Rightarrow \varphi_2)) \Rightarrow (\varphi_1 \Rightarrow \varphi_2))$ Ax4

3.2 $(((\forall x(\varphi_1 \Rightarrow \varphi_2)) \Rightarrow (\varphi_1 \Rightarrow \varphi_2)) \Rightarrow$
       $\qquad ((\forall x\,\varphi_1) \Rightarrow ((\forall x(\varphi_1 \Rightarrow \varphi_2)) \Rightarrow (\varphi_1 \Rightarrow \varphi_2))))$ Ax1

3.3 $((\forall x\,\varphi_1) \Rightarrow ((\forall x(\varphi_1 \Rightarrow \varphi_2)) \Rightarrow (\varphi_1 \Rightarrow \varphi_2)))$ MP 3.1,3.2

4.1 $(((\forall x\,\varphi_1) \Rightarrow ((\forall x(\varphi_1 \Rightarrow \varphi_2)) \Rightarrow (\varphi_1 \Rightarrow \varphi_2))) \Rightarrow$
       $(((\forall x\,\varphi_1) \Rightarrow$
       $\qquad (\forall x(\varphi_1 \Rightarrow \varphi_2))) \Rightarrow ((\forall x\,\varphi_1) \Rightarrow (\varphi_1 \Rightarrow \varphi_2))))$ Ax2

4.2 $(((\forall x\,\varphi_1) \Rightarrow (\forall x(\varphi_1 \Rightarrow \varphi_2))) \Rightarrow$
       $\qquad\qquad\qquad ((\forall x\,\varphi_1) \Rightarrow (\varphi_1 \Rightarrow \varphi_2)))$ MP 3.3,4.1

4.3 $((\forall x\,\varphi_1) \Rightarrow (\varphi_1 \Rightarrow \varphi_2))$ MP 1.3,4.2

5.1 $((\forall x\,\varphi_1) \Rightarrow \varphi_1)$ Ax4

5.2 $(((\forall x\,\varphi_1) \Rightarrow \varphi_1) \Rightarrow ((\forall x\,\varphi_1) \Rightarrow ((\forall x\,\varphi_1) \Rightarrow \varphi_1)))$ Ax1

5.3 $((\forall x\,\varphi_1) \Rightarrow ((\forall x\,\varphi_1) \Rightarrow \varphi_1))$ MP 5.1,5.2

6.1 $(((\forall x\,\varphi_1) \Rightarrow ((\forall x\,\varphi_1) \Rightarrow \varphi_1)) \Rightarrow$
       $\qquad (((\forall x\,\varphi_1) \Rightarrow (\forall x\,\varphi_1)) \Rightarrow ((\forall x\,\varphi_1) \Rightarrow \varphi_1)))$ Ax2

6.2 $(((\forall x\,\varphi_1) \Rightarrow (\forall x\,\varphi_1)) \Rightarrow ((\forall x\,\varphi_1) \Rightarrow \varphi_1))$ MP 5.3,6.1

6.3 $((\forall x\,\varphi_1) \Rightarrow \varphi_1)$ MP 2,6.2

7.1 $(((\forall x\,\varphi_1) \Rightarrow (\varphi_1 \Rightarrow \varphi_2)) \Rightarrow$
       $\qquad ((\forall x\,\varphi_1) \Rightarrow \varphi_1) \Rightarrow (((\forall x\,\varphi_1) \Rightarrow \varphi_2)))$ Ax2

7.2 $(((\forall x\,\varphi_1) \Rightarrow \varphi_1) \Rightarrow ((\forall x\,\varphi_1) \Rightarrow \varphi_2))$ MP 4.3,7,1

7.3 $((\forall x\,\varphi_1) \Rightarrow \varphi_2)$ MP 6.3,7,2

8.1 $(\forall x((\forall x\,\varphi_1) \Rightarrow \varphi_2))$ Gen 7.3

8.2 $((\forall x((\forall x\,\varphi_1) \Rightarrow \varphi_2)) \Rightarrow ((\forall x\,\varphi_1) \Rightarrow (\forall x\,\varphi_2)))$ Ax5

8.3 $((\forall x\,\varphi_1) \Rightarrow (\forall x\,\varphi_2))$ MP 8.1,8.2

Deste modo obtém-se uma demonstração construtiva para

$$(\forall x(\varphi_1 \Rightarrow \varphi_2)) \vdash_\Sigma ((\forall x\,\varphi_1) \Rightarrow (\forall x\,\varphi_2))$$

ainda que possam existir derivações mais diretas da fórmula. ∇

Exercício 6 Mostre que $\vdash_\Sigma ((\varphi \Rightarrow \varphi_1) \Rightarrow ((\varphi \Rightarrow \varphi_2) \Rightarrow (\varphi \Rightarrow (\varphi_1 \wedge \varphi_2))))$.

Resolução: Considere a sequência de derivação:

$$
\begin{array}{lll}
1 & (\varphi \Rightarrow \varphi_1) & \text{Hip} \\
2 & (\varphi \Rightarrow \varphi_2) & \text{Hip} \\
3 & \varphi & \text{Hip} \\
4 & \varphi_1 & \text{MP 3,1} \\
5 & \varphi_2 & \text{MP 3,2} \\
6 & (\varphi_1 \Rightarrow (\varphi_2 \Rightarrow (\varphi_1 \wedge \varphi_2))) & \text{Teo 5.4(i)} \\
7 & (\varphi_2 \Rightarrow (\varphi_1 \wedge \varphi_2)) & \text{MP 4,6} \\
8 & (\varphi_1 \wedge \varphi_2) & \text{MP 5,7}
\end{array}
$$

Então o resultado segue por aplicação do MTD. $\qquad\nabla$

Exercício 7 Mostre que $\vdash_\Sigma ((\forall x(\varphi_1 \wedge \varphi_2)) \Rightarrow ((\forall x\,\varphi_1) \wedge (\forall x\,\varphi_2)))$.

Resolução:

$$
\begin{array}{lll}
1 & ((\forall x(\varphi_1 \wedge \varphi_2)) \Rightarrow (\varphi_1 \wedge \varphi_2)) & \text{Ax4} \\
2 & ((\varphi_1 \wedge \varphi_2) \Rightarrow \varphi_1) & \text{Teo 5.4(h1)} \\
3 & ((\varphi_1 \wedge \varphi_2) \Rightarrow \varphi_2) & \text{Teo 5.4(h2)} \\
4 & ((\forall x(\varphi_1 \wedge \varphi_2)) \Rightarrow \varphi_1) & \text{SH 1,2} \\
5 & ((\forall x(\varphi_1 \wedge \varphi_2)) \Rightarrow \varphi_2) & \text{SH 1,3} \\
6 & (\forall x((\forall x(\varphi_1 \wedge \varphi_2)) \Rightarrow \varphi_1)) & \text{Gen 4} \\
7 & (\forall x((\forall x(\varphi_1 \wedge \varphi_2)) \Rightarrow \varphi_2)) & \text{Gen 5} \\
8 & ((\forall x((\forall x(\varphi_1 \wedge \varphi_2)) \Rightarrow \varphi_1)) \Rightarrow & \\
  & \quad ((\forall x(\varphi_1 \wedge \varphi_2)) \Rightarrow (\forall x\,\varphi_1))) & \text{Ax5} \\
9 & ((\forall x((\forall x(\varphi_1 \wedge \varphi_2)) \Rightarrow \varphi_1)) \Rightarrow & \\
  & \quad ((\forall x(\varphi_1 \wedge \varphi_2)) \Rightarrow (\forall x\,\varphi_2))) & \text{Ax5} \\
10 & ((\forall x(\varphi_1 \wedge \varphi_2)) \Rightarrow (\forall x\,\varphi_1)) & \text{MP 6,8} \\
11 & ((\forall x(\varphi_1 \wedge \varphi_2)) \Rightarrow (\forall x\,\varphi_2)) & \text{MP 7,9} \\
12 & (((\forall x(\varphi_1 \wedge \varphi_2)) \Rightarrow (\forall x\,\varphi_1)) \Rightarrow & \\
  & \quad (((\forall x(\varphi_1 \wedge \varphi_2)) \Rightarrow (\forall x\,\varphi_2)) \Rightarrow & \\
  & \quad\quad ((\forall x(\varphi_1 \wedge \varphi_2)) \Rightarrow ((\forall x\,\varphi_1) \wedge (\forall x\,\varphi_2))))) & \text{Teo Exer. 6} \\
13 & (((\forall x(\varphi_1 \wedge \varphi_2)) \Rightarrow (\forall x\,\varphi_2)) \Rightarrow & \\
  & \quad ((\forall x(\varphi_1 \wedge \varphi_2)) \Rightarrow ((\forall x\,\varphi_1) \wedge (\forall x\,\varphi_2)))) & \text{MP 10,12} \\
14 & ((\forall x(\varphi_1 \wedge \varphi_2)) \Rightarrow ((\forall x\,\varphi_1) \wedge (\forall x\,\varphi_2))) & \text{MP 11,13}
\end{array}
$$

$\qquad\nabla$

Exercício 8 Mostre que $\vdash_\Sigma ((\varphi \wedge \psi) \Leftrightarrow (\psi \wedge \varphi))$.

Resolução: Considere a sequência de derivação seguinte:

$$
\begin{array}{lll}
1 & (\varphi \wedge \psi) & \text{Hip} \\
2 & ((\varphi \wedge \psi) \Rightarrow \varphi) & \text{Teo 5.4(h1)} \\
3 & ((\varphi \wedge \psi) \Rightarrow \psi) & \text{Teo 5.4(h2)} \\
4 & \varphi & \text{MP 1,2} \\
5 & \psi & \text{MP 1,3} \\
6 & (\psi \Rightarrow (\varphi \Rightarrow (\psi \wedge \varphi))) & \text{Teo 5.4(i)} \\
7 & (\varphi \Rightarrow (\psi \wedge \varphi)) & \text{MP 5,6} \\
8 & (\psi \wedge \varphi) & \text{MP 4,7}
\end{array}
$$

Então o resultado segue por aplicação do MTD. ∇

Exercício 9 Mostre que $\vdash_{\Sigma} ((\forall x \, \varphi) \Rightarrow (\exists x \, \varphi))$.

Resolução: Considere a sequência de derivação seguinte:

$$
\begin{array}{lll}
1 & (\forall x \, \varphi) & \text{Hip} \\
2 & (\forall x \, (\neg \varphi)) & \text{Hip} \\
3 & ((\forall x \, \varphi) \Rightarrow \varphi) & \text{Ax4} \\
4 & ((\forall x \, (\neg \varphi)) \Rightarrow (\neg \varphi)) & \text{Ax4} \\
5 & \varphi & \text{MP 1,3} \\
6 & (\neg \varphi) & \text{MP 2,4} \\
7 & (\varphi \Rightarrow ((\neg \varphi) \Rightarrow (\varphi \wedge (\neg \varphi)))) & \text{Teo 5.4(i)} \\
8 & ((\neg \varphi) \Rightarrow (\varphi \wedge (\neg \varphi))) & \text{MP 5,7} \\
9 & (\varphi \wedge (\neg \varphi)) & \text{MP 6,8}
\end{array}
$$

Aplicando o MTC obtém-se $(\forall x \, \varphi) \vdash_{\Sigma} (\neg(\forall x \, (\neg \varphi)))$. Finalmente, usando o MTD,[1] o resultado pretendido segue. ∇

O exercício abaixo mostra que partindo de uma sequência de derivação dada é sempre possível extrair uma sequência de derivação para a mesma fórmula usando as hipóteses mas sem passos irrelevantes.

Exercício 10 Seja $w = (\psi_1, J_1) \ldots (\psi_n, J_n)$ uma sequência de derivação. O passo j diz-se *dependente* no passo i em w se $i \in A_j^w$, em que este conjunto (de antecedentes de j em w) é indutivamente definido como se segue:

- $j \in A_j^w$;

- $i \in A_j^w$ se J_j é Gen k e $i \in A_k^w$;

- $i \in A_j^w$ se J_j é MP k, k' e $i \in A_k^w$ ou $i \in A_{k'}^w$.

---

[1] Recorde que a derivação devolvida pelo MTC não introduz qualquer generalização colateral.

O passo i da sequência w diz-se *irrelevante* se o passo final n não depende do passo i. O passo i da sequência w diz-se *duplicado* se existe um passo $j \neq i$ em w tal que $\psi_i = \psi_j$. A sequência de derivação diz-se *sóbria* se não contém nem passos irrelevantes nem passos duplicados.

(a) Analise a sobriedade de uma sequência de derivação obtida por aplicação do MTD.

(b) Mostre que se $\Gamma \vdash_\Sigma \varphi$, então existe uma sequência de derivação para φ a partir de Γ que não contém passos irrelevantes.

Resolução:

(a) Independentemente da sobriedade da sequência de derivação original, se nesta não é usado MP, então a sequência resultante do MTD não tem passos irrelevantes nem passos duplicados, e portanto é sóbria. Contudo, se MP for usado na sequência de derivação original, mesmo que esta seja sóbria, então a sequência resultante da aplicação do MTD pode ter passos duplicados por causa da maneira como é construída a sequência no caso de conclusão por MP— concatenação cega das derivações dos dois antecedentes, o que leva a duplicação quando uma fórmula ocorra em ambas as sequências. Observe, contudo, que mesmo na presença de MP, a sequência resultante da aplicação do MTD nunca contém passos irrelevantes.

(b) Seja $w = (\psi_1, J_1) \ldots (\psi_n, J_n)$ sequência de derivação para $\Gamma \vdash_\Sigma \varphi$. Mostra-se, por indução sobre n, que é possível construir uma sequência de derivação w' para $\Gamma \vdash_\Sigma \varphi$ sem passos irrelevantes:

(Base) $n = 1$: dado que w não tem passos irrelevantes, pode-se tomar $w' = w$.

(Passo) Suponha $n = m + 1$. Existem três casos a considerar.

(i) J_n é Hip ou Ax:
tome w' como sendo a sequência unitária (ψ_n, J_n), que obviamente não tem passos irrelevantes.

(ii) J_n é MP k, j:
$w_{1\ldots k} = (\psi_1, J_1) \ldots (\psi_k, J_k)$ e $w_{1\ldots j} = (\psi_1, J_1) \ldots (\psi_j, J_j)$ são sequências de derivações para $\Gamma \vdash_\Sigma \psi_k$ e $\Gamma \vdash_\Sigma \psi_j$, respetivamente. Assim, por hipótese de indução, existem sequências de derivações w'' e w''' para $\Gamma \vdash_\Sigma \psi_k$ e para $\Gamma \vdash_\Sigma \psi_j$, respetivamente, que não têm passos irrelevantes. Sejam r e s os comprimentos de w'' e de w''', respetivamente. Tome w' como sendo a sequência de derivação para $\Gamma \vdash_\Sigma \varphi$ obtida por adição do passo

$$r + s + 1 \quad \varphi \quad \text{MP } r, r + s$$

à concatenação de w'' e w'''. Claramente, w' não tem passos irrelevantes.

(iii) J_n é Gen k:
$w_{1\ldots k} = (\psi_1, J_1) \ldots (\psi_k, J_k)$ é a sequência de derivação para $\Gamma \vdash_\Sigma \psi_k$. Assim, por hipótese de indução, existe uma sequência de derivação w'' para $\Gamma \vdash_\Sigma \psi_k$

que não tem passos irrelevantes. Seja r o comprimento de w''. Tome w' como sendo a sequência de derivação para $\Gamma \vdash_\Sigma \varphi$ obtida por adição do passo

$$r+1 \quad \varphi \quad \text{Gen } r$$

à sequência w''. Novamente, w' não tem passos irrelevantes. ∇

Exercício 11 Mostre que a teoria Θ sobre Σ é exaustiva se e só se, quaisquer que sejam as fórmulas fechadas φ e ψ, se verifica o seguinte:

$$\text{se } \Theta \vdash_\Sigma (\varphi \vee \psi), \text{ então } \Theta \vdash_\Sigma \varphi \text{ ou } \Theta \vdash_\Sigma \psi.$$

Resolução:

($\rightarrow$): Seja Θ uma teoria exaustiva sobre Σ. Suponha que

$$\Theta \vdash_\Sigma (\varphi \vee \psi), \ \Theta \nvdash_\Sigma \varphi \text{ e } \Theta \nvdash_\Sigma \psi$$

para um par de fórmulas fechadas φ e ψ. Observe que sob estas circunstâncias Θ é coerente. Por exaustividade vem que $\Theta \vdash_\Sigma (\neg\,\varphi)$ e que $\Theta \vdash_\Sigma (\neg\,\psi)$. Então, $\Theta \vdash_\Sigma ((\neg\,\varphi) \wedge (\neg\,\psi))$, e portanto $\Theta \vdash_\Sigma (\neg(\varphi \vee \psi))$, contradizendo a hipótese $\Theta \vdash_\Sigma (\varphi \vee \psi)$.

($\leftarrow$): Seja Θ uma teoria, tal que para quaisquer que sejam as fórmulas fechadas φ e ψ, se tem: se $\Theta \vdash_\Sigma (\varphi \vee \psi)$, então $\Theta \vdash_\Sigma \varphi$ ou $\Theta \vdash_\Sigma \psi$. Seja φ fórmula fechada. Recorde que $\vdash_\Sigma ((\neg\,\varphi) \vee \varphi)$, dado que $\vdash_\Sigma (\varphi \Rightarrow \varphi)$. Logo,

$$\Theta \vdash_\Sigma ((\neg\,\varphi) \vee \varphi).$$

Então, usando a hipótese, vem que $\Theta \vdash_\Sigma (\neg\,\varphi)$ ou $\Theta \vdash_\Sigma \varphi$, o que mostra que Θ é exaustiva. ∇

Capítulo 19

Exercícios sobre semântica

As soluções aqui apresentadas estão relacionadas com os conteúdos introduzidos no Capítulo 7.

Exercício 1 Mostre que se ρ_1 é Y_1-equivalente a ρ_2 e $Y_1 \subseteq Y_2$, então ρ_1 é Y_2-equivalente a ρ_2.

Resolução: Dado que ρ_1 é Y_1-equivalente a ρ_2, tem-se que $\rho_1(z) = \rho_2(z)$ para cada $z \in X \setminus Y_1$. Por outro lado, de $Y_1 \subseteq Y_2$ segue que $X \setminus Y_2 \subseteq X \setminus Y_1$. Logo, $\rho_1(z) = \rho_2(z)$ para todo o $z \in X \setminus Y_2$, o que corresponde a ρ_1 ser Y_2-equivalente a ρ_2. $\qquad \nabla$

A solução abaixo é a resposta ao Exercício 7 do Capítulo 7.

Exercício 2 Mostre que, para cada $Y \subseteq X$, a relação binária de Y-equivalência, definida no conjunto das atribuições sobre uma estrutura de interpretação dada, é uma relação de equivalência.

Resolução:

(1) Reflexividade: ρ é $\emptyset$-equivalente a ρ, portanto ρ é Y-equivalente a ρ.

(2) Simetria: se ρ_1 é Y-equivalente a ρ_2, então $\rho_1(z) = \rho_2(z)$ para cada $z \in X \setminus Y$, donde $\rho_2(z) = \rho_1(z)$ para cada $z \in X \setminus Y$, e portanto ρ_2 é Y-equivalente a ρ_1.

(3) Transitividade: se ρ_1 é Y-equivalente a ρ_2 e ρ_2 é Y-equivalente a ρ_3, então $\rho_1(z) = \rho_2(z)$ para cada $z \in X \setminus Y$ e $\rho_2(z) = \rho_3(z)$ para cada $z \in X \setminus Y$, donde $\rho_1(z) = \rho_3(z)$ para cada $z \in X \setminus Y$, e portanto ρ_1 é Y-equivalente a ρ_3. $\qquad \nabla$

Exercício 3 Mostre que a fórmula $((\forall x\, p(x)) \Rightarrow p(x))$ é válida.

Resolução: Tem de se mostrar que, independentemente da estrutura de interpretação $I = (D, \_^F, \_^P)$ sobre assinatura relevante Σ, se verifica que

$$I \Vdash_\Sigma ((\forall x\, p(x)) \Rightarrow p(x)).$$

Por outras palavras, tem de se mostrar que, para quaisquer I e atribuição ρ em I, necessariamente

$$I\rho \Vdash_\Sigma ((\forall x\, p(x)) \Rightarrow p(x)).$$

De facto,

$$I\rho \Vdash_\Sigma ((\forall x\, p(x)) \Rightarrow p(x)) \qquad\qquad \text{sse}$$

$$I\rho \nVdash_\Sigma (\forall x\, p(x)) \text{ ou } I\rho \Vdash_\Sigma p(x) \qquad\qquad \text{sse}$$

existe ρ' x-equivalente a ρ tal que $I\rho' \nVdash_\Sigma p(x)$
  ou $I\rho \Vdash_\Sigma p(x)$ $\qquad\qquad$ sse

existe ρ' x-equivalente a ρ tal que $p_1^P(\rho'(x)) = 0$
  ou $p_1^P(\rho(x)) = 1$

Neste momento, podem-se considerar dois casos referentes à interpretação dada por I a p.

- $p_1^P = \lambda d\,.\,1$: neste caso $p_1^P(\rho(x)) = 1$.

- $p_1^P \neq \lambda d\,.\,1$: neste caso existe $d \in D$ tal que $p_1^P(d) = 0$; então é suficiente tomar ρ' como a atribuição x-equivalente a ρ tal que $\rho'(x) = d$ de modo a garantir que $p_1^P(\rho'(x)) = 0$.

Em resumo, garante-se que cada um dos ramos da disjunção acima é verdadeiro.

Alternativamente, mas eventualmente não tão útil para demonstrar o conceito em causa, observe que a asserção

existe ρ' x-equivalente a ρ tal que $p_1^P(\rho'(x)) = 0$
  ou $p_1^P(\rho(x)) = 1$

é verdadeira se $p_1^P(\rho(x)) = 1$. Caso contrário, também é verdade dado que escolhendo $\rho' = \rho$ garante-se que $p_1^P(\rho'(x)) = 0$. $\qquad\qquad \nabla$

O próximo exercício fornece a correção da regra da generalização para o caso particular de uma fórmula atómica.

Exercício 4 Mostre que $p(x) \vDash_\Sigma (\forall x\, p(x))$.

Resolução: Considerando I uma estrutura interpretação genérica, tem de se mostrar que se $I \Vdash_\Sigma p(x)$, então $I \Vdash_\Sigma (\forall x\, p(x))$.

Se $I \Vdash_\Sigma p(x)$, então, por definição de satisfação global,

$$I\rho \Vdash_\Sigma p(x)$$

para toda a atribuição ρ em I. Logo, para toda a atribuição ρ em I,

$$I\sigma \Vdash_\Sigma p(x)$$

para toda a atribuição σ que é x-equivalente a ρ. Finalmente, para toda a atribuição ρ em I,

$$I \Vdash_\Sigma (\forall x\, p(x)).$$

$\triangledown$

O exercício seguinte fornece um contraexemplo semântico que justifica a necessidade de restringir a aplicação do metateorema da dedução. Embora

$$p(x) \vDash_\Sigma (\forall x\, p(x))$$

nem sempre se tem que

$$(p(x) \Rightarrow (\forall x\, p(x))).$$

Exercício 5 Mostre, dando um contraexemplo, que a fórmula

$$(p(x) \Rightarrow (\forall x\, p(x)))$$

não é válida.

Resolução: Tem de se encontrar uma estrutura de interpretação I sobre assinatura relevante Σ, juntamente com uma atribuição ρ em I, tais que

$$I\rho \nVdash_\Sigma (p(x) \Rightarrow (\forall x\, p(x))).$$

Seja $I = (D, \_^\mathsf{F}, \_^\mathsf{P})$ tal que

- $D = \{d_0, d_1\}$;

- $p_1^\mathsf{P} = \lambda d . \begin{cases} 0 & \text{se } d = d_0 \\ 1 & \text{n.r.c.} \end{cases}$.

Considere ρ tal que $\rho(x) = d_1$. Além disso, seja $\bar{\rho}$ uma atribuição x-equivalente a ρ tal que $\bar{\rho}(x) = d_0$. Note que existem apenas duas atribuições que são x-equivalentes a ρ: precisamente ρ e $\bar{\rho}$. Então:

$I\rho \Vdash_\Sigma (p(x) \Rightarrow (\forall x\, p(x)))$ sse

$I\rho \not\Vdash_\Sigma p(x)$ ou $I\rho \Vdash_\Sigma (\forall x\, p(x))$ sse

$p_1^{\mathsf{P}}(\rho(x)) = 0$ ou
$\quad I\rho' \Vdash_\Sigma p(x)$ para qualquer ρ' x-equivalente a ρ sse

$p_1^{\mathsf{P}}(\rho(x)) = 0$ ou
$\quad p_1^{\mathsf{P}}(\rho'(x)) = 1$ para qualquer ρ' x-equivalente a ρ sse

$p_1^{\mathsf{P}}(d_1) = 0$ ou
$\quad p_1^{\mathsf{P}}(\rho'(x)) = 1$ para qualquer ρ' x-equivalente a ρ sse

falso ou
$\quad p_1^{\mathsf{P}}(\rho'(x)) = 1$ para qualquer ρ' x-equivalente a ρ sse

$p_1^{\mathsf{P}}(\rho'(x)) = 1$ para qualquer ρ' x-equivalente a ρ sse

$p_1^{\mathsf{P}}(\rho(x)) = 1$ e $p_1^{\mathsf{P}}(\bar{\rho}(x)) = 1$ sse

$p_1^{\mathsf{P}}(d_1) = 1$ e $p_1^{\mathsf{P}}(d_0) = 0$ sse

verdadeiro e falso   sse

falso

∇

Exercício 6 Mostre que a fórmula

$$((\forall x(\varphi \Rightarrow \psi)) \Rightarrow ((\forall x\, \varphi) \Rightarrow (\forall x\, \psi)))$$

é válida.

Resolução: Tem de ser mostrado que, para toda a estrutura de interpretação I e atribuição ρ em I, se verifica que:

$$I\rho \Vdash_\Sigma ((\forall x(\varphi \Rightarrow \psi)) \Rightarrow ((\forall x\, \varphi) \Rightarrow (\forall x\, \psi)))$$

o que se demonstra no seguimento por dois métodos alternativos.

Demonstração direta: Para toda a estrutura de interpretação I e atribuição

ρ em I:

$I\rho \Vdash_\Sigma ((\forall x(\varphi \Rightarrow \psi)) \Rightarrow ((\forall x\,\varphi) \Rightarrow (\forall x\,\psi)))$ sse

(não $I\rho \Vdash_\Sigma (\forall x(\varphi \Rightarrow \psi)))$ ou $I\rho \Vdash_\Sigma ((\forall x\,\varphi) \Rightarrow (\forall x\,\psi))$ sse

(existe σ x-equivalente a ρ, tal que $I\sigma \not\Vdash_\Sigma (\varphi \Rightarrow \psi)$)
     ou
     ($I\rho \not\Vdash_\Sigma (\forall x\,\varphi)$ ou $I\rho \Vdash_\Sigma (\forall x\,\psi)$)   sse

(a) (existe σ x-equivalente a ρ,
                 tal que $I\sigma \Vdash_\Sigma \varphi$ e $I\sigma \not\Vdash_\Sigma \psi$)
     ou
(b) (existe σ' x-equivalente a ρ, tal que $I\sigma' \not\Vdash_\Sigma \varphi$)
     ou
(c) (para todo σ'' x-equivalente a ρ, $I\sigma'' \Vdash_\Sigma \psi$)   sse   ($*$)

verdadeiro

O único passo que se detalha é ($*$). Existem dois casos a considerar:
(1) Se (a) se verifica, então ou (a) ou (b) ou (c) verifica-se trivialmente.
(2) Se (a) não se verifica, então, para toda a atribuição ρ' que é x-equivalente a ρ, tem-se que:

$$I\rho' \not\Vdash_\Sigma \varphi \text{ ou } I\rho' \Vdash_\Sigma \psi,$$

donde:

(2.1) Se existe uma atribuição ρ' que é x-equivalente a ρ e tal que $I\rho' \not\Vdash_\Sigma \varphi$, então (b) verifica-se, e portanto (a) ou (b) ou (c) verifica-se.
(2.2) Se não existe uma atribuição ρ' que é x-equivalente a ρ e tal que $I\rho' \not\Vdash_\Sigma \varphi$, então verifica-se (c), e portanto (a) ou (b) ou (c) verifica-se.

Demonstração por contradição: Assuma que existem uma estrutura de interpretação I e uma atribuição ρ em I tais que:

$$I\rho \not\Vdash_\Sigma ((\forall x(\varphi \Rightarrow \psi)) \Rightarrow ((\forall x\,\varphi) \Rightarrow (\forall x\,\psi))).$$

Primeiro observe que:

não $I\rho \Vdash_\Sigma ((\forall x(\varphi \Rightarrow \psi)) \Rightarrow ((\forall x\,\varphi) \Rightarrow (\forall x\,\psi)))$ sse

$I\rho \Vdash_\Sigma (\forall x(\varphi \Rightarrow \psi))$ e (não $I\rho \Vdash_\Sigma ((\forall x\,\varphi) \Rightarrow (\forall x\,\psi)))$ sse

$I\rho \Vdash_\Sigma (\forall x(\varphi \Rightarrow \psi))$
     e
$I\rho \Vdash_\Sigma (\forall x\,\varphi)$
     e
(não $I\rho \Vdash_\Sigma (\forall x\,\psi)$)   sse

(a) $I\rho \Vdash_\Sigma (\forall x(\varphi \Rightarrow \psi))$

e

(b) $I\rho \Vdash_\Sigma (\forall x\,\varphi)$

e

(c) existe uma atribuição σ que é x-equivalente a ρ tal que $I\sigma \nVdash_\Sigma \psi$

Logo, existe uma atribuição σ que é x-equivalente a ρ e tal que:

$$\begin{cases} (a') & I\sigma \Vdash_\Sigma (\varphi \Rightarrow \psi) \\ (b') & I\sigma \Vdash_\Sigma \varphi \\ (c') & I\sigma \nVdash_\Sigma \psi \end{cases}$$

Assim, existe uma atribuição σ que é x-equivalente a ρ tal que:

$$\begin{cases} I\sigma \Vdash_\Sigma (\varphi \Rightarrow \psi) \\ I\sigma \nVdash_\Sigma (\varphi \Rightarrow \psi) \end{cases}$$

o que é uma contradição. $\triangledown$

O que se segue é uma solução para o Exercício 8 do Capítulo 7.

Exercício 7 Prove as asserções seguintes sobre os conectivos e quantificadores introduzidos como abreviaturas:

1. $I\rho \Vdash_\Sigma (\varphi \vee \psi)$ se e só se $I\rho \Vdash_\Sigma \varphi$ ou $I\rho \Vdash_\Sigma \psi$;

2. $I\rho \Vdash_\Sigma (\varphi \wedge \psi)$ se e só se $I\rho \Vdash_\Sigma \varphi$ e $I\rho \Vdash_\Sigma \psi$;

3. $I\rho \Vdash_\Sigma (\varphi \Leftrightarrow \psi)$ se e só se $I\rho \Vdash_\Sigma \varphi$ e $I\rho \Vdash_\Sigma \psi$ ou $I\rho \nVdash_\Sigma \varphi$ e $I\rho \nVdash_\Sigma \psi$;

4. $I\rho \Vdash_\Sigma (\exists x\,\varphi)$ se e só se existe uma atribuição ρ' que é x-equivalente a ρ tal que $I\rho' \Vdash_\Sigma \varphi$.

Resolução:

1.

$I\rho \Vdash_\Sigma (\varphi \vee \psi)$	sse
$I\rho \Vdash_\Sigma ((\neg\,\varphi) \Rightarrow \psi)$	sse
não $I\rho \Vdash_\Sigma (\neg\,\varphi)$ ou $I\rho \Vdash_\Sigma \psi$	sse
não não $I\rho \Vdash_\Sigma \varphi$ ou $I\rho \Vdash_\Sigma \psi$	sse
$I\rho \Vdash_\Sigma \varphi$ ou $I\rho \Vdash_\Sigma \psi$.	

2.

$I\rho \Vdash_\Sigma (\varphi \wedge \psi)$	sse
$I\rho \Vdash_\Sigma (\neg(\varphi \Rightarrow (\neg\,\psi)))$	sse
não $I\rho \Vdash_\Sigma (\varphi \Rightarrow (\neg\,\psi))$	sse
não (não $I\rho \Vdash_\Sigma \varphi$ ou $I\rho \Vdash_\Sigma (\neg\,\psi)$)	sse
não (não $I\rho \Vdash_\Sigma \varphi$ ou não $I\rho \Vdash_\Sigma \psi$)	sse
$I\rho \Vdash_\Sigma \varphi$ e $I\rho \Vdash_\Sigma \psi$.	

3.

$I\rho \Vdash_\Sigma (\varphi \Leftrightarrow \psi)$ sse

$I\rho \Vdash_\Sigma (\neg((\varphi \Rightarrow \psi) \Rightarrow (\neg(\psi \Rightarrow \varphi))))$ sse

não $I\rho \Vdash_\Sigma ((\varphi \Rightarrow \psi) \Rightarrow (\neg(\psi \Rightarrow \varphi)))$ sse

não (não $I\rho \Vdash_\Sigma (\varphi \Rightarrow \psi)$ ou $I\rho \Vdash_\Sigma (\neg(\psi \Rightarrow \varphi)))$ sse

não (não $I\rho \Vdash_\Sigma (\varphi \Rightarrow \psi)$ ou não $I\rho \Vdash_\Sigma (\psi \Rightarrow \varphi))$ sse

$I\rho \Vdash_\Sigma (\varphi \Rightarrow \psi)$ e $I\rho \Vdash_\Sigma (\psi \Rightarrow \varphi)$ sse

(não $I\rho \Vdash_\Sigma \varphi$ ou $I\rho \Vdash_\Sigma \psi$) e (não $I\rho \Vdash_\Sigma \psi$ ou $I\rho \Vdash_\Sigma \varphi$)   sse

(não $I\rho \Vdash_\Sigma \varphi$ e (não $I\rho \Vdash_\Sigma \psi$ ou $I\rho \Vdash_\Sigma \varphi$)) ou

              ($I\rho \Vdash_\Sigma \psi$ e (não $I\rho \Vdash_\Sigma \psi$ ou $I\rho \Vdash_\Sigma \varphi$))   sse

(não $I\rho \Vdash_\Sigma \varphi$ e não $I\rho \Vdash_\Sigma \psi$) ou

              (não $I\rho \Vdash_\Sigma \varphi$ e $I\rho \Vdash_\Sigma \varphi$) ou

      ($I\rho \Vdash_\Sigma \psi$ e não $I\rho \Vdash_\Sigma \psi$) ou

            ($I\rho \Vdash_\Sigma \psi$ e $I\rho \Vdash_\Sigma \varphi$)   sse

(não $I\rho \Vdash_\Sigma \varphi$ e não $I\rho \Vdash_\Sigma \psi$) ou falso ou

      falso ou ($I\rho \Vdash_\Sigma \psi$ e $I\rho \Vdash_\Sigma \varphi$)   sse

(não $I\rho \Vdash_\Sigma \varphi$ e não $I\rho \Vdash_\Sigma \psi$) ou ($I\rho \Vdash_\Sigma \psi$ e $I\rho \Vdash_\Sigma \varphi$)

4.

$I\rho \Vdash_\Sigma (\exists x \, \varphi)$ sse

$I\rho \Vdash_\Sigma (\neg(\forall x(\neg \varphi)))$ sse

não $I\rho \Vdash_\Sigma (\forall x(\neg \varphi))$ sse

não ($I\rho' \Vdash_\Sigma (\neg \varphi)$ para todo ρ' x-equivalente a ρ)   sse

existe ρ' x-equivalente a ρ tal que não $I\rho' \Vdash_\Sigma (\neg \varphi)$ sse

existe ρ' x-equivalente a ρ tal que não não $I\rho' \Vdash_\Sigma \varphi$ sse

existe ρ' x-equivalente a ρ tal que $I\rho' \Vdash_\Sigma \varphi$

∇

Exercício 8 Mostre que existem fórmulas φ_1 e φ_2 tais que

$$((\forall x(\varphi_1 \lor \varphi_2)) \Rightarrow ((\forall x \, \varphi_1) \lor (\forall x \, \varphi_2)))$$

não é válida.

Resolução: Tome φ_1 como sendo $p(x)$ e φ_2 como sendo $q(x)$, com $p, q \in P_1$. O objetivo é encontrar uma estrutura de interpretação I e uma atribuição ρ em I tais que

$$I\rho \not\Vdash_\Sigma ((\forall x((p(x) \lor q(x)))) \Rightarrow ((\forall x \, p(x)) \lor (\forall x \, q(x))))$$

isto é, $I\rho \Vdash_\Sigma (\forall x(p(x) \lor q(x)))$ e $I\rho \not\Vdash_\Sigma ((\forall x \, p(x)) \lor (\forall x \, q(x)))$.

Seja I uma estrutura de interpretação tal que:

- $D = \{d_1, d_2\}$;

- $p_1^P(d_1) = 1$, $p_1^P(d_2) = 0$, $q_1^P(d_1) = 0$ e $q_1^P(d_2) = 1$.

Tome a atribuição ρ tal que $\rho(x) = d_1$. Note que

$$I\rho \Vdash_\Sigma p(x) \quad \text{e} \quad I\rho \nVdash_\Sigma q(x).$$

O primeiro passo é verificar que $I\rho \Vdash_\Sigma (\forall x(p(x) \vee q(x)))$, isto é, que

$$I\sigma \Vdash_\Sigma (p(x) \vee q(x))$$

para qualquer atribuição σ que é x-equivalente a ρ. Existem dois casos a considerar: (i) se $\sigma(x) = d_1 = \rho(x)$, então $\sigma = \rho$, donde $I\sigma \Vdash_\Sigma p(x)$, e portanto $I\sigma \Vdash_\Sigma (p(x) \vee q(x))$; (ii) se $\sigma(x) = d_2$, então $I\sigma \Vdash_\Sigma q(x)$, e portanto $I\sigma \Vdash_\Sigma (p(x) \vee q(x))$.

Finalmente, tem de se mostrar que $I\rho \nVdash_\Sigma (\forall x\, p(x))$ e $I\rho \nVdash_\Sigma (\forall x\, q(x))$, isto é, têm de se encontrar atribuições σ' e σ'' que são x-equivalentes a ρ tais que $I\sigma' \nVdash_\Sigma p(x)$ e $I\sigma'' \nVdash_\Sigma q(x)$. Tome σ'' como sendo ρ e escolha $\sigma'(x) = d_2$. ∇

O que se segue é solução do Exercício 28 do Capítulo 7.

Exercício 9 Mostre que $((\forall x(\exists y\, p(x, y))) \Rightarrow (\exists y\, p(y, y)))$ não é válida tomando como contraexemplo a estrutura de interpretação I tal que:

- D é $\mathbb{N}$;

- $p_2^P : \mathbb{N}^2 \to \{0, 1\}$ é tal que $p_2^P(d_0, d_1) = 1$ se e só se $d_0 < d_1$.

Resolução: É necessário mostrar que existe ρ tal que:

$$I\rho \nVdash_\Sigma ((\forall x(\exists y\, p(x, y))) \Rightarrow (\exists y\, p(y, y))).$$

De facto, demonstra-se ser verdadeiro para uma atribuição ρ arbitrária, o que não é inesperado uma vez que a fórmula é fechada.

$I\rho \nVdash_\Sigma ((\forall x(\exists y\, p(x, y))) \Rightarrow (\exists y\, p(y, y)))$ sse

não $((\text{não } I\rho \Vdash_\Sigma (\forall x(\exists y\, p(x, y)))) \text{ ou } I\rho \Vdash_\Sigma (\exists y\, p(y, y)))$ sse

(a) $I\rho \Vdash_\Sigma (\forall x(\exists y\, p(x, y)))$ e (b) (não $I\rho \Vdash_\Sigma (\exists y\, p(y, y)))$

As asserções (a) e (b) são verificadas como se mostra abaixo.

(a) $I\rho \Vdash_\Sigma (\forall x(\exists y\, p(x,y)))$:

$I\rho \Vdash_\Sigma (\forall x(\exists y\, p(x,y)))$ sse

para toda a atribuição σ que é x-equivalente a ρ,
$I\sigma \Vdash_\Sigma (\exists y\, p(x,y))$ sse

para toda a atribuição σ que é x-equivalente a ρ,
existe σ' que é y-equivalente a σ, $I\sigma' \Vdash_\Sigma p(x,y)$ sse   (*)

verdadeiro

(*) Uma vez que a atribuição σ está fixa, é suficiente tomar a atribuição σ' que é y-equivalente a σ tal que

$$\sigma'(y) = \sigma(x) + 1\,.$$

Então
$$I\sigma' \Vdash_\Sigma p(x,y)$$

porque $p_2^P(\sigma'(x),\sigma'(y))) = 1$, uma vez que $\sigma'(x) < \sigma'(y)$ e $\sigma(x) = \sigma'(x)$.

(b) não $I\rho \Vdash_\Sigma (\exists y\, p(y,y))$:

não $I\rho \Vdash_\Sigma (\exists y\, p(y,y))$ sse

$I\rho \Vdash_\Sigma (\forall y\,(\neg p(y,y)))$ sse

para toda a atribuição σ que é y-equivalente a ρ,
$I\sigma \Vdash_\Sigma (\neg p(y,y))$ sse

para toda a atribuição σ que é y-equivalente a ρ,
$I\sigma \nVdash_\Sigma p(y,y)$ sse

para toda a atribuição σ que é y-equivalente a ρ,
$p_2^P(\sigma(y),\sigma(y)) = 0$ sse

verdadeiro

Observe que este exemplo mostra que Ax4 não é válido quando o termo não é livre para a variável na fórmula. Mais precisamente, a substituição é de x por y, y não é livre para x em $(\exists y p(x,y))$, dado que $x \in \mathrm{vlv}_\Sigma((\exists y p(x,y)))$, e y é uma variável do termo y. ∇

O que se segue é uma solução do Exercício 46 do Capítulo 7 que mostra que, dada estrutura de interpretação I e conjunto $D' \supseteq D$, é possível definir uma estrutura I' de tal forma que I é uma subestrutura elementar de I'.

Exercício 10 Sejam $I = (D, \_^\mathsf{F}, \_^\mathsf{P})$ estrutura de interpretação sobre Σ, D subconjunto de D' e $a \in D$. Considere a aplicação $(\_)_a : D' \to D$ tal que

$$(d')_a = \begin{cases} d' & \text{sempre que } d' \in D \\ a & \text{caso contrário} \end{cases}$$

1. Considere o triplo $I' = (D', \_^{\mathsf{F}'}, \_^{\mathsf{P}'})$ em que

   - $f_n^{\mathsf{F}'}(d'_1, \ldots, d'_n) = f_n^\mathsf{F}((d'_1)_a, \ldots, (d'_n)_a)$;
   - $p_n^{\mathsf{P}'}(d'_1, \ldots, d'_n) = p_n^\mathsf{P}((d'_1)_a, \ldots, (d'_n)_a)$.

   Mostre que I' é uma estrutura de interpretação sobre Σ.

2. Mostre que:

   - $f_n^{\mathsf{F}'}|_D = f_n^\mathsf{F}$;
   - $p_n^{\mathsf{P}'}|_D = p_n^\mathsf{P}$.

3. Dada $\rho' : X \to D'$, tome $\rho'_a : X \to D$ tal que $\rho'_a(x) = (\rho'(x))_a$. Mostre que:

   (a) $[\![t]\!]_\Sigma^{I\rho'_a} = ([\![t]\!]_\Sigma^{I'\rho'})_a$;

   (b) $I\rho'_a \Vdash_\Sigma \varphi$ se e só se $I'\rho' \Vdash_\Sigma \varphi$.

4. Classifique a relação entre I e I'.

Resolução:

1. I' é uma estrutura de interpretação, dado que $D' \neq \emptyset$ pois $D \neq \emptyset$ e $D \subseteq D'$. Além disso, cada $f_n^{\mathsf{F}'}$ é uma aplicação de D'^n em D' e cada $p_n^{\mathsf{P}'}$ é uma aplicação de D'^n em $\{0, 1\}$.

2. $f_n^{\mathsf{F}'}|_D = f_n^\mathsf{F}$: $f_n^{\mathsf{F}'}|_D(d_1, \ldots d_n) = f_n^\mathsf{F}((d_1)_a, \ldots, (d_n)_a) = f_n^\mathsf{F}(d_1, \ldots, d_n)$, dado que $(d)_a = d$ quando $d \in D$. Um raciocínio semelhante estabelece que $p_n^{\mathsf{P}'}|_D = p_n^\mathsf{P}$.

3.(a) Mostra-se que

$$[\![t]\!]_\Sigma^{I\rho'_a} = ([\![t]\!]_\Sigma^{I'\rho'})_a$$

por indução sobre a estrutura de t.

(Base) Existem dois casos a considerar.

(i) t é x:

$$[\![x]\!]_\Sigma^{I\rho'_a} = \rho'_a(x) = (\rho'(x))_a = ([\![x]\!]_\Sigma^{I'\rho'})_a$$

(ii) t é c com $c \in F_0$:

$$[\![c]\!]_\Sigma^{I\rho_a'} = c_0^{\mathsf{F}} = c_0^{\mathsf{F}'} = [\![c]\!]_\Sigma^{I'\rho'} = ([\![c]\!]_\Sigma^{I'\rho'})_a$$

(Passo) t é $f(t_1,\ldots,t_n)$.

$$\begin{aligned}
[\![f(t_1,\ldots,t_n)]\!]_\Sigma^{I\rho_a'} &= f_n^{\mathsf{F}}([\![t_1]\!]_\Sigma^{I\rho_a'},\ldots,[\![t_n]\!]_\Sigma^{I\rho_a'}) \\
&= f_n^{\mathsf{F}}(([\![t_1]\!]_\Sigma^{I'\rho'})_a,\ldots,([\![t_n]\!]_\Sigma^{I'\rho'})_a) \quad \text{(HI)} \\
&= f_n^{\mathsf{F}'}([\![t_1]\!]_\Sigma^{I'\rho'},\ldots,[\![t_n]\!]_\Sigma^{I'\rho'}) \quad \text{(por definição de } I') \\
&= [\![f(t_1,\ldots,t_n)]\!]_\Sigma^{I'\rho'}
\end{aligned}$$

3.(b) Agora mostra-se que

$$I'\rho' \Vdash_\Sigma \varphi \quad \text{se e só se} \quad I\rho_a' \Vdash_\Sigma \varphi$$

por indução sobre a estrutura de φ:

(Base) φ é $p(t_1,\ldots,t_n)$:

$$\begin{array}{ll}
I'\rho' \Vdash_\Sigma p(t_1,\ldots,t_n) & \text{sse} \\
p_n^{\mathsf{P}'}([\![t_1]\!]_\Sigma^{I'\rho'},\ldots,[\![t_n]\!]_\Sigma^{I'\rho'}) = 1 & \text{sse (por definição de } p_n^{\mathsf{P}'}) \\
p_n^{\mathsf{P}}(([\![t_1]\!]_\Sigma^{I'\rho'})_a,\ldots,([\![t_n]\!]_\Sigma^{I'\rho'})_a) = 1 & \text{sse (por hipótese de indução)} \\
p_n^{\mathsf{P}}([\![t_1]\!]_\Sigma^{I\rho_a'},\ldots,[\![t_n]\!]_\Sigma^{I\rho_a'}) = 1 & \text{sse} \\
I\rho_a' \Vdash_\Sigma p(t_1,\ldots,t_n).
\end{array}$$

(Passo) Existem três casos a considerar:

(i) φ é $(\neg\psi)$:

$$\begin{array}{ll}
I'\rho' \Vdash_\Sigma (\neg\psi) & \text{sse} \\
I'\rho' \nVdash_\Sigma \psi & \text{sse (por hipótese de indução)} \\
I\rho_a' \nVdash_\Sigma \psi & \text{sse} \\
I\rho_a' \Vdash_\Sigma (\neg\psi).
\end{array}$$

(ii) φ é $(\psi \Rightarrow \delta)$:

$$\begin{array}{ll}
I'\rho' \Vdash_\Sigma (\psi \Rightarrow \delta) & \text{sse} \\
I'\rho' \nVdash_\Sigma \psi \text{ ou } I'\rho' \Vdash_\Sigma \delta & \text{sse (por hipótese de indução)} \\
I\rho_a' \nVdash_\Sigma \psi \text{ ou } I\rho_a' \Vdash_\Sigma \delta & \text{sse} \\
I\rho_a' \Vdash_\Sigma (\psi \Rightarrow \delta).
\end{array}$$

(iii) φ é $(\forall x\,\psi)$:

($\to$) Por contrarrecíproco:

Suponha que $I\rho'_a \nVdash_\Sigma (\forall x\,\psi)$. Então existe uma atribuição σ que é x-equivalente a ρ'_a e tal que

$$(1)\quad I\sigma \nVdash_\Sigma \psi\,.$$

Considere uma atribuição σ', x-equivalente a ρ', tal que $\sigma'(x) = \sigma(x)$. Então $\sigma = \sigma'_a$: $\sigma(y) = \rho'_a(y) = \sigma'_a(y)$ e $\sigma(x) = \sigma'_a(x)$ (porque $(d')_a = d'$ se $d' \in D$).

Então, de (1), segue que

$$I\sigma'_a \nVdash_\Sigma \psi$$

donde por hipótese de indução vem que

$$I'\sigma' \nVdash_\Sigma \psi\,.$$

Como a atribuição σ' é x-equivalente a ρ', também se tem

$$I'\rho' \nVdash_\Sigma (\forall x\,\psi)\,.$$

($\leftarrow$) Por contrarrecíproco:

Suponha que $I'\rho' \nVdash_\Sigma (\forall x\,\psi)$. Então existe uma atribuição σ' que é x-equivalente a ρ' e tal que

$$I'\sigma' \nVdash_\Sigma \psi$$

donde segue, por hipótese de indução, que

$$I\sigma'_a \nVdash_\Sigma \psi\,.$$

Como a atribuição σ'_a é x-equivalente a ρ'_a (porque a atribuição σ' é x-equivalente a ρ'),

$$I\rho'_a \nVdash_\Sigma (\forall x\,\psi)\,.$$

4. I é uma substrutura de I'. Além disso, I é uma substrutura elementar de I'. Por outras palavras,

$$I\rho \Vdash_\Sigma \varphi \quad \text{se e só se} \quad I'\rho \Vdash_\Sigma \varphi$$

para toda a atribuição ρ em I. É suficiente notar que ρ é também uma atribuição em I' e tal que ρ_a é ρ. $\qquad\qquad\nabla$

Capítulo 20

Exercícios sobre completude

Os exercícios aqui resolvidos complementam o Capítulo 8.

Exercício 1 Mostre que $\vdash_\Sigma ((\varphi \Rightarrow (\neg \varphi)) \Rightarrow (\neg \varphi))$.

Resolução: Considere a seguinte sequência de derivação:

1	$(((\neg(\neg \varphi)) \Rightarrow (\neg \varphi)) \Rightarrow (\neg \varphi))$	Teo 5.4(b)
2	$((\neg(\neg \varphi)) \Rightarrow \varphi)$	Teo 5.4(a)
3	$(\varphi \Rightarrow (\neg(\neg \varphi)))$	Teo 5.4(d)
4	$((((\neg(\neg \varphi)) \Rightarrow \varphi) \Rightarrow$ $((\varphi \Rightarrow (\neg(\neg \varphi))) \Rightarrow ((\neg(\neg \varphi)) \Leftrightarrow \varphi))))$	Teo 5.4(i)
5	$((\varphi \Rightarrow (\neg(\neg \varphi))) \Rightarrow ((\neg(\neg \varphi)) \Leftrightarrow \varphi))$	MP 2,4
6	$((\neg(\neg \varphi)) \Leftrightarrow \varphi)$	MP 3,5
7	$((((\neg(\neg \varphi)) \Rightarrow (\neg \varphi)) \Rightarrow (\neg \varphi)) \Leftrightarrow$ $((\varphi \Rightarrow (\neg \varphi)) \Rightarrow (\neg \varphi)))$	MTSE 6
8	$(((((\neg(\neg \varphi)) \Rightarrow (\neg \varphi)) \Rightarrow (\neg \varphi)) \Leftrightarrow$ $((\varphi \Rightarrow (\neg \varphi)) \Rightarrow (\neg \varphi)))$ $\Rightarrow$ $((((\neg(\neg \varphi)) \Rightarrow (\neg \varphi)) \Rightarrow (\neg \varphi)) \Rightarrow$ $((\varphi \Rightarrow (\neg \varphi)) \Rightarrow (\neg \varphi))))$	Teo 5.4(h1)
9	$((((\neg(\neg \varphi)) \Rightarrow (\neg \varphi)) \Rightarrow (\neg \varphi)) \Rightarrow$ $((\varphi \Rightarrow (\neg \varphi)) \Rightarrow (\neg \varphi)))$	MP 7,8
10	$((\varphi \Rightarrow (\neg \varphi)) \Rightarrow (\neg \varphi))$	MP 1,9

∇

A resolução seguinte é uma solução do Exercício 4 do Capítulo 8 sobre a noção de coerência maximal.

Exercício 2 Um conjunto de fórmulas Γ diz-se *coerente maximal* com respeito a Σ se é coerente com respeito a Σ e, para toda a fórmula ψ sobre Σ, se $\Gamma \nvdash_\Sigma \psi$, então $\Gamma \cup \{\psi\}$ não é coerente com respeito a Σ. Mostre que um conjunto é coerente maximal se e só se é coerente e exaustivo.

Resolução:

($\rightarrow$) Por contrarrecíproco, assuma que Γ não é exaustivo. Então existe uma fórmula fechada δ tal que $\Gamma \nvdash_\Sigma \delta$ e $\Gamma \nvdash_\Sigma (\neg \delta)$. Da segunda asserção, aplicando a Proposição 3, segue que $\Gamma \cup \{\delta\}$ é coerente. Assim Γ não é coerente maximal.

($\leftarrow$) Suponha que Γ é coerente e exaustivo. Então $(\forall \psi) \notin \Gamma^{\vdash_\Sigma}$ qualquer que seja $\psi \notin \Gamma^{\vdash_\Sigma}$, pelo Capítulo 5, Exercício 2. Assim, por exaustividade de Γ, $(\neg(\forall \psi)) \in \Gamma^{\vdash_\Sigma}$, donde, por monotonia da derivação, $\Gamma \cup \{\psi\} \vdash_\Sigma (\neg(\forall \psi))$.

Por outro lado, graças à extensividade da derivação e novamente usando o Capítulo 5, Exercício 2, conclui-se que $\Gamma \cup \{\psi\} \vdash_\Sigma (\forall \psi)$.

Logo, usando a Proposição 2, segue que $\Gamma \cup \{\psi\}$ não é coerente qualquer que seja $\psi \notin \Gamma^{\vdash_\Sigma}$.

Assim, observando que Γ é coerente, Γ é coerente maximal. ∇

O exercício seguinte está relacionado com a Proposição 10 do Capítulo 8 em que uma estrutura de interpretação é induzida a partir de um conjunto Γ de fórmulas tomando como domínio o conjunto de termos fechados. Mostra-se que o triplo proposto é de facto uma estrutura de interpretação. Isto é, o domínio é não vazio e as aplicações de denotação dos símbolos de função e de predicado estão bem definidas.

Exercício 3 Sejam $\Sigma = (F, P, \tau)$ assinatura de primeira ordem e $\Psi \subseteq L_\Sigma$. Verifique em que condições o triplo seguinte é uma estrutura de interpretação sobre Σ:

$$\mathrm{IS}_\Sigma(\Psi) = (D, \_^\mathsf{F}, \_^\mathsf{P})$$

em que:

- $D = cT_\Sigma$;

- $c_0^\mathsf{F} = c$;

- $f_n^\mathsf{F} = \lambda d_1, \ldots, d_n. \, f(d_1, \ldots, d_n)$ para cada $n \in \mathbb{N}^+$;

- $p_n^\mathsf{P} = \lambda d_1, \ldots, d_n. \begin{cases} 1 & \text{se } \Psi \vdash_\Sigma p(d_1, \ldots, d_n) \\ 0 & \text{n.r.c.} \end{cases}$ para todo o $n \in \mathbb{N}^+$.

Resolução: De acordo com a definição estrutura de interpretação introduzida no início do Capítulo 7, têm de se verificar três condições:

(i) Domínio:

O conjunto D tem de ser não vazio, isto é, $cT_\Sigma \neq \emptyset$. Uma condição necessária e suficiente para tal é existir $c \in F$ tal que $\tau(c) = 0$, ou, por outras palavras, é Σ conter pelo menos um símbolo de constante.

(ii) Interpretação de símbolos de função:

Para cada $n \in \mathbb{N}$ e $f \in F_n$, tem de se ter $f_n^F : D^n \to D$, ou seja,

$$f_n^F : cT_\Sigma^n \to cT_\Sigma.$$

De facto: (i) $c_0^F = c$ e c pertence a cT_Σ; (ii) para todo o $n \in \mathbb{N}^+$, $f_n^F(d_1, \ldots, d_n) \in cT_\Sigma$ sempre que $(d_1, \ldots, d_n) \in cT_\Sigma$.

(iii) Interpretação de símbolos de predicado:

Para cada $n \in \mathbb{N}^+$ e $p \in P_n$, tem de se ter $p_n^P : D^n \to \{0,1\}$, ou seja,

$$p_n^P : cT_\Sigma^n \to \{0,1\}.$$

De facto, para todo o $n \in \mathbb{N}^+$, $p_n^F(d_1, \ldots, d_n) \in \{0,1\}$ sempre que $(d_1, \ldots, d_n) \in cT_\Sigma$.

Em resumo, desde que Σ contenha pelo menos uma constante, $\mathrm{IS}_\Sigma(\Psi)$ é uma estrutura de interpretação sobre Σ, conhecida como a *estrutura de interpretação canónica* do conjunto Ψ de fórmulas sobre Σ. $\qquad\qquad\nabla$

O exercício que se segue mostra que a denotação de um termo fechado em $\mathrm{IS}_\Sigma(\Psi)$ é ele próprio.

Exercício 4 Mostre que se $t \in cT_\Sigma$, então

$$[\![t]\!]_\Sigma^{\mathrm{IS}_\Sigma(\Psi)\rho} = t$$

para qualquer atribuição ρ sobre $\mathrm{IS}_\Sigma(\Psi)$.

Resolução: Se $cT_\Sigma = \emptyset$, então a tese verifica-se por vacuidade. Caso contrário, obtém-se por indução sobre a estrutura do termo fechado t:

(Base) t é $c \in F_0$:

$$[\![c]\!]_\Sigma^{\mathrm{IS}_\Sigma(\Psi)\rho} = c_0^F = c.$$

(Passo) t é $f(t_1, \ldots, t_n)$ com $t_1, \ldots, t_n \in cT_\Sigma$:

$$
\begin{aligned}
[\![f(t_1, \ldots, t_n)]\!]_\Sigma^{\mathrm{IS}_\Sigma(\Psi)\rho} &= \\
f_n^F([\![t_1]\!]_\Sigma^{\mathrm{IS}_\Sigma(\Psi)\rho}, \ldots, [\![t_n]\!]_\Sigma^{\mathrm{IS}_\Sigma(\Psi)\rho}) &= \\
f([\![t_1]\!]_\Sigma^{\mathrm{IS}_\Sigma(\Psi)\rho}, \ldots, [\![t_n]\!]_\Sigma^{\mathrm{IS}_\Sigma(\Psi)\rho}) &= \text{(por hipótese de indução)} \\
f(t_1, \ldots, t_n). &
\end{aligned}
$$

$\qquad\qquad\nabla$

Exercício 5 Mostre que $\vdash_\Sigma ((\neg(\varphi \Rightarrow \psi)) \Rightarrow \varphi)$.

Resolução: Considere a sequência de derivação seguinte:

1	$((\neg\varphi) \Rightarrow (\varphi \Rightarrow \psi))$	Teo 5.4(g)
2	$((\varphi \Rightarrow \psi) \Rightarrow (\neg(\neg(\varphi \Rightarrow \psi))))$	Teo 5.4(d)
3	$((\neg\varphi) \Rightarrow (\neg(\neg(\varphi \Rightarrow \psi))))$	SH 1,2
4	$(((\neg\varphi) \Rightarrow (\neg(\neg(\varphi \Rightarrow \psi)))) \Rightarrow ((\neg(\varphi \Rightarrow \psi)) \Rightarrow \varphi))$	Ax3
5	$((\neg(\varphi \Rightarrow \psi)) \Rightarrow \varphi)$	MP 3,4

$$\nabla$$

Exercício 6 Mostre que $\vdash_\Sigma ((\neg(\varphi \Rightarrow \psi)) \Rightarrow (\neg\psi))$.

Resolução: Considere a sequência de derivação seguinte:

1	$(\psi \Rightarrow (\varphi \Rightarrow \psi))$	Ax1
2	$((\psi \Rightarrow (\varphi \Rightarrow \psi)) \Rightarrow ((\neg(\varphi \Rightarrow \psi)) \Rightarrow (\neg\psi)))$	Teo 5.4(f)
3	$((\neg(\varphi \Rightarrow \psi)) \Rightarrow (\neg\psi))$	MP 1,2

$$\nabla$$

Exercício 7 Mostre que todo o conjunto de fórmulas que admite modelo é coerente.

Resolução: Seja I modelo de Γ. Mostra-se por contradição que Γ é coerente. Suponha que Γ não é coerente. Então, para toda a fórmula fechada φ, verifica-se o seguinte:

$$\begin{cases} \Gamma \vdash_\Sigma \varphi \\ \Gamma \vdash_\Sigma (\neg\varphi). \end{cases}$$

Pela correção do cálculo de Hilbert, vem que:

$$\begin{cases} \Gamma \vDash_\Sigma \varphi \\ \Gamma \vDash_\Sigma (\neg\varphi). \end{cases}$$

Assim, usando o facto de que I é um modelo de Γ:

$$\begin{cases} I \Vdash_\Sigma \varphi \\ I \Vdash_\Sigma (\neg\varphi). \end{cases}$$

Logo, para toda a atribuição ρ em I, tem-se:

$$\begin{cases} I\rho \Vdash_\Sigma \varphi \\ I\rho \Vdash_\Sigma (\neg\varphi) \end{cases}$$

donde

$$\begin{cases} I\rho \Vdash_\Sigma \varphi \\ I\rho \nVdash_\Sigma \varphi \end{cases}$$

o que é absurdo. ▽

Exercício 8 Mostre que a consequência semântica é compacta, isto é,

$$\Gamma^{\vDash_\Sigma} = \bigcup_{\Phi \in \wp_{\text{fin}} \Gamma} \Phi^{\vDash_\Sigma} .$$

Resolução:

$$\begin{aligned} \Gamma^{\vDash_\Sigma} &= \Gamma^{\vdash_\Sigma} && \text{(correção e completude)} \\ &= \bigcup_{\Phi \in \wp_{\text{fin}} \Gamma} \Phi^{\vdash_\Sigma} && \text{(compacidade } \vdash_\Sigma) \\ &= \bigcup_{\Phi \in \wp_{\text{fin}} \Gamma} \Phi^{\vDash_\Sigma} && \text{(correção e completude)} \end{aligned}$$

▽

Exercício 9 Justifique ou refute a asserção seguinte:

Se $\Gamma, p(x_1) \vdash_\Sigma q(x_1)$ então $\Gamma \vdash_\Sigma (\forall x_1 (p(x_1) \Rightarrow q(x_1)))$.

Resolução: Graças à correção e à completude da LPO, se a asserção se verifica então também se verifica

Se $\Gamma, p(x_1) \vDash_\Sigma q(x_1)$ então $\Gamma \vDash_\Sigma (\forall x_1 (p(x_1) \Rightarrow q(x_1)))$ (†).

De facto, partindo de $\Gamma, p(x_1) \vDash_\Sigma q(x_1)$ por completude obtém-se $\Gamma, p(x_1) \vdash_\Sigma q(x_1)$ e, portanto, $\Gamma \vdash_\Sigma (\forall x_1 (p(x_1) \Rightarrow q(x_1)))$ de onde por correção se conclui que $\Gamma \vDash_\Sigma (\forall x_1 (p(x_1) \Rightarrow q(x_1)))$.

Contudo, (†) em geral não se verifica. Se p e q são símbolos de predicados distintos, pode encontrar-se Γ tal que $\Gamma, p(x_1) \vDash_\Sigma q(x_1)$ se verifica, mas, por outro lado, $\Gamma \vDash_\Sigma (\forall x_1 (p(x_1) \Rightarrow q(x_1)))$ não se verifica.

De facto, considere $\Gamma = \{((\forall x_1 \, p(x_1)) \Rightarrow (\forall x_1 \, q(x_1)))\}$. Então

$$((\forall x_1 \, p(x_1)) \Rightarrow (\forall x_1 \, q(x_1))), p(x_1) \vDash_\Sigma q(x_1)$$

porque (pela correção do MP)

$$((\forall x_1 \, p(x_1)) \Rightarrow (\forall x_1 \, q(x_1))), (\forall x_1 \, p(x_1)) \vDash_\Sigma (\forall x_1 \, q(x_1))$$

e (pela correção da generalização e da instanciação)

$$\begin{cases} p(x_1) \vDash_\Sigma (\forall x_1\, p(x_1)); \\ (\forall x_1\, q(x_1)) \vDash_\Sigma q(x_1). \end{cases}$$

Por outro lado,

$$((\forall x_1\, p(x_1)) \Rightarrow (\forall x_1\, q(x_1))) \nvDash_\Sigma (\forall x_1\, (p(x_1) \Rightarrow q(x_1)))$$

dado que se pode encontrar uma estrutura de interpretação I que satisfaz $((\forall x_1\, p(x_1)) \Rightarrow (\forall x_1\, q(x_1)))$ mas não satisfaz $(\forall x_1\, (p(x_1) \Rightarrow q(x_1)))$. Considere o domínio de I como sendo o conjunto $\{a, b\}$ e seja

$$\begin{cases} p_1^P(a) = q_1^P(b) = 1 \\ p_1^P(b) = q_1^P(a) = 0. \end{cases}$$

Claramente, I satisfaz $((\forall x_1\, p(x_1)) \Rightarrow (\forall x_1\, q(x_1)))$ porque $I \nVdash_\Sigma (\forall x_1\, p(x_1))$ uma vez que $I\rho \nVdash_\Sigma p(x_1)$ quando $\rho(x_1) = b$. Além disso, I não satisfaz $(\forall x_1\, (p(x_1) \Rightarrow q(x_1)))$ porque $I\rho \Vdash_\Sigma p(x_1)$ e $I\rho \nVdash_\Sigma q(x_1)$ quando $\rho(x_1) = a$. ∇

Exercício 10 Assuma que uma fórmula é satisfeita por toda a estrutura de interpretação cujo domínio tem cardinalidade maior que $\aleph_0 = \#\mathbb{N}$. Mostre que fórmula é válida.

Resolução: Assuma que uma fórmula é satisfeita por toda a estrutura de interpretação cujo domínio tem cardinalidade maior que $\aleph_0 = \#\mathbb{N}$. Suponha, por contradição, que φ não é uma fórmula válida. Então existe uma estrutura de interpretação J com domínio E tal que

$$\#E \leq \aleph_0 \text{ e } J \nVdash_\Sigma \varphi$$

e portanto

$$J \nVdash_\Sigma (\forall\, \varphi).$$

Assim, pelo lema da fórmula fechada

$$J \Vdash_\Sigma (\neg(\forall\, \varphi)).$$

Logo, pelo teorema de Skölem-Lowenheim, existe uma estrutura de interpretação I com domínio D tal que

$$\#D = \aleph_0 \text{ e } I \Vdash_\Sigma (\neg(\forall\, \varphi)).$$

Então, pelo teorema da cardinalidade,

$I' \Vdash_\Sigma (\neg(\forall x\, \varphi))$ para alguma estrutura I' tal que $D \subseteq D'$ e $\#D' > \aleph_0$.

Então, para alguma estrutura I' tal que $D \subseteq D'$ e $D' > \aleph_0$, $I' \nVdash_\Sigma (\forall x\, \varphi)$ e, portanto, $I' \nVdash_\Sigma \varphi$, em contradição com a hipótese. ∇

Capítulo 21

Exercícios sobre igualdade

Este capítulo complementa o Capítulo 10.

Exercício 1 Considere a assinatura $\Sigma_\cong$ tal que:

- $F_n = \emptyset$ para todo o $n \in \mathbb{N}$;

- $P_2 = \{\cong\}$;

- $P_n = \emptyset$ para todo o $n \neq 2$.

Seja a *teoria da igualdade* a teoria sobre $\Sigma_\cong$ com os axiomas específicos seguintes:

Ref $(\forall x_1 (x_1 \cong x_1))$;

Sim $(\forall x_1 (\forall x_2 ((x_1 \cong x_2) \Rightarrow (x_2 \cong x_1))))$;

Trans $(\forall x_1 (\forall x_2 (\forall x_3 ((x_1 \cong x_2) \Rightarrow ((x_2 \cong x_3) \Rightarrow (x_1 \cong x_3))))))$.

Mostre que a teoria da igualdade é uma teoria com igualdade.

Resolução: Tem de se mostrar que a teoria da igualdade contém a fórmula **I1**, as fórmulas de tipo **I2** e as fórmulas de tipo **I3**.

Observe que a fórmula **I1** é precisamente a fórmula **Ref**, e, uma vez que $F = \emptyset$, não existem outras fórmulas de tipo **I2** sobre a assinatura da teoria da igualdade.

Note também que $P = \{\cong\}$. Assim, resta apenas mostrar que a teoria da igualdade contém a fórmula seguinte:

$$(\forall x_1 (\forall x_2 (\forall x_3 (\forall x_4 ((x_1 \cong x_3) \Rightarrow ((x_2 \cong x_4) \Rightarrow ((x_1 \cong x_2) \Rightarrow (x_3 \cong x_4)))))))).$$

O primeiro passo é mostrar que, para quaisquer variáveis y_1 e y_2, não necessariamente distintas, a fórmula

$$\text{gSim} \quad ((y_1 \cong y_2) \Rightarrow (y_2 \cong y_1))$$

pertence à teoria da igualdade. De facto, escolhendo uma variável auxiliar z diferente de x_2, é possível construir a sequência de derivação seguinte:

1	$(\forall x_1(\forall x_2((x_1 \cong x_2) \Rightarrow (x_2 \cong x_1))))$	Sim
2	$((\forall x_1(\forall x_2((x_1 \cong x_2) \Rightarrow (x_2 \cong x_1)))) \Rightarrow$	
	$\qquad\qquad (\forall x_2((z \cong x_2) \Rightarrow (x_2 \cong z))))$	Ax4
3	$(\forall x_2((z \cong x_2) \Rightarrow (x_2 \cong z)))$	MP 1,2
4	$((\forall x_2((z \cong x_2) \Rightarrow (x_2 \cong z))) \Rightarrow ((z \cong y_2) \Rightarrow (y_2 \cong z)))$	Ax4
5	$((z \cong y_2) \Rightarrow (y_2 \cong z))$	MP 3,4
6	$(\forall z((z \cong y_2) \Rightarrow (y_2 \cong z)))$	Gen 5
7	$((\forall z((z \cong y_2) \Rightarrow (y_2 \cong z))) \Rightarrow ((y_1 \cong y_2) \Rightarrow (y_2 \cong y_1)))$	Ax4
8	$((y_1 \cong y_2) \Rightarrow (y_2 \cong y_1))$	MP 6,7

Mostrar que a fórmula

$$\text{gTrans} \quad ((y_1 \cong y_2) \Rightarrow ((y_2 \cong y_3) \Rightarrow (y_1 \cong y_3)))$$

pertence à teoria da igualdade, quaisquer que sejam as variáveis y_1, y_2 e y_3, não necessariamente distintas, é deixado ao cuidado do leitor.

Com estes resultados em mente, considere a sequência de derivação seguinte:

1	$(x_1 \cong x_3)$	Hip
2	$(x_2 \cong x_4)$	Hip
3	$(x_1 \cong x_2)$	Hip
4	$((x_1 \cong x_3) \Rightarrow (x_3 \cong x_1))$	gSim
5	$(x_3 \cong x_1)$	MP 1,4
6	$((x_3 \cong x_1) \Rightarrow ((x_1 \cong x_2) \Rightarrow (x_3 \cong x_2)))$	gTrans
7	$((x_1 \cong x_2) \Rightarrow (x_3 \cong x_2))$	MP 5,6
8	$(x_3 \cong x_2)$	MP 3,7
9	$((x_3 \cong x_2) \Rightarrow ((x_2 \cong x_4) \Rightarrow (x_3 \cong x_4)))$	gTrans
10	$((x_2 \cong x_4) \Rightarrow (x_3 \cong x_4))$	MP 8,9
11	$(x_3 \cong x_4)$	MP 2,10

Como esta derivação não contem generalizações essenciais de dependentes das hipóteses, por aplicação repetida do MTD, vem que a fórmula

$$((x_1 \cong x_3) \Rightarrow ((x_2 \cong x_4) \Rightarrow ((x_1 \cong x_2) \Rightarrow (x_3 \cong x_4))))$$

pertence à teoria da igualdade. Por fim, o resultado pretendido obtém-se aplicando generalizações. ∇

Exercício 2 Mostre que, dado $I \in \mathrm{Mod}_\Theta$, existe $h' : I \to I'$ em Mod_Θ tal que:

- I' é um objeto de nMod_Θ;

- qualquer que seja $g : I \to I''$ com I'' um objeto de nMod_Θ, existe um único $g' : I' \to I''$ tal que $g' \circ h' = g$.

Resolução: Claramente, os candidatos a I' e a h' são $I/\cong$ e $\lambda d . [d]_{\cong_2^\mathsf{P}}$, respetivamente. Assuma que $g : I \to I''$, em que I'' é um modelo normal de Θ, é um homomorfismo. Tem de se mostrar que existe um único homomorfismo $g' : I/\cong \to I''$ tal que $g' \circ h' = g$. Tome

$$g' = \lambda [d]_{\cong_2^\mathsf{P}} . g(d).$$

Note que g' fica bem definida uma vez que $g(d_1) = g(d_2)$ sempre que $d_1 \cong_2^P d_2$. A unicidade de g' é óbvia. Resta demonstrar que g é um homomorfismo. De facto, qualquer que seja o símbolo de função f em Σ:

$$
\begin{aligned}
g'(f_n^{\mathsf{F}/\cong}([d_1]_{\cong_2^\mathsf{P}}, \ldots, [d_n]_{\cong_2^\mathsf{P}})) &= g'([f_n^\mathsf{F}(d_1, \ldots, d_n)]_{\cong_2^\mathsf{P}}) \\
&= g(f_n^\mathsf{F}(d_1, \ldots, d_n)) \\
&= f_n^{\mathsf{F}'}(g(d_1), \ldots, g(d_n)) \\
&= f_n^{\mathsf{F}'}((g' \circ h')(d_1), \ldots, (g' \circ h')(d_n)) \\
&= f_n^{\mathsf{F}'}(g'([d_1]_{\cong_2^\mathsf{P}}), \ldots, g'([d_n]_{\cong_2^\mathsf{P}}))
\end{aligned}
$$

A condição de homomorfismo é verificada para cada símbolo de predicado de forma semelhante. ∇

Exercício 3 Mostre que não existem teorias com igualdade que admitam modelos normais com domínios de todas as cardinalidade finitas e modelos não normais com domínios infinitos.

Resolução: Assuma que tal teoria Θ existe. Seja $\varphi^{\leq n}$ uma fórmula que resolve a questão 1 do Exercício 9 do Capítulo 10. Considere o conjunto de fórmulas

$$\Theta \cup \{\varphi^{>n} : n \in \mathbb{N}\}$$

em que $\varphi^{>n}$ é $(\neg \varphi^{\leq n})$. Então, usando um argumento de compacidade chega-se a uma contradição. ∇

Capítulo 22

Exercícios sobre aritmética

Os exercícios aqui resolvidos complementam o material dos Capítulos 11, 12, 13 e 14.

Exercício 1 Mostre que $[\![\mathbf{k}]\!]_{\Sigma_N}^{N\rho} = k$ qualquer que seja $k \in \mathbb{N}$.

Resolução: O resultado é mostrado por indução como se segue:
(Base) $k = 0$:

$$[\![\mathbf{0}]\!]_{\Sigma_N}^{N\rho} = \mathbf{0}_0^{F_N} = 0.$$

(Passo) $k = j + 1$:

$$[\![\mathbf{k}]\!]_{\Sigma_N}^{N\rho} \stackrel{(a)}{=} [\![\mathbf{j}']\!]_{\Sigma_N}^{N\rho} = {}'{}_1^{F_N}([\![\mathbf{j}]\!]_{\Sigma_N}^{N\rho}) = [\![\mathbf{j}]\!]_{\Sigma_N}^{N\rho} + 1 \stackrel{(b)}{=} j + 1 = k$$

uma vez que:

(a) $\mathbf{k}$ é $\mathbf{j}'$ porque $\mathbf{k}$ é $\overbrace{\mathbf{0}'\cdots'}^{k \text{ times}}$, $\mathbf{j}$ é $\overbrace{\mathbf{0}'\cdots'}^{j \text{ times}}$ e $k = j + 1$;

(b) $[\![\mathbf{j}]\!]_{\Sigma_N}^{N\rho} = j$ por hipótese de indução. $\qquad\qquad\qquad\nabla$

Exercício 2 Mostre que $(\neg(x_1 \cong x_1'))$ não é um teorema de $\mathbf{N}$.

Resolução: A demonstração realiza-se por contradição, usando a correção da lógica de primeira ordem. Suponha que $(\neg(x_1 \cong x_1')) \in \mathbf{N}$. Ou seja, assuma que

$$\mathrm{Ax}_\mathbf{N} \vdash_{\Sigma_N} (\neg(x_1 \cong x_1')).$$

Então, pela correção do cálculo Hilbert,

$$Ax_\mathbf{N} \vDash_{\Sigma_\mathbb{N}} (\neg(x_1 \cong x_1')).$$

e, portanto, para toda a estrutura de interpretação I sobre $\Sigma_\mathbb{N}$,

(1)   se $I \Vdash_{\Sigma_\mathbb{N}} Ax_\mathbf{N}$ então $I \Vdash_{\Sigma_\mathbb{N}} (\neg(x_1 \cong x_1'))$.

Por outro lado, considere a estrutura de interpretação

$$\overline{\mathbb{N}} = (\overline{\mathbb{N}}, \_^{F_{\overline{\mathbb{N}}}}, \_^{P_{\overline{\mathbb{N}}}})$$

sobre $\Sigma_\mathbb{N}$ tal que:

- $\overline{\mathbb{N}} = \mathbb{N} \cup \{\infty\}$;

- $\mathbf{0}_0^{F_{\overline{\mathbb{N}}}} = 0$;

- $'^{F_{\overline{\mathbb{N}}}}_1 = \lambda\, d \,.\, \begin{cases} d+1 & \text{se } d \in \mathbb{N} \\ \infty & \text{n.r.c.} \end{cases}$;

- $+^{F_{\overline{\mathbb{N}}}}_2 = \lambda\, d_1, d_2 \,.\, \begin{cases} d_1 + d_2 & \text{se } d_1, d_2 \in \mathbb{N} \\ \infty & \text{n.r.c.} \end{cases}$;

- $\times^{F_{\overline{\mathbb{N}}}}_2 = \lambda\, d_1, d_2 \,.\, \begin{cases} d_1 \times d_2 & \text{se } d_1, d_2 \in \mathbb{N}^+ \\ 0 & \text{se } d_1 = 0 \text{ or } d_2 = 0; \\ \infty & \text{n.r.c.} \end{cases}$

- $\cong^{P_{\overline{\mathbb{N}}}}_2 = \lambda\, d_1, d_2 \,.\, \begin{cases} 1 & \text{se } d_1 = d_2 \\ 0 & \text{n.r.c.} \end{cases}$;

- $<^{P_{\overline{\mathbb{N}}}}_2 = \lambda\, d_1, d_2 \,.\, \begin{cases} 1 & \text{se } d_1, d_2 \in \mathbb{N} \ \& \ d_1 < d_2 \\ 1 & \text{se } d_2 = \infty \\ 0 & \text{n.r.c.} \end{cases}$.

O leitor não deverá encontrar problemas em mostrar que:

$$\begin{cases} (2) & \overline{\mathbb{N}} \Vdash_{\Sigma_\mathbb{N}} Ax_\mathbf{N} \\ (3) & \overline{\mathbb{N}} \nVdash_{\Sigma_\mathbb{N}} (\neg(x_1 \cong x_1')) \end{cases}$$

Mas de (1) e (2) vem que $\overline{\mathbb{N}} \Vdash_{\Sigma_\mathbb{N}} (\neg(x_1 \cong x_1'))$, contradizendo (3). ∇

Exercício 3 Mostre que $(\neg(x_1 \cong x_1'))$ é um teorema de **P**.

Resolução: A tese segue de Ax4 e MP a partir de $(\forall x_1(\neg(x_1 \cong x_1'))) \in \mathbf{P}$, e esta asserção demonstra-se, usando o princípio de indução de $\mathbf{P}$, como se segue:

(i) $[(\neg(x_1 \cong x_1'))]_0^{x_1} \in \mathbf{P}$, uma vez que

$$[(\neg(x_1 \cong x_1'))]_0^{x_1} \quad \text{é} \quad (\neg(\mathbf{0} \cong \mathbf{0}'))$$

e esta fórmula é derivável a partir de $\text{Ax}_\mathbf{P}$:

1	$(\forall x_1(\neg(x_1' \cong \mathbf{0})))$	N1
2	$((\forall x_1(\neg(x_1' \cong \mathbf{0}))) \Rightarrow (\neg(\mathbf{0}' \cong \mathbf{0})))$	Ax4
3	$(\neg(\mathbf{0}' \cong \mathbf{0}))$	MP 1,2
4	$((\mathbf{0} \cong \mathbf{0}') \Rightarrow (\mathbf{0}' \cong \mathbf{0}))$	RI2
5	$(((\mathbf{0} \cong \mathbf{0}') \Rightarrow (\mathbf{0}' \cong \mathbf{0})) \Rightarrow ((\neg(\mathbf{0}' \cong \mathbf{0})) \Rightarrow (\neg(\mathbf{0} \cong \mathbf{0}'))))$	Teo 5.4(f)
6	$((\neg(\mathbf{0}' \cong \mathbf{0})) \Rightarrow (\neg(\mathbf{0} \cong \mathbf{0}')))$	MP 4,5
7	$(\neg(\mathbf{0} \cong \mathbf{0}'))$	MP 3,6

(ii) $(\forall x_1((\neg(x_1 \cong x_1')) \Rightarrow [(\neg(x_1 \cong x_1'))]_{x_1'}^{x_1})) \in \mathbf{P}$, uma vez que

$$(\forall x_1((\neg(x_1 \cong x_1')) \Rightarrow [(\neg(x_1 \cong x_1'))]_{x_1'}^{x_1}))$$

é

$$(\forall x_1((\neg(x_1 \cong x_1')) \Rightarrow (\neg(x_1' \cong x_1''))))$$

e esta fórmula é derivável a partir de $\text{Ax}_\mathbf{P}$ do modo seguinte:

1	$(\forall x_1(\forall x_2((x_1' \cong x_2') \Rightarrow (x_1 \cong x_2))))$	N2
2	$((\forall x_1(\forall x_2((x_1' \cong x_2') \Rightarrow (x_1 \cong x_2)))) \Rightarrow (\forall x_2((x_1' \cong x_2') \Rightarrow (x_1 \cong x_2))))$	Ax4
3	$(\forall x_2((x_1' \cong x_2') \Rightarrow (x_1 \cong x_2)))$	MP 1,2
4	$((\forall x_2((x_1' \cong x_2') \Rightarrow (x_1 \cong x_2))) \Rightarrow ((x_1' \cong x_1'') \Rightarrow (x_1 \cong x_1')))$	Ax4
5	$((x_1' \cong x_1'') \Rightarrow (x_1 \cong x_1'))$	MP 3,4
6	$(((x_1' \cong x_1'') \Rightarrow (x_1 \cong x_1')) \Rightarrow ((\neg(x_1 \cong x_1')) \Rightarrow (\neg(x_1' \cong x_1''))))$	Teo 5.4(f)
7	$((\neg(x_1 \cong x_1')) \Rightarrow (\neg(x_1' \cong x_1'')))$	MP 5,6
8	$(\forall x_1((\neg(x_1 \cong x_1')) \Rightarrow (\neg(x_1' \cong x_1''))))$	Gen 7

(iii) Finalmente, a sequência de derivação

1	$[(\neg(x_1 \cong x_1'))]_0^{x_1}$	Teo (i)
2	$(\forall x_1((\neg(x_1 \cong x_1')) \Rightarrow [(\neg(x_1 \cong x_1'))]_{x_1'}^{x_1}))$	Teo (ii)
3	$([(\neg(x_1 \cong x_1'))]_0^{x_1} \Rightarrow ((\forall x_1((\neg(x_1 \cong x_1')) \Rightarrow [(\neg(x_1 \cong x_1'))]_{x_1'}^{x_1})) \Rightarrow (\forall x_1(\neg(x_1 \cong x_1')))))$	Ind
4	$((\forall x_1((\neg(x_1 \cong x_1')) \Rightarrow [(\neg(x_1 \cong x_1'))]_{x_1'}^{x_1})) \Rightarrow (\forall x_1(\neg(x_1 \cong x_1'))))$	MP 1,3
5	$(\forall x_1(\neg(x_1 \cong x_1')))$	MP 2,4

estabelece que $(\forall x_1(\neg(x_1 \cong x_1'))) \in \mathbf{P}$. ∇

Exercício 4 Mostre que $\mathbb{N} \Vdash_{\Sigma_{\mathbb{N}}} ([\varphi]_{\mathbf{0}}^x \Rightarrow ((\forall x(\varphi \Rightarrow [\varphi]_{x'}^x)) \Rightarrow (\forall x\, \varphi)))$.

Resolução: A demonstração é realizada por contradição como se segue. Assuma que

$$\mathbb{N} \nVdash_{\Sigma_{\mathbb{N}}} ([\varphi]_{\mathbf{0}}^x \Rightarrow ((\forall x(\varphi \Rightarrow [\varphi]_{x'}^x)) \Rightarrow (\forall x\, \varphi))).$$

Então existe ρ em $\mathbb{N}$ tal que

$$\mathbb{N}\rho \nVdash_{\Sigma_{\mathbb{N}}} ([\varphi]_{\mathbf{0}}^x \Rightarrow ((\forall x(\varphi \Rightarrow [\varphi]_{x'}^x)) \Rightarrow (\forall x\, \varphi))),$$

donde

     (1) $\mathbb{N}\rho \Vdash_{\Sigma_{\mathbb{N}}} [\varphi]_{\mathbf{0}}^x$;

     (2) $\mathbb{N}\rho \Vdash_{\Sigma_{\mathbb{N}}} (\forall x(\varphi \Rightarrow [\varphi]_{x'}^x))$;

     (3) $\mathbb{N}\rho \nVdash_{\Sigma_{\mathbb{N}}} (\forall x\, \varphi)$.

De (3), conclui-se que existe uma atribuição σ que é x-equivalente a ρ tal que $\mathbb{N}\sigma \nVdash_{\Sigma_{\mathbb{N}}} \varphi$. Logo, o conjunto

$$C_\rho = \{\sigma : \sigma \text{ é } x\text{-equivalente a } \rho \ \& \ \mathbb{N}\sigma \nVdash_{\Sigma_{\mathbb{N}}} \varphi\}$$

é não vazio. Seja $\sigma' \in C_\rho$ a atribuição tal que

$$\sigma'(x) \leq \sigma(x), \text{ para todo } \sigma \in C_\rho.$$

Por outras palavras, σ' é a atribuição em C_ρ que atribui o menor valor à variável x. Então

$$(3.1) \ \mathbb{N}\sigma' \nVdash_{\Sigma_{\mathbb{N}}} \varphi$$

Usando o Exercício 1 do Capítulo 11, vem que

$$(3.2) \ [\![\overline{\sigma'(x)}]\!]_{\Sigma_{\mathbb{N}}}^{\mathbb{N}\rho} = \sigma'(x).$$

Mais ainda, por escolha de σ', qualquer que seja a atribuição υ que é x-equivalente a σ' (e portanto a ρ) e tal que $\upsilon(x) < \sigma'(x)$, tem-se:

$$(3.3) \ \mathbb{N}\upsilon \Vdash_{\Sigma_{\mathbb{N}}} \varphi.$$

Tendo em conta que,[1] para todo o $j \in \mathbb{N}$, ou $j = 0$ ou existe $k \in \mathbb{N}$ tal que $j = k+1$, a demonstração prossegue por análise de casos sobre o valor de $\sigma'(x)$:

(i) $\sigma'(x) = 0$:

---

[1] Que se demonstra facilmente por indução sobre a estrutura dos naturais.

De (3.1) e de (3.2), usando a lema da substituição em fórmula, vem que

$$\mathbb{N}\rho \not\Vdash_{\Sigma_\mathbb{N}} [\varphi]^x_{\mathbf{0}}$$

contradizendo (1).

(ii) $\sigma'(x) = k + 1$:

Seja σ'' a atribuição que é x-equivalente a σ' (e portanto a ρ) e tal que $\sigma''(x) = k$. Então

$$\sigma'(x) = k + 1 = [\![x']\!]^{\mathbb{N}\sigma''}_{\Sigma_\mathbb{N}}\,.$$

Assim, por (3.1), novamente invocando o lema da substituição em fórmula, vem que

$$(4.1)\ \ \mathbb{N}\sigma'' \not\Vdash_{\Sigma_\mathbb{N}} [\varphi]^x_{x'}\,.$$

Por outro lado, dado que $\sigma''(x) < \sigma'(x)$, (3.3) leva a

$$(4.2)\ \ \mathbb{N}\sigma'' \Vdash_{\Sigma_\mathbb{N}} \varphi\,.$$

De (4.1) e de (4.2) obtém-se

$$(4.1)\ \ \mathbb{N}\sigma'' \not\Vdash_{\Sigma_\mathbb{N}} (\varphi \Rightarrow [\varphi]^x_{x'})\,,$$

donde, uma vez que σ'' é x-equivalente a ρ,

$$\mathbb{N}\rho \not\Vdash_{\Sigma_\mathbb{N}} (\forall x(\varphi \Rightarrow [\varphi]^x_{x'}))\,,$$

contradizendo (2). $\qquad\qquad\qquad\qquad\qquad\qquad\qquad\nabla$

Exercício 5 Mostre que toda a constante $k \in \mathbb{N}$ é representável em $\mathrm{Th}(\mathbb{N})$.

Resolução: A fórmula $(x_1 \cong k)$ representa a constante k, ou seja, a aplicação $k :\to \mathbb{N}$, ou ainda, a aplicação $k : \mathbb{N}^0 \to \mathbb{N}^1$, uma vez que $\mathrm{vlv}_{\Sigma_\mathbb{N}}((x_1 \cong k)) = \{x_1\}$ e

$$((x_1 \cong k) \Leftrightarrow (x_1 \cong k)) \in \mathrm{Th}(\mathbb{N}),$$

ou seja,

$$\mathbb{N} \Vdash_{\Sigma_\mathbb{N}} ((x_1 \cong k) \Leftrightarrow (x_1 \cong k))\,.$$

De facto, $((x_1 \cong k) \Leftrightarrow (x_1 \cong k))$ é fórmula tautológica, e logo, pelo lema da fórmula tautológica do Capítulo 7, é válida. Assim, é satisfeita por qualquer estrutura de interpretação sobre $\Sigma_\mathbb{N}$, e portanto em particular por $\mathbb{N}$. $\qquad\nabla$

Exercício 6 Mostre que a aplicação $\mathsf{Z} : \mathbb{N} \to \mathbb{N}$ é representável em $\mathrm{Th}(\mathbb{N})$.

Resolução: A fórmula $((x_2 \cong \mathbf{0}) \wedge (x_1 \cong x_1))$ representa a aplicação Z, como se mostra a seguir.

Dado que $\mathsf{Z}(a) = 0$ qualquer que seja $a \in \mathbb{N}$, tem de se mostrar que

$$([[((x_2 \cong \mathbf{0}) \wedge (x_1 \cong x_1))]_{\mathbf{a}}^{x_1} \Leftrightarrow (x_2 \cong \mathbf{0})) \in \mathrm{Th}(\mathbb{N}),$$

ou seja,

$$\mathbb{N} \Vdash_{\Sigma_{\mathbb{N}}} (((x_2 \cong \mathbf{0}) \wedge (\mathbf{a} \cong \mathbf{a})) \Leftrightarrow (x_2 \cong \mathbf{0})).$$

De facto:

$\mathbb{N} \Vdash_{\Sigma_{\mathbb{N}}} (((x_2 \cong \mathbf{0}) \wedge (\mathbf{a} \cong \mathbf{a})) \Leftrightarrow (x_2 \cong \mathbf{0}))$ sse

qualquer que seja ρ, $\mathbb{N}\rho \Vdash_{\Sigma_{\mathbb{N}}} (((x_2 \cong \mathbf{0}) \wedge (\mathbf{a} \cong \mathbf{a})) \Leftrightarrow (x_2 \cong \mathbf{0}))$ sse

qualquer que seja ρ, $(\rho(x_2) = 0$ e $a = a)$ se e só se $(\rho(x_2) = 0)$ sse

verdadeiro

$$\nabla$$

Exercício 7 Verifique que a aplicação $\lambda k.\, k + 1$ é representável em $\mathrm{Th}(\mathbb{N})$ pela fórmula $(x_2 \cong x_1')$.

Resolução: Sejam a, b números naturais com $b = a + 1$. Tem de se mostrar que

$$([[(x_2 \cong x_1')]_{\mathbf{a}}^{x_1} \Leftrightarrow (x_2 \cong \mathbf{b})) \in \mathrm{Th}(\mathbb{N}),$$

ou seja,

$$((x_2 \cong \mathbf{a}') \Leftrightarrow (x_2 \cong \mathbf{b})) \in \mathrm{Th}(\mathbb{N}),$$

ou ainda

$$\mathbb{N} \Vdash_{\Sigma_{\mathbb{N}}} ((x_2 \cong \mathbf{a}') \Leftrightarrow (x_2 \cong \mathbf{b})),$$

isto é, para toda a atribuição ρ em $\mathbb{N}$,

$$\mathbb{N}\rho \Vdash_{\Sigma_{\mathbb{N}}} ((x_2 \cong \mathbf{a}') \Leftrightarrow (x_2 \cong \mathbf{b})).$$

De facto:

$$\mathbb{N}\rho \Vdash_{\Sigma_{\mathbb{N}}} ((x_2 \cong \mathbf{a}') \Leftrightarrow (x_2 \cong \mathbf{b})) \qquad \genfrac{}{}{0pt}{}{\text{sse}}{\text{(Cap. 19, Exer. 7)}}$$

$$\begin{cases} \mathbb{N}\rho \Vdash_{\Sigma_N} (x_2 \cong \mathbf{a}') \\ \mathbb{N}\rho \Vdash_{\Sigma_N} (x_2 \cong \mathbf{b}) \end{cases} \text{ou} \begin{cases} \mathbb{N}\rho \not\Vdash_{\Sigma_N} (x_2 \cong \mathbf{a}') \\ \mathbb{N}\rho \not\Vdash_{\Sigma_N} (x_2 \cong \mathbf{b}) \end{cases} \qquad \text{sse}$$

$$\begin{cases} \rho(x_2) = [\![\mathbf{a}']\!]_{\Sigma_N}^{\mathbb{N}\rho} \\ \rho(x_2) = [\![\mathbf{b}]\!]_{\Sigma_N}^{\mathbb{N}\rho} \end{cases} \text{ou} \begin{cases} \rho(x_2) \neq [\![\mathbf{a}']\!]_{\Sigma_N}^{\mathbb{N}\rho} \\ \rho(x_2) \neq [\![\mathbf{b}]\!]_{\Sigma_N}^{\mathbb{N}\rho} \end{cases} \qquad \text{sse}$$

$$\begin{cases} \rho(x_2) = [\![\mathbf{a}]\!]_{\Sigma_N}^{\mathbb{N}\rho} + 1 \\ \rho(x_2) = [\![\mathbf{b}]\!]_{\Sigma_N}^{\mathbb{N}\rho} \end{cases} \text{ou} \begin{cases} \rho(x_2) \neq [\![\mathbf{a}]\!]_{\Sigma_N}^{\mathbb{N}\rho} + 1 \\ \rho(x_2) \neq [\![\mathbf{b}]\!]_{\Sigma_N}^{\mathbb{N}\rho} \end{cases} \qquad \text{sse}$$

$$\begin{cases} \rho(x_2) = a + 1 \\ \rho(x_2) = b \end{cases} \text{ou} \begin{cases} \rho(x_2) \neq a + 1 \\ \rho(x_2) \neq b \end{cases} \qquad \begin{matrix} \text{sse} \\ \text{(since } b = a + 1\text{)} \end{matrix}$$

$$\begin{cases} \rho(x_2) = a + 1 \\ \rho(x_2) = a + 1 \end{cases} \text{ou} \begin{cases} \rho(x_2) \neq a + 1 \\ \rho(x_2) \neq a + 1 \end{cases} \qquad \text{sse}$$

$$\rho(x_2) = a + 1 \quad \text{ou} \quad \rho(x_2) \neq a + 1 \qquad \text{sse}$$

verdadeiro

$$\nabla$$

Exercício 8 Apresente uma fórmula γ que represente a aplicação

$$g = \lambda\, a, b, c\,.\, \langle a, b + c \rangle : \mathbb{N}^3 \to \mathbb{N}^2$$

em Th($\mathbb{N}$). Justifique.

Resolução: Considere a fórmula

$$\gamma = ((x_4 \cong x_1) \wedge (x_5 \cong (x_2 + x_3))).$$

Esta fórmula satisfaz o pretendido pois

$$\text{vlv}_{\Sigma_N}(\gamma) = \{x_1, x_2, x_3, x_4, x_5\}$$

(tendo em conta que g tem 3 argumentos e 2 resultados) e

$$\frac{g(a, b, c) = (r, s)}{([\gamma]_{\mathbf{a},\mathbf{b},\mathbf{c}}^{x_1 x_2 x_3} \Leftrightarrow ((x_4 \cong \mathbf{r}) \wedge (x_5 \cong \mathbf{s}))) \in \text{Th}(\mathbb{N})}.$$

De facto,

$$\frac{g(a, b, c) = (r, s)}{\mathbb{N} \Vdash_{\Sigma_N} ([\gamma]_{\mathbf{a},\mathbf{b},\mathbf{c}}^{x_1 x_2 x_3} \Leftrightarrow ((x_4 \cong \mathbf{r}) \wedge (x_5 \cong \mathbf{s})))}$$

como se estabelece a seguir.

Assuma que $g(a,b,c) = (r,s)$. Então, $r = a$ e $s = b+c$. Logo, para toda a atribuição ρ,

$$\mathbb{N}\rho \Vdash_{\Sigma_{\mathbb{N}}} ([\gamma]_{\mathbf{a},\mathbf{b},\mathbf{c}}^{x_1 x_2 x_3} \Leftrightarrow ((x_4 \cong \mathbf{r}) \wedge (x_5 \cong \mathbf{s})))$$

sse

$$\mathbb{N}\rho \Vdash_{\Sigma_{\mathbb{N}}} (((x_4 \cong \mathbf{a}) \wedge (x_5 \cong (\mathbf{b}+\mathbf{c}))) \Leftrightarrow ((x_4 \cong \mathbf{r}) \wedge (x_5 \cong \mathbf{s})))$$

sse

$$\mathbb{N}\rho \Vdash_{\Sigma_{\mathbb{N}}} ((x_4 \cong \mathbf{a}) \wedge (x_5 \cong (\mathbf{b}+\mathbf{c}))) \text{ e } \mathbb{N}\rho \Vdash_{\Sigma_{\mathbb{N}}} ((x_4 \cong \mathbf{r}) \wedge (x_5 \cong \mathbf{s}))$$
$$\text{ou}$$
$$\mathbb{N}\rho \nVdash_{\Sigma_{\mathbb{N}}} ((x_4 \cong \mathbf{a}) \wedge (x_5 \cong (\mathbf{b}+\mathbf{c}))) \text{ e } \mathbb{N}\rho \nVdash_{\Sigma_{\mathbb{N}}} ((x_4 \cong \mathbf{r}) \wedge (x_5 \cong \mathbf{s}))$$

sse

$$[\![x_4]\!]_{\Sigma_{\mathbb{N}}}^{\mathbb{N}\rho} = [\![\mathbf{a}]\!]_{\Sigma_{\mathbb{N}}}^{\mathbb{N}\rho} \text{ e } [\![x_5]\!]_{\Sigma_{\mathbb{N}}}^{\mathbb{N}\rho} = [\![\mathbf{b}+\mathbf{c}]\!]_{\Sigma_{\mathbb{N}}}^{\mathbb{N}\rho} \text{ e } [\![x_4]\!]_{\Sigma_{\mathbb{N}}}^{\mathbb{N}\rho} = [\![\mathbf{r}]\!]_{\Sigma_{\mathbb{N}}}^{\mathbb{N}\rho} \text{ e } [\![x_5]\!]_{\Sigma_{\mathbb{N}}}^{\mathbb{N}\rho} = [\![\mathbf{s}]\!]_{\Sigma_{\mathbb{N}}}^{\mathbb{N}\rho}$$
$$\text{or}$$
$$([\![x_4]\!]_{\Sigma_{\mathbb{N}}}^{\mathbb{N}\rho} \neq [\![\mathbf{a}]\!]_{\Sigma_{\mathbb{N}}}^{\mathbb{N}\rho} \text{ ou } [\![x_5]\!]_{\Sigma_{\mathbb{N}}}^{\mathbb{N}\rho} \neq [\![\mathbf{b}+\mathbf{c}]\!]_{\Sigma_{\mathbb{N}}}^{\mathbb{N}\rho}) \text{ e } ([\![x_4]\!]_{\Sigma_{\mathbb{N}}}^{\mathbb{N}\rho} \neq [\![\mathbf{r}]\!]_{\Sigma_{\mathbb{N}}}^{\mathbb{N}\rho} \text{ ou } [\![x_5]\!]_{\Sigma_{\mathbb{N}}}^{\mathbb{N}\rho} \neq [\![\mathbf{s}]\!]_{\Sigma_{\mathbb{N}}}^{\mathbb{N}\rho})$$

sse (dado que $[\![\mathbf{k}]\!]_{\Sigma_{\mathbb{N}}}^{\mathbb{N}\rho} = k$ qualquer que seja $k \in \mathbb{N}$)

$$\rho(x_4) = a \text{ e } \rho(x_5) = b+c \text{ e } \rho(x_4) = r \text{ e } \rho(x_5) = s$$
$$\text{ou}$$
$$(\rho(x_4) \neq a \text{ ou } \rho(x_5) \neq b+c) \text{ e } (\rho(x_4) \neq r \text{ ou } \rho(x_5) \neq s)$$

sse (uma vez que $r = a$ e que $s = b+c$)

$$\rho(x_4) = a \text{ e } \rho(x_5) = b+c \text{ e } \rho(x_4) = a \text{ e } \rho(x_5) = b+c$$
$$\text{ou}$$
$$(\rho(x_4) \neq a \text{ ou } \rho(x_5) \neq b+c) \text{ e } (\rho(x_4) \neq a \text{ ou } \rho(x_5) \neq b+c)$$

sse

$$\rho(x_4) = a \text{ e } \rho(x_5) = b+c$$
$$\text{ou}$$
$$(\rho(x_4) \neq a \text{ ou } \rho(x_5) \neq b+c)$$

sse

$$\rho(x_4) = a \text{ e } \rho(x_5) = b+c$$
$$\text{ou}$$
$$\text{não } (\rho(x_4) = a \text{ e } \rho(x_5) = b+c)$$

sse

$$\text{verdadeira.}$$

∇

Exercício 9 Verifique que a aplicação $\lambda k.\, k + 1$ é representável em **N** pela fórmula $(x_2 \cong (x_1 + 1))$.

Resolução: Sejam a, b números naturais tais que $b = a + 1$. Tem de se mostrar que

$$([(x_2 \cong (x_1 + 1))]_{\mathbf{a}}^{x_1} \Leftrightarrow (x_2 \cong \mathbf{b})) \in \mathbf{N},$$

isto é,

$$((x_2 \cong (\mathbf{a} + 1)) \Leftrightarrow (x_2 \cong \mathbf{b})) \in \mathbf{N},$$

Primeiro, observe que $\mathbf{a}'$ coincide com $\mathbf{b}$, ou seja, $\mathbf{a}'$ e $\mathbf{b}$ são abreviaturas do mesmo numeral. De facto, $\mathbf{a}$ abrevia

$$\mathbf{0} \overbrace{{}' \cdots {}'}^{a \text{ vezes}}$$

donde $\mathbf{a}'$ é uma abreviatura de

$$\mathbf{0} \overbrace{{}' \cdots {}'}^{a+1 \text{ vezes}}$$

que é precisamente o numeral

$$\mathbf{0} \overbrace{{}' \cdots {}'}^{b \text{ vezes}}$$

que é abreviado por $\mathbf{b}$.

De seguida, mostra-se que $((\mathbf{a} + 1) \cong \mathbf{b}) \in \mathbf{N}$, isto é, que

$$((\mathbf{a} + \mathbf{0}') \cong \mathbf{a}') \in \mathbf{N},$$

uma vez que **1** é abreviatura de $\mathbf{0}'$ e que já se viu que $\mathbf{b}$ e $\mathbf{a}'$ coincidem. Para isso, considere a sequência de derivação seguinte:

1	$(\forall x_1(\forall x_2((x_1 + x_2') \cong (x_1 + x_2)')))$	N4
2	$((\forall x_1(\forall x_2((x_1 + x_2') \cong (x_1 + x_2)'))) \Rightarrow$	
	$\qquad ((\mathbf{a} + \mathbf{0}') \cong (\mathbf{a} + \mathbf{0})'))$	Ax4
3	$((\mathbf{a} + \mathbf{0}') \cong (\mathbf{a} + \mathbf{0})')$	MP 1,2

4	$(\forall x_1((x_1 + \mathbf{0}) \cong x_1))$	N3
5	$((\forall x_1((x_1 + \mathbf{0}) \cong x_1)) \Rightarrow$	
	$\qquad\qquad ((\mathbf{a} + \mathbf{0}) \cong \mathbf{a}))$	Ax4
6	$((\mathbf{a} + \mathbf{0}) \cong \mathbf{a})$	MP 4,5
7	$(\forall x_1(\forall x_2((x_1 \cong x_2) \Rightarrow (x_1' \cong x_2'))))$	I2a
8	$((\forall x_1(\forall x_2((x_1 \cong x_2) \Rightarrow (x_1' \cong x_2')))) \Rightarrow$	
	$\qquad\qquad (\forall x_2(((\mathbf{a} + \mathbf{0}) \cong x_2) \Rightarrow ((\mathbf{a} + \mathbf{0})' \cong x_2'))))$	Ax4
9	$(\forall x_2(((\mathbf{a} + \mathbf{0}) \cong x_2) \Rightarrow ((\mathbf{a} + \mathbf{0})' \cong x_2')))$	MP 7,8
10	$((\forall x_2(((\mathbf{a} + \mathbf{0}) \cong x_2) \Rightarrow ((\mathbf{a} + \mathbf{0})' \cong x_2'))) \Rightarrow$	
	$\qquad\qquad (((\mathbf{a} + \mathbf{0}) \cong \mathbf{a}) \Rightarrow ((\mathbf{a} + \mathbf{0})' \cong \mathbf{a}')))$	Ax4
11	$(((\mathbf{a} + \mathbf{0}) \cong \mathbf{a}) \Rightarrow ((\mathbf{a} + \mathbf{0})' \cong \mathbf{a}'))$	MP 9,10
12	$((\mathbf{a} + \mathbf{0})' \cong \mathbf{a}')$	MP 6,11

Por fim, obtém-se o resultado pretendido recorrendo ao princípio da substituição de iguais (Capítulo 10, Exercício 5):

1	$((\mathbf{a} + \mathbf{1}) \cong \mathbf{b})$	$\in \mathbf{N}$
2	$((x_3 \cong x_4) \Rightarrow ((x_2 \cong x_3) \Rightarrow (x_2 \cong x_4)))$	PSI
3	$(\forall x_3((x_3 \cong x_4) \Rightarrow ((x_2 \cong x_3) \Rightarrow (x_2 \cong x_4))))$	Gen 2
4	$((\forall x_3((x_3 \cong x_4) \Rightarrow ((x_2 \cong x_3) \Rightarrow (x_2 \cong x_4)))) \Rightarrow$	
	$\qquad (((\mathbf{a} + \mathbf{1}) \cong x_4) \Rightarrow ((x_2 \cong (\mathbf{a} + \mathbf{1})) \Rightarrow (x_2 \cong x_4))))$	Ax4
5	$(((\mathbf{a} + \mathbf{1}) \cong x_4) \Rightarrow ((x_2 \cong (\mathbf{a} + \mathbf{1})) \Rightarrow (x_2 \cong x_4)))$	MP 3,4
6	$(\forall x_4(((\mathbf{a} + \mathbf{1}) \cong x_4) \Rightarrow ((x_2 \cong (\mathbf{a} + \mathbf{1})) \Rightarrow (x_2 \cong x_4))))$	Gen 5
7	$((\forall x_4(((\mathbf{a} + \mathbf{1}) \cong x_4) \Rightarrow ((x_2 \cong (\mathbf{a} + \mathbf{1})) \Rightarrow (x_2 \cong x_4))))$	
	$\Rightarrow$	
	$\qquad (((\mathbf{a} + \mathbf{1}) \cong \mathbf{b}) \Rightarrow ((x_2 \cong (\mathbf{a} + \mathbf{1})) \Rightarrow (x_2 \cong \mathbf{b}))))$	Ax4
8	$(((\mathbf{a} + \mathbf{1}) \cong \mathbf{b}) \Rightarrow ((x_2 \cong (\mathbf{a} + \mathbf{1})) \Rightarrow (x_2 \cong \mathbf{b})))$	MP 6,7
9	$((x_2 \cong (\mathbf{a} + \mathbf{1})) \Rightarrow (x_2 \cong \mathbf{b}))$	MP 1,8

$$\nabla$$

Exercício 10 Assuma que $f : \mathbb{N} \to \mathbb{N}$ é representável em $\text{Th}(\mathbb{N})$ pela fórmula φ. Apresente uma fórmula γ que represente a aplicação

$$g = \lambda k . f(k + 1)$$

em $\text{Th}(\mathbb{N})$ e verifique que assim é.

Resolução: Tome γ como sendo $[\varphi]^{x_1}_{x_1 + \overline{1}}$. Para mostrar que $[\varphi]^{x_1}_{x_1 + \overline{1}}$ representa g em $\text{Th}(\mathbb{N})$ tem de se verificar que, para $a, b \in \mathbb{N}$ arbitrários, se

$$g(a) = b \quad (*)$$

então

$$([[\varphi]^{x_1}_{x_1 + \overline{1}}]^{x_1}_{\overline{a}} \Leftrightarrow (x_2 \cong \overline{b})) \in \text{Th}(\mathbb{N}) \quad (**).$$

De facto, (∗) pode ser rescrito da forma

$$f(a+1) = b$$

de onde se conclui que

$$([\varphi]_{\overline{a+1}}^{x_1} \Leftrightarrow (x_2 \cong \overline{b})) \in \mathrm{Th}(\mathbb{N})$$

usando o facto de que φ representa f em $\mathrm{Th}(\mathbb{N})$. Logo, invocando o PSI (princípio da substituição de iguais) instanciando x com $\overline{a+1}$ e y com $(\overline{a}+\overline{1})$, obtém-se

$$([\varphi]_{\overline{a}+\overline{1}}^{x_1} \Leftrightarrow (x_2 \cong \overline{b})) \in \mathrm{Th}(\mathbb{N}) \quad (\dagger)$$

uma vez que

$$(\overline{a+1} \cong (\overline{a}+\overline{1})) \in \mathrm{Th}(\mathbb{N}) \quad (\ddagger)$$

como se pode mostrar facilmente (veja abaixo).

Por fim, obtém-se (∗∗) a partir de (†) tendo em conta que

$$[\varphi]_{\overline{a}+\overline{1}}^{x_1} \text{ é } [[\varphi]_{x_1+\overline{1}}^{x_1}]_{\overline{a}}^{x_1}.$$

Resta demonstrar (‡). Recorde que

$$[\![\overline{k}]\!]_{\Sigma_\mathbb{N}}^{\mathbb{N}\rho} = k.$$

Logo,

$$[\![\overline{a+1}]\!]_{\Sigma_\mathbb{N}}^{\mathbb{N}\rho} = a+1 = [\![\overline{a}]\!]_{\Sigma_\mathbb{N}}^{\mathbb{N}\rho} + [\![\overline{1}]\!]_{\Sigma_\mathbb{N}}^{\mathbb{N}\rho} = [\![\overline{a}+\overline{1}]\!]_{\Sigma_\mathbb{N}}^{\mathbb{N}\rho}$$

e, portanto,

$$\mathbb{N} \Vdash_{\Sigma_\mathbb{N}} (\overline{a+1} \cong (\overline{a}+\overline{1}))$$

como se pretendia. ▽

Exercício 11 Suponha que as aplicações $f : \mathbb{N} \to \mathbb{N}$ e $g : \mathbb{N} \to \mathbb{N}$ são representáveis em $\mathrm{Th}(\mathbb{N})$. Mostre que a sua composição $g \circ f$ é também representável em $\mathrm{Th}(\mathbb{N})$.

Resolução: Suponha que as fórmulas φ_f e φ_g representam f e g, respetivamente. Observe que $\mathrm{vlv}_{\Sigma_\mathbb{N}}(\varphi_f) = \mathrm{vlv}_{\Sigma_\mathbb{N}}(\varphi_g) = \{x_1, x_2\}$.

A fórmula

$$(\exists x_3 ([\varphi_g]_{x_3}^{x_1} \wedge [\varphi_f]_{x_3}^{x_2})),$$

aqui abreviada para $\varphi_{g\circ f}$, representa $g \circ f$, como se mostra a seguir.

Suponha que $(g \circ f)(a) = b$. Tem de se mostrar que

$$([\varphi_{g\circ f}]_{\mathbf{a}}^{x_1} \Leftrightarrow (x_2 \cong \mathbf{b})) \in \mathrm{Th}(\mathbb{N}),$$

ou seja,

$$\mathbb{N} \Vdash_{\Sigma_{\mathbb{N}}} \left([\varphi_{g \circ f}]_{\mathbf{a}}^{x_1} \Leftrightarrow (x_2 \cong \mathbf{b})\right).$$

Note que a fórmula $[([\varphi_g]_{x_3}^{x_1} \wedge [\varphi_f]_{x_3}^{x_2})]_{\mathbf{a}}^{x_1}$ coincide com a fórmula

$$([\varphi_g]_{x_3}^{x_1} \wedge [\varphi_f]_{\mathbf{a} \, x_3}^{x_1 \, x_2}),$$

uma vez que $x_1 \notin \mathrm{vlv}_{\Sigma_{\mathbb{N}}}([\varphi_g]_{x_3}^{x_1})$.

Assuma que $f(a) = c$. Então $g(c) = b$. Logo, por hipótese,

(1)　$([\varphi_g]_{\mathbf{c}}^{x_1} \Leftrightarrow (x_2 \cong \mathbf{b})) \in \mathrm{Th}(\mathbb{N})$;

(2)　$([\varphi_f]_{\mathbf{a}}^{x_1} \Leftrightarrow (x_2 \cong \mathbf{c})) \in \mathrm{Th}(\mathbb{N})$.

Seja ρ atribuição arbitrária em $\mathbb{N}$. Então, por (1),

(3)　$\mathbb{N}\rho \Vdash_{\Sigma_{\mathbb{N}}} ([\varphi_g]_{\mathbf{c}}^{x_1} \Leftrightarrow (x_2 \cong \mathbf{b}))$

e, por (2),

(4)　$\mathbb{N}\rho \Vdash_{\Sigma_{\mathbb{N}}} ([\varphi_f]_{\mathbf{a}}^{x_1} \Leftrightarrow (x_2 \cong \mathbf{c}))$.

Considere uma atribuição σ que é x_3-equivalente a ρ e tal que $\sigma(x_3) = c$. Então, de (3), vem que

(5)　$\mathbb{N}\sigma \Vdash ([\varphi_g]_{x_3}^{x_1} \Leftrightarrow (x_2 \cong \mathbf{b}))$

usando o lema da substituição em fórmula do Capítulo 7, uma vez que $c \triangleright_{\Sigma_{\mathbb{N}}} x_3 : [\varphi_g]_{x_3}^{x_1}$. Além disso, de (4), observando que $c \triangleright_{\Sigma_{\mathbb{N}}} x_3 : [\varphi_f]_{\mathbf{a} \, x_3}^{x_1 \, x_2}$, o mesmo lema leva a

(6)　$\mathbb{N}\sigma \Vdash_{\Sigma_{\mathbb{N}}} ([\varphi_f]_{\mathbf{a} \, x_3}^{x_1 \, x_2} \Leftrightarrow (\mathbf{c} \cong \mathbf{c}))$.

De (6) vem que

(7)　$\mathbb{N}\sigma \Vdash_{\Sigma_{\mathbb{N}}} [\varphi_f]_{\mathbf{a} \, x_3}^{x_1 \, x_2}$

e, de (5) e (7),

(8)　$\mathbb{N}\sigma \Vdash_{\Sigma_{\mathbb{N}}} (([\varphi_f]_{\mathbf{a} \, x_3}^{x_1 \, x_2} \wedge [\varphi_g]_{x_3}^{x_1}) \Leftrightarrow (x_2 \cong \mathbf{b}))$.

De (8), aplicando 4 do Capítulo 19, Exercício 7, vem que

$$\mathbb{N}\rho \Vdash_{\Sigma_{\mathbb{N}}} ((\exists x_3 ([\varphi_f]_{\mathbf{a} \, x_3}^{x_1 \, x_2} \wedge [\varphi_g]_{x_3}^{x_1})) \Leftrightarrow (x_2 \cong \mathbf{b})),$$

ou seja,

$$\mathbb{N}\rho \Vdash_{\Sigma_{\mathbb{N}}} ([\varphi_{g \circ f}]_{\mathbf{a}}^{x_1} \Leftrightarrow (x_2 \cong \mathbf{b})).$$

Dado que este resultado foi estabelecido para qualquer ρ, vem que

$$\mathbb{N} \Vdash_{\Sigma_{\mathbb{N}}} ([\varphi_{g \circ f}]_{\mathbf{a}}^{x_1} \Leftrightarrow (x_2 \cong \mathbf{b})).$$

$$\nabla$$

Exercício 12 Reformule a demonstração apresentada no Capítulo 3 da inde-cidibilidade do problema da terminação de modo a tirar partido do lema de Cantor.

Resolução: A demonstração pedida é também realizada por contradição. Seja $\lambda k . k_{\mathcal{P}}$ uma enumeração do conjunto $\mathcal{P}$. Recorde a enumeração inje-tiva $\lambda k . k_{A_M^*}$ de A_M^* e a sua inversa ord, ambas computáveis. Considere os conjuntos seguintes:

- $C = \{(q, v) \in \mathbb{N}^2 : q_{\mathcal{P}}(v_{A_M^*})\!\downarrow\}$;
- $U = \{q \in \mathbb{N} : q_{\mathcal{P}}(q_{A_M^*})\!\uparrow\}$;
- $C_q = \{v \in \mathbb{N} : q_{\mathcal{P}}(v_{A_M^*})\!\downarrow\}$.

Observe que
$$(C_q)_{A_M^*} = \{v_{A_M^*} : v \in C_q\}$$
coincide com o domínio de convergência do programa $q_{\mathcal{P}}$.

Aplicando o lema de Cantor, vem que:

$$(1) \quad U \notin \{C_q : q \in \mathbb{N}\}.$$

Contudo, se o problema da terminação fosse decidível, então o conjunto C seria computável. Assim o conjunto U também seria computável, e portanto computavelmente enumerável.

Sob estas condições, recordando a Proposição 10 do Capítulo 3, a função

$$h = \lambda q . \begin{cases} 1 & \text{se } q \in U \\ \text{indefinido} & \text{n.r.c.,} \end{cases}$$

seria também computável, tal como a função $h \circ \text{ord}$. Logo, existiria $u \in \mathbb{N}$ tal que $u_{\mathcal{P}} = h \circ \text{ord}$.

Assim, dado que $\text{ord}(v_{A_M^*}) = v$, obter-se-ia

$$(2) \quad U = C_u,$$

contradizendo (1), uma vez que:

$$
\begin{aligned}
U = \;& \{v \in \mathbb{N} : v \in U\} && = \\
& \{v \in \mathbb{N} : \text{ord}(v_{A_M^*}) \in U\} && = \\
& \{v \in \mathbb{N} : h(\text{ord}(v_{A_M^*})) = 1\} && = \\
& \{v \in \mathbb{N} : u_{\mathcal{P}}(v_{A_M^*}) = 1\} && = \\
& \{v \in \mathbb{N} : u_{\mathcal{P}}(v_{A_M^*})\!\downarrow\} && = C_u
\end{aligned}
$$

∇

Exercício 13 Mostre que toda a teoria verdadeira da aritmética é ω-coerente.

Resolução: Seja Θ teoria verdadeira da aritmética. Assuma que

$$\{(\neg[\alpha]_{\mathbf{k}}^{y}) : k \in \mathbb{N}\} \subseteq \Theta$$

em que α é tal que $\mathrm{vlv}_{\Sigma_{\mathbb{N}}}(\alpha) = \{y\}$. Então,

(†) $\mathbb{N} \Vdash_{\Sigma_{\mathbb{N}}} (\neg[\alpha]_{\mathbf{k}}^{y})$, qualquer que seja $k \in \mathbb{N}$,

uma vez que $\mathbb{N} \Vdash_{\Sigma_{\mathbb{N}}} \theta$ qualquer que seja $\theta \in \Theta$, usando o facto de que Θ é verdadeira. Assuma, por contradição, que $(\exists y\,\alpha) \in \Theta$. Então $\mathbb{N} \Vdash_{\Sigma_{\mathbb{N}}} (\exists y\,\alpha)$. Ou seja,

$$\mathbb{N}\rho \Vdash_{\Sigma_{\mathbb{N}}} (\exists y\,\alpha)$$

para toda a atribuição ρ in $\mathbb{N}$. Então, qualquer que seja ρ, existe σ tal que $\sigma \equiv_{y} \rho$ e

(††) $\mathbb{N}\sigma \Vdash_{\Sigma_{\mathbb{N}}} \alpha$.

Então, pelo lema da substituição,

$$\mathbb{N}\sigma \Vdash_{\Sigma_{\mathbb{N}}} \alpha \quad \text{sse} \quad \mathbb{N}\rho \Vdash_{\Sigma_{\mathbb{N}}} [\alpha]_{\overline{\sigma(y)}}^{y}$$

e portanto, por (††),

$$\mathbb{N}\rho \Vdash_{\Sigma_{\mathbb{N}}} [\alpha]_{\overline{\sigma(y)}}^{y}.$$

Logo,

$$\mathbb{N}\rho \not\Vdash_{\Sigma_{\mathbb{N}}} (\neg[\alpha]_{\overline{\sigma(y)}}^{y}).$$

contradizendo (†). ∇

Exercício 14 Sejam Θ_1 e Θ_2 teorias da aritmética tais que : (i) $\Theta_1 \subseteq \Theta_2$; (ii) Θ_1 é apropriada; (iii) Θ_2 é ω-coerente. Justifique ou refute a asserção seguinte:

$$(\square_{\Theta_1}\alpha) \in \Theta_2 \text{ sse } \alpha \in \Theta_1.$$

Resolução: Primeiro observe que $(\square_{\Theta_1}\alpha)$ está bem definida uma vez que se assume que Θ_1 é uma teoria apropriada da aritmética (isto é, uma teoria computavelmente enumerável da aritmética em que as aplicações computáveis são representáveis). Recorde que $(\square_{\Theta_1}\alpha)$ é uma abreviatura de

$$[\exists x_2\, \varphi_{\Theta_1}]_{\lceil\alpha\rceil}^{x_1}$$

em que $\lceil\alpha\rceil$ é o numeral correspondente ao número de Gödel de α e φ_{Θ_1} é uma fórmula que representa em Θ_1 uma relação binária computável R_{Θ_1} tal que a é o número de Gödel de um teorema de Θ_1 sse existe $s \in \mathbb{N}$ tal que $(a, s) \in R_{\Theta_1}$.

A existência de tal relação segue dos teoremas da projeção e da Gödelização uma vez que Θ_1 é computavelmente enumerável. Além disso, a afirmação em causa é verdadeira. De facto:

($\to$) Por contrarrecíproco:

se $\qquad \alpha \notin \Theta_1$,

então $\quad g_{\mathbb{N}}(\alpha) \notin g_{\mathbb{N}}(\Theta_1)$

para todo $s \in \mathbb{N}, (g_{\mathbb{N}}(\alpha), s) \notin R_{\Theta_1}$

para todo $s \in \mathbb{N}, (\neg[\varphi_{\Theta_1}]_{\lceil\alpha\rceil,s}^{x_1,x_2}) \in \Theta_1 \qquad (*)$

para todo $s \in \mathbb{N}, (\neg[\varphi_{\Theta_1}]_{\lceil\alpha\rceil,s}^{x_1,x_2}) \in \Theta_2 \qquad$ (dado que $\Theta_1 \subseteq \Theta_2$)

para todo $s \in \mathbb{N}, (\neg[[\varphi_{\Theta_1}]_{\lceil\alpha\rceil}^{x_1}]_s^{x_2}) \in \Theta_2$

$\{(\neg[[\varphi_{\Theta_1}]_{\lceil\alpha\rceil}^{x_1}]_s^{x_2}) : s \in \mathbb{N}\} \subseteq \Theta_2$

$(\exists x_2 [\varphi_{\Theta_1}]_{\lceil\alpha\rceil}^{x_1}) \notin \Theta_2 \qquad\qquad$ (ω-coerência de Θ_2)

$[(\exists x_2 \varphi_{\Theta_1})]_{\lceil\alpha\rceil}^{x_1} \notin \Theta_2$

$(\square_{\Theta_1} \alpha) \notin \Theta_2$

($\leftarrow$) Diretamente:

se $\qquad \alpha \in \Theta_1$,

então $\quad g_{\mathbb{N}}(\alpha) \in g_{\mathbb{N}}(\Theta_1)$

existe $s \in \mathbb{N}$ tal que $(g_{\mathbb{N}}(\alpha), s) \in R_{\Theta_1}$

existe $s \in \mathbb{N}$ tal que $[\varphi_{\Theta_1}]_{\lceil\alpha\rceil,s}^{x_1,x_2} \in \Theta_1 \qquad (*)$

$(\exists x_2 [\varphi_{\Theta_1}]_{\lceil\alpha\rceil}^{x_1}) \in \Theta_1 \qquad\qquad$ (REx1)

$[(\exists x_2 \varphi_{\Theta_1})]_{\lceil\alpha\rceil}^{x_1} \in \Theta_2 \qquad\qquad$ (dado que $\Theta_1 \subseteq \Theta_2$)

$(\square_{\Theta_1} \alpha) \in \Theta_2$

(*) Representabilidade de R_{Θ_1} em Θ_1. $\qquad\qquad\qquad\qquad\qquad \nabla$

Exercício 15 Sejam $f : \mathbb{N} \to \mathbb{N}$, $\operatorname{gr} f = \{(a,b) : f(a) = b\}$ e Θ teoria axiomatizável e verdadeira da aritmética. Justifique ou refute as asserções seguintes:

(a) Se $\operatorname{gr} f$ é computavelmente enumerável então f é computável.

(b) Seja φ uma fórmula que representa f em Θ. Então:

$$(a,b) \in \operatorname{gr} f \quad \text{sse} \quad ([\varphi]_{\bar{a}}^{x_1} \Leftrightarrow (x_2 \cong \bar{b})) \in \Theta.$$

(c) Se f é representável em Θ então f é computável.

(d) Se f é representável em $\mathrm{Th}(\mathbb{N})$ então f é computável.

Resolução:

(a) Verdadeira. De facto, seja h uma enumeração computável de gr f. Então f pode ser computada da seguinte forma:

$$f = \lambda\, a \,.\, (h(\mu\, k \,.\, a = (h(k))_1))_2.$$

(b) Verdadeira. Com efeito, a implicação da esquerda para a direta é consequência direta de φ representar f em Θ. A implicação contrária também se verifica graças a este facto juntamente com a veracidade de Θ e a totalidade de f, como estabelecida por *reductio ad absurdum* como se segue. Assuma

$$([\varphi]_{\overline{a}}^{x_1} \Leftrightarrow (x_2 \cong \overline{b})) \in \Theta \quad (\dagger)$$

e $f(a) \neq b$. Dado que f é total existe $c \neq b$ tal que $f(a) = c$ de onde, por representabilidade, obtém-se

$$([\varphi]_{\overline{a}}^{x_1} \Leftrightarrow (x_2 \cong \overline{c})) \in \Theta. \quad (\ddagger)$$

De ($\dagger$) e de ($\ddagger$) deduz-se

$$((x_2 \cong \overline{b}) \Leftrightarrow (x_2 \cong \overline{c})) \in \Theta$$

de onde segue que $(\overline{b} \cong \overline{c}) \in \Theta$ e, graças à veracidade de Θ, $b = c$, em contradição com $b \neq c$.

(c) Verdadeira. De facto, seja f representada por φ em Θ e h a função característica de $g_{\mathbb{N}}(\Theta)$. Isto é,

$$h = \lambda\, k \,.\, \begin{cases} 1 & \text{if } k \in g_{\mathbb{N}}(\Theta) \\ \text{indefinido} & \text{n.r.c.} \end{cases}$$

A função h é computável uma vez que $g_{\mathbb{N}}(\Theta)$ é computavelmente enumerável. Claramente, $g_{\mathbb{N}}(\Theta)$ computavelmente enumerável porque Θ é computavelmente enumerável (graças ao teorema da Gödelização) e a última é computavelmente enumerável porque é axiomatizável (graças à semidecidibilidade da LPO).

Além disso,
$$\lambda\, a, b \,.\, ([\varphi]_{\overline{a}}^{x_1} \Leftrightarrow (x_2 \cong \overline{b})) : \mathbb{N}^2 \to L_{\Sigma_{\mathbb{N}}}$$

é também computável. Logo,

$$h' = \lambda\, a, b \,.\, h(g_{\mathbb{N}}([\varphi]_{\overline{a}}^{x_1} \Leftrightarrow (x_2 \cong \overline{b}))) : \mathbb{N}^2 \rightharpoonup \mathbb{N}$$

é computável. Observe que h' é a função característica de gr f, graças a (b) acima. Logo,
$$\text{gr } f = \text{dom } h'$$

é computavelmente enumerável e, portanto, por (a) acima, f é computável.

(d) Falsa. Tome como contraexemplo a aplicação característica de $g_\mathbb{N}(\mathbf{P})$. De facto, $\chi_{g_\mathbb{N}(\mathbf{P})}$ é representável em $\mathrm{Th}(\mathbb{N})$ (veja em baixo) mas $\chi_{g_\mathbb{N}(\mathbf{P})}$ não é computável dado que, como corolário do teorema de Church, a teoria $\mathbf{P}$ não é decidível. No que diz respeito à representabilidade de $\chi_{g_\mathbb{N}(\mathbf{P})}$ em $\mathrm{Th}(\mathbb{N})$, primeiro observe que $\mathbf{P}$ é computavelmente enumerável. Então, graças ao teorema da Gödelização, $g_\mathbb{N}(\mathbf{P})$ é também computavelmente enumerável. Logo, pelo teorema da projeção, existe uma relação binária computável $R_\mathbf{P}$ tal que $a \in g_\mathbb{N}(\mathbf{P})$ sse existe s tal que $(a, s) \in R_\mathbf{P}$. Seja $\varphi_\mathbf{P}$ uma fórmula que representa $R_\mathbf{P}$ em $\mathrm{Th}(\mathbb{N})$. Então:

- Se $a \in g_\mathbb{N}(\mathbf{P})$ então existe s tal que $[\varphi_\mathbf{P}]_{\overline{a},\overline{s}}^{x_1,x_2} \in \mathrm{Th}(\mathbb{N})$. Ou seja, existe s tal que $[[\varphi_\mathbf{P}]_{\overline{a}}^{x_1}]_{\overline{s}}^{x_2} \in \mathrm{Th}(\mathbb{N})$. Logo,

$$(\exists x_2\, [\varphi_\mathbf{P}]_{\overline{a}}^{x_1}) \in \mathrm{Th}(\mathbb{N}).$$

  Isto é

$$[(\exists x_2\, \varphi_\mathbf{P})]_{\overline{a}}^{x_1} \in \mathrm{Th}(\mathbb{N}).$$

- Se $a \notin g_\mathbb{N}(\mathbf{P})$ então $(\neg[\varphi_\mathbf{P}]_{\overline{a},\overline{s}}^{x_1,x_2}) \in \mathrm{Th}(\mathbb{N})$ qualquer que seja s. Ou seja, $[(\neg[\varphi_\mathbf{P}]_{\overline{a}}^{x_1})]_{\overline{s}}^{x_2} \in \mathrm{Th}(\mathbb{N})$ qualquer que seja s. Logo, pela ω-coerência de $\mathrm{Th}(\mathbb{N})$,

$$(\exists x_2\, [\varphi_\mathbf{P}]_{\overline{a}}^{x_1}) \notin \mathrm{Th}(\mathbb{N})$$

  e, portanto, pela exaustividade de $\mathrm{Th}(\mathbb{N})$,

$$(\neg(\exists x_2\, [\varphi_\mathbf{P}]_{\overline{a}}^{x_1})) \in \mathrm{Th}(\mathbb{N}).$$

  Isto é,

$$(\neg[(\exists x_2\, \varphi_\mathbf{P})]_{\overline{a}}^{x_1}) \in \mathrm{Th}(\mathbb{N}).$$

Logo, $g_\mathbb{N}(\mathbf{P})$ é representada em $\mathrm{Th}(\mathbb{N})$ por $(\exists x_2\, \varphi_\mathbf{P})$ e, portanto, a sua aplicação característica é também representável em $\mathrm{Th}(\mathbb{N})$. ∇

Exercício 16 Sejam $\alpha, \beta \in cL_{\Sigma_\mathbb{N}}$ e Θ teoria apropriada e verdadeira da aritmética. Assuma ainda que Θ satisfaz as condições HBL2 e HBL3. Justifique ou refute as asserções seguintes:

(†) $((\square_\Theta(\alpha \wedge \beta)) \Leftrightarrow ((\square_\Theta\alpha) \wedge (\square_\Theta\beta))) \in \Theta$.

(‡) $((\square_\Theta(\alpha \Rightarrow ((\square_\Theta\alpha) \Rightarrow \beta))) \Rightarrow ((\square_\Theta(\square_\Theta\alpha)) \Rightarrow (\square_\Theta(\square_\Theta\beta)))) \in \Theta$.

Resolução:

(†) Verdadeira. De facto, recorde que Θ também satisfaz a condição HBL1 dado que é apropriada. Logo:

$$((\Box_\Theta(\alpha \wedge \beta)) \Rightarrow (\Box_\Theta\alpha)) \in \Theta$$

dado que

1	$((\alpha \wedge \beta) \Rightarrow \alpha)$	TAUT
2	$(\Box_\Theta((\alpha \wedge \beta) \Rightarrow \alpha))$	HBL1 1
3	$((\Box_\Theta((\alpha \wedge \beta) \Rightarrow \alpha)) \Rightarrow ((\Box_\Theta(\alpha \wedge \beta)) \Rightarrow (\Box_\Theta\alpha)))$	HBL2
4	$((\Box_\Theta(\alpha \wedge \beta)) \Rightarrow (\Box_\Theta\alpha))$	MP 2, 3

De forma semelhante,

$$((\Box_\Theta(\alpha \wedge \beta)) \Rightarrow (\Box_\Theta\beta)) \in \Theta.$$

Logo, tautologicamente,

$$((\Box_\Theta(\alpha \wedge \beta)) \Rightarrow ((\Box_\Theta\alpha) \wedge (\Box_\Theta\beta))) \in \Theta.$$

Além disso,

$$(((\Box_\Theta\alpha) \wedge (\Box_\Theta\beta)) \Rightarrow (\Box_\Theta(\alpha \wedge \beta))) \in \Theta$$

dado que

1	$(\alpha \Rightarrow (\beta \Rightarrow (\alpha \wedge \beta)))$	TAUT
2	$(\Box_\Theta(\alpha \Rightarrow (\beta \Rightarrow (\alpha \wedge \beta))))$	HBL1 1
3	$((\Box_\Theta(\alpha \Rightarrow (\beta \Rightarrow (\alpha \wedge \beta))))$ $\Rightarrow$ $((\Box_\Theta\alpha) \Rightarrow (\Box_\Theta(\beta \Rightarrow (\alpha \wedge \beta)))))$	HBL2
4	$((\Box_\Theta\alpha) \Rightarrow (\Box_\Theta(\beta \Rightarrow (\alpha \wedge \beta))))$	MP 2, 3
5	$((\Box_\Theta(\beta \Rightarrow (\alpha \wedge \beta))) \Rightarrow ((\Box_\Theta\beta) \Rightarrow (\Box_\Theta(\alpha \wedge \beta))))$	HBL2
6	$((\Box_\Theta\alpha) \Rightarrow ((\Box_\Theta\beta) \Rightarrow (\Box_\Theta(\alpha \wedge \beta))))$	TAUT 4, 5
7	$(((\Box_\Theta\alpha) \Rightarrow ((\Box_\Theta\beta) \Rightarrow (\Box_\Theta(\alpha \wedge \beta))))$ $\Rightarrow$ $(((\Box_\Theta\alpha) \wedge (\Box_\Theta\beta)) \Rightarrow (\Box_\Theta(\alpha \wedge \beta))))$	TAUT
8	$(((\Box_\Theta\alpha) \wedge (\Box_\Theta\beta)) \Rightarrow (\Box_\Theta(\alpha \wedge \beta)))$	MP 6, 7

($\ddagger$) Verdadeira. De facto,

1 $((\Box_\Theta(\alpha \Rightarrow ((\Box_\Theta\alpha) \Rightarrow \beta)))$
$\Rightarrow$
$((\Box_\Theta\alpha) \Rightarrow (\Box_\Theta((\Box_\Theta\alpha) \Rightarrow \beta))))$ HBL2

2 $((\Box_\Theta((\Box_\Theta\alpha) \Rightarrow \beta)) \Rightarrow ((\Box_\Theta(\Box_\Theta\alpha)) \Rightarrow (\Box_\Theta\beta)))$ HBL2

3 $((\Box_\Theta(\alpha \Rightarrow ((\Box_\Theta\alpha) \Rightarrow \beta)))$
$\Rightarrow$
$((\Box_\Theta\alpha) \Rightarrow ((\Box_\Theta(\Box_\Theta\alpha)) \Rightarrow (\Box_\Theta\beta))))$ TAUT 1, 2

4 $((\Box_\Theta\alpha) \Rightarrow (\Box_\Theta(\Box_\Theta\alpha)))$ HBL3

5 $((\Box_\Theta(\alpha \Rightarrow ((\Box_\Theta\alpha) \Rightarrow \beta))) \Rightarrow ((\Box_\Theta\alpha) \Rightarrow (\Box_\Theta\beta)))$ TAUT 3, 4

6 $((\Box_\Theta(\alpha \Rightarrow ((\Box_\Theta\alpha) \Rightarrow \beta)))$
$\Rightarrow$
$(\Box_\Theta(\Box_\Theta(\alpha \Rightarrow ((\Box_\Theta\alpha) \Rightarrow \beta)))))$ HBL3

7 $(\Box_\Theta((\Box_\Theta(\alpha \Rightarrow ((\Box_\Theta\alpha) \Rightarrow \beta))) \Rightarrow ((\Box_\Theta\alpha) \Rightarrow (\Box_\Theta\beta))))$ HBL1 5

8 $((\Box_\Theta((\Box_\Theta(\alpha \Rightarrow ((\Box_\Theta\alpha) \Rightarrow \beta))) \Rightarrow ((\Box_\Theta\alpha) \Rightarrow (\Box_\Theta\beta))))$
$\Rightarrow$
$((\Box_\Theta(\Box_\Theta(\alpha \Rightarrow ((\Box_\Theta\alpha) \Rightarrow \beta))))$
$\Rightarrow$
$(\Box_\Theta((\Box_\Theta\alpha) \Rightarrow (\Box_\Theta\beta)))))$ HBL2

9 $((\Box_\Theta(\Box_\Theta(\alpha \Rightarrow ((\Box_\Theta\alpha) \Rightarrow \beta))))$
$\Rightarrow$
$(\Box_\Theta((\Box_\Theta\alpha) \Rightarrow (\Box_\Theta\beta))))$ MP 7, 8

10 $((\Box_\Theta(\alpha \Rightarrow ((\Box_\Theta\alpha) \Rightarrow \beta)))$
$\Rightarrow$
$(\Box_\Theta((\Box_\Theta\alpha) \Rightarrow (\Box_\Theta\beta))))$ TAUT 6, 9

11 $((\Box_\Theta((\Box_\Theta\alpha) \Rightarrow (\Box_\Theta\beta)))$
$\Rightarrow$
$((\Box_\Theta(\Box_\Theta\alpha)) \Rightarrow (\Box_\Theta(\Box_\Theta\beta))))$ HBL2

12 $((\Box_\Theta(\alpha \Rightarrow ((\Box_\Theta\alpha) \Rightarrow \beta)))$
$\Rightarrow$
$((\Box_\Theta(\Box_\Theta\alpha)) \Rightarrow (\Box_\Theta(\Box_\Theta\beta))))$ TAUT 10, 11

∇

Bibliografia

[1] J. Barwise. Axioms for abstract model theory. *Annals for Mathematical Logic*, 7:221–265, 1974.

[2] J. L. Bell e A. B. Slomson. *Models and Ultraproducts: An Introduction.* North-Holland Publishing Co., 1969.

[3] G. Birkhoff. *Lattice Theory*, volume 25, *American Mathematical Society Colloquium Publications.* American Mathematical Society, terceira edição, 1979.

[4] G. Boolos. *The Logic of Provability.* Cambridge University Press, 1993.

[5] N. Bourbaki. *Elements of the History of Mathematics.* Springer, 1994. Translated from the 1984 French original by J. Meldrum.

[6] D. S. Bridges. *Computability*, volume 146, *Graduate Texts in Mathematics.* Springer, 1994.

[7] S. R. Buss. An introduction to proof theory. *Handbook of Proof Theory*, volume 137, *Studies in Logic and the Foundations of Mathematics*, páginas 1–78. North-Holland, 1998.

[8] J. Carmo, A. Sernadas, C. Sernadas, F.M. Dionísio e C. Caleiro. *Introdução à Programação em Mathematica – Segunda Edição.* IST Press, Lisboa, 2004.

[9] W. A. Carnielli, M. E. Coniglio, D. Gabbay, P. Gouveia e C. Sernadas. *Analysis and Synthesis of Logics - How To Cut And Paste Reasoning Systems*, volume 35, *Applied Logic.* Springer, 2008.

[10] A. Church. An unsolvable problem of elementary number theory. *American Journal of Mathematics*, 58(2):345–363, 1936.

[11] R. Cori e D. Lascar. *Mathematical Logic, Part I, Propositional Calculus, Boolean Algebras, Predicate Calculus.* Oxford University Press, 2000.

[12] R. Cori e D. Lascar. *Mathematical Logic, Part II, Recursion Theory, Gödel Theorems, Set Theory, Model Theory.* Oxford University Press, 2000.

[13] W. Craig. On axiomatizability within a system. *The Journal of Symbolic Logic*, 18:30–32, 1953.

[14] R. David, K. Nour e C. Raffalli. *Introduction à la Logique.* Dunod, 2001.

[15] H. B. Enderton. *A Mathematical Introduction to Logic.* Academic Press, segunda edição, 2001.

[16] R. L. Epstein e W. A. Carnielli. *Computability: Computable Functions, Logic and the Foundations of Mathematics.* Wadsworth, segunda edição, 2000.

[17] M. Fitting. *First-order Logic and Automated Theorem Proving.* Graduate Texts in Computer Science. Springer, segunda edição, 1996.

[18] G. Gentzen. *The Collected Papers of Gerhard Gentzen.* Compilado por M. E. Szabo. Studies in Logic and the Foundations of Mathematics. North-Holland Publishing Co., 1969.

[19] G. Gierz, K. H. Hofmann, K. Keimel, J. D. Lawson, M. W. Mislove e D. S. Scott. *A Compendium of Continuous Lattices.* Springer, 1980.

[20] K. Gödel. *Collected Works. Volume I. Oxford University Press, 1986. Compilado por S. Feferman, J. W. Dawson, Jr., S. C. Kleene, G. H. Moore, R. M. Solovay e J. van Heijenoort.*

[21] J. A. Goguen e R. M. Burstall. Institutions: Abstract model theory for specification and programming. *Journal of the Association for Computing Machinery*, 39(1):95–146, 1992.

[22] G. H. Hardy e E. M. Wright. *An Introduction to the Theory of Numbers.* Oxford University Press, quinta edição, 1979.

[23] L. Henkin. The completeness of the first-order functional calculus. *The Journal of Symbolic Logic*, 14:159–166, 1949.

[24] L. Henkin, J. D. Monk e A. Tarski. *Cylindric Algebras. Part I*, volume 64, *Studies in Logic and the Foundations of Mathematics.* North-Holland, 1985.

[25] R. Herken, compilador. *The Universal Turing Machine: A Half-Century Survey.* Oxford Science Publications. Oxford University Press, 1988.

[26] D. Hilbert. *Grundlagen der Geometrie*, volume 6, *Teubner-Archiv zur Mathematik. Supplement [Teubner Archive on Mathematics. Supplement]*. B. G. Teubner Verlagsgesellschaft mbH, décima-quarta edição, 1999.

[27] D. Hilbert e W. Ackermann. *Grundzüge der Theoretischen Logik*. Springer, terceira edição, 1949.

[28] D. Hilbert e W. Ackermann. *Principles of Mathematical Logic*. American Mathematical Society, 2003.

[29] W. Hodges. *A Shorter Model Theory*. Cambridge University Press, 1997.

[30] P. T. Johnstone. *Stone Spaces*, volume 3, *Cambridge Studies in Advanced Mathematics*. Cambridge University Press, 1982.

[31] J. L. Kelley. *General Topology*. Springer, 1975. Reprint of the 1955 edition [Van Nostrand, Toronto, Ont.], Graduate Texts in Mathematics, No. 27.

[32] S. C. Kleene. General recursive functions of natural numbers. *Mathematische Annalen*, 112(1):727–742, 1936.

[33] S. Lang. *Algebra*, volume 211, *Graduate Texts in Mathematics*. Springer, terceira edição, 2002.

[34] S. Mac Lane. *Categories for the Working Mathematician*, volume 5, *Graduate Texts in Mathematics*. Springer, segunda edição, 1998.

[35] E. Mendelson. *Introduction to Mathematical Logic*. Chapman and Hall, quarta edição, 1997.

[36] E. L. Post. Formal reductions of the general combinatorial decision problem. *American Journal of Mathematics*, 65:197–215, 1943.

[37] M. Presburger. On the completeness of a certain system of arithmetic of whole numbers in which addition occurs as the only operation. *History and Philosophy of Logic*, 12(2):225–233, 1991.

[38] H. Rogers, Jr. *Theory of Recursive Functions and Effective Computability*. MIT Press, segunda edição, 1987.

[39] V. V. Rybakov. *Admissibility of Logical Inference Rules*, volume 136, *Studies in Logic and the Foundations of Mathematics*. North-Holland Publishing Co., 1997.

[40] A. Sernadas, C. Sernadas e C. Caleiro. Fibring of logics as a categorial construction. *Journal of Logic and Computation*, 9(2):149–179, 1999.

[41] J. C. Shepherdson e H. E. Sturgis. Computability of recursive functions. *Journal of the Association for Computing Machinery*, 10:217–255, 1963.

[42] J. R. Shoenfield. *Mathematical Logic*. Reprint of the 1973 second printing. Association for Symbolic Logic, 2001.

[43] R. M. Smullyan. *First-order Logic*. Corrected reprint of the 1968 original. Dover Publications Inc., 1995.

[44] W. Szmielew. Elementary properties of Abelian groups. *Polska Akademia Nauk. Fundamenta Mathematicae*, 41:203–271, 1955.

[45] A. Tarski. The semantic conception of truth and the foundations of semantics. *Philos. and Phenomenol. Res.*, 4:341–376, 1944.

[46] A. Tarski. A lattice-theoretical fixpoint theorem and its applications. *Pacific Journal of Mathematics*, 5:285–309, 1955.

[47] A. Tarski. What is elementary geometry? *The Axiomatic Method. With Special Reference to Geometry and Physics. Proceedings of an International Symposium held at the Univ. of Calif., Berkeley, Dec. 26, 1957-Jan. 4, 1958 (edited by L. Henkin, P. Suppes and A. Tarski)*, Studies in Logic and the Foundations of Mathematics, páginas 16–29. North-Holland, 1959.

[48] A. Turing. On computable numbers, with an application to the Entscheidungsproblem. *Proceedings of the London Mathematical Society*, 2(42):230–265, 1936.

[49] A. Turing. *Pure Mathematics*. Collected Works of Alan Turing. North-Holland Publishing Co., 1992.

[50] L. van den Dries. Alfred Tarski's elimination theory for real closed fields. *The Journal of Symbolic Logic*, 53(1):7–19, 1988.

[51] J. van Heijenoort, compilador. *From Frege to Gödel. A Source Book in Mathematical Logic, 1879-1931*. Reprint of the third printing of the 1967 original. Harvard University Press, 2002.

[52] D. A. Wolfram. *The Mathematica Book*. Wolfram Media, quinta edição, 2003.

[53] Y. Yin. Quantifier elimination and real closed ordered fields with a predicate for the powers of two. Master's thesis, Carnegie-Mellon University, 2005. J. Avigad, orientador.

[54] R. Zach. Hilbert's program then and now. D. Jaquette, compilador, *Handbook on the Philosophy of Science*, volume 5, páginas 411–447. Elsevier, 2006.

Tabela de símbolos

Índice remissivo